U0313584

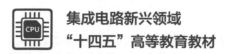

集成电路新兴领域
"十四五"高等教育教材

集成电路导论

孙肖子　主编

潘伟涛　张犁　袁冰　邓军　郭杰　编著

庄奕琪　靳刚　主审

中国教育出版传媒集团

高等教育出版社·北京

内容简介

　　本书主要面向电子信息类非微电子专业学生的入门性质的课程，书中将从电子系统设计者的视角，介绍集成电路全产业链各个环节的基本原理和设计基础。本书被列入集成电路新兴领域"十四五"高等教育教材。

　　全书内容包括：绪论、集成电路制造工艺基础及版图设计、集成电路中的元器件、模拟集成电路设计——信号链与电源管理、数字集成电路设计——单元电路和系统设计、集成电路测试与封装技术基础、集成电路设计流程及 EDA 技术。教材融入了一线教师长期从事教学和芯片开发的研究成果。

　　本书可作为电子信息类、计算机类、仪器仪表类等专业的本科生和研究生学习集成电路设计的教材和教学参考书，也可供从事电子系统设计的工程技术人员参考。

图书在版编目（CIP）数据

　　集成电路导论／孙肖子主编；潘伟涛等编著．

北京：高等教育出版社，2024.12．--ISBN 978-7-04-063397-9

　　Ⅰ．TN4

中国国家版本馆 CIP 数据核字第 2024Y7K476 号

Jicheng Dianlu Daolun

策划编辑　平庆庆	责任编辑　平庆庆	封面设计　姜　磊	版式设计　杨　树
责任绘图　杨伟露	责任校对　刁丽丽	责任印制　赵　佳	

出版发行	高等教育出版社	咨询电话	400-810-0598
社　　址	北京市西城区德外大街 4 号	网　　址	http://www.hep.edu.cn
邮政编码	100120		http://www.hep.com.cn
印　　刷	北京中科印刷有限公司	网上订购	http://www.hepmall.com.cn
开　　本	787 mm×1092 mm　1/16		http://www.hepmall.com
印　　张	25.5		http://www.hepmall.cn
字　　数	630 千字	版　　次	2024 年 12 月第 1 版
插　　页	6	印　　次	2024 年 12 月第 1 次印刷
购书热线	010-58581118	定　　价	60.00 元

丛书序言

集成电路是现代电子工程技术的重要分支，涉及半导体材料、半导体器件、集成电路设计与制造、集成电路封装与测试、集成电路装备与仪器等领域。集成电路是推动信息化和与智能化技术和产业发展的重要支撑，对提升电子产品计算性能、减低电子系统能耗和成本、实现电子装备微小型化和高可靠性，以及促进科技进步和经济发展等方面具有重要意义，已经成为现代科技和信息社会的基石。当前集成电路技术已进入后摩尔时代，如何适应信息化和智能化的需求，进一步实现集成电路芯片高算力、低功耗、高密度（集成度）、多功能、低成本，是集成电路科学与工程面临的重要挑战。

随着全球半导体产业格局不断重塑，我国集成电路产业正站在一个新的历史起点上，既面临着国际竞争的激烈挑战，也承载着国内产业升级与技术创新的巨大需求。在这样的背景下，培养一批高质量集成电路拔尖创新人才，成为推动国家科技进步、保障产业链安全、提升国际竞争力的关键所在。党的二十大报告指出"教育、科技、人才是全面建设社会主义现代化国家的基础性、战略性支撑。必须坚持科技是第一生产力、人才是第一资源、创新是第一动力，深入实施科教兴国战略、人才强国战略、创新驱动发展战略，开辟发展新领域新赛道，不断塑造发展新动能新优势"。习近平总书记在2024年全国科技大会上指出"要坚持以科技创新需求为牵引，优化高等学校学科设置，创新人才培养模式，切实提高人才自主培养水平和质量"。

高校是教育、科技、人才的集中交汇点，为积极响应国家号召，满足新时代集成电路领域对高素质人才的需求，我国集成电路领域优势学科高校、领军企业的近100名一线教师和业内专家，共同编撰完成了这套战略性新兴领域——新一代信息技术（集成电路）"十四五"高等教育系列教材，共同推进教育、科技、人才"三位一体"协同融合发展。系列教材内容全面覆盖了集成电路专业概览与启蒙、半导体材料与器件、集成电路设计与工艺制造、集成电路封装与测试等专业核心课程、实验实践课程和交叉课程，是一套体系完备的集成电路学科相关专业本科教育教学用书。

我们在这套系列教材编制过程中，一是注重理论教学、实践教学和产业实际案例深度融合，使学生在掌握相关理论知识的同时，注意提升解决实际问题的能力；二是积极探索数字教材的新形态，在部分教材中提供动图动画、MOOC视频、工程案例、虚拟仿真实验等数字化教学资源，以适应数字化时代学生多样化学习需求；三是紧盯国际集成电路科技和产业发展前沿，立足集成电路发展的中国特色，力求教材内容更具前瞻性和实用性。

系列教材的出版是集成电路领域人才培养核心要素改革的一项重要探索，也是不断更新、不断完善的有力实践。科技在发展、知识在更新、社会在进步，系列教材也需不断完善和发展。大家共同努力，为适应集成电路领域学科专业教育教学需求，培养具有竞争力的高素质集成电路专业人才，为推动我国集成电路产业高质量发展注入更新的活力与动能。

中国科学院院士

前言

集成电路改变了世界，也改变了生活，集成电路已成为支撑国家经济社会发展和保障国家安全的战略性、基础性和先导性产业，是实现科技强国、产业强国的关键标志之一。集成电路将长时间处于大国科技和产业博弈的最前沿，具有举足轻重的战略地位。

本书的宗旨和来龙去脉

曾经的集成电路是一种元器件，电路设计是用不同类型的元器件在电路板上构成功能电路。如今集成电路不仅仅是作为元器件，还是逐渐发展成为电子系统的核心。一个电子信息系统的大部分甚至全部功能都可以靠一个集成电路或者几个集成电路配合完成。因此集成电路就由原来的一种元器件变身成了电子信息系统的主要载体。正是由于这种技术进展的变化，导致电子信息系统的设计方法发生了很大的变化。"用元器件在电路板构建功能电路"这一设计方法已不是唯一的方法，逐渐取而代之的是"芯片即电路"甚至"芯片即系统"。可以说电子系统设计已经变为了"在芯片上做电子系统"，改变了传统电子产业的分工。集成电路的飞速发展导致电子系统单片化，使得集成电路的内涵和外延都发生了根本性的变化。研究集成电路已经不再是研究一种元器件，而是包含了从器件、电路到系统甚至软件的综合性学科。

基于集成电路的战略地位和学科内涵的变化，要求电子信息类、计算机类、仪器仪表类等非微电子专业的学生具备一定的集成电路芯片设计的基础知识和能力，从单纯的"应用芯片"向"设计芯片"转变，而将先进软件算法直接融入芯片电路设计之中，促进硬/软件综合设计带来的芯片算力提升，也逐渐成为优秀专业人士必备的能力之一。

本书将从电子系统设计者的视角，介绍集成电路全产业链各个环节的基本原理和设计基础，促进从应用现成芯片构成系统向设计芯片达到系统更优化的目标前进。为实现这个目标，本书将介绍集成电路设计所必须具备的四个方面知识，即"系统知识""电路知识""制造工艺知识""EDA 工具知识"。

西安电子科技大学自 2004 年开始已经在电子工程学院和通信工程学院开设"集成电路导论"课程，出版了教材《专用集成电路设计基础》和《CMOS 集成电路设计基础》，并在国家电工电子教学基地建设了专用的集成电路设计实验室。

集成电路是多学科交叉、硬件和软件高度融合的领域，是算力的载体和体现，复杂而神奇！无论是设计还是制造，每一点突破都是重大的创新，存在无限的探索空间！

本书的主要内容

"万丈高楼平地起，打好基础是关键！"当我们大致了解集成电路应用后，就要带着问题去探究集成电路是如何具体实现的，那就要从集成电路最基础的元素晶体管说起，从模拟和数字多角度深入学习集成电路设计和制造整个产业链的各主要环节，从"心中有电路""心中有版图"最后再提升到"架构"层面，形成完整的知识体系。

第 1 章"绪论",介绍集成电路概念、集成电路的发展历程、集成电路的分类、集成电路的设计特点和对设计人员的要求,最后介绍集成电路的运用需求并通过物联网芯片、人工智能芯片和汽车电子芯片技术,使学生对集成电路的运用具有基本概念。

第 2 章"集成电路制造工艺基础及版图设计",主要介绍当前的主流工艺——CMOS 集成电路工艺。

第 3 章"集成电路中的元器件",介绍集成电路中的有源器件和无源器件。因为在模拟电子技术基础课程中已经介绍了 PN 结、二极管、双极型晶体管等内容,所以本书只介绍 MOS 场效应晶体管的特性以及集成电容、集成电阻、集成电感和互连线的结构和影响。

第 4 章"模拟集成电路设计 I——信号链篇",主要介绍 CMOS 集成电路的电流源、运算放大器、模数转换器(ADC)、数模转换器(DAC)、锁相环(PLL)、射频集成电路(RF)等。

第 5 章"模拟集成电路设计 II——电源管理篇",主要介绍集成电路中的电源管理、能隙基准源、LDO 线性稳压器以及 DC-DC 开关稳压电源的原理和应用。

第 6 章"数字集成电路设计 I——单元电路篇",主要介绍 CMOS 基本数字单元电路,如各种门电路、触发器、存储器及其版图等。

第 7 章"数字集成电路设计 II——系统设计篇",主要介绍各种运算单元,如加/减法器、乘法器等,各种存储器、状态机,以及在通信系统中的应用。最后通过一个 5G 手机实例,讲述目前最先进的片上系统结构和功能特点,以及实现技术需求等。

第 8 章"集成电路测试与封装技术基础",主要介绍集成电路的故障模型、测试码形成等;介绍各种传统的和最先进的封装技术的基础知识。

第 9 章"集成电路设计流程及 EDA 技术",主要介绍数字集成电路和模拟集成电路的设计流程、电子设计自动化技术以及 EDA 工具的发展趋势。

教材的使用和读者对象

本教材的主要对象是电子信息类非微电子专业的本科高年级学生和研究生。这些学生已经学习了"模拟电子技术基础"和"数字电子技术基础"这两门课程。建议在本科第五、六学期开设本门课程,学时数为 42 至 48 学时。如果学时数较少,可以删减第 4 章至第 7 章的内容;如果在低年级开设此门课程,可以主要讲解第 1、2、3、8、9 章的内容,第 4 章至第 7 章的电路部分只讲每章的第 1、2 节即可。

本书的作者团队

本书的作者团队来自西安电子科技大学通信工程学院、电子工程学院和人工智能学院,都有着长期教授"集成电路导论"课程的教学经验;大部分具有微电子学和集成电路博士学位,以及成功的集成电路设计和流片经历。

其中张犁曾成功研制了 SDH 光通信系列芯片。该系列芯片主要应用在光纤通信传输与交换设备中,并已大量装备在国产通信设备中,不仅实现了对进口同类芯片的完全替代,设备还大量出口;张犁参与研制的 640x480 DVS 传感器芯片,主要用于仿生视觉感知与成像,采用 0.18 μm CIS 与标准单元混合工艺, 芯片成像动态范围超过 100 dB, 功耗不到 220 mW。张犁所参与的专用集成电路项目的研究成果, 曾 4 次获得部省级科技进步二等奖, 其也是"集成电路导论"课程的最早建设者之一。

潘伟涛一直从事通信相关芯片的设计研究, 参与研制同轴有线接入领域的国产 HINOC 一代 (HINOC1.0)、二代 (HINOC2.0)、三代 (HINOC3.0) 共计五款芯片以及两代网络处理器芯片 (XDNP1.0 和 XDNP2.0) 和 40 Gbps 网卡芯片, 其中 HINOC2.0 商用版 SoC 芯片已量产并应用于国产替代产品中, XDNP2.0 芯片也已完成部分领域核心芯片产品的国产替代。

袁冰长期从事功率电子与系统集成研究, 先后成功设计 30 多款高性能、高效率电源管理芯片, 其中既包含多模式 DC-DC 变换器, 也包括多通道电源管理单元, 均已在协作单位实现批量生产, 负载范围覆盖 300 mA ~ 12 A, 频率范围覆盖 340 kHz ~ 3 MHz, 电压范围覆盖 2.5 V ~ 100 V, 已广泛应用于机顶盒、液晶电视、笔记本电脑等消费电子领域, 通信基站、数据中心等工业电子领域, 以及新能源汽车摄像头等汽车电子领域。

郭杰参与研制了我国第一颗宇航级高速图像压缩芯片"雅芯-天图"。该芯片具备满足处理速度和可靠性要求的大压缩比下高质量遥感图像压缩及恢复等主要功能, 在压缩效率、数据吞吐率、功耗、抗辐照能力等主要技术指标方面, 全面超越目前已知的国际同类型芯片, 在我国深空、深海探索领域发挥了重要作用。

邓军长期担任模拟电子技术基础、高频电子线路和通信原理的理论和实验教学, 曾多次荣获国家级和省级的教学创新奖、课程思政奖。

孙肖子是国家级教学名师, 是"集成电路导论"课的最早倡导者和建设者之一。

作者团队对编写大纲进行了多次集体讨论, 听取了企业校友的意见, 具体分工为: 张犁撰写了第 1、6、7 章; 潘伟涛撰写了第 2 和第 8 章; 袁冰撰写了第 5 章和第 3 章工艺角部分; 孙肖子撰写了第 3 章及第 4 章的第 1、2、6 节和第 5 节的一部分; 邓军撰写了第 4 章的第 3、4 节和第 5 节的一部分; 郭杰撰写了第 9 章。孙肖子、潘伟涛负责教材的策划、修改和统稿, 在教材编写过程中, 潘伟涛做了大量的组织工作。

致谢

本书在立项和编写过程中得到许多专家的支持和帮助。

首先感谢郝跃院士牵头的"战略性新兴领域'十四五'高等教育教材体系建设新一代信息技术 (集成电路)"项目吸纳本书作为其中的教材之一。在最关键的时候, 郝院士给予我们明确的指导, 解除了我们的疑惑, 增强了我们的信心。

感谢微电子学院院长郑雪峰教授、副院长胡辉勇教授和通信工程学院副院长顾华玺教授给予我们的指导和支持。

我们特别要感谢校友对我们的支持和帮助。早在 2005 年, 校友李福乐就将他在清华大学微电子所给本科生和研究生开设的"集成电路课程设计"的部分讲稿发给我们, 对我们帮助很大, 至今仍有很好的参考价值。

我们还要特别感谢贺巍、刘旭辉两位校友; 他们长期在企业从事集成电路设计工作, 对我们大纲的编写提出宝贵的建议。贺巍还就芯片架构、SoC 设计流程、芯片制造工艺等专门为编写组作了报告。

我们还要特别感谢两位主审庄奕琪教授和靳刚副教授。庄奕琪教授曾是西安电子科技大学微电子学院院长，也曾是学校"集成电路导论"课程的首席教授；靳刚副教授是学校"集成电路导论"课程的现任负责人。庄奕琪教授两次审阅书稿。第一次是审阅初稿，提出许多非常好的改进意见；书稿完成修改后他又再次审阅终稿，他还将自己多年的编著经验之作——《科技文档写作指南》推荐给我们，对我们帮助非常之大。

我们要感谢高等教育出版社的领导和编辑为本书的出版给予的支持和帮助。

我们要感谢所有帮助过我们的老师和同学。

由于我们的水平所限，书中仍会存在许多不足之处，望大家指正。编者邮箱：wtpan@mail.xidian.edu.cn。

编　者

2024 年 6 月于西安

目录

第1章 绪论

1.1 集成电路的概念与特征

一、集成电路的概念

集成电路（integrated circuit，IC），也称芯片，是一种将多个电子元件（如电阻、电容、电感、二极管、晶体管等）通过一系列复杂的微加工工艺集成在一个小型半导体基片上的微型电子器件，如图 1-1-1 所示。通过将这些元件及其互连线路集成在一个芯片上，可以实现特定的电路功能，如放大、计算、存储与控制等。

图 1-1-1　集成电路芯片

集成电路具有体积小、重量轻、功耗低、可靠性高等特点，并且可以实现高密度的功能集成，因此被广泛应用于现代电子设备中，是现代电子技术的基础与核心。

二、集成电路的主要特征

1. 高集成度

集成电路能够将成千上万甚至数十亿个电子元件（如晶体管、电阻、电容等）集成在一个小小的芯片上。这种电子器件的高集成度使得 IC 芯片能够实现非常复杂的功能。

2. 小型化和低功耗

由于集成电路将大量元件集成在一个微小的半导体芯片上，它们的尺寸非常小，这使得电子设备可以更加小型化和便携化。

现代集成电路设计和制造工艺技术使得 IC 芯片的功耗大大降低，这对于便携设备和能效要求高的应用非常重要。

3. 高性能和高复杂度

集成电路具有很高的通信带宽和高速运算处理能力，可以实现高速数据传输与交换以及复杂的计算和控制功能。这使得它们在通信设备、计算机和其他需要高性能通信与运算的领域得到了广泛应用。

集成电路可以实现非常复杂的电子功能，从简单的逻辑门到复杂的处理器和系统级芯片（system on chip，SoC），覆盖了极其广泛的应用领域。

4. 高可靠性

由于集成电路的一体化设计和先进的制造工艺，它们具有极高的可靠性和稳定性，能够在各种环境下稳定工作。

5. 低成本

大规模生产的集成电路能够显著降低成本，使得电子产品更加经济实惠。

以上这些特征使得集成电路成为现代电子设备和系统的基础与核心，推动了信息技术、通信技术和各类电子产品的快速发展与广泛应用。

随着信息技术、人工智能技术和大数据产业的进步与深度结合，尤其是基于大模型架构的生成式人工智能（artificial intelligence generated content，AIGC）应用的爆发式进展，迫切需要对海量且种类繁多的数据进行高效大规模的并行处理，这就对整个数据处理系统的计算能力也就是所谓的"算力（computing power）"提出了更高的要求。其中硬件平台对数据的计算处理能力与速度、海量数据的快速存取能力、数据传输与交换的带宽以及核心基础软件对复杂算法与数据结构的操作控制效率共同构成了算力的基础与核心。

基于最先进计算机体系架构和集成电路生产工艺设计制造的先进处理芯片决定了系统所能达到的峰值算力水平，而先进的核心基础软件则决定了整个处理系统所能实现的功能以及硬件系统中算力的运行效率。由此可见，先进数据处理芯片的设计必须是硬件思维和软件思维的高度融合，硬件体系架构、先进生产工艺以及核心基础软件的持续创新对于芯片算力的提升缺一不可。

随着前所未有的世界科技之大变局的曙光初现，"算力"已经和电力、交通及通信等一样成为国家必不可少的一项重要的基础设施及核心竞争力之一。一个国家的算力规模越大，科技与经济发展水平就越高。由此可见研究并发展集成电路设计与制造，实际上就是在提高国家的核心竞争力。

集成电路改变了生活，也改变了世界，集成电路已成为支撑国家经济社会发展和保障国家安全的战略性、基础性和先导性产业，是实现科技强国、产业强国的关键标志。集成电路将长时间处于大国科技和产业博弈的最前沿，具有举足轻重的战略地位。

三、现代集成电路的设计和制造的特点

现代集成电路产业的特点是"设计与制造分离"。集成电路设计单位拥有设计人才和技术，但不拥有生产线，无生产线（fabless）的集成电路设计公司可以独立生存与发展。而芯片制造企业则专心致力于生产工艺与实现技术，即代客户加工，称之为"代工"。二者分工明确，独立运作，但又互相联系，互相促进。也正是因为集成电路产业的这一特点，使得电子信息领域的研究人员可以深入到集成电路设计领域，极大地提升了集成电路产业的发展水平。

集成电路产业代表工艺技术水平的衡量指标主要有：特征尺寸、集成度、硅圆片直径、芯片面积及封装等。设计和制造两方面共同协作追求的目标是：多功能、高性能、低功耗，即集成电路的功能越来越强大、工作速度越来越快、单位功耗越来越小、单位制造成本越来越低，这也是集成电路发展最大生命力之所在。

四、学习集成电路设计的必要性

电子信息领域非微电子专业学生的优势在于具备系统的本专业背景知识，如果能够再具备芯片化的思维和知识，就一定能够做出本专业领域出色的专用集成电路（application specific integrated circuit，ASIC）芯片。比如中央处理器（central processing unit，CPU）芯片一定是计算机专业背景的人设计出来的会更好一些。因此，集成电路导论课程对于电子信息领域非微电子专业的学生、教师、高校，都具有重要的价值，能产生深远的影响。

对于电子信息领域非微电子专业的学生来说，学习集成电路导论课程有助于其形成系统性思维，意识到系统芯片化对性能提升的重要性，从而使学生拥有亲手构建出复杂系统或者子系统的能力。很自然地，学生就更容易在就业市场的竞争中脱颖而出。而硬件思维，作为系统思维的重要组成部分，有助于提高学生的科研能力。缺乏硬件思维的学生很容易陷入软件思维的惯性中，在设计芯片时只把实现具体功能当成最终目标，而忽略了为了完成目标所耗费的资源（成本）以及芯片的功耗是否够低和性能是否最优，最后生产出的芯片也会被市场所淘汰。事实上，从集成电路全产业链的角度系统来看，评价芯片的标准不止有功耗（power）、性能（performance）、面积（area）三个指标，工艺、封装、能效、成本等也是很重要的维度。无论从哪个维度上做出突破，都是非常有价值的研究。

1.2 集成电路的发展规律

我们了解集成电路的发展规律，是为了激发探索未知的好奇心，启迪创新思维和创新欲望，并从中了解包括集成电路在内的各种电子元件在发展过程中的主要追求与相关的技术手段。

1.2.1 从历史看电子技术和集成电路的发展

一、电子时代的曙光——电子管的诞生

集成电路的起源与发展和电子技术的发展有着密不可分的关系。我们今天所知道的电子技术发展史始于 19 世纪一系列具有里程碑意义的发现和发明。

1904 年，英国发明家约翰·安布罗斯·弗莱明（John Ambrose Fleming）利用爱迪生效应，发明了电子二极管。世界上第一个电子管（真空管）诞生，标志着人类进入了电子管时代。

电子二极管就是一个抽成真空的玻璃管，其内部封装有两个电极，分别称为阴极（cathode）和阳极（anode）。电子二极管具有单向导电的性质，因此最早被用作无线电收信机的检波器。

到了 1906 年，美国发明家李·德·福雷斯特（Lee de Forest）在电子二极管的灯丝和金属片阴阳两极之间增加了一根波浪形的金属丝（后来被改成金属网），称为栅极（grid），加上原来的阴极和阳极，真空玻璃管内就有了三个电极，这样就发明出了电子三极管。各种不同的真空三极管及相关电子设备如图 1-2-1 所示。由于电子三极管具有信号放大作用，而且可以作为受控的开关元件，因此许多人将电子三极管的发明看作电子工业真正的起点。在此

基础上，科学家和工程师们经过多年的努力，于 1946 年 2 月 14 日，研制出了电子管时代的巅峰之作——大名鼎鼎的埃尼阿克（electronic numerical integrator and computer，ENIAC），世界上第一部电子计算机由此诞生了。

图 1-2-1　各种不同的电子三极管及相关电子设备

电子管的应用领域非常广泛，到 20 世纪 60 年代初期，电子管年产量达到历史顶点，年产超过了 10 亿只。然而电子管有着与生俱来的缺点：体积大、能耗高、可靠性差，而且价格还很高昂。针对这些缺点，众多工程师不断努力，试图加以改进，但是最后都收效不大，由于人们意识到电子管的缺点无法从根本上加以解决，必须用新的材料来替换电子管，否则电子产业发展必将陷入瓶颈。

二、半导体时代的到来

早在 1874 年，科学家卡尔·费迪南德·布劳恩（Karl Ferdinand Braun）就发现并证明了某些天然矿石如金属硫化物具有电流单向导通的特性。科学家贾格迪什·钱德拉·博斯（Jagadish Chandra Bose）于 1894 年发明了如图 1-2-2（a）所示的矿石检波器。矿石检波器使用一根细金属丝与半导体方铅矿进行接触，利用接触点的单向导电性来进行检波，即从已调信号中检出调制信号。这种技术可以用来进行通信，于是，矿石检波器便开始用于无线通信，特别是基于其制造的收音机产品大量普及，极大加强了人类社会中信息的传递。矿石收音机如图 1-2-2（b）所示。

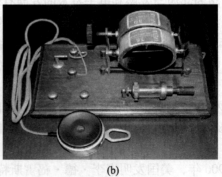

(a)　　　　　　　　　　　(b)

图 1-2-2　矿石检波器和矿石收音机

（a）矿石检波器　（b）矿石收音机

矿石检波器实际上是最早的半导体元器件的雏形。但是，由于对其工作机理不甚了解，基于半导体材料电子器件的研究停滞了很长时间，直到 20 世纪 20 到 30 年代，德国物理学家马克斯·卡尔·恩斯特·路德维希·普朗克（Max Karl Ernst Ludwig Planck）提出了固体能带理论，英国物理学家查尔斯·汤姆逊·里斯·威尔逊（Charles Thomson Rees Wilson）研究出了半导体的物理模型，苏联物理学家 A. C. 达维多夫（А. С. Давыдов）首先认识到半导体中少数载流子的作用，英国物理学家内维尔·莫特（Nevill Francis Mott）和德国物理学家华特·肖特基（Walter Hermann Schottky）共同提出了著名的"扩散理论"。他们的研究与贡献，使半导体物理的基础理论大厦逐渐奠基完成。

20 世纪 30 年代，贝尔实验室的科学家罗素·奥尔（Russell Shoemaker Ohl）认为，硅晶体是制作检波器的最理想材料。他们把高纯度硅熔合体切割成不同大小的晶体样品，实验过程中其中一块样品在光照后，一端表现为正极（positive），另一端表现为负极（negative），奥尔将其分别命名为 P 区和 N 区。就这样，奥尔发明了世界上第一个半导体 PN 结（p-n junction）。第二次世界大战结束后贝尔实验室加紧了对固体电子器件的基础研究，正式成立了由俗称"晶体管三剑客"的肖克莱（Schokley）、巴丁（Bardeen）和布拉顿（Brattain）等人组成的半导体研究小组。他们在半导体场效应理论和"表面态"理论研究成果的基础上，于 1947 年 12 月 23 日，成功研制了世界上第一只半导体三极管放大器。有史以来第一只晶体

管的三角形石英晶体底部的两个点接触是由相隔 50 μm 的金箔线压到半导体表面做成的，所用的半导体材料为锗，其实际结构如图 1-2-3 所示。试验中当金箔靠近锗表面时，可以观察到更多的电子和空穴，同时研究人员还注意到，通过触点的电流在金箔的另一个触点处被进一步提升和放大。该装置是一种典型的点接触式电子元件，在给其命名时，巴丁和布拉顿认为，这个装置之所以能够放大信号，是因为它的电阻变换特性，即信号从"低电阻的输入"到"高电阻的输出"。于是，他们将

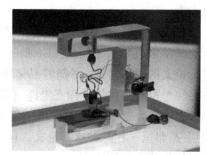

图 1-2-3　第一只点接触晶体三极管

其取名为 trans-resistor（转换电阻），后来缩写为 transistor。我国著名科学家钱学森，将其中文译名定为晶体管。

这一发现标志着电子行业以晶体管为主导的新时代的到来，人类社会从此迈入了朝气蓬勃、充满创新的半导体时代。

随后肖克莱改进了巴丁和布拉顿的晶体管设计，于 1951 年使用锗材料制造出了结型晶体管。肖克利的结型晶体管采用三层半导体的三明治结构，其外层比中间层包含更多的电子。肖克利解释说，这种设计允许电流流过夹在中间的半导体，从而可以制造更加稳定可靠并大批量生产的放大器。

1956 年，肖克莱、巴丁、布拉顿三人，因发明晶体管同时荣获诺贝尔物理学奖。

虽然早期的点接触和结型晶体管基于锗设计制作，但研究人员很快注意到半导体锗元件普遍会在结温达到 82 ℃（180 ℉）时发生故障。这是因为当锗被加热到比较高的温度时，它会在晶体管中引入过多的自由电子，从而破坏整个器件的工作。这一缺陷促使德州仪器（Texas Instruments，TI）的研究员戈登·蒂尔（Gordon Teal）在 1954 年发明了第一个硅晶体管。蒂尔的硅晶体管具有与锗晶体管相同的工作原理，但它可以承受高温。硅晶体管是 N-P-N 结构，通过生长结工艺进行制造。不久后世界上第一台晶体管收音机也诞生在 TI 公司，从

此宣告了电子管逐渐退出历史舞台。

硅晶体管的发展导致更多基于硅的半导体器件被发明，1960 年，贝尔实验室研究员马丁·阿塔拉（Martin M. Atalla）基于肖克莱的场效应理论，制造出了第一只采用金属、氧化物和半导体材料的金属-氧化物-半导体场效应晶体管（metal-oxide-semiconductor field-effect transistor，MOSFET），简称 MOS 管。与三明治结型晶体管不同，MOSFET 具有 N 型或 P 型半导体的沟道。当电压施加到沟道上时，会产生一个电场，它就可以像一个开关来控制打开和关闭晶体管中的电流。从此晶体管形成了双极性结型晶体管与金属氧化物场效应晶体管两大类。

晶体管的出现是电子技术发展史上的一座里程碑。它从根本上改进了真空电子管的各种缺陷，也正因为晶体管的性能如此优越，自其诞生之后，便被广泛地应用于工农业生产、国防建设以及人们日常生活中，最终使人类社会面貌发生翻天覆地的变化。

三、集成电路的起源与发展

早期的电子设备主要由分立元件组成，分立元件彼此之间的连线占用了电路板的大量空间，组装起来既昂贵又麻烦，因此科学家们在 20 世纪 50 年代中期开始寻找一种更简单的解决方案。

集成电路的思路最早可以追溯至 20 世纪 50 年代。1952 年 5 月 7 日，英国皇家雷达研究所的科学家杰弗里·杜默（Geoffrey Dummer）在美国电子元件研讨会上发表了一篇论文。在这篇论文的最后写道："随着晶体管的出现和半导体的广泛应用，现在似乎可以设想电子设备在一个没有连接线的固态电路（集成电路的最早的名称）中的应用了。该固态电路可以由绝缘、导电、整流和放大材料层组成，电子功能可以通过切割不同层的区域直接连接来实现。"杰弗里·杜默的这篇论文，可以说是目前全球半导体产业界、科学界公认的第一篇公开描述集成电路的论文。

虽然杜默清楚地提出了现代集成电路的概念，却因资源有限而没有能力将集成电路的想法转化为现实。到了 1958 年，刚入职美国德州仪器公司不久的杰出工程师杰克·基尔比（Jack St. Clair Kilby）在其思路引导下，进一步提出："由很多器件组成的极小的微型电路，是可以在一块晶片上制作出来的。"也就是说，可以在硅片上制作不同的电子器件（例如二极管、晶体管、电阻和电容），再把它们用细线连接起来。有了想法，基尔比立即开始着手实施自己的方案，最初，基尔比准备采用硅作为衬底，制作电路。但当时的 TI 没有合适的硅片，基尔比只能选择锗来进行实验。不久后，1958 年 8 月 28 日，基尔比采用半导体锗做出了带有 RC 反馈的单晶体管振荡器，如图 1-2-4 所示。这是世界上第一个采用单一材料制成的集成电路。从此，人类电子工业发展进入了一个全新的时代。

与此同时，另一位科学家也在这个领域取得了突破。这个人就是仙童半导体公司（Fairchild Semiconductor）的工程师罗伯特·诺伊斯（Robert Norton Noyce）。他发现，基尔比发明的集成电路依然采用飞线连接，根本无法进行大规模生产，缺乏实用价值。而诺伊斯的设想是：将电子设备的所有电路元器件都刻在一个硅片上，这个硅片一旦刻好就是全部的电路，可以直接用于组装产品。此外，其所在公司发明的蒸发沉积金属平面工艺技术，可以代替焊接导线，彻底消灭飞线，从而实现整个电路的完全固态化。诺伊斯设计的集成电路如图 1-2-5 所示。

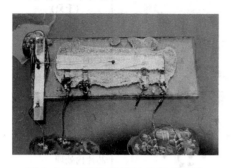

图 1-2-4　基尔比设计的集成电路

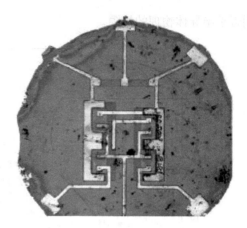

图 1-2-5　诺伊斯设计的集成电路

两位集成电路研究先驱所在的公司都为其发明申请了专利。1966 年，法庭裁定将集成电路想法（混合型集成电路）的发明权授予了基尔比，将今天使用的封装到一个芯片中的集成电路（真正意义上的集成电路），以及制造工艺的发明权授予了诺伊斯。基尔比被誉为"第一块集成电路的发明家"，而诺伊斯则是"提出了适合于工业生产的集成电路理论"的奠基人。

1960 年贝尔实验室关于金属-氧化物-半导体（metal-oxide-semiconductor，MOS）技术的发明，很快就引发了产业界的广泛兴趣，特别是美国无线电公司和仙童半导体公司。

1962 年，美国无线电公司的弗雷德·海曼（Fred Heiman）和史蒂文·霍夫施泰因（Steven Hofstein）实验性地采用 16 只晶体管集成了一个 MOS 器件，这是全球第一个真正意义上的 MOS 集成电路。

从电子管到晶体管再到集成电路的电子元器件的发展历程可以清楚地知道，更加精密的生产工艺以及更加先进的芯片物理结构是科学家和工程师们一直不懈努力所追求的目标。

四、摩尔定律

从电子管发明到半导体晶体管发明相隔 43 年，而从晶体管发明到集成电路发明仅相隔 10 年，如今集成电路仍在飞速发展之中。说到集成电路的发展特点及其趋势，就不能不提到一个传奇式的人物——戈登·摩尔（Gordon Moore），他是著名的仙童半导体公司八位联合创始人之一，更是名扬世界的英特尔公司的联合创始人。他在第一代集成电路诞生后不久，就极其敏锐地探查到集成电路发展的一般性规律，并于 1965 年应邀为《电子学》杂志 35 周年专刊写了一篇观察评论报告，在题为"让集成电路填满更多的元件"一文中他提出了影响世界集成电路研究与发展的著名的**摩尔定律**。其核心内容是：集成电路上可以容纳的晶体管数目大约每经过 18 到 24 个月便会增加一倍。换言之，电路的性能大约每两年翻一倍，同时价格下降到之前的一半。图 1-2-6 是多年来摩尔定律在微处理器集成电路性能发展以及存储器芯片价格方面的体现。

毫不夸张地说，摩尔定义了一个时代，他是全球半导体行业发展历程中最具影响力和开拓精神的杰出代表，是一位改变了世界科技格局的伟大人物。在摩尔定律的引导下，半导体集成电路领域的科学家和工程师们经过不懈的努力，正逐步地把集成电路的生产制造工艺推进到近乎半导体物理的极限。

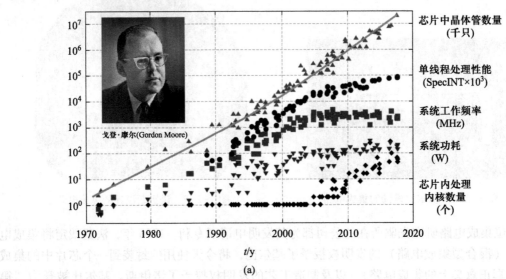

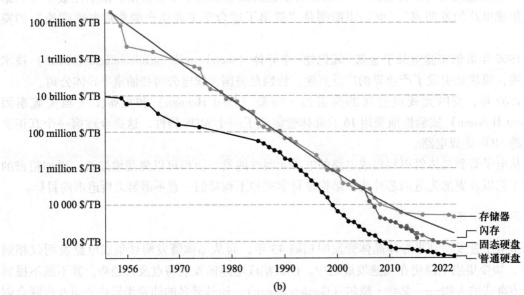

图 1-2-6　摩尔定律曲线图

(a) 摩尔定律在微处理集成电路性能发展中的体现

(b) 摩尔定律在存储器芯片价格方面的体现

1.2.2　从工艺技术看集成电路的发展

集成电路工艺技术水平，决定了集成电路的产业水平，当今集成电路工艺技术水平仍在不断提高，创新势头经久不衰。更高的性能、更快的速度、更小的能耗、更高的可靠性、更小的体积重量以及更低的价格和更好的普及率是科学家和工程师们一直不懈努力所追求的目标，而这也直接体现在集成电路及其整个产业发展的特点上。

一、"特征尺寸"越来越小

特征尺寸定义为当前工艺技术水平下器件中最小线条宽度，特征尺寸越小，集成电路生产工艺越先进。对 MOS 管而言，特征尺寸通常指栅电极下最小沟道长度（L_{min}）。**减小特征尺寸是提高集成度、提升速度、降低功耗和增强功能等一系列改进 IC 芯片性能的关键。**而这一点是由时–空关系这样最基本的物理法则来决定的。电子元器件工作的本质是受控地将电子从 A 点运送到 B 点，电子在介质（通常是硅）中运动速度恒定，那么若 A 点和 B 点间的距离越短，则电子从 A 点到 B 点的时间越短，消耗的能量也更低。这就是先进集成电路生产工艺与设计技术在不断地追求更小特征尺寸最主要的原因。目前最先进工艺的特征尺寸为 3 nm，并向 2 nm、1.4 nm 迈进，这已经非常接近硅基半导体 1 nm 的极限特征尺寸（1 nm 相当于 10 个硅原子大小，若小于此尺寸，就会产生严重的量子隧穿效应，晶体管中的电子和空穴就不再受约束，就会导致功能失效），再向前推进将会变得非常艰难。

需要指出的是，集成电路的大部分应用并不追求特征尺寸越小越好，一是没有必要，二是成本太高昂。目前市场上流行的工艺有 0.18 μm、0.13 μm、90 nm、65 nm、44 nm、28 nm、14 nm 等。而极限特征尺寸代表工艺水平的顶峰，一般只用于高性能多核微处理器、多核图像处理器（graphics processing unit，GPU）、手机芯片、大规模存储芯片之类的集成电路芯片中，它们为了追求超高的算力以及性能–功耗的平衡才需要这样极致的特征尺寸。数据分析显示，采用小于 10 nm 工艺节点的芯片数量仅占所有芯片的约 2%，表明此类高端制造技术的应用占比依然有限。尽管如此，由于它们位于集成电路产业和价值链的最高端，在战略地位、价格、附加值、利润率、产值以及国家科技竞争力方面却占据着绝对主导的地位，是必须努力加以攻克的技术难关。

二、"集成度"越来越高

集成度指的是一个芯片所包含的元件数目（晶体管数或逻辑门数，包括有源和无源元件）。集成度越高表明相同芯片面积集成的元件越多，电路功能越强，性能更高，性价比更好，因此集成度是 IC 技术进步的标志之一。从最初的小规模集成电路（small scale integration，SSI）到如今巨大规模集成电路（ultra large scale integration，ULSI）大约经历了六个阶段，从一个芯片上仅有几十个元件发展到千万个元件，甚至上亿个元件，例如 2023 年某公司发布的最新处理器芯片 M2 Ultra，其片内集成的晶体管数量达到了惊人的 1340 亿只！

三、晶圆片直径越来越大

晶圆片直径越大，可容纳的芯片数目越多，就可容纳越多的大面积芯片，这有利于降低成本。目前主流工艺中硅晶圆片直径为 12 英寸，正在向 18 英寸发展，图 1-2-7 是一个已完成芯片管芯制造的大圆片。

四、封装技术的重大创新

集成电路的布线层数越来越多（多数已超过 9 层）；用于输入/输出信号的 I/O 引脚也越来越多（已超过

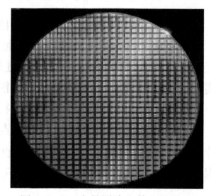

图 1-2-7　大晶圆片和其上的芯片

2000 条），引脚的电平形式也越来越丰富。这给封装技术带来了巨大挑战。当今流行的有表面安装封装技术（surface mount packge，SMP）和系统级封装技术（system in packge，SiP）。

为了增加集成度，一味追求特征尺寸缩小已经快到物理极限，一项重大的创新"3D封装技术（也称 3D 制造技术）"应运而生，其利用更多的空间维度，将晶体管堆叠起来。目前最具发展潜力的是一种和传统工艺相同的方法，即在晶圆上制作一层晶体管，然后将多个晶圆堆叠起来，晶圆之间通过硅通孔（through silicon via，TSV）连接。这一技术通常又被称为先进封装（advanced packaging），也称为高密度先进封装（high-density advanced packaging，HDAP），目前受关注度很高。该项技术发展迅速，晶圆之间互连的硅间通孔 TSV 密度越来越高，并且理论上不受堆叠层数的限制，典型 3D 封装芯片的结构如图 1-2-8 所示。目前集成电路制造厂商（foundry）逐渐不把其作为封装技术来看待，而将其视为晶圆制造的一个重要环节。由于增加了一个维度，其集成的晶体管数量可能会成千上万倍地增加，例如，3D 制造的闪存可堆叠 236 层，逻辑电路可堆叠 16 层，人们认为 3D 制造技术可能是摩尔定律可持续的重要原因之一。

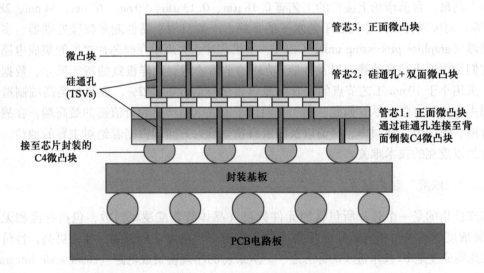

图 1-2-8　3D 封装芯片结构

1.2.3　从新材料角度看集成电路的发展

1. 采用新型的碳基芯片来取代目前的硅基芯片

从目前的科学研究来看，同等面积下的碳基芯片，性能要比硅基芯片高一倍甚至几倍以上。有研究表明 28 nm 的碳基芯片性能可以与 3 nm 的硅基芯片持平，如果未来这种技术能够实现，这意味着 1 nm 的碳基芯片性能就相当于 0.1 nm 左右的硅基芯片性能。

2. 采用迁移率更高的半导体材料

我们知道 MOS 管的特征频率 f_T 与载流子迁移率 $\mu_{n,p}$ 成正比，采用高迁移率材料可提高芯片的工作频率，增强芯片性能。例如用锗锡（GeSn）作为沟道材料可大幅度提高芯片速度，因为锗锡的电子迁移率比锗高，空穴迁移率是锗的两倍多。

3. 第三代半导体（宽禁带）材料的研究和应用

第三代半导体（宽禁带）材料是一类化合物，如氮化镓、氧化镓、碳化硅等，其研发与应用开辟了集成电路的一个新领域，在这方面，中国科学家做出了杰出贡献。

宽禁带新材料具有四方面突出优点，即

（1）优越的功率特性，可高压、高电流密度工作，耐高温、低损耗；

（2）优越的高频特性，很高的开关速度，在高频（几百吉赫）工作下仍能输出大功率；

（3）优越的光电特性，可制作发光器件；

（4）优越的高效能和低损耗特性。

我国科学家解决了 PN 结极小的正向导通电阻和极高的反向击穿电压不能兼得的难题，在保证小的正向导通电阻情况下做到反向击穿电压高达 10000 V，这是一项了不起的成就，大大推动了宽禁带器件的发展。当前第三代宽禁带半导体材料和器件已应用到射频通信，高压、超高压大功率电力电子、汽车电子和诸多特殊领域中。

4. 其他新型器件研究与应用

其他新型器件如单原子晶体管和碳纳米管场效应晶体管（carbon nanotube field effect transistor，CNFET）等，在 CNFET 中，源极和漏极之间的沟道由碳纳米管组成，其直径仅有 1~3 nm，这意味着其作为晶体管的沟道更容易被栅极控制。因此，与传统硅基晶体管相比，CNFET 在比例缩减上的潜力会更大。另外碳纳米管具有超高的室温载流子迁移率和饱和速度，室温下，碳纳米管中载流子迁移率大约为硅的 100 倍，饱和速度大约是硅的 4 倍。在相同沟道长度下，载流子迁移率越高，饱和速度越高，晶体管工作速度越快，并能提高能量的利用效率。碳纳米场效应晶体管还具备超低电压驱动的潜力，从而在低功耗方面具有巨大优势，在沟道材料的选择中，碳纳米管沟道同时具备了小尺寸、更好的尺寸缩减潜力和低功耗等关键因素，是电子学器件最重要的研究方向之一。碳纳米场效应晶体管和碳纳米反相器如图 1-2-9 所示。

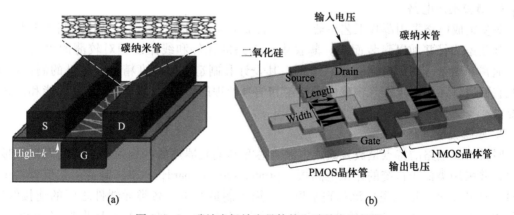

图 1-2-9　碳纳米场效应晶体管和碳纳米反相器

（a）碳纳米场效应晶体管结构图　（b）由碳纳米场效应晶体管构成的反相器

1.3　集成电路的分类

集成电路可以根据不同的分类方法进行归类，以下是一些常见的分类方法。

1.3.1　按功能分类

1. 模拟集成电路（analog ICs）

模拟集成电路用于模拟信号处理，典型的有运算放大器、滤波器、模拟开关、电源管理、模拟-数字转换器（analog to digital converter，ADC）和数字-模拟转换器（digital to analog converter，DAC）等。

2. 数字集成电路（digital ICs）：

数字集成电路主要用于数字信号处理，如逻辑门电路、微处理器 CPU、图形处理器 GPU、神经网络处理器以及各类存储器等。

3. 混合信号集成电路（mixed-signal ICs）

混合信号集成电路也被称为数-模混合集成电路，即同时包含数字和模拟电路功能。典型的有智能手机芯片、物联网（Internet of things，IoT）芯片等。随着生成工艺和集成电路设计技术的不断进步，集成电路芯片的电路越来越复杂、功能越来越丰富，片上系统（SoC）芯片越来越普遍，使数-模混合集成电路的设计与发展备受关注。

1.3.2　按结构形式和实现方法分类

一、半导体单片集成电路

这是最常见的 IC 类型，包括典型的单片集成电路以及采用先进 3D 封装技术生产的多管芯立体堆叠集成电路等。本教材主要针对的就是这一类型的集成电路芯片。

二、膜集成电路

膜集成电路也被称为二次集成电路，根据制造工艺不同又分成厚膜和薄膜两类。

1. 薄膜集成电路

薄膜集成电路采用薄膜工艺在蓝宝石、石英玻璃、陶瓷、覆铜板基片上制作电路元器件及其互连线，并加以封装而成。薄膜集成电路的元件和线路以相对较薄的膜层形式制造，通常在微米（百万分之一米）级别，其设计和制造需要高度精密和先进的制造技术，因此它们通常用于要求实现精确电子控制和信号处理的领域，以同时满足高性能和高精度的要求。

2. 厚膜集成电路

厚膜集成电路的特点是放置集成电路管芯和其他元器件的基板采用较厚的陶瓷或玻璃膜层，并采用类似于传统的印刷电路板（printed circuit board，PCB）制造工艺流程将金属材料（通常是金、银或铜）沉积到基板上，用于制造基板上各类元器件之间的连接线路。目前先进的厚膜集成电路甚至是 SoC 规格的电路已经开始使用多芯片模组（multi-chip module，MCM）堆叠技术来实现，如图 1-3-1 给出的三维立体厚膜集成电路结构，其所采用的低温共烧陶瓷（low temperature co-fired ceramic，LTCC）技术可以设计实现高频段的射频芯片。

相对于硅基单片半导体集成电路，膜集成电路的制造工艺更为复杂，并且通常成本较高，一般是在一些特殊领域，如军事、航空航天及特殊环境条件下应用。

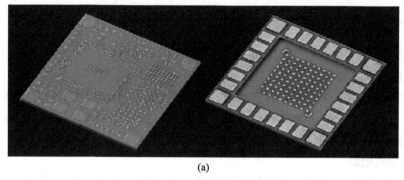

(a)

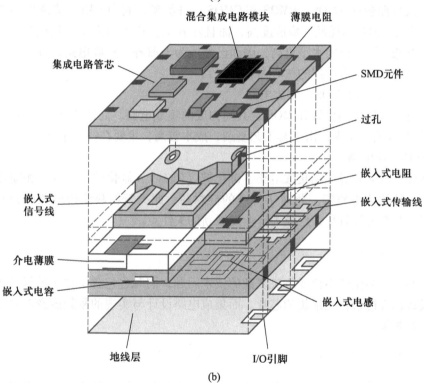

(b)

图 1-3-1　三维立体厚膜集成电路结构

(a) LTCC 射频芯片基板　(b) 组成结构

1.3.3　按生产目的分类

按生产目的分类可以分成以下两大类。

1. 通用集成电路

它是指具有广泛应用范围和标准化接口的集成电路，如运算放大器、逻辑门、存储器、CPU、MCU 等。或者说是能够在市场上批量购买的集成电路。

2. 专用集成电路

是指按用户的具体要求（如功能、性能或技术等），为其特定系统定制的集成电路，简称 ASIC。用户在很大程度上会参与这类集成电路的开发，因此其一般是用户专有的，难以在市场上批量购买得到。

1.3.4　按有源器件和生产工艺类型分类

按有源器件种类和生产工艺可以分成以下几类：

1. 双极型集成电路

这种集成电路主要由双极型晶体管构成，典型的有中、小规模数字集成电路，如晶体管-晶体管逻辑（transistor-transistor logic，TTL）和发射极耦合（emitter-coupled logic，ECL）集成电路以及很多模拟集成电路等。

2. MOS 集成电路

MOS 集成电路包括 NMOS、PMOS 和 CMOS 三种类型，其中 CMOS 集成电路由 NMOS 和 PMOS 共同组成，因其功耗低、集成度高，而且随着工艺技术的进步，其运行速度更快、系统噪声水平更低、综合性能水平更高，因而已经成为当前各类集成电路设计与生产的主流工艺技术，也是本教材重点讲授的核心内容。

3. 双极型-MOS（BiMOS）集成电路

BiMOS 是由双极型晶体管和 MOS 管共同构成的集成电路。高性能 BiMOS 集成电路于 20世纪 80 年代初提出并实现，由于其工艺复杂，成本较高，主要在特殊领域应用。

4. 新材料集成电路

包括锗硅（SiGe）异质结集成电路，砷化镓（GaAs）、氮化镓（GaN）和碳化硅（SiC）等化合物半导体集成电路等。相对于传统的硅材料，此类新材料集成电路因具有高速、高频、大功率、耐高温等特征，已成为产业发展新的关注点。

1.3.5　按实现方法分类

集成电路设计与生产不仅要解决复杂的技术问题，同时也包含了很多的经济因素，只有这样才能设计出性能价格比最优的芯片。而集成电路设计与实现的复杂度及芯片的成本与其实现方式密切相关。

一、全定制集成电路（full-custom design approach）

所谓全定制集成电路，是指按照用户要求，从晶体管一级开始设计，力求做到芯片面积小、功耗低、速度快（延迟最小），各方面都周密安排，达到性能价格比最优的实现方法。全定制集成电路的所有掩模层都要精细设计加工，适用于对质量要求最严格的芯片。

目前，产量极大的通用集成电路（CPU、存储器等）及大量应用的通信专用芯片，从成本与性能两方面进行考虑，均采用全定制技术，其要求有最佳尺寸，对拓扑结构要求最合理的布局，对连线要寻求最短路径，以精细的设计降低成本，以低价位优势占领市场。

一些标准逻辑单元的底层电路也采用全定制设计，而模拟电路由于参数复杂和规模性差，只能采用全定制设计。

二、半定制集成电路（semi-custom design approach）

半定制集成电路包括门阵列、门海、标准单元等。

对半定制集成电路，设计者在厂家提供的半成品基础上继续完成最终的设计，一般是在成熟的通用母片基础上追加选定电路单元的互连线及其掩模，因此设计简便，周期短，其设计与制造过程如图1-3-2所示。采用母片结构需要考虑电路规模和布线成功率，因此所选母片的电路规模往往要比实际的电路规模大很多，芯片有效面积利用率比较低，单片价格也比较高。

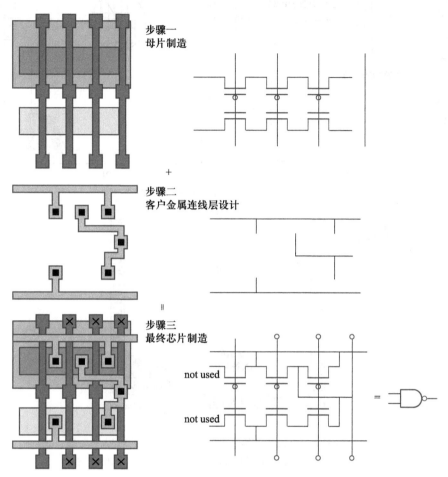

图 1-3-2 母片结构半定制集成电路设计与制造过程

1. 门阵列（gate array，GA）——有通道门阵列

门阵列就是将优化好的一行 NMOS 晶体管和一行 PMOS 晶体管排列成规则的阵列结构，阵列间有规则布线通道，负责各个晶体管之间信号线的连接，这样便形成了如图1-3-3（a）所示的门阵列母片结构。母片由厂家预先生产完成，提供给设计者作为后续设计的基础。设计者则根据自己设计的电路，在母片上选中已预制好的 MOS 晶体管，设计完成晶体管之间信号连线即可完成集成电路的设计。

2. 门海（sea-of-gates，SoG）——无通道门阵列

有通道门阵列每一布线通道的布线容量是一定的，如果连线太多，则很可能布线不成功。为此，要求所选择母片上晶体管的数量要比实际电路所需的多很多来确保布线的通过率，这样就造成大量晶体管被废弃，芯片面积利用率低。

门海也是母片结构形式的，但母片中没有预留的布线通道，全部由组成阵列结构的基本 MOS 管单元组成，因此其单位面积上基本单元的密度要比门阵列高很多。门海的布线是利

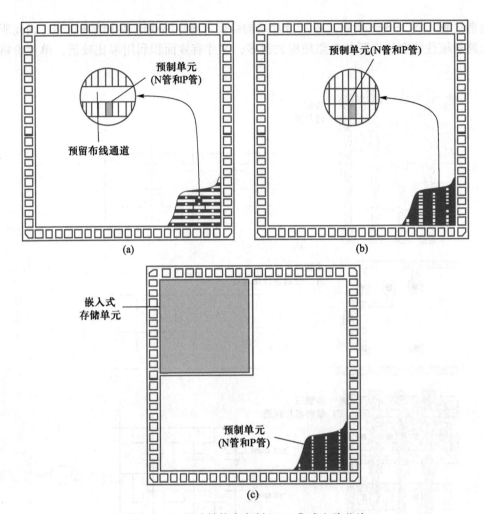

图 1-3-3   母片结构半定制 MGA 集成电路芯片

(a) 门阵列母片结构   (b) 门海母片结构   (c) 嵌入式门阵列结构

用未被选择使用的 MOS 管单元上方的空间进行的，所以若采用多层布线，则门海会有相当大的布线自由度，且芯片有效面积的利用率也更高。门海的母片结构如图 1-3-3 （b）所示。

3. 嵌入式门阵列 （embedded gate array）

又称为结构化门阵列 （structured gate array），它是在门阵列的基础上发展起来的一种更加适用于现代数字系统实现的半定制母片结构。现代复杂数字系统设计中，往往包含有大量的数据存储器，这些存储器如用门海中的 MOS 晶体管来构建会占用大量的母片资源，非常不经济。为此厂家提出的解决方案是把许多设计优化完成的基本存储器模块 （如 1K×8 bit） 预制在母片的固定区域，设计者根据设计中所需的存储容量和数据位宽将这些存储模块串-并联在一起，这样可节省资源，更方便用户。嵌入式门阵列结构如图 1-3-3 （c）所示。

"母片机制"是半定制门阵列与门海的基本概念和核心技术，因其在设计与制造时，芯片电路设计者只需生成芯片的金属布线层掩模，因而也被称为掩模门阵列 （masked gate array—MGA），其优点是设计周期短，少量应用时成本相较全定制要低；缺点是芯片面积有效利用率低，一般只能达到 50%左右。

4. 标准单元（standard cells）

标准单元法是指将电路设计中经常用到的基本逻辑单元的版图按照最佳设计原则，遵照一定外形尺寸要求设计好并存入单元库中，需要时再调用、拼接、布线。为了确保电路版图可以规则排列，各基本单元版图的设计遵照"等高不等宽"的原则，即高度必须相等，而宽度可以不相等。各基本单元版图都是无冗余设计，因此芯片有效面积的利用率很高。标准单元中基本单元的版图如图 1-3-4 所示。

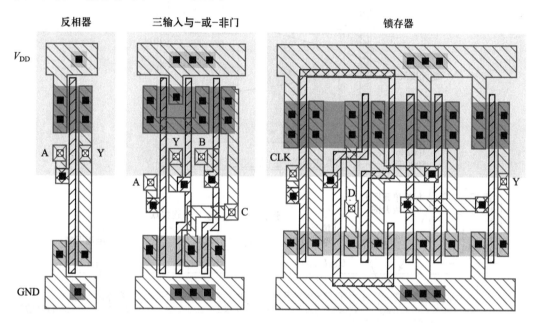

图 1-3-4　标准单元中基本单元版图

标准单元法集成电路芯片的版图如图 1-3-5 所示。

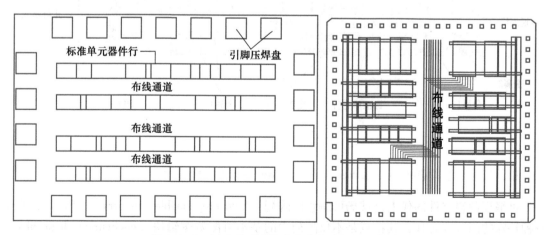

图 1-3-5　标准单元法集成电路芯片版图示意图

目前标准单元的单元集成度已经达到超大规模集成电路（very large scale integration，VL-SI）的规模，用这些单元作为"积木块"，用户根据接口定义将其连接在一起就可以"搭建"成所需的功能复杂的集成电路。这种方式又被称为基于胞元的设计（a cell-based IC，CBIC）。图 1-3-6 为基于胞元设计的示意图，其中最上部是采用标准单元设计的用户逻辑，下方面积较大的单元则是用户调用的胞元模块。

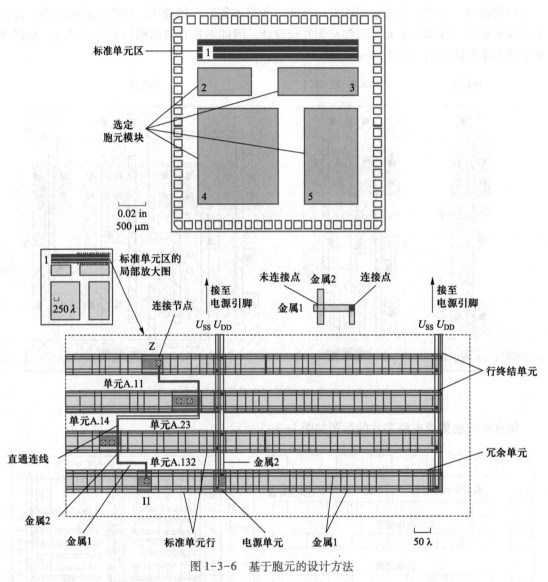

图 1-3-6   基于胞元的设计方法

三、可编程逻辑器件（programable logic device，PLD）

可编程逻辑器件的代表是现场可编程门阵列（field programable gate array，FPGA），它是一种特殊的门阵列芯片，其特点是不仅阵列中的基本可配置逻辑块（configurable logic block，CLB）可以通过编程实现其功能，而且基本逻辑块之间的信号线如何连接也可以通过编程来确定，从而实现了整个电路完全的可编程。FPGA 完全由厂家设计与制造，用户拿到的是没有经过编程的成品芯片，其所实现的功能与性能完全由用户编程确定，因此也被称为"万能芯片"。这种设计实现方式为快速原型设计和小规模应用的芯片提供了一种快速有效的手段。典型的 FPGA 芯片由可编程 I/O 单元、可配置逻辑块（CLB）阵列和可编程互连结构组成。典型 FPGA 芯片的通用架构如图 1-3-7 所示。

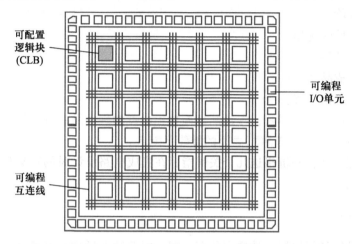

图 1-3-7 典型 FPGA 芯片通用架构

以上不同集成电路实现方式的设计方法、设计复杂度有着较大的区别，而且其成本构成也各不相同，具体采用哪一种实现方式主要由成本、价格、收益等经济因素确定，而影响最大的因素实际上是可售出芯片的总量。图 1-3-8 给出了产量、成本与设计实现方法之间的关系曲线，也称为集成电路设计实现技术收支平衡图。

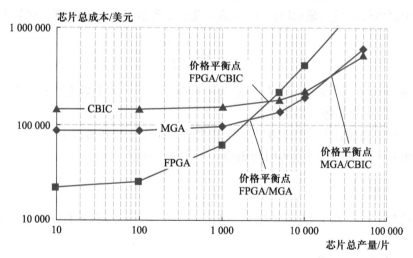

图 1-3-8 集成电路设计实现技术收支平衡图

1.4 对集成电路设计的要求

集成电路作为信息时代的基础，在国民经济和国家安全等领域起着至关重要的作用，其对功能、性能要求很高的同时对价格也很敏感，鉴于上述原因结合集成电路设计自身的特点，对集成电路的设计要求可以归纳为以下几个方面：

- 设计周期短，设计正确率高；
- 芯片面积小，集成度高；
- 高速，高性能；
- 功能完善，性能优越；
- 低电压、低功耗；
- 可测性好，成品率高；
- 总产量高，价格便宜。

集成电路设计的最高境界是：多功能、高性能、低功耗，从系统、架构、软件、工艺等诸多方面找到"性能"和"成本"之间的最佳平衡点。

其中芯片性能、功耗和价格这几个关键指标在集成电路设计时的定义与影响因素分析主要有如下几个方面。

1.4.1　集成电路的性能

集成电路的性能指标根据设计要求各有不同，但总的来说主要有速度、带宽、增益、噪声和线性度等。

一、集成电路工作速度

集成电路工作速度是各种不同类型集成电路设计都需要共同面对的主要指标之一。在集成电路设计中，晶体管是电路中对各项性能尤其是速度起决定性影响的关键元器件，因此一般是用电路中晶体管的最大延迟时间 T_{pd} 来表征集成电路的速度，其计算公式如下：

$$T_{pd} = T_{pdo} + U_L \frac{C_w + C_g}{I_p} \tag{1-4-1}$$

式中：T_{pdo} 为晶体管本征延迟时间；U_L 为最大逻辑摆幅，即最大电源电压；C_g 为扇出栅电容；C_w 为内连线电容；I_p 为晶体管峰值电流。

由上式可见，晶体管本征延迟越小，电路之间的连线电容和负载电容越小，电源电压越低，峰值电流越大，则芯片的延迟时间越小，工作速度越快。

二、集成电路的功耗

芯片的功耗不仅与其工作时的电压、电流大小有关，还与其器件类型、电路形式关系密切。

1. 有比电路和无比电路

就 MOS 集成电路而言，有由单一类型 MOS 管构成的 NMOS 电路或 PMOS 电路和由 NMOS 管和 PMOS 管共同构成的 CMOS 电路之分。

下面是一个简单的例子，如图 1-4-1 所示。图（a）为 NMOS 反相器，图（b）为 CMOS 反相器。对 NMOS 反相器而言，若输入为 1，驱动管 T1 导通，负载管 T2 也导通，输出电平是两个管子分压的结果，其分压比取决于驱动管和负载管宽长比。这种电路称为"有比电路"。有比电路在其输出保持静止不变的情况下有静态电流流过。

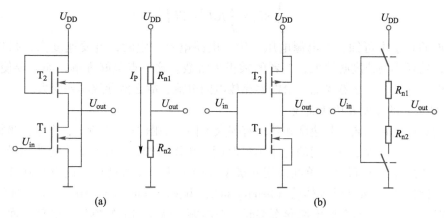

图 1-4-1　NMOS 反相器和 CMOS 反相器

（a）有比电路　（b）无比电路

而 CMOS 反相器是一个 NMOS 和 PMOS 互补的电路，当输入为 **1** 时，NMOS 管导通，PMOS 管截止，输出电压为 **0**，而当输入为 **0** 时，NMOS 管截止，PMOS 管导通，输出电压为 **1**，即等于 U_{DD}。这种截止管等效电阻趋于无穷大，导通管等效电阻趋于零，一管导通必有另一管截止，输出电平不分压（$U_{OH}=U_{DD}$）的电路称为"无比电路"。无比电路在其输出不变的情况下，必然会有一只晶体管保持截止状态，因此基本上不存在静态电流。显然，无比电路的静态功耗比有比电路要小。

2. 电路的功耗

（1）静态功耗

静态功耗是指电路停留在一种确定状态时的功耗。

有比电路静态时存在静态电流 I_P，其静态功耗为

$$P_{dQ}=I_P \times U_{DD} \tag{1-4-2}$$

无比电路的静态电流趋近于 0，其静态功耗为

$$P_{dQ}=0 \tag{1-4-3}$$

（2）动态功耗

动态功耗指电路在两种状态（**0** 和 **1**）转换时，对电路电容充放电所消耗的功率。

无比电路的动态功耗为

$$P_d=fCU_L^2 \tag{1-4-4}$$

式中：C 为各种电容之和；f 为信号频率；U_L 为电压摆幅（$U_L=U_{DD}$）。

可见，工作频率越高（或时钟频率越高）、各种电容越大、电源电压越高，则功耗越大。而且，功耗与电源电压的平方成正比，由此可知，减小电源电压对减小功耗有重大意义。另外，减小器件尺寸，缩短连线长度，可以减小各种电容，从而减小功耗，进而增加集成度。这一点对集成电路设计也具有指导意义，是设计者们一贯追求的目标之一。

3. 速度功耗积

由电路速度和功耗的分析计算方法可知，集成电路设计中的速度和功耗这两项指标是相互影响的，为此引入"速度功耗积"来表示速度与功耗的关系。用信号周期表示速度，则速

度功耗积可以表示为

$$\frac{1}{f} \times P_{\mathrm{d}} = \frac{1}{f} f C U^2 = C U_{\mathrm{L}}^2 \tag{1-4-5}$$

从上面的式子中可知，当电源电压一定，电路电容一定时，若要速度高，则功耗必然大。反之，功耗小则速度必然低，二者的乘积为常数。这一点很好理解，如果要使速度快，电容充放电时间短，则必然要加大给电容充放电的电流，故必然导致功耗变大。

4. 典型工艺的速度和功耗曲线

不同的集成电路工艺，其速度和功耗有很大不同。如图 1-4-2 所示，图中横坐标表示每个门的功耗，纵坐标表示每个门的传输延迟时间。由图可知，CMOS 工艺的功耗最低，砷化镓（GaAs）的潜在速度最高，单纯采用双极型硅的 ECL（发射极耦合逻辑）功耗大，一般应用不多，但以锗/硅异质结晶体管（heterojunction bipolar transistor，HBT）为元件的 ECL 电路和 BiCMOS 以及锗硅 CMOS 电路异军突起，在高频、高速和大规模集成电路方面展现出优势。CMOS 工艺因其低功耗特质和速度不断提高，仍为当今集成电路的主流工艺。

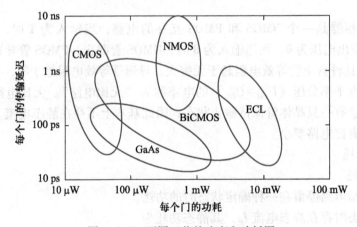

图 1-4-2   不同工艺的速度和功耗图

1.4.2   集成电路设计的特殊性以及对设计师的要求

一、集成电路的设计特点

集成电路设计与我们熟知的板级系统电路设计相比，从本质上而言都属于电路设计的范畴，但是两者之间还是存在如下一些明显差异，而这些差异也充分反映出了集成电路设计的特殊性。图 1-4-3 为板级系统设计与集成电路的设计实例。

1. 设计层次的不同

板级系统电路的设计，一般都是基于已有集成电路芯片的基础上，再辅以诸如电阻、电容、电感、二极管、晶体管及信号连接器等分立式外围辅助器件来进行设计的。而系统中选用的集成电路芯片一般均具有所需要的功能和相应的性能，设计时主要考虑的是系统功能模块划分和各个芯片之间如何正确地连接，如电平匹配和时序等，其设计层次一般是在功能模块一级，层次较高。

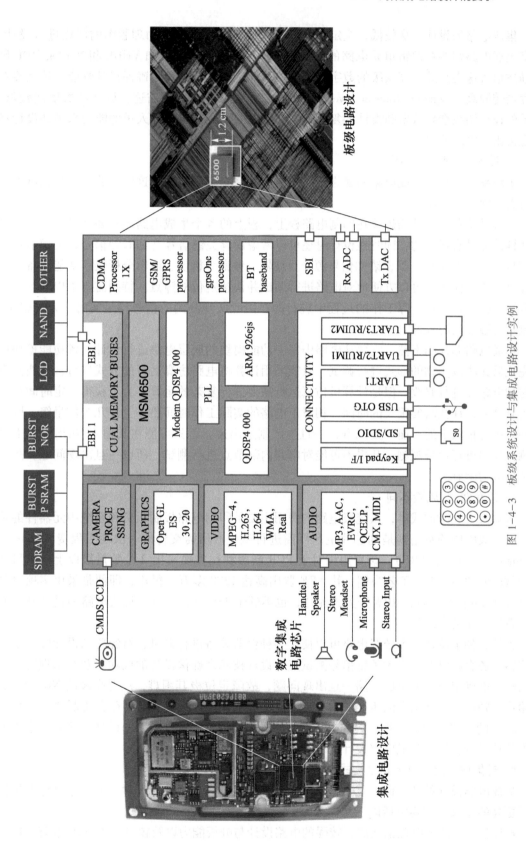

图 1-4-3 板级系统设计与集成电路设计实例

集成电路的设计层次较低，全定制的模拟集成电路甚至要在物理版图的层级进行设计，数字集成电路则要在逻辑单元电路的层次进行，虽然目前有了诸如 VHDL 和 Verilog HDL 硬件描述语言这类高效、高层级的数字集成电路设计工具，但是为了确保设计性能，依然要在寄存器传输级（register-transfer level，RTL）来对电路进行设计描述，设计层次依然较低。较低的设计层级会导致电路设计的复杂程度和难度的上升，对设计人员的能力水平和设计经验也提出了更高的要求。

2. 设计/调试方法不同

板级系统电路与集成电路的最终产品结构形式完全不同，因而这两者的设计与调试方法也有着非常大的不同。

板级系统各个元件均焊接在印制电路板上，板上的各个集成电路芯片如连接正常，其功能和性能都是有保障的，同时在设计时还可以考虑设置关键信号（如时钟信号、关键节点输出信号等）的测试点，配合诸如信号源、示波器、频谱分析仪、逻辑分析仪等功能完备、性能强大的测试仪器，可以方便地对电路进行调试并快速定位故障点。特别需要指出的是，整个调试工作是在电路实际工作的过程中进行的，因此所观测到的信号均是实时输入与输出，调测具有很强的时效性。

集成电路芯片则不然，它要从电路中每一功能模块的底层电路进行设计，各功能模块设计完成后无法以实物的形式进行调试，只能采用计算机电路仿真运行的方式进行，来找到有问题的电路并进行修改。但是计算机仿真运行需要进行复杂的运算，为了获得一定时间长度的仿真结果，往往需要很长的时间，相对于电路的实际工作时间要多上好几个数量级，因此时间效率是很低下的。而且集成电路一旦生产制造出来，就只可能在其输入/输出引脚上采用测试仪器进行信号观测，几乎不可能对电路内部节点进行测试，所以一旦出现问题，故障定位也极为困难。

3. 开发费用/风险不同

排除人工和附加成本，系统级电路的费用主要是印制电路板制版费和系统中元器件的费用，而集成电路的费用则是到芯片生产厂商进行试生产所需交付的一次性工程费（non-recurring engineering，NRE），该费用相对于 PCB 制版费往往要高出 2 个数量级以上，以目前最为常用的 20 nm 生产工艺为例，其 NRE 费用高达 1300 多万人民币，即便是采用多项目晶圆（multi project wafer，MPW）方式流片，也不低于 130 万元，可见集成电路的设计开发所需的费用是非常高昂的。

另外，如上所述，系统级电路可以使用多种仪器设备进行调试，有经验的设计师为了提高容错率还会在电路上设置关键信号测试点等设计技术来确保设计的成功以及在出现问题时对故障的准确定位。而集成电路一旦出现问题，故障定位极其困难，加上高额的 NRE 费用，留给设计师改正设计错误的机会非常少，因此集成电路设计行业长期存在有所谓"一次性设计成功"的说法，由此可见，集成电路设计的风险要远超系统级电路的设计，这就给集成电路设计技术以及从事集成电路设计的设计人员提出了非常高的要求。

4. 对集成电路设计人员的要求

集成电路设计的特殊性、复杂程度、高额代价以及高风险性，都对集成电路设计人员提出了更高的要求，主要包括以下几个方面：

● 具备扎实的电路理论功底、较强的电路设计与分析能力以及较丰富的设计实践经验；

● 对所设计电路涉及的相关领域基础知识扎实，对系统工作原理、算法以及结构有着充分的理解；

● 熟悉并能熟练使用相关的电子设计自动化（electronic design automation，EDA）工具；

● 熟悉集成电路生产工艺并能够与集成电路生产方进行有效的沟通；

● 熟悉集成电路设计方法与设计流程，并能在设计中严格遵循。

二、现代集成电路产业特点

随着集成电路生产和设计技术的不断发展，尤其是其工艺特征尺寸越来越小，其产业特点也越发凸显，主要表现为以下几个方面。

1. 极端的技术复杂性与创新速度

集成电路行业致力于制造更小、更快、更高效的产品，这导致了技术上的极端挑战，为了保持竞争力，企业必须持续不断地投入大量资金进行技术研发与升级。持续的创新是集成电路生产和设计企业竞争力的关键，为此需要大量的工程师、科学家和技术人员支持研发和生产。

2. 典型的资本密集型产业

先进的半导体制造工厂（晶圆厂）的建设往往需要投资数十亿甚至上千亿人民币，为了能够获取必要的利润，必须要进行大规模生产才能够降低单位产品的成本。

3. 产业分工明确

先进集成电路设计、生产以及测试技术的专业性越来越强，而且成本和价格因素又是决定集成电路芯片是否成功的重要因素之一，为了规避风险，现代集成电路产业的分工也越发明确。目前集成电路产业的企业形态有以下 5 种，其中最为主流的是后面的 3 种。

● 垂直整合制造（integrated design and manufacture，IDM）：即一家企业同时拥有集成电路设计、芯片制造、封装测试等多个环节。只有本身就拥有占据市场主导地位的集成电路芯片，企业才会采用此种方式，IDM 的代表企业有英特尔和三星等。

● 轻晶圆芯片企业（fablite）：这类企业重点聚焦芯片设计与市场营销，但也具有一定的芯片制造能力。典型 fablite 企业有意法半导体和恩智浦半导体。

● 无工厂半导体企业（fabless）：即没有芯片加工厂的集成电路企业，主要是单纯从事集成电路设计与应用开发的企业。fabless 的代表企业有美国高通公司（Qualcomm）和中国华为海思公司及紫光展锐公司等。

● 集成电路芯片代工企业（foundry）：指专注于芯片专业生产制造、委托加工的集成电路专业制造企业。这种模式专注于芯片制造工艺、IP 的研发，以及生产制造管理能力提升，为无工厂芯片企业提供委托加工服务。典型 foundry 企业有台积电、中芯国际及格罗方德等。

● 半导体封装测试代工企业（outsourced semiconductor assembly and test，OSAT）：指专业的芯片封装、封装后测试业务代工的企业。典型 OSAT 企业有长电科技和天水华天等。

三、多项目晶圆（MPW）计划

所谓多项目晶圆计划就是将几种到几十种工艺兼容的芯片拼装到一个宏芯片（macro-chip）上，这样可使昂贵的制版和硅片加工费由几十种芯片分担，从而大大地降低了芯片研制成本。MPW 技术服务更重要的意义在于在无生产线 IC 设计与代工制造厂之间建立了信息流和物流的多条公共渠道，将众多的无生产线 IC 设计单位（学校、研究所、中小企业）和代工制造单位联系起来，以最低的成本，最高的效率，促进微电子设计和制造产业的发展。

集成电路产业的这些特点反映了它在全球科技和经济中的核心地位，同时也揭示了面临的挑战与机遇。随着技术的不断进步和市场需求的变化，这个行业还将继续快速发展和变革。

1.5　集成电路的典型应用领域

集成电路传统的应用集中在计算机、通信和信息处理等领域。在计算机领域主要用到的芯片包括中央处理器 CPU、各类数据存储芯片，如 SRAM、DDR 及 Flash RAM，以及输入/输出外设芯片组等；在通信领域，则是各类基带信号处理芯片、传输与交换芯片、射频芯片以及网络处理芯片等；在信号处理领域，则是各种数字信号处理器（digital signal processor，DSP）、现场可编程门阵列 FPGA 以及各类专用集成电路 ASIC 等。当然，也有以上几种芯片结合在一起设计而成的功能复杂的片上系统芯片 SoC。随着万物互联、大数据以及人工智能时代的到来，集成电路芯片在这些新兴领域中占据了不可撼动的主导地位。

1.5.1　物联网（IoT）芯片

物联网芯片是构建万物互联世界的基础，它使得物联网设备能够连接到网络并与网络上其他设备进行通信，进行综合信息处理及任务决策。物联网芯片通常包括以下几个核心组件，一般采用片上系统 SoC 的设计实现方式。

- 嵌入式处理器：处理和执行设备上的计算任务，可以是 ARM、RISC-V 处理器或是各类微控制器 MCU。
- 存储器：包括 RAM 和存储设备，用于存储数据和程序代码。
- 无线通信模块：支持 Wi-Fi、蓝牙、Zigbee、LoRa、NB-IoT 等无线通信协议，使设备能够连接到互联网或局域网。
- 传感器和动作设备接口：连接和管理各种传感器，如温度、湿度、压力、光线等传感器以及需要控制的设备，如各类家用电器等。
- 电源管理：优化电池使用，延长设备的续航时间。
- 安全模块：提供加密和身份验证功能，确保数据传输的安全性。

物联网芯片被广泛应用于智能家居、工业自动化、医疗设备、智能城市和农业等多个领域。它们的主要目标是提供低功耗、高效率和安全的解决方案，以支持物联网设备的广泛应用和互联互通。

图 1-5-1 是华为海思 Hi3861LV100 物联网芯片的功能结构框图。该芯片是一款高度集成的芯片，集成了网络通信基带和 RF 电路，支持 IEEE 802.11 b/g/n 协议的各种数据速率；芯片中还集成了基于 ARM Cortex-M0 的嵌入式处理器，主频高达 160 MHz；此外还有硬件安全引擎以及丰富的外设接口，包括 SPI、UART、I2C、PWM、GPIO、多路 ADC 和高速 SDIO2.0 Slave 接口，最高时钟频率可达 50 MHz；芯片内置 SRAM 和 Flash，可独立运行及在 Flash 上运行程序；芯片采用低功耗设计技术，适用于电池供电的设备。该芯片被广泛应用于智能家电、智能门锁、低功耗 Camera、BUTTON 等物联网低功耗智能产品领域中。

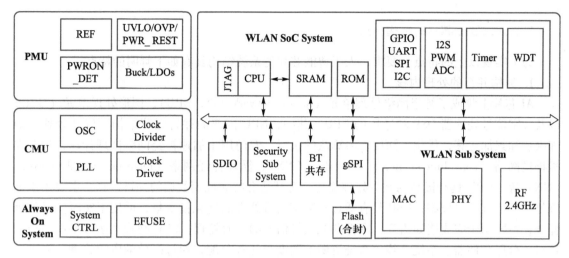

图 1-5-1 某公司物联网芯片功能结构框图

1.5.2 人工智能（AI）芯片

随着深度学习特别是基于大模型的生成式人工智能技术的迅猛发展，对其进行训练和推理所需要的计算量和计算能力要求也越发急切，这就极大地推动了各类人工智能芯片的设计与大量应用。人工智能（AI）芯片是专门为加速机器学习和深度学习任务而设计的集成电路。它们在数据分析处理、模型训练和推理方面具有很高的效能。

一、人工智能芯片的功能要求

人工智能芯片的主要功能特点与技术指标有如下三方面。

1. 高算力、高能效和低延迟

AI 集成电路设计的主要技术指标有高算力、高能效和低延迟。通过集成大量并行计算单元，并采用先进工艺提高系统工作频率来提升芯片与系统的算力，使之能够处理复杂的 AI 算法和大规模数据；通过优化电路结构和采用专用的硬件加速电路，来降低人工智能芯片的功耗，使之在提供高算力的同时，能保持较低的功耗，以适用于数据中心和边缘设备；通过优化的数据路径和高速存储访问，减少计算任务的延迟，使其适用于需要实时响应的 AI 应用，如自动驾驶和实时视频分析等。

2. 灵活性和可编程特性

AI 芯片必须支持多种 AI 框架和算法，具有可编程的能力，这样才能够适应不断变化的 AI 技术的发展和应用需求。

3. 高集成度及可扩展性

AI 芯片需要集成多种功能模块，如处理单元、存储单元和数据接口等，以减少系统复杂度，提高数据处理效率；与此同时，AI 芯片还需要具备良好的可扩展性，可以支持多芯片和多节点的扩展，适用于构建大规模 AI 计算集群，来实现对更大规模数据集和更加复杂模型的处理，从而提升整体计算能力。

二、人工智能芯片的结构特点

为了实现以上的特点与要求，人工智能芯片的系统结构具有如下鲜明的特点：

1. 异构并行的处理内核

AI 芯片上集成了神经网络处理单元（neural network unit，NPU）、图形处理单元（GPU）以及数字信号处理器 DSP 和通用的 CPU。其中，NPU 内部的并行运算结构可以高效处理矩阵乘法和累加运算，优化了深度学习算法的执行，专门用于加速神经网络推理计算，包括卷积神经网络（convolutional neural networks，CNN）、循环神经网络（recurrent neural network，RNN）等；GPU 具有极高的并行处理能力，尤其适合特大规模数据的并行运算，主要用于训练复杂的深度学习模型；DSP 具有适合于数字信号处理的优化指令集，适用于实时信号处理任务，主要用于完成诸如语音、图像和视频等信号的实时处理；CPU 则管理诸如外设与通信接口、分层存储器、系统总线等系统资源的调度与任务分配，通过高效的资源管理，来进一步提高系统的运行效率。

2. 高带宽大容量的片上数据存储

AI 芯片的片上存储包括高带宽内存（high bandwidth memory，HBM）和高速大容量片内存储器（SRAM/DRAM）两大部分，其中 HBM 具有极高的数据位宽，可以在各个并行处理单元间进行高带宽、低延迟的数据传输与交换，特别适合大数据量、高并行度的 AI 计算需求；高速大容量片内存储器则具有低延迟、快速访问的特点，主要用于存储输入数据、临时或中间结果数据以及最终的结果等。

3. 高速数据 I/O 接口与片间数据接口

AI 芯片高速 I/O 接口支持 PCIe、NVLink 等高速接口，实现芯片与外部设备的数据交换，并确保数据传输速率满足 AI 计算需求；而片间数据接口具有低延迟、高带宽的特点，用以在多芯片系统中实现芯片之间的数据传输，从而可以实现更大规模的并行计算架构。

4. 安全控制模块

该模块为硬件级安全措施，能够防止数据泄露和篡改，确保数据处理和存储的安全性。

图 1-5-2 华为公司昇腾 Ascend910AI 芯片的功能结构图。

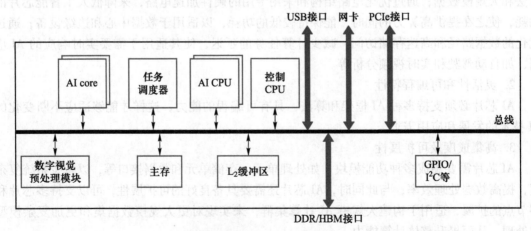

图 1-5-2 华为公司昇腾 Ascend910AI 芯片的功能结构图

该芯片本质上是一个片上系统（SoC），主要应用在和图像、视频、语音、文字处理相关的应用场景。其主要的架构组成部件包括特制的计算单元、大容量的存储单元和相应的控制单元。该芯片大致可以划分为：芯片系统控制 CPU（control CPU），AI 计算引擎（包括 AI core 和 AI CPU），多层级的片上系统缓存（cache）或缓冲（buffer），数字视觉预处理模块（digital vision pre-processing，DVPP）等。其中承担 AI 计算任务的算力核心是 AI 计算引擎中的 AI core，它负责执行与标量、向量和张量相关的计算密集型算子。AI core 采用了华为自研的达·芬奇架构，其电路结构如图 1-5-3 所示，从控制上可以看成是一个典型的异构处理系统架构。它包括了三种基础计算资源：矩阵计算单元（cube unit）、向量计算单元（vector unit）和标量计算单元（scalar unit）。这三种计算单元分别对应了张量、向量和标量三种常见的计算模式，在实际的计算过程中各司其职，形成了三条独立的执行流水线，在系统软件的统一调度下互相配合达到最优的计算效率。

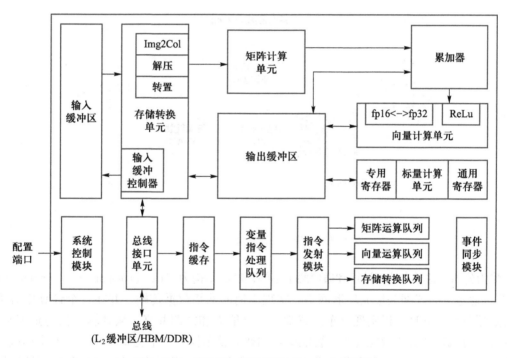

图 1-5-3　华为达·芬奇架构 AI core 电路结构

1.5.3　新能源及智能汽车集成电路芯片

新能源汽车在全球范围内迅速崛起，成为汽车工业革命的标志性成果。与传统燃油汽车相比，新能源汽车最显著的特点在于其"三电"技术——电池系统（电池）、电驱动系统（电驱）、电控制系统（电控）。这三大核心技术共同构成了新能源汽车的动力和控制中枢，不仅决定着车辆的性能和安全性，而且直接影响到能效和环保水平，而上面这三大系统的功能、性能与技术水平则完全取决于相关集成电路的设计与制造水平。新能源汽车特别是智能化的新能源汽车则是集成电路芯片综合应用的集中体现，整车芯片数量甚至多达 3000 颗！

一、新能源及智能汽车的电子电气架构

为了能够对以上新能源汽车三大核心技术进行综合优化设计与应用，就需要采用最先进的汽车电子电气架构（electrical/electronic architecture，EEA），具体就是在功能需求、法规和设计要求等特定约束下，通过对功能、性能、成本和装配等各方面进行分析，将动力总成、传动系统、信息娱乐系统等信息转化为实际的电源分配物理布局、信号网络、数据网络、诊断、电源管理等的电子电气解决方案。

目前最典型的 EEA 就是所谓的"三域 EEA 架构"，这三个域分别是车辆的整车控制域、智能驾驶域和智能座舱域，每个域的核心都是与之相关的集成电路芯片。华为公司研发的智能汽车 EEA 也采用了三域架构，但是通过增强的智能联网功能对其进行了一定的升级，以应对未来的"车联网"技术应用的普及。图 1-5-4 是华为公司智能汽车 EEA 示意图。

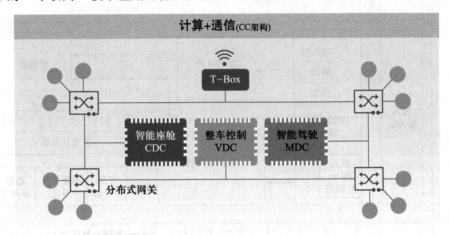

图 1-5-4 华为公司智能汽车 EEA 示意图

华为公司称这种专注于计算和通信两个主要领域的架构为"CC（computing /communication）架构"，通过分布式网关形成环形网络，实现高速的网络数据传输，并在三个计算中心进行实时数据分析和处理，以实现整车的感知、计算能力和能源共享。从计算架构的角度来看，华为公司将汽车划分为智能驾驶、智能座舱和智能整车控制三个主要领域，并推出相应的开放平台和操作系统（自动驾驶操作系统 AOS、鸿蒙智能座舱操作系统 HOS 和车辆控制操作系统 VOS）。

二、新能源及智能汽车的常用集成电路类型

1. 智能驾驶域核心芯片

华为公司在智能驾驶域（mobile data center，MDC），采用高级驾驶辅助系统（ADAS）芯片组，其中集成了图像传感器、毫米波雷达芯片、激光雷达（LiDAR）芯片、华为昇腾 AI 芯片和 AOS 操作系统，以及标准化硬件产品和配套工具链等，可以实现 L2+ 至 L4 级别自动驾驶系统应用开发。

2. 智能座舱域核心芯片

华为公司的智能座舱域（cockpit domain controller，CDC），包含音、视频编解码器、显

示控制、多媒体接口芯片以及麒麟 SoC 芯片和鸿蒙 OS 系统，可实现跨终端的互联。基于此平台，使用 Hicar 手机映射方案提升车辆使用体验，并开放 API 接口，为跨终端的软件供应商开发座舱应用提供便利。

MDC 和 CDC 域的芯片需要提供极高的算力和通信带宽，需要采用目前最先进的集成电路设计与生产工艺才能实现设计目标。

3. 整车控制域核心芯片

整车控制域（vehicle domain controller，VDC），包含动力总成控制、整车控制（BCM）和能源管理（EV）等，需要的集成电路芯片种类繁多。包括用于控制的车载网络通信芯片、安全芯片、传感器芯片、微控制器（MCU）芯片、引擎控制单元（ECU）芯片、系统基础（SBS）芯片和用于功率驱动的电池管理系统（BMS）芯片、动力系统驱动芯片等。

其中用于动力驱动的主要是大功率芯片，如功率转换 IC 芯片、IGBT 驱动模块等。这类 IC 芯片很大部分采用诸如氮化镓、碳化硅这样的化合物半导体工艺设计生产，可以在确保输出功率的同时，还能够具有很高的效率，节能效果突出。图 1-5-5 是 IGBT 驱动模块的结构示意图。

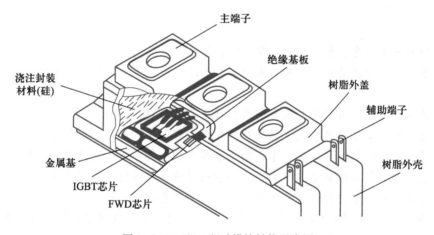

图 1-5-5　IGBT 驱动模块结构示意图

而用于控制的 IC 基本上都是数-模混合集成电路，采用成熟工艺设计制造，是车载电子系统中用量最大的基础类芯片，约占整车芯片总数的 90% 以上。图 1-5-6 是车载芯片中用量最大且最基础的系统基础芯片（System Basis Chip，SBS），其中的电源管理部分包括线性电源和开关电源电路；通信接口部分包括 CAN、CANFD 以及 LIN 车载总线收发控制器；诊断和监督部分包括输入唤醒、看门狗、复位、中断以及对电路诊断后的失效输出等电路功能，同时还有功能安全监测特性。

对于车载芯片而言，其种类繁多、功能多样，电路类型、设计与生产工艺多样，每种类型的芯片都有其特定的应用领域和技术要求。但它们共同的特点是需要在恶劣的汽车内、外部环境中保持高可靠性和长寿命，这是车规级芯片设计与生产的主要难点之一。为此车载芯片通常要经过严格的质量和可靠性测试，以确保其在极端温度、振动和电磁干扰条件下性能的可靠与稳定。

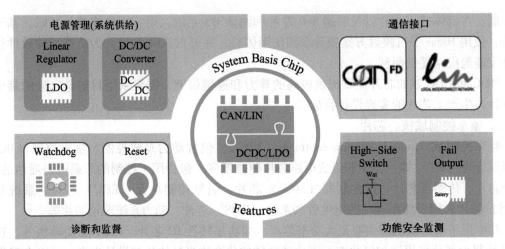

图 1-5-6　车载 SBS 芯片结构与功能特点

思考题与习题

1-1　解释基本概念：集成电路、集成度、特征尺寸。

1-2　集成电路芯片功耗与哪些因素有关？电源电压由 1.8 V 降低到 1.0 V，功耗将降低多少？

1-3　集成电路的价格与哪些因素有关？什么是 NRE 费用？

1-4　集成电路最小线宽指的是什么？从规模而言，集成电路发展经历了哪几个阶段？

1-5　什么是全定制、半定制？半定制又分哪几种，其各自的特点及应用场合是什么？

1-6　模拟集成电路的特点是什么？它们应采用哪一种设计与实现方式？

1-7　请简述集成电路先进生产工艺与先进封装工艺之间的关系。

1-8　多项目晶圆（MPW）技术的特点是什么？对发展集成电路设计有什么意义？

1-9　什么是无生产线集成电路设计？其特点是什么？

第2章 集成电路制造工艺基础及版图设计

本章简单介绍集成电路制造工艺基础及版图设计。芯片制造工艺在整个芯片产业链中占据核心地位，同时版图设计是芯片制造的基础。从设计到成品，芯片产业包括概念设计、电路设计、工艺开发、制造、封装测试等多个环节。尽管设计阶段确立了芯片的性能和功能，但若无先进的制造工艺，这些设计便无法转化为实际的物理形态。

2.1 集成电路材料及工艺概述

集成电路（IC）的制造是一个复杂的过程，涉及精密的材料选择和先进的工艺技术。集成电路材料与工艺的发展是推动电子设备性能提升、尺寸缩小和成本降低的关键因素。制造集成电路所用的材料很多，基本的有三类：即导体、半导体和绝缘体。如图2-1-1所示，在化学元素周期表中，从20世纪80年代开始到21世纪，越来越多的元素被应用到集成电路的制造中，21世纪以来就有47种新材料应用到集成电路制造过程中。

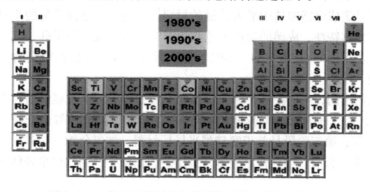

图2-1-1 集成电路制造中用到的元素（彩图见插页）

集成电路材料与工艺的发展是相辅相成的。随着新材料的发现和新工艺技术的创新，集成电路的性能不断提升，尺寸不断缩小，集成度不断提高。在未来，我们可以期待更多新型材料和先进工艺的应用，如二维半导体材料、新型存储技术、新型晶体管结构等，这些将为集成电路的发展带来新的突破和机遇。

2.1.1 集成电路中的材料

集成电路的制造涉及多种材料，其中最基本的三类材料是导体、半导体和绝缘体。导体、半导体和绝缘体的电学性质主要由它们的能带结构决定。能带结构是指固体材料中电子能级的排布情况，特别是价带和导带的能量分布。这些材料在集成电路中扮演着关键的角色，它们的选择和应用直接影响到集成电路的性能、可靠性和成本。以下是对这三类基本材料的详细介绍。

1. 导体

导体的最显著特征是具有高的电导率，这主要是因为它们的能带结构中存在部分填充的能带，称为导带。在导体中，价带（电子填充的能带）和导带之间的能隙非常小，甚至不存在。这意味着电子可以在不需要太多能量的情况下从价带跃迁到导带，从而自由移动并参与导电。

导体是容易导电的材料，它们在集成电路中用于制造电气连接和传输电流的路径。最常见的导体材料是金属，尤其是铜（Cu），因为它具有优良的导电性和相对较低的成本。其他导体材料还包括铝（Al）、金（Au）、银（Ag）等，它们在特定的应用中也有广泛的使用。

2. 半导体

半导体的电导率介于导体和绝缘体之间，并且可以通过掺杂或改变温度等方法进行调控。半导体的能带结构特点是价带被填满，导带为空，两者之间存在一个相对较小的能隙。这个能隙比绝缘体的禁带小得多，因此电子在适当的条件下（如掺杂、光照、升温等）可以较容易地跃迁到导带，从而参与导电。

- **本征半导体**：纯净的半导体，未经过掺杂，其导电性主要由热激发产生的电子-空穴对决定。

- **掺杂半导体**：通过添加少量杂质原子（掺杂剂）来改变半导体的导电性。N 型半导体是通过掺入五价元素（如磷）来增加自由电子的浓度，而 P 型半导体是通过掺入三价元素（如硼）来增加空穴的浓度。

半导体材料是集成电路制造中最为关键的材料。硅（Si）是最常见的半导体材料，因为它具有优良的半导体特性、成熟的制造工艺和相对丰富的资源。除了硅，其他半导体材料如锗（Ge）、砷化镓（GaAs）、磷化铟（InP）、氮化镓（GaN）等也在特定的集成电路应用中发挥着重要作用。

从出现年代的不同，我们把半导体原材料的发展分类为三个发展阶段，第一阶段是以硅（Si）和锗（Ge）为代表的第一代半导体材料；第二阶段以砷化镓等化合物为代表，还有磷化铟（磷化铟）等；第三阶段是基于宽禁带半导体材料，如氮化镓（GaN）、碳化硅（SiC）、硒化锌（ZnSe）等。目前，第三代半导体发展迅速，而第一、第二代半导体在工业中仍得到广泛应用。

第一代半导体以硅（Si）为代表。出现于 20 世纪 50 年代至 70 年代，发展历程：20 世纪 50 年代，硅晶体管的发明标志着第一代半导体的开始。20 世纪 60 年代，集成电路（IC）出现，硅成为电子工业的基础材料。20 世纪 70 年代，微处理器的发明进一步推动了硅基半导体技术的发展。硅具有适中的电子迁移率和良好的热稳定性。丰富的资源和成熟的制造工艺使其成本较低。适用于大规模集成电路的制造，广泛应用于计算机、消费电子等领域。

第二代半导体以砷化镓（GaAs）和磷化铟（InP）等Ⅲ—Ⅴ族化合物为代表。诞生并崛起于 20 世纪 70 年代至 90 年代。20 世纪 70 年代，砷化镓等Ⅲ—Ⅴ族化合物半导体材料开始被研究和应用。20 世纪 80 年代，这些材料在高速电子器件和光电子器件中得到广泛应用。20 世纪 90 年代，随着移动通信和互联网的发展，对高频、高速半导体材料的需求增加。第二代半导体材料具有高电子迁移率，适合制造高速电子器件。具有良好的光学特性，适用于光电子器件如激光器和光电探测器。这类半导体材料相对于硅，成本较高，主要用于特定的高性能应用。

第三代宽禁带半导体以碳化硅（SiC）和氮化镓（GaN）为代表。出现于 20 世纪 90 年代。20 世纪 90 年代，碳化硅和氮化镓的研究开始受到重视。21 世纪初，随着材料生长和器件制造技术的进步，这些材料开始商业化。近年来，第三代半导体材料在新能源汽车、5G通信、军事和航空航天等领域的应用不断扩展。第三代宽禁带半导体的宽禁带宽度，使其能够在高温、高功率和高频率环境下工作。因其高电子迁移率和高击穿电压，使其适合制造高效率的功率器件。其耐高温和抗辐射性能，使其适用于恶劣环境和高性能要求的场合。

每一代半导体材料的发展都与当时的技术需求和应用场景紧密相关。第一代硅半导体奠定了现代电子工业的基础，第二代Ⅲ—Ⅴ族化合物半导体材料满足了高速通信和光电子领域的需求，而第三代宽禁带半导体则为高温、高功率和高频应用提供了解决方案。

3. 绝缘体

绝缘体的特点是具有很低的电导率。在绝缘体的能带结构中，价带被完全填满，而导带是空的。价带和导带之间存在一个很大的能隙，称为禁带。电子要跃迁到导带并参与导电需要克服这个大能隙，而这在常温下是非常困难的，因此绝缘体中的电子几乎不参与导电。

绝缘体材料在集成电路中用于电气隔离，防止电流泄漏和短路。它们通常被用作介电层、绝缘层或封装材料。二氧化硅（SiO_2）是一种常用的绝缘体材料，因为它与硅的良好兼容性和优异的介电性能。除了氧化硅，其他绝缘体材料如氮化硅（Si_3N_4）、氧化铝（Al_2O_3）、氧化锆（ZrO_2）等也在集成电路的制造过程中发挥作用。

除了上述三类基本材料，集成电路的制造还涉及其他多种材料，包括用于制造封装的塑料和陶瓷、用于散热的热界面材料、用于光刻的光敏胶等。这些材料的不断发展和创新，推动了集成电路技术的进步和电子产品性能的提升。随着新材料的发现和应用，未来的集成电路制造将更加高效、经济和环保。

本书主要介绍以硅为代表的第一代半导体相关内容，本章主要介绍基于硅的 CMOS 工艺技术。

2.1.2 集成电路制造工艺概述

集成电路制造工艺是一个复杂的过程，涉及多个步骤和技术，旨在将电子元件（如晶体管、电阻、电容等）集成到单一的硅片上。这个过程不仅需要精密的工程设计，还需要高度控制的制造环境。要达到集成电路制造的基本要求，必须具有先进的集成电路生产线。一条标准的集成电路生产线（foundry），一般包括生产工艺需求的超净间和生产辅助厂房等各类建筑，以及晶圆片工艺和封装测试工艺所必需的设备，包含超纯水、电力、高纯气体、超净高纯化学试剂等的供应系统，以及废水、废气等有害物质的处理系统等组成的生产集成电路产品所需要的整体智能制造环境。随着工艺节点的缩小，所需的生产设备变得更加复杂和精密。例如，7 纳米（7 nm）和 5 纳米（5 nm）工艺需要使用极紫外（EUV）光刻机，这种设备的单价非常高昂。因此，随着半导体工艺水平的不断提升，建设更高工艺水平的芯片生产线所需的投资成本也在不断增加。

在一条标准的集成电路生产线上，芯片的制造一般分为五个阶段：原料制备、芯片加工、芯片的测试/拣选、装配与封装、终测。

1. 原料制备

在这个阶段，首先是硅材料的提纯和制备。从硅矿石中提取硅，然后通过多步骤的化学和物理过程将其纯度提高到制造集成电路所需的水平。接着，高纯度的多晶硅被熔化并在控制的条件下生长成单晶硅锭，这个过程通常使用直拉法或区熔法。

- 直拉法（Czochralski method，CZ）：这是最常见的单晶硅生产方法。在 CZ 法中，高纯度的多晶硅被熔化在一个耐高温的石英坩埚中，然后通过缓慢提拉一个晶种，使硅原子在晶种上有序排列，形成单晶硅锭。

- 区熔法（floating zone method，FZ）：这种方法通过加热硅棒的中间部分，使其熔化并形成一个小的熔区，然后通过移动加热器和硅棒来控制熔区的位置，从而生长出单晶硅。

单晶硅锭是将直径为 75~300 mm，长度约为 1 m 的圆柱体切成 0.5~0.7 mm 厚，100~300 mm（4~12 英寸）大小的晶圆片。在晶体生长过程中，掺入 N 型或 P 型杂质可形成 N 型或 P 型衬底。

2. 芯片加工

裸露的晶圆片被送到芯片制造厂。目前，芯片制造厂更多的是指代工厂。代工厂根据集成电路设计公司提供的电路版图，在各种复杂昂贵的加工设备中经过各种物理、化学加工工序后，将这些版图对应的图形，即需要集成的电路永久性地刻蚀在硅片上，这一过程称为芯片加工，这个阶段也是集成电路制造过程中的核心阶段。加工工序主要包括氧化、淀积、离子注入、溅射、光刻、刻蚀和清洗等。在半导体制造系统中，芯片加工过程最为复杂。

3. 芯片的测试/拣选

芯片制造完成后，芯片就被送到测试/拣选区，在那里进行单个芯片的探测和电学检测。然后挑选出合格与不合格的芯片，并为有缺陷的芯片做标记，测试合格的芯片将继续后面的工序，而不合格的芯片则被淘汰掉。

4. 装配与封装

利用带金刚石尖的锯刃将每个硅片上的芯片分开，该过程也称为划片。测试合格的芯片经减薄后，粘在一个厚的塑料膜上，送到装配厂被压焊、抽真空形成装配包，稍后被密封在塑料或陶瓷管壳里。最终的实际封装形式随芯片类型及应用场合而定。

5. 终测

这是集成电路生产过程的最后阶段，涉及对封装好的芯片进行最终的功能和性能测试。这些测试确保芯片满足设计规格，并能够在实际应用中正常工作。筛选后，满足要求的成品被发送给客户使用。

2.2　基本的半导体制造工艺

2.2.1　多晶硅

硅除了以单晶形式存在外，还以多晶的形式存在。如图 2-2-1 所示，多晶硅从小的局部区域去看，原子结构排列十分整齐，但从整体上看却并不整齐。多晶硅的特性可随结晶度和杂质原子改变。多晶硅在 MOS 工艺中可作为连线电阻，特别是作为栅极的工艺称为"硅栅工艺"，"硅栅工艺"的突出优点是具有"自对准"功能，即以多晶硅栅极作为制作源区、漏区的"掩模"，使源-栅、漏-栅之间的交叠达到最小，从而改善了器件的性能。此外，多晶硅还广泛应用于太阳能电池的生产中，尤其是在制造较为经济型的太阳能面板时。虽然多晶硅太阳能电池的效率通常低于单晶硅太阳能电池，但由于其较低的成本，多晶硅仍然是太阳能行业中一个重要的材料选择。

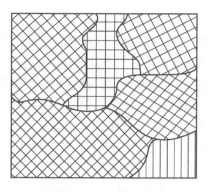

图 2-2-1　多晶硅

杂质可以控制多晶硅的电阻率变化（$0.005 \sim 500\ \Omega/\text{cm}$）。在多晶硅沉淀过程中加入定量的氮氧化合物可使其部分氧化，形成半绝缘层，可用于芯片表面"钝化"，以保护芯片表面不受"污染"。

多晶硅的制造成本相对较低，因为它可以通过将硅熔化后冷却来制备，不需要像单晶硅那样进行长时间的拉伸生长过程。与单晶硅相比，多晶硅的晶粒边界较多，这些晶粒边界会影响电子的流动，因此多晶硅的电导率通常低于单晶硅。

2.2.2　氧化工艺

一、SiO_2薄膜在集成电路中的作用

氧化工艺在集成电路制作过程中要反复进行多次，以形成芯片表面的 SiO_2 薄膜，其作用是多方面的。

（1）SiO_2 薄膜作为杂质选择扩散区域的掩模，对不需掺杂的区域表面用 SiO_2 薄膜覆盖起来，阻挡掺杂对这些区域的扩散和注入。只需掺杂元素在 SiO_2 中的扩散系数很小，且有一定厚度即可。

（2）SiO_2 薄膜作为 MOS 器件绝缘栅的绝缘材料时称为"栅氧"，"栅氧"的厚度一般低于 $150\ \text{A}°$（$1\text{A}° = 0.1\ \text{nm}$）。随着工艺水平提升至 45 nm 节点，传统的二氧化硅（SiO_2）作为栅介质材料开始面临其物理极限，导致栅漏电流显著增加，可以通过引入高介电常数材料、金属栅极、应变硅技术以及工艺优化等多种措施来解决漏电流显著增加的问题。

（3）SiO_2 薄膜作为器件与器件、层与层之间的隔离材料时称之为"场氧"。"场氧"的厚度要远大于"栅氧"的厚度，一般超过 $10000\ \text{A}°$。

（4）SiO_2 薄膜作为器件表面的保护膜时，称为"钝化"。在硅的表面覆盖一层 SiO_2 薄膜，可以使硅表面免受后续工序可能带来的污染及划伤，也消除了环境对硅表面的直接影响，起到了钝化表面，提高集成电路可靠性、稳定性和减小噪声的作用。

（5）SiO_2 薄膜作为制作集成电路的"介质"等。

二、氧化工艺的方法

氧化工艺主要有热氧化法和化学气相淀积法。

1. 热氧化法

热氧化法又分为"干氧法"和"湿氧法"。所谓"干氧法"是将硅片放入高温（700～1200℃）的氧化炉中后，在炉中通入氧气，硅表面发生氧化，生成 SiO_2 薄膜。用"干氧法"形成的 SiO_2 薄膜结构致密，有较小的缺陷密度，排列均匀，重复性好，用作掩模或钝化时效果都很好。它的缺点是生长速度很慢，效率低。例如：在 1200℃高温下，生成 0.6 μm 厚度 SiO_2 薄膜，需要 8 小时。而"湿氧法"在氧化炉中，不仅通入氧气，还有水汽存在，在湿氧环境中生成 SiO_2 薄膜速度很快（在上述条件下只需 32 分钟），但质地不是很好，在光刻时与光刻胶接触不良，容易产生浮胶。为此，现代氧化工艺将"干氧法"与"湿氧法"结合起来，采用"干氧-湿氧-干氧"交替使用，以提高氧化膜的质量。

2. 化学气相淀积法

这种方法将一种或几种化学气体，以某种方式激活后在衬底表面发生化学反应，从而在衬底表面生成 SiO_2 薄膜，主要用于"硅烷（SiH_4）"和"氧"反应，或将烷氧基硅分解成 SiO_2。

随着半导体技术的发展，氧化工艺也在不断进步，以满足更高集成度和更严格性能要求的挑战。例如，局部氧化硅（LOCOS）技术被用于制造浅槽隔离结构，而高密度等离子体氧化（high-density plasma oxidation）技术则可以生长更薄、更均匀的氧化层。此外，随着新材料和新工艺的开发，如高介电常数材料（high-k materials）和金属栅极技术，氧化工艺将仍然是半导体制造领域中的一个活跃研究方向。

2.2.3　掺杂工艺

掺杂工艺就是在半导体基底的一定区域掺入一定浓度的杂质，形成不同类型的半导体层，来制作各种元器件。掺杂工艺是集成电路制造中最主要的基础工艺之一。掺杂工艺主要有"扩散工艺"和"离子注入工艺"两种。

1. 扩散工艺

利用物质微粒总是从浓度高处向浓度低处作扩散运动的特性，实现掺杂目的的工艺为扩散工艺。在 800～1200℃的高温扩散炉中，杂质原子从硅材料表面向材料内部扩散，一般施主杂质元素有磷（P）、砷（As）等，受主杂质元素有硼（B）、铟（C）等。为减小少数载流子寿命，也可掺入少量的金。杂质浓度在硅中的大小与分布是温度和时间的函数，故控制炉温和扩散时间是保证质量的两大要素。

2. 离子注入工艺

"离子注入工艺"是 20 世纪 70 年代才进入工业应用阶段的工艺。随着 VLSI 超细加工技术的发展，离子注入工艺已成为半导体掺杂和隔离注入的主流工艺技术。

离子注入工艺首先将杂质元素的原子离子化，使其成为带电的杂质离子，然后用电场加速使其有很高的能量，并用这些杂质离子直接轰击半导体基片，从而达到掺杂的目的。离子注入的掺杂工艺突出的优点是：① 掺杂可精确控制（包括浓度大小、分布和结深），误差在 5%以内，横向扩散小，重复性好，可以调节 MOS 器件的阈值电压，也可用来制造精确的电阻。② 离子注入为室温工艺，只在修复硅晶格缺陷的"退火"过程才要求高温。③ 可以通过 SiO_2 薄膜注入，因此在注入时和注入后，被掺杂的材料都不会暴露在污染物中，从而免受污染。而扩散工艺则必须将表面的二氧化硅或氮化硅薄层去掉。离子注入工艺可以实现大面积薄而均匀的掺杂。当要求高浓度掺杂或结深很深的掺杂时，一般仍用扩散技术为宜。扩散的结深一般在 $0.1 \sim 10\ \mu m$ 之间。

掺杂工艺的关键参数包括掺杂剂的类型（如硼、磷、砷等）、浓度、分布和激活。这些参数直接影响到半导体器件的电气特性，如阈值电压、载流子迁移率、导电性能等。掺杂工艺的成功执行对于确保器件的性能和可靠性至关重要。随着半导体技术的发展，掺杂工艺也在不断进步。例如，为了制造更小尺寸的器件和提高集成度，工程师们正在开发新的掺杂技术，如原子层掺杂（atomic layer doping，ALD）和低能离子注入技术。此外，为了减少掺杂过程中的晶格损伤和提高掺杂的均匀性，退火工艺也在不断优化，以实现更好的器件性能。

2.2.4　掩模的制版工艺

集成电路是在硅片上制作各种管子、电阻、电容，并将它们联成一个电路整体。将各种元器件的版图转换到硅片上，这就相当于印刷技术或照相技术，首先需要制造许多种掩模板（相当于照相底板）。制版的精度直接影响芯片的质量。

一个光学掩模通常是一片涂着特定图形的铬薄层石英玻璃，一层掩模对应集成电路的一层材料的加工。工艺流程中需要的掩模必须在工艺流程开始前制作完成。掩模板制版方法有：图形发生器（patten generator）法，X 射线法和电子束扫描法。对掩模板的基本要求是极板平整坚固，热膨胀系数小，缺陷少，图形尺寸准确，无畸变，各层板间互相嵌套准。

2.2.5　光刻工艺

光刻工艺类似于"洗照片"。是实现将掩模图形转换到硅片上的关键工艺步骤。

光刻工艺是指借助于掩模版，并利用光敏的抗蚀涂层发生的光化学反应，结合刻蚀方法在各种薄膜（如 SiO_2 薄膜、多晶硅薄膜和各种金属膜）上刻蚀出各种所需要的图形，实现掩模版图到硅片表面各种薄膜图形的转移。利用光刻工艺所刻出的图形，就可实现选择掺杂、选择生长、形成金属电极及互连等目的。生产过程中，光刻往往要反复进行多次，光刻质量的好坏对集成电路的性能影响很大，所能刻出的最细线条已成为影响集成电路所能达到的规模的关键工艺之一。在保证一定成品率的条件下，一条生产线能刻出的最细线条就代表了该生产线的工艺水平。如某一生产线能刻出的最细线条是 $0.18\ \mu m$，就称该生产线是 $0.18\ \mu m$ 工艺线。

计算光刻概念：

随着芯片的制程越做越小，晶体管不仅变得更小了，晶体管之间的距离也在迅速缩小。在冲击 2 nm、1 nm 甚至更小的制程时，目前的 EUV 光刻机也变得力不从心。

为此，业界引入了计算光刻技术。计算光刻，是一种能在软件层面助力光刻机实现更小制程的一套技术。在搞懂计算光刻之前，我们首先要理解一个基本概念，就是光刻机的分辨率。目前的投影式光刻机分辨率计算公式如下：

$$C_D = k_1 \frac{\lambda}{N_A} \tag{2-2-1}$$

其中 k_1 是工艺因子，对于一个特定型号的光刻机来说，它是固定的；λ 是光源的波长；N_A 是镜头的数值孔径；C_D 是分辨率，C_D 越小，能画出的图形越精密。提高投影式光刻机分辨率的途径是增大数值孔径 N_A、缩减波长 λ、减小 k_1。主流的曝光波长从 g 线（436 nm）、i 线（365 nm）、KrF（248 nm）、ArF（193 nm），一直缩减到极紫外线（EUV）（13.5 nm）。EUV 光源波长是光刻机能够使用的终极波长，最短可以达到 6.8 nm，但 6.8 nm 波长的 EUV 光刻机将面临巨大的工程技术挑战。与其他光刻机的投影成像系统不同，EUV 光刻机只能使用全反射投影成像光学系统。目前，一台商用的用于集成电路规模生产的 EUV 光刻机市场售价超过 10 亿人民币，是集成电路生产线上最为昂贵、最为复杂的设备。我们所说的计算光刻，就是在 EUV 光刻机中利用计算机来提升光刻机的工艺因子 k_1（让它更小）。

随着芯片的制程越来越小，光的衍射效应越来越大，最直接的结果是让图形的边缘画不清楚，这成了芯片制造过程中的巨大障碍。为了对抗光的衍射效应，提升工艺因子 k_1，最早使用的是相移掩模技术（phase shifting mask，PSM）。这项技术是利用光波的相差来锐化图像的边缘，简单来说就是通过相位差产生干涉，让暗区的光强减小，亮区的光强增大，从而起到一个提高对比度的作用。后来又出现了光学邻近校正技术（optical proximity correction，OPC），依旧是针对边缘进行优化，把掩模版图像的边缘切割成锯齿状的一些小块，然后利用衍射光波之间的干涉来提高成像水平。如果没有图像校正，那么打印一个矩形，最终可能会得到一个椭圆形。所以事先在矩形四角额外增加一些方块，就可以找补衍射效应损失掉的一部分。

反演光刻技术（Inverse Lithography Technology，ILT）是将传统的光刻过程"反过来"进行计算。在传统的光刻过程中，设计师首先创建一个理想的电路图案，然后通过光刻机将这个图案转移到硅片上的光刻胶层。由于光学衍射和其他制造误差，最终在硅片上形成的图案往往与原始设计有所偏差。ILT 则是从硅片上期望得到的目标图案出发，逆向计算出光掩模上应该具有的图案，以便在光刻过程中得到与设计图案尽可能一致的结果。在这种情况下，如果你要打印一个十字，掩模版会被设计得十分复杂，如图 2-2-2 所示。

mask

wafer

图 2-2-2　光刻示意图

为了克服光波的衍射效应，掩模版的形状随着工艺水平的提升也在不断地被修正。掩模版从 20 世纪 90 年代无修正的状态逐渐过渡到了 2020 年前后已经被修正成根本看不出十字形状的复杂图形。从图 2-2-3 中可以看出为了在晶圆上转移十字形状，在图像边缘上做了很多文章，2020 年转移十字形状的掩模版图形与图 2-2-2 是一致的，也是应用了反演光刻技术的掩模版图形。

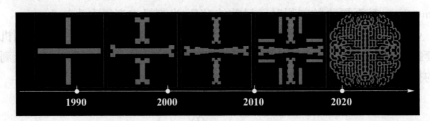

图 2-2-3　掩模版形状变化示意图

光刻所用的光刻胶有正胶和负胶两种。光刻胶膜本来不能被溶剂所溶解，当受到适当波长的光（如紫外光）照射后发生光分解反应，才变为可溶性的物质，这种胶称为正胶。与此相反，光刻胶膜本来可以被溶剂所溶解，当受到适当波长的光（如紫外线）照射后发生光聚合反应而硬化，才变为不可溶性的物质，这种胶称为负胶。与此相对应，光刻掩模版也有正版与负版之分。版子上的图形与刻蚀出来的衬底表面的掩模的图形相同，这种光刻模版称为正版。以光刻 SiO_2 薄膜为例，如果采用正版，版子上某个位置如果是窗口，刻出来的 SiO_2 薄膜相应位置也应该是窗口。负版则正好与正版相反。因此，光刻胶如果采用正胶（负胶），光刻版也要采用正版（负版）。

下面以采用负胶光刻 SiO_2 薄膜为例对光刻工艺作一个简要介绍，如图 2-2-4 所示，光刻工艺一般包括以下 7 个步骤。

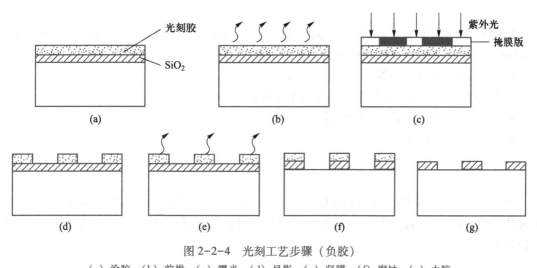

图 2-2-4　光刻工艺步骤（负胶）

（a）涂胶　（b）前烘　（c）曝光　（d）显影　（e）坚膜　（f）腐蚀　（g）去胶

（1）涂胶：就是在硅片表面的 SiO_2 薄膜上均匀地涂上一层厚度适当的光刻胶，使光刻胶与 SiO_2 薄膜黏附良好。

（2）前烘：为了使胶膜里的溶剂充分挥发，使胶膜干燥，以增加胶膜与 SiO_2 薄膜的黏附性和胶膜的耐磨性，涂胶后要对其进行前烘。前烘常用的方法有两种：一种是在 80℃ 恒温干燥箱中烘 10~15 分钟，另一种是用红外灯烘。

（3）曝光：将光刻版覆盖在涂好光刻胶的硅片上，用紫外光进行选择性照射，使受光照部分的光刻胶发生化学反应。

（4）显影：经过紫外光照射后的光刻胶部分，由于发生了化学反应而改变了它在显影液里的溶解度，因此将曝光后的硅片放入显影液中就可显示出需要的图形。对于负胶来说，未受紫外光照射的部分将被显影液洗掉。

（5）坚膜：显影后，光刻胶膜可能会被残留的溶剂泡软而膨胀，所以要对其进行坚膜。坚膜常用的方法是将显影后的硅片放在烘箱里，在 180~200℃ 温度下烘大约 30 分钟。坚膜使光刻胶膜与 SiO_2 薄膜接触得更紧，也增加了胶模本身的抗缩能力。

（6）腐蚀：用适当的腐蚀剂将没有被光刻胶覆盖而暴露在外面的 SiO_2 薄膜腐蚀掉，光刻胶及其覆盖的 SiO_2 薄膜部分被完好地保存下来。

（7）去胶：腐蚀后，将留在 SiO_2 薄膜上的胶去掉。

2.2.6   金属化工艺

金属化工艺主要是完成电极、焊盘和互连线的制备。用于金属化工艺的材料有金属铝、铝-硅合金、铝-铜合金、重掺杂多晶硅和难熔金属硅化物等。金属化工艺是一种物理气相淀积，需要在高真空系统中进行，常用的方法有：真空蒸发法和溅射法。作为金属化互连系统有单层金属化，多层金属化和多层布线。多层布线可增强设计灵活性，提高集成度，减小面积。其难点是层间绝缘及互连线平坦化问题。

2.3   CMOS 工艺基础

20 世纪 80 年代以来，CMOS 集成电路以近乎零的静态功耗而优于 NMOS、PMOS，更适合 VLSI 电路，而成为当前大规模集成电路的主流技术。不同的 CMOS 工艺包含有：

- 阱（well）的种类：N 阱、P 阱，双阱；
- 多晶硅（poly-Si）的层数：单层（1×poly），双层（2×poly）；
- 金属（metal）的层数：1~9 层；
- 特征尺寸（feature size）等。

2.3.1   自对准技术和标准硅栅工艺

不论是 NMOS、PMOS，还是 CMOS，大多均采用标准硅栅工艺。如图 2-3-1 所示，用多晶硅代替铝来做 MOS 管的栅极。多晶硅原是绝缘体，经过重掺杂，可以变成导体，用于做电极及电极引线。

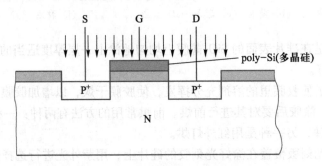

图 2-3-1   采用自对准技术的硅栅工艺

采用硅栅工艺的好处是，MOS 管的源极（S）、漏极（D）、栅极（G）只用一次掩模而形成。先利用感光膜保护，刻出栅极，再以多晶硅栅极为掩模刻出 S、D 区域，再用扩散或离子注入掺杂，形成源、漏极，同时杂质元素也进入多晶硅形成可导电的栅极和栅极引线。因为用多晶硅栅极作为 S、D 的掩模，所以具有自对准功能，栅极与 S、D 区域无重叠现象，减小了边缘的分布电容，减小了栅、源、漏极尺寸、提高了速度和集成度，增强了电路的可靠性。

下面就以硅栅 NMOS 管为例，简要介绍硅栅 MOS 管制造的制造工序，参照图 2-3-2。

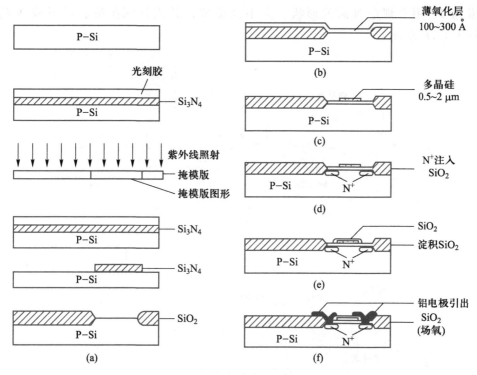

图 2-3-2　硅栅 NMOS 管的制造工序

（a）场氧化，光刻有源区　（b）栅氧化　（c）淀积多晶硅，刻多晶硅

（d）N^+ 注入　（e）淀积 SiO_2，刻接触孔　（f）蒸铝，刻铝电极和互连

（1）对 P 型硅片进行氧化，生成较薄的一层 Si_3N_4，然后进行光刻（光刻步骤参见 2.2.5 节），刻出有源区后进行源区氧化。

（2）进行氧化（栅氧化），在暴露的硅表面生成一层严格控制的 SiO_2 薄膜。

（3）淀积多晶硅，刻蚀多晶硅以形成栅极及互连线图形。

（4）将磷或砷离子注入，多晶硅成为离子注入的掩模（自对准），形成了 MOS 管源区和漏区；同时多晶硅也被掺杂，减小了多晶硅的电阻率。

（5）淀积 SiO_2，将整个结构用 SiO_2 覆盖起来，刻出与源区和漏区相连的接触孔。

（6）把铝或其他金属蒸上去，刻出电极及互连线。

可以看出，集成电路的生产要经过氧化、光刻、掺杂的多次反复，每次反复都对应一张掩模版。

2.3.2　N 阱 CMOS 工艺简介

N 阱 CMOS 工艺通常是在中度掺杂的 P 型硅衬底上首先做出 N 阱，在 N 阱中做 P 管，在 P 型衬底上做 N 管，工艺过程的主要步骤及所用的掩模版如图 2-3-3 所示。

图 2-3-3 中，右边一列画出的是左边各主要步骤用到的掩模版的俯视图，左边画出的是各步骤器件的剖面图，剖面图上还画出了掩模版的侧视图，掩模版侧视图空心的地方表示对应于下面器件剖面图该处是透光的（空的）。图 2-3-3 实际上是一个反相器电路（图 2-3-4）的制作过程。

掩模版 1：用来规定 N 阱的形状、大小及位置，并进行深扩散，以形成 N 阱，如图 2-3-3（a）所示。

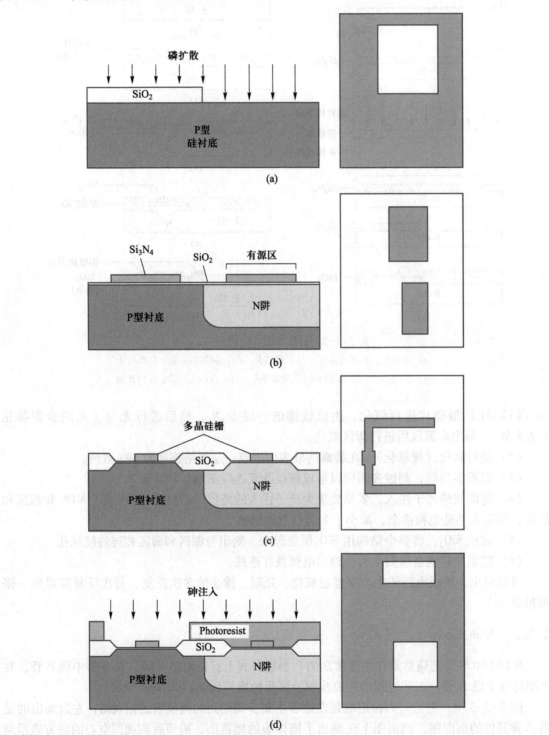

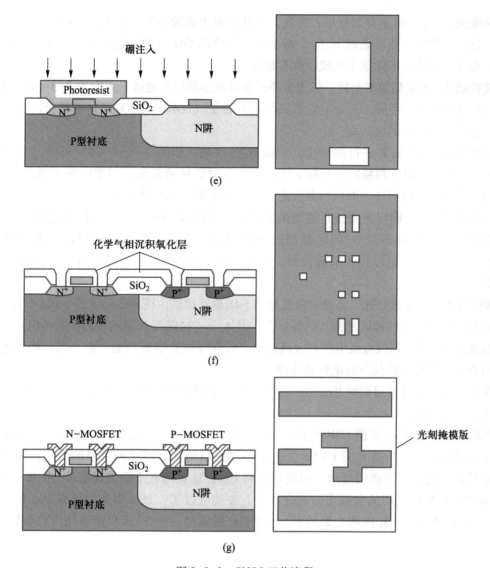

图 2-3-3 CMOS 工艺流程

（a）N 阱扩散及掩模版 1 （b）确定有源区（active region）及掩模版 2 （c）形成多晶硅栅及掩模版 3
（d）N+离子注入及掩模版 4 （e）P+离子注入及掩模版 5 （f）确定接触孔及掩模版 6 （g）金属引线及掩模版 7

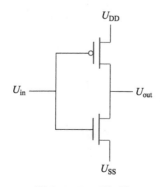

图 2-3-4 反相器

掩模版 2：用于确定薄氧化层。首先，在硅表面生成较薄的一层 Si_3N_4 如图 2-3-3（b）所示，进行场氧化，然后去掉 Si_3N_4，再生长一层薄的 SiO_2（薄氧化层），电路中所有 MOS 管都做在这个区域，因此这个区域也称有源区。

掩模版 3：用来刻蚀多晶硅，形成多晶硅栅极及多晶硅互连线。由图 2-3-3（c）可以看出，多晶硅为"U"字形，实际上它形成了两个管子（NMOS 和 PMOS）的栅极，并把它们连在一起作为反相器的输入端。

掩模版 4：确定需要进行离子注入形成 N^+ 的区域。如图 2-3-3（d）所示，N^+ 区包括 NMOS 管的栅区、源区和漏区（实际上还应包括 N 阱的欧姆接触，但图中并未画出）。离子注入时，多晶硅栅极可作为源区、漏区离子注入的掩模，即所说的自对准。

掩模版 5：用来确定需要进行掺杂的区域 P^+，由图 2-3-3（e）可看出它实际上是 N^+ 掩模版的负版，即凡不是 N^+ 的区域都进行 P^+ 掺杂，包括 PMOS 管的栅区、源区和漏区（实际上还应包括 P 型衬底的欧姆接触，但图中并未画出）。掺杂之后在硅片表面覆盖一层 SiO_2。

掩模版 6：确定接触孔，将这些位置处的 SiO_2 刻蚀掉。由图 2-3-3（f）可以看出，这些接触孔包括两个管子的源区和漏区的接触孔，共 4 个（衬底及 N 阱的接触孔未画出）。

掩模版 7：用于刻蚀金属电极和金属连线。首先在硅片表面覆盖一层金属，然后用掩模版进行光刻，形成最后的金属电极和连线。

最后，对整个硅片进行钝化处理，并在钝化层上刻出压焊块的位置。钝化的目的是保护器件不受外界污染。

P 阱 CMOS 工艺与 N 阱 CMOS 工艺类似，图 2-3-5（a）是 P 阱 CMOS 工艺反相器的版图，图 2-3-5（b）是 P 阱 CMOS 工艺反相器的结构剖面图。需要说明的是：为了防止闩锁效应的发生，P 阱必须接地，衬底要接到 U_{DD}，这只需在上面掩模版 4、掩模版 5、掩模版 6 中将括号内说明的未画出的部分添加上去就可以了。最后得到的结果是，N 型衬底通过一个 N^+ 区和接触孔内的金属与 U_{DD} 相连；P 阱通过一个 P^+ 区和接触孔内的金属与 U_{SS} 相连。

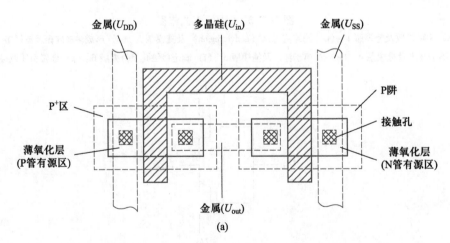

(a)

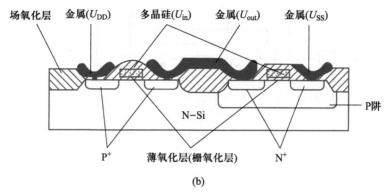

图 2-3-5　P 阱 CMOS 工艺反向器版图及结构剖面图

（a）版图　（b）结构剖面图

2.3.3　双阱工艺及 SOI CMOS 工艺简介

双阱工艺通常是在 N⁺ 或 P⁺ 衬底上外延生长一层厚度及掺杂浓度可精确控制的高纯度硅层（外延层），在外延层中做双阱（N 阱和 P 阱），N 阱中做 P 管，P 阱中做 N 管。双阱工艺的工艺流程除了阱的形成这一步要做双阱以外，其余步骤与 P 阱工艺类似。双阱工艺便于对 N 管和 P 管的参数（开启电压、衬偏调制效应及增益）分别进行优化，可获得更好的性能并防止闩锁效应的发生。图 2-3-6 给出了 P 阱工艺、双阱工艺、SOI COMS 工艺对比示意图。

绝缘体上硅（SOI）的基本思想是在绝缘衬底上的薄硅膜上做半导体器件。例如在蓝宝石上外延硅（SOS），在薄的硅层上用不同的掺杂方法分别形成 N 型器件和 P 型器件，如图 2-3-6（c）所示。

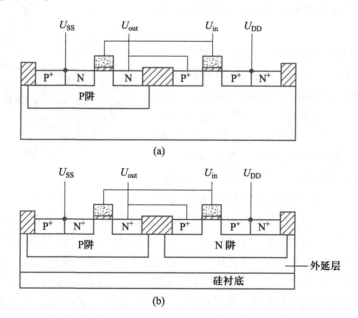

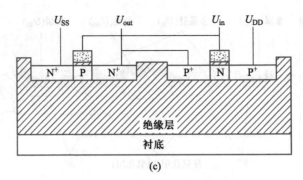

图 2-3-6 工艺对比示意图

(a) P 阱工艺 (b) 双阱工艺 (c) SOI CMOS 工艺

SOI 有许多优点：寄生电容小，速度更快；不存在阱，集成度更高；由于是绝缘衬底，因而无闩锁效应，无衬偏调制效应，不存在场反型问题；抗辐射能力强；可实现三维集成电路；制造工序简单。SOI 被誉为是 21 世纪的集成电路技术。

2.3.4 FinFET、GAAFET 等 CMOS 工艺简介

CMOS（互补金属氧化物半导体）技术自 20 世纪 60 年代以来一直是集成电路制造的核心技术。随着技术的发展和对更高性能、更低功耗的需求，CMOS 结构经历了从平面工艺到 FinFET 再到 GAAFET 的演变。

1. 平面 CMOS 工艺

平面 CMOS 工艺是最早的 MOSFET 制造技术，其特点是源极、漏极与栅极在硅片的平行面上，如图 2-3-7 所示。这种结构简单，易于制造，但由于其平面特性，当晶体管尺寸缩小到一定程度时，会面临严重的短沟道效应和漏电流问题。这限制了晶体管性能的进一步提升和功耗的降低。

当晶体管尺寸缩小到 45 nm 工艺节点时，漏电流问题变得更加显著，这主要是因为随着晶体管尺寸的减小，栅极对沟道的控制能力减弱，导致栅极下方的氧化层（绝缘层）更容易被电子通过隧穿效应穿透，从而产生漏电流。这种漏电流在静态条件下（即晶体管未开关时）消耗电力，成为功耗的主要组成部分之一。为了解决这一问题，45 nm 工艺节点引入了高 k 值绝缘层材料来替代传

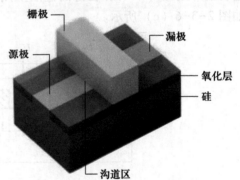

图 2-3-7 平面 MOSFET 结构

（彩图见插页）

统的二氧化硅（SiO_2）材料。高 k 材料具有更高的介电常数，这意味着在保持相同电场强度的情况下，可以使用更厚的绝缘层来减小漏电流，同时还能保持或提高晶体管的开关速度。此外，金属栅极也被引入到 45 nm 工艺中，以取代传统的多晶硅栅极。金属栅极具有更好的导电性和热稳定性，可以减小由于栅极电阻引起的功耗，并提高晶体管的性能。总的来说，在 45 nm 工艺节点的晶体管设计中，通过引入高 k 绝缘层和金属栅极，有效地减少了漏电流，提高了晶体管的性能，并降低了功耗。这些创新对于延续摩尔定律和推动半导体技术的发展起到了关键作用。

2. FinFET 技术

在 28 nm 技术时代，平面型 MOS 晶体管依然采用高介电常数金属栅极（high-k metal gate, HKMG）技术。按照摩尔定律，晶体管的数量与芯片性能息息相关，在平面晶体管时代，22 nm 基本就是业界公认的极限了。为了突破工艺极限，继续延续摩尔定律，中国科学院外籍院士胡正明教授于 2000 年前后提出了两种解决途径：一种是立体型结构的 FinFET 晶体管（鳍式场效应晶体管），另一种是基于 SOI 的超薄绝缘层上硅体技术 FD-SOI 晶体管技术（超薄绝缘层上硅体技术）。

FinFET 是一种三维晶体管结构，如图 2-3-8 所示。相比传统的二维平面 MOSFET 结构，FinFET 在半导体表面形成了一个像鱼鳍状的"鳍"（fin），通过控制这个"鳍"来控制电流的通断。我们可以通过在三维空间中控制"鳍"的长度、高度和厚度，实现更好的电流控制和减小漏电流，从而提高晶体管的性能和功耗效率。另外，FinFET 还可以实现更好的电压控制能力，提高器件的抗干扰能力和稳定性，适用于高性能和低功耗的集成电路设计。

确切来说，FinFET 是一个技术的代称。FinFET 最大的特色就是将晶体管的结构从平面变成立体，对栅极形状进行改制，栅极被设计成类似鱼鳍状 3D 架构，位于电路的两侧控制电流的接通与断开，大幅度提升了源极和栅极的接触面积，减少栅极宽度的同时降低漏电率，让晶体管空间利用率大大增加。

3. GAAFET 技术

FinFET 工艺技术自 2011 年商业化以来，体系结构持续进行改进，以提高性能并减小面积。到了 5 nm 节点后，虽然使用了 EUV 光刻技术，但是基于 FinFET 结构进行芯片尺寸的缩小变得愈发困难。而当制程工艺跨入 5 nm 时代，更是出现一系列新的问题。比如，随着栅极宽度的进一步缩小，很难再像过去那样在一个单元内填充多个鳍线，而鳍式场效应晶体管的静电问题也会严重制约晶体管性能的进一步提升。同时，从 7 nm 到 5 nm，光刻技术发生了巨大的变化。不采用以往的 DUV ArF 浸没式光刻，而是导入了极紫外（extreme ultraviolet, EUV）光刻技术。此外，将钴（Co）金属应用于 MOL（middle of the line）的布线材料也开始被厂商引入。总之，FinFET 在 5 nm 时代就已逼近极限，想生产更具能效比的 3 nm、2 nm 甚至 1 nm 工艺，则需要新型晶体管技术。GAAFET 是一种三维晶体管结构，是在 FinFET（Fin 型场效应晶体管）技术基础上发展而来的下一代晶体管结构。GAA（gate-all-around）架构是周边环绕着 gate 的 FinFET 架构，如图 2-3-9 所示。GAA 架构的晶体管提供了比 FinFET 更好的静电特性，可满足某些栅极宽度的需求。这主要表现在同等尺寸结构下，GAA 的沟道控制能力强化，使得尺寸进一步微缩更有可能性。若以纳米线沟道设计为例，相较传统 FinFET 沟道仅 3 面被栅极包覆，GAA 沟道整个外轮廓都被栅极完全包裹，代表栅极对沟道的控制性更好。

图 2-3-8　FinFET 鳍形结构（彩图见插页）　　　图 2-3-9　栅极环绕结构（彩图见插页）

（1）硅纳米片（nanosheet）结构 GAA（4/3 nm）：独创的埋入式电源线（将 U_{CC} 和地线埋入前层以压缩标准单元面积），采用钌（Ru）作为布线材料。

（2）叉板晶体管（forksheet）结构 GAA（2 nm）：其中 N 型和 P 型纳米片紧密地靠在一起，并且其间有一层"绝缘墙"，与此同时，在芯片背面提供配电网络（PDN）从而向埋入式电源轨（Buried Power Rails，BPR）提供有效的电能供应。

（3）互补场效应晶体管（complementary field-effect transistor，CFET）是一种先进的半导体器件架构，它结合了 N 型和 P 型晶体管的垂直堆叠，以实现更高的性能和更低的功耗，如图 2-3-10 所示。随着半导体工艺技术的不断进步，CFET 作为一种新兴的半导体器件，具有将摩尔定律进一步扩展到 1 nm 节点以下的潜力。随着制造技术的不断优化和新材料的引入，CFET 有望在未来的集成电路中发挥重要作用，实现更高的集成度、更低的功耗和更优异的性能。此外，CFET 的研究还涉及与光电子和传感器的集成，为开发新型多功能器件提供了可能。

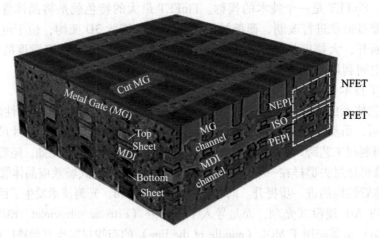

图 2-3-10   CFET 结构

如图 2-3-11 所示，展示了从 22 nm FinFET 开始到目前 1 nm 及更小尺寸 CFET 的发展过程。

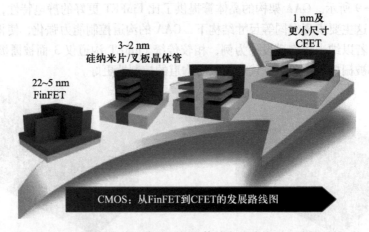

图 2-3-11   后摩尔定律时代的逻辑晶体管发展路线图（彩图见插页）

在过去的 60 年里，计算能力和能源效率取得了令人难以置信的进步，这在一定程度上得益于持续的微型化（材料、设计、计量学和制造领域的同步进步为其提供了支持）。然而，随着最小器件特征尺寸接近原子尺度，晶体管的这种扩展趋势不可能无限期地持续下去。此外，一些新兴应用需要异质器件和材料。因此，半导体行业已进入一个快速而深刻的变革时期，仅靠硅基器件的不断微型化已无法维持性能的提升。

如图 2-3-12 所示，芯片集成度、芯片算力随着集成电路工艺的发展也在不断地发展变化。通过将晶体管的尺寸不断微缩实现集成密度和性能的指数式提升，也被称为遵循"摩尔定律"的发展路径。1965 年戈登·摩尔指出，集成电路的晶体管数目每 18~24 个月增加一倍。摩尔定律、登纳德缩放定律以及同时期的体系架构创新，包括指令级并行、多核架构等，共同推动了芯片性能随工艺尺寸微缩的指数式提升。

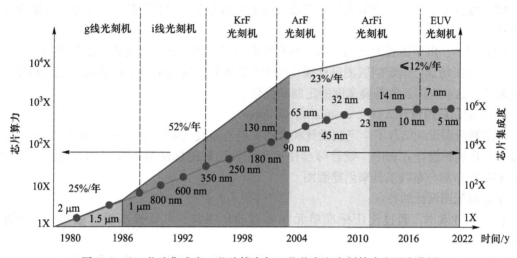

图 2-3-12 芯片集成度、芯片算力与工艺节点和光刻技术发展变化图

随着集成电路工艺进入 5 nm 以下，尺寸微缩接近物理极限，单纯依靠缩小晶体管尺寸提高芯片性能的空间变小，同时带来了成本与复杂度的快速提高。芯片散热能力、传输带宽、制造良率等多种因素共同影响，形成了芯片功耗墙、存储墙、面积墙等瓶颈，限制了单颗芯片的性能提升。传统的 GPU/CPU 广义上都是存算分离架构，读取存储芯片中的值后执行乘加计算，因此存储墙是指存储器访问带宽、延时的性能提升远慢于 CPU 逻辑电路，而功耗墙则是片外存储器访存能耗是片内能耗的 5~25 倍，智能计算功耗巨大。面积墙是指光刻机单次曝光的最大面积是 26 mm×33 mm＝858 mm² 。可以说，摩尔定律的放缓已成为集成电路发展的重大挑战。

2.4 版图设计及版图设计规则

由前面所述集成电路的制造工艺可知，集成电路的制造具有很强的专业性和特殊性，集成电路的版图是集成电路设计与制造之间的桥梁。版图设计规则（layout design rules）在集成电路设计和制造过程中起着至关重要的作用。这些规则是一系列标准和指导原则，用于确保电路设计能够成功地转化为实际可制造的硅片。

2.4.1   版图设计概述

版图设计可以分为全定制版图设计和半定制版图设计两种类型，它们在设计方法、复杂性、成本和应用场景上有所不同。

1. 全定制版图设计（full custom layout design）

全定制版图设计是指设计师根据电路的特定要求，从头开始手动绘制每一个晶体管、连线和其他电路元件的版图。这种设计方法提供了极高的设计灵活性，允许设计师对电路的每一个细节进行优化。

全定制版图设计的特点：

（1）高度定制：设计师可以针对特定应用优化电路的性能，如速度、功耗和面积。

（2）设计复杂性：全定制设计通常需要高水平的专业知识和经验，设计过程可能非常复杂和耗时。

（3）成本：由于需要大量的手动工作和专业知识，全定制设计的成本相对较高。

（4）应用场景：全定制版图设计通常用于模拟电路、射频电路、高速数字电路和复杂的控制器等，这些应用通常需要高度的定制和优化。

2. 半定制版图设计（semi custom layout design）

半定制版图设计结合了全定制设计和自动布局与布线（auto-placement and auto-routing）的技术。在这种设计方法中，设计师会使用预先设计好的标准单元库（如逻辑门、触发器等）和自动布局与布线工具来创建版图。

半定制版图设计的特点：

（1）设计效率：通过使用标准单元库和自动化工具，可以提高设计效率，缩短开发周期。

（2）设计灵活性：半定制版图设计虽然不如全定制版图设计那样灵活，但仍然允许设计师对关键部分进行手动优化。

（3）成本效益：与全定制版图设计相比，半定制版图设计的成本较低，因为它利用了自动化工具和标准化的组件。

（4）应用场景：半定制版图设计适用于需要一定定制化但又希望保持成本效益的应用，如某些数字电路、微控制器和特定功能集成电路。

如 CMOS 标准单元版图设计是数字集成电路半定制版图设计中的一个关键环节，它涉及创建可重复使用的子电路（称为标准单元），这些标准单元可以组合在一起形成复杂的功能。基本的 CMOS 标准单元通常包括逻辑门（如 NAND、NOR、NOT 等）、触发器、计数器和其他数字电路元素。另外，在 CMOS 标准单元版图中，TAP 工艺和 TAPLESS 工艺是两种不同的集成电路版图设计方法，主要用于处理芯片中的电源和地连接问题。

TAP 工艺：

在 TAP 工艺中，版图设计包含了特殊的 TAP 单元（tap cell），这些单元用于将 N 阱或 P 阱连接到电源（U_{DD}）或地（GND）。

TAP 单元是预先设计好的，它们简化了版图设计过程，因为设计者不需要单独处理每个阱的连接问题。

这种工艺有助于减少设计中的寄生电容和电感，从而减少了功耗并提高了速度。

TAPLESS 工艺:

在 TAPLESS 工艺中,版图设计不包含预先设计的 TAP 单元。设计者需要自己插入WELLTAP 单元来确保每个 N 阱或 P 阱都能正确地连接到电源或地。

这种方法提供了更大的灵活性,因为设计者可以更精细地控制衬底的电位连接,但同时也增加了设计复杂性。

TAPLESS 工艺通常需要更多的设计考虑,如防止闩锁效应和优化电源/地网络。

TAP 工艺由于其简化的设计流程,适合快速版图设计和对设计时间有限制的项目。TAP-LESS 工艺则适合那些需要精细控制电源和地网络,或者对性能有更高要求的复杂设计。如图 2-4-1 为 TAP 工艺和 TAPLESS 工艺下标准反相器单元的版图。

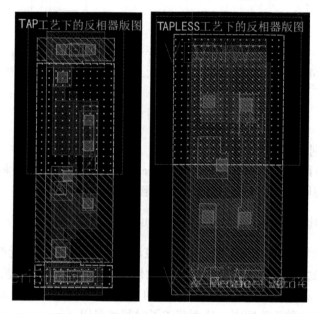

图 2-4-1 TAP 工艺和 TAPLESS 工艺下标准反相器单元的版图(彩图见插页)

全定制版图设计和半定制版图设计各有优势和适用场景。全定制版图设计提供了更高的设计灵活性和性能优化,但成本较高且设计周期长。半定制版图设计则在设计效率和成本效益之间提供了平衡,适用于需要一定定制化但又希望快速上市的产品。在实际的 IC 设计项目中,选择哪种设计方法取决于项目的具体需求、预算和时间限制。随着电子设计自动化(EDA)工具的发展,半定制设计方法的自动化程度和设计灵活性也在不断提高。

2.4.2 版图设计规则的作用

版图设计规则是设计方与制造方共同遵守的规则。版图设计属物理层设计,不同的制造方有不同的工艺和相应的版图设计规则。设计方要根据制造方提供的版图设计规则,将优化后的电路结构及元器件参数转化为一系列几何图形,制造方正是根据这些几何图形的物理信息数据,去制造掩模版。制造中存在线宽的偏离与相互对准的问题,例如线宽太窄,容易断路,又例如,间隔太小,容易短路,所以,严格遵守设计规则可以极大地避免由于短路、断路等造成的电路失效,以及容差、寄生效应等引起的性能劣化。在版图设计过程中要多次检查,以避免错误的累积。

2.4.3 版图设计规则的描述

1. 设计规则基本定义

版图设计规则规定了几何图形的宽度、间距、延伸、交叠以及层间的包围间距，如图 2-4-2 所示。

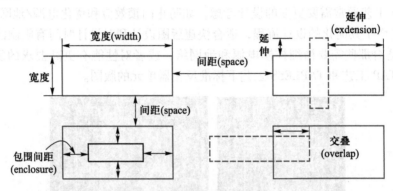

图 2-4-2 版图设计规则基本定义

2. 微米设计规则与 λ 设计规则

版图设计规则有两种，一种是微米（μm-micron）设计规则，另一种是 λ（lambda）设计规则。微米设计规则以微米为单位直接描述版图的最小允许尺寸，是一种绝对单位设计规则。而以 λ 为单位的设计规则是一种相对单位，如果某工艺的特征尺寸为 $A\,\mu m$，则 $\lambda = \dfrac{A}{2}\,\mu m$。

规定最小允许线宽为 2λ，其他最小允许尺寸均表示为 λ 的整数倍，λ 近似等于将图形移到硅表面上可能出现的最大偏差。选用 λ 为单位的设计规则主要与 MOS 工艺"按比例缩小"的原则相关联。λ 可以随工艺水平提高而减小，人们可以根据重新定义的 λ 值，很方便地将一种工艺版图改变为另一种工艺版图，从而节省了时间和费用。

3. 工艺层定义

版图设计是要分层次的，不同公司对工艺层的定义基本相同，但表示的方法和颜色却不尽相同。图 2-4-3 给出某公司 0.6 μm 的工艺层定义。图 2-4-4 给出一个双阱、两层金属布线的二输入与非门版图的工艺层定义。

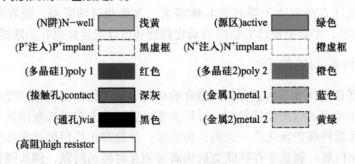

(N阱)N-well	浅黄	(源区)active	绿色
(P⁺注入)P⁺implant	黑虚框	(N⁺注入)N⁺implant	橙虚框
(多晶硅1)poly 1	红色	(多晶硅2)poly 2	橙色
(接触孔)contact	深灰	(金属1)metal 1	蓝色
(通孔)via	黑色	(金属2)metal 2	黄绿
(高阻)high resistor			

图 2-4-3 某公司 0.6 μm CMOS 工艺层定义（彩图见插页）

版图各图通常以 CIF（caltech intermediate format）码表示，或者以 GDS II 码表示，GDS

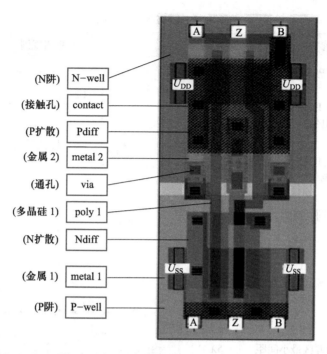

图 2-4-4　双阱、双层金属布线与非门版图的工艺层（彩图见插页）

Ⅱ码是一种二进制码，它用0—255（通常是63）之间的数表示工艺图层次，表 2-4-1 给出典型的 CMOS 工艺各层的表示方法。

表 2-4-1　典型 CMOS 工艺层

层次	CIF 码	GDSⅡ码	说明
P 阱（P-well）	CWP	41	在 N 衬底上做 P 阱，在 P 阱上做 N 管
N 阱（N-well）	CWN	42	在 P 衬底上做 N 阱，在 N 阱上做 P 管
源区（active）	CAA	43	在源区上做源、漏、栅极
P$^+$注入（P$^+$-implant）	CSP	44	离子注入或扩散形成源区、欧姆接触等
N$^+$注入（N$^+$-implant）	CSN	45	离子注入或扩散形成源区、欧姆接触等
多晶硅（ploy）	CPG	46	做栅极或连线，多晶硅电容极板等
接触孔（contact）	CCC	25	金属 1 与有源区，多晶硅的所有接触孔
金属 1（metal 1）	CMF	49	第一层金属连线
通孔（via）	CVA	50	连接第一层金属和第二层金属的接触孔
金属 2（metal 2）	CMS	51	第二层金属连线："电源线"、"地线"、"总线"、时钟及各种低阻连线（最大电流密度可达 $1.5\,\mathrm{mA/\mu m^2}$）。

4. CMOS 设计规则

表 2-4-2 给出 λ 规则的各层次版图设计具体规定。其中第一项表示"阱"的设计规则，1.1 表示"阱的最小宽度"，其所对应的 λ 值为 10。有关阱设计规则的图示也在表格中，其他依此类推。

表 2-4-2　CMOS 设计规则

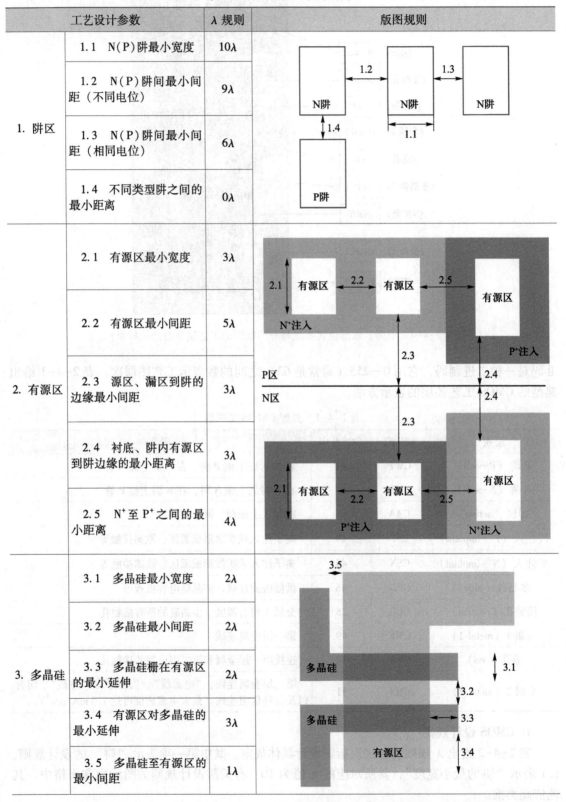

工艺设计参数		λ 规则	版图规则
1. 阱区	1.1　N(P)阱最小宽度	10λ	
	1.2　N(P)阱间最小间距（不同电位）	9λ	
	1.3　N(P)阱间最小间距（相同电位）	6λ	
	1.4　不同类型阱之间的最小距离	0λ	
2. 有源区	2.1　有源区最小宽度	3λ	
	2.2　有源区最小间距	5λ	
	2.3　源区、漏区到阱的边缘最小间距	3λ	
	2.4　衬底、阱内有源区到阱边缘的最小距离	3λ	
	2.5　N⁺至 P⁺之间的最小距离	4λ	
3. 多晶硅	3.1　多晶硅最小宽度	2λ	
	3.2　多晶硅最小间距	2λ	
	3.3　多晶硅栅在有源区的最小延伸	2λ	
	3.4　有源区对多晶硅的最小延伸	3λ	
	3.5　多晶硅至有源区的最小间距	1λ	

工艺设计参数		λ 规则	版图规则
4. P⁺区 （或 N⁺区）	4.1　P⁺至晶体管沟道的最小间距（以保证源/漏的最小宽度）	3λ	
	4.2　N⁺对有源区的最小覆盖	2λ	
	4.3　比邻接触中 P⁺（N⁺）对接触孔的最小覆盖	1λ	
	4.4　P⁺（N⁺）区的最小宽度和最小间距	2λ	
5. 对多晶硅接触孔	5.1　接触孔尺寸	$2\times2\lambda$	
	5.2　多晶硅对接触孔的最小覆盖	1.5λ	
	5.3　接触孔最小间距	2λ	
	5.4　对晶体管栅的最小间距	2λ	
5b. 对多晶硅接触孔（替代）	5.2.b　多晶硅对接触孔的最小覆盖	1λ	
	5.5.b　接触孔与其他多晶硅的最小间距	4λ	
	5.6.b　接触孔（一个）至有源区的最小间距	2λ	
	5.7.b　接触孔（多个）至有源区的最小间距	3λ	

工艺设计参数		λ 规则	版图规则
6. 对有源区接触孔	6.1 接触孔尺寸	2×2λ	
	6.2 有源区对接触孔的最小覆盖	1.5λ	
	6.3 接触孔最小间距	2λ	
	6.4 对晶体管栅的最小间距	2λ	
6b. 对有源区接触孔（替代）	6.2.b 有源区对接触孔的最小覆盖	1λ	
	6.5.b 接触孔至扩散区的最小间距	5λ	
	6.6.b 接触孔（一个）至多晶硅的最小间距	2λ	
	6.7.b 接触孔（多个）至多晶硅的最小间距	3λ	
	6.8.b 对有源区的接触孔与对多晶硅的接触孔之间的最小间距	4λ	
7. 金属 1（第一层金属）	7.1 金属 1 最小宽度	3λ	
	7.2 金属 1 之间最小间距	3λ	
	7.3 金属对接触孔的最小覆盖	1λ	

续表

工艺设计参数		λ 规则	版图规则
8. 通孔 1（对第一层金属的通孔）	8.1 通孔 1 尺寸	$2\times2\lambda$	
	8.2 通孔 1 最小间距	3λ	
	8.3 金属 1 对通孔 1 的最小覆盖	1λ	
	8.4 通孔 1 至接触孔的最小间距	2λ	
	8.5 通孔 1 至多晶硅或有源区的最小间距	2λ	
9. 金属 2（第二层金属）	9.1 金属 2 最小宽度	3λ	
	9.2 金属 2 之间最小间距	4λ	
	9.3 金属 2 对通孔 1 的最小覆盖	1λ	

需要说明的是，表 2-4-2 的规则 4 中，将 N^+ 与 P^+ 反过来一样成立；另外还有钝化规则没有讲，这部分规则是用微米表示的，它不能随 λ 的变动而升级。规则 5b 是规则 5 的替代，规则 5 要求多晶硅对接触孔要有 1.5λ 的覆盖，当这个要求不能满足时可用规则 5b。同样规则 6b 是规则 6 的替代。

2.5 版图检查

由于集成电路的复杂度很高，为保证版图设计的正确性，版图检查必不可少。版图检查包含设计规则检查（design rule check，DRC）、电学规则检查（electrical rule check，ERC）、版图参数提取（layout parameter extraction，LPE）以及版图与电路图对照（layout versus schematic，LVS）。版图设计工具中通常都携带相应的程序。

2.5.1 设计规则检查（DRC）

DRC 是集成电路设计过程中的一项关键步骤，这一过程涉及对电子设计中的版图（layout）进行自动化检查，以确保设计符合特定制造工艺要求的一系列规则。DRC 是确保设计可以成功制造成实际硅片的重要环节。

1. DRC 的目的和重要性

（1）确保可制造性：DRC 确保设计遵循所有必要的制造规则，从而避免在生产过程中出现问题。

（2）提高产量：通过提前发现和修正设计中的问题，DRC 有助于减少生产过程中的缺陷，提高芯片的产量。

（3）减少成本：避免由于设计错误导致昂贵的返工和重新制造，从而降低成本。

（4）加速设计流程：自动化的 DRC 可以快速识别问题，加速设计迭代过程。

2. DRC 的检查内容

（1）线宽和线间距：检查导线宽度和导线之间的间距是否符合最小/最大要求。

（2）层叠结构：验证不同材料层的堆叠是否正确，例如金属层和绝缘层的顺序。

（3）对齐和覆盖：确保图案对齐正确，例如接触孔是否正确覆盖在导线上。

（4）形状规则：检查图案的形状是否符合规定，如不允许有尖锐的角或极小的孔。

（5）设计边界：确保所有图案都在芯片设计的边界内。

（6）电气规则：检查电源和地线网格的完整性，以及其他电气相关的规则。

DRC 通常在版图设计完成后进行，是版图验证（layout verification）的一部分。设计师会使用专业的 DRC 软件工具来执行检查，如果发现违规（violations），设计师需要修改版图以解决这些问题，然后重新进行 DRC，直到所有规则都满足为止。DRC 是集成电路设计流程中不可或缺的一步，它通过确保设计符合制造工艺要求，对提高芯片的制造成功率和降低成本起着至关重要的作用。

2.5.2　电学规则检查（ERC）

电学规则检查专注于检查版图中的电学连接和属性，确保设计在电学性能上是正确和可行的。ERC 与 DRC（设计规则检查）紧密相关，但关注的是不同方面的验证：DRC 主要关注版图是否符合制造工艺的物理要求，而 ERC 则关注电路的电学功能和性能。

1. ERC 的目的和重要性

（1）确保电路功能：ERC 确保电路设计在电学上是合理的，可以按照预期工作。

（2）避免电学问题：通过检查电路中的电学规则，ERC 可以发现潜在的短路、开路、不正确的电压水平等问题。

（3）提高设计质量：ERC 有助于提高设计的整体质量，减少后期修改的需要，从而节省时间和成本。

（4）验证设计规范：ERC 确保设计遵循了所有的电学规范和标准，如功耗、噪声、信号完整性等。

2. ERC 的检查内容

（1）电源和地连接：检查电源和地线的完整性，确保没有断开或错误的连接。

（2）电压和电流：验证电路中的电压和电流水平是否符合设计规范。

（3）信号完整性：检查信号路径是否满足所需的信号完整性要求，如时序、串扰和噪声。

（4）匹配和对称性：对于需要特定匹配或对称性的电路，ERC 会检查这些条件是否得到满足。

（5）节点连接：确保所有的电路节点都正确连接，没有遗漏或多余的连接。

（6）器件模型和参数：验证电路中的器件模型和参数是否正确，并符合设计要求。

ERC 通常在版图设计完成后，在 DRC 之前或与 DRC 同时进行。设计师会使用专业的 EDA（电子设计自动化）工具来执行 ERC。这些工具会自动检查版图中的电学连接和属性，生成报告并指出所有违规之处。设计师需要根据报告中的指示对设计进行修改，然后重新进行 ERC，直到所有电学规则都满足为止。

ERC 是集成电路设计验证过程中的关键步骤，它确保电路设计在电学上是正确和可靠的。通过执行 ERC，设计师可以提前发现和解决潜在的电学问题，避免在后续的制造和测试阶段出现成本高昂的错误。

2.5.3　版图参数提取（LPE）

版图参数提取是集成电路设计后端流程中的一个关键步骤。在这个过程中，从完成的版图设计中提取出电路参数，这些参数对于电路的模拟和验证至关重要。LPE 确保电路设计师和工程师能够准确地评估和预测集成电路在实际工作条件下的性能。

1. LPE 的目的和重要性

（1）性能验证：LPE 提供了电路的精确参数，如电阻、电容、晶体管尺寸等，这些参数用于验证电路是否满足预定的性能要求。

（2）模拟准确性：通过 LPE 提取的参数用于电路的后仿真，确保仿真结果的准确性和可靠性。

（3）设计闭环：LPE 是设计流程的一个闭环环节，它允许设计师根据提取的参数调整和优化版图设计。

2. LPE 的检查内容

（1）几何参数：提取版图中所有几何结构的尺寸，如线宽、线间距、接触孔大小等。

（2）寄生参数：提取版图中的寄生电阻、寄生电容和寄生电感等参数，这些参数对电路性能有显著影响。

（3）晶体管参数：提取晶体管的关键参数，如阈值电压、迁移率、沟道长度等。

（4）材料属性：提取版图中使用的材料属性，如介电常数、导电率等。

（5）互连模型：提取互连结构的模型参数，用于信号完整性分析。

3. LPE 的执行过程

（1）版图分析：使用 EDA 工具分析版图，识别不同的几何结构和材料。

（2）参数计算：根据版图的几何结构和材料属性计算电路参数。

（3）数据输出：将提取的参数以适当的格式输出，供电路仿真和验证使用。

（4）结果校验：校验提取的参数是否与设计意图和预期性能相符。

版图参数提取（LPE）为电路的后续仿真和验证提供了基础数据。LPE 确保了从版图中提取的参数的准确性，从而使得电路设计师能够对设计进行有效的评估和必要的优化。

2.5.4　版图与电路图一致性对照检查（LVS）

版图与电路图一致性对照检查的目的是确保人工绘制的版图与原始电路图在电气连接和元件属性上是一致的。这一步骤对于保证电路设计的正确性和可靠性至关重要。

1. LVS 的重要性

（1）确保设计意图的实现：LVS 确保版图真实地反映了电路设计者的意图，包括所有的电气连接和元件规格。

（2）避免设计错误：通过 LVS，可以发现并修正版图中的错误，如遗漏的连接、错误的元件类型或尺寸，以及不正确的布局。

（3）提高设计效率：LVS 可以自动地比对电路图和版图，减少人工检查的时间和努力，提高设计效率。

（4）减少后期修改成本：及早发现并修正版图与电路图不一致的问题，可以减少后期修改的成本和时间。

2. LVS 的流程

（1）准备电路网表：首先需要从电路设计软件中提取电路网表（source netlist），这个网表包含了电路图的所有电气连接和元件信息。

（2）提取版图网表：从版图中提取版图网表（layout netlist），这个网表包含了版图中的所有电气连接和元件信息。

（3）执行 LVS 比对：使用 LVS 工具对电路网表和版图网表进行比对，检查它们之间的一致性。

（4）分析结果：LVS 工具会输出比对结果，包括一致性和不一致性的信息。

（5）修正错误：根据 LVS 输出的结果，设计师需要修正版图中的错误，然后重新进行 LVS，直到所有错误都被修正。

3. LVS 工具的使用

在 Cadence 设计环境中，Mentor Calibre 是常用的 LVS 工具之一。使用 Calibre 进行 LVS 的基本步骤如下：

（1）启动 LVS 工具：在 Cadence Virtuoso Layout Editor 或其他支持的环境中启动 Calibre LVS 工具；

（2）配置 LVS 参数：设置 LVS 的参数，如电路网表和版图网表的路径，以及其他相关选项；

（3）运行 LVS 检查：执行 LVS，并等待结果；

（4）查看和修正错误：使用 Calibre 提供的图形界面查看 LVS 结果，并对发现的错误进行修正。

LVS 确保了版图与电路图的一致性，保障了电路设计的正确实现。通过使用自动化的 LVS 工具，如 Mentor Calibre，设计师可以高效地发现并修正版图中的错误，提高设计质量和效率。

DRC、ERC、LPE 和 LVS 是集成电路版图检查过程中的基本步骤，它们共同确保了设计的准确性、可靠性和可制造性。DRC 关注物理层面的合规性，ERC 关注电学层面的正确性，LPE 提供仿真所需的精确参数，而 LVS 确保版图与电路图的一致性。经过以上四项检查和修正，保证版图设计正确无误，才算完成了芯片的设计，之后才可以向制造方提供芯片所有数据。

思考题与习题

2-1　在集成电路制造中：

① 金属材料有哪些，它们的作用是什么？

② 绝缘材料有哪些，它们的作用是什么？

③ 半导体材料有哪些，它们的作用和特点是什么？

2-2　集成电路中多晶硅的作用有哪些？一般条件下多晶硅不导电，在什么条件下多晶硅会变成导电的？

2-3　自对准硅栅工艺的特点和优点是什么？

2-4　在集成电路制造中，氧化工艺的作用是什么？干氧法和湿氧法各有什么优点？"场氧"和"栅氧"的功能各是什么？它们的尺寸有何差别？

2-5　掩模与光刻工艺的作用是什么？对光刻工艺的要求是什么？光刻有哪两种曝光方式？

2-6　半导体掺杂工艺有哪两种，它们的优缺点是什么？钝化工艺的作用是什么？

2-7　版图几何设计规则有哪两种，所谓 $3\,\mu m$、$0.35\,\mu m$、$0.18\,\mu m$ 工艺指的是什么？λ 规则有什么好处？

2-8　不遵守版图设计规则会产生什么问题？试举例说明。

2-9　在 CMOS 工艺中，版图包括哪些层次？它们的作用是什么？

2-10　列举集成电路可靠性设计有哪些方法。

2-11　集成电路布线、布局应依据什么原则？

2-12　设计规则验证（DRC）的作用是什么？

2-13　版图的电学规则检查（ERC）的作用是什么？

2-14　版图参数提取（LPE）的作用是什么？

2-15　版图与电路图一致性对照检查（LVS）的作用是什么？

2-16　根据版图设计规则，手工画出 $0.35\,\mu m$ 工艺的 CMOS 反相器版图。

要求：P 管　$W/L=18/3$，　N 管　$W/N=10/4$。

2-17　识别图 P2-17 的版图，并画出相应的电路图。

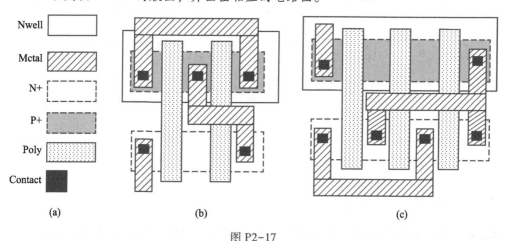

Nwell

Mctal

N+

P+

Poly

Contact

(a)　　　　(b)　　　　(c)

图 P2-17

2-18　什么是计算光刻？

2-19　版图设计分为哪两种？

2-20　请简单介绍三代半导体中每一代半导体的特点及作用。

第3章 集成电路中的元器件

CMOS 集成电路是由许多 MOS 场效应管（简称 MOS 管）组成的，我们不要求读者有很深的固体物理学知识，但对器件的基本特性必须有较深入的了解，因为器件的原理、电流电压控制关系、器件模型参数等直接影响着设计质量。特别是随着器件的尺寸减小、集成度提高，这些问题将更为突出。因此，本章将在模拟电子技术课程的基础上，进一步较深入地介绍集成电路中 MOS 管，以及电容、电阻、电感及互连线等无源元器件的相关知识，为本课程后续内容学习打下良好基础。

3.1 MOS 场效应管（MOSFET）的结构及符号

MOS 场效应管是构成模拟和数字集成电路及系统中最重要的器件，它可用作**开关、电压控制电流源**（即跨导元件或放大元件）、**有源电阻、压控电阻、MOS 电容**等。目前在数字集成电路中，特别是微处理器和存储器方面，CMOS 集成电路占据了绝对地位，这是因为 MOS 管和 MOS 工艺具有独特的优点。促进 MOS 集成电路发展得益于四大技术：半导体表面稳定化技术、各种栅绝缘膜的实用化技术、自对准结构 MOS 工艺、阈值电压控制技术等。

3.1.1 MOS 管符号

增强型 MOS 管的三种常用符号如图 3-1-1 所示，其中 NMOS 管的衬底 B 应接芯片最低电位点（接地），PMOS 管的衬底 B 应接最高电位点（U_{DD}），没有标出衬底 B 的符号已默认 B 的接法。

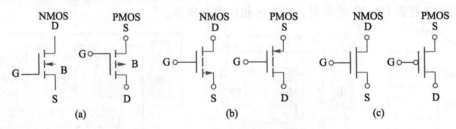

图 3-1-1　增强型 MOS 管常用符号

（a）画出衬底 B 区分 NMOS 管和 PMOS 管（国家标准）　（b）用源极箭头方向区分 NMOS 管和 PMOS 管（国际流行符号）　（c）用栅极加圈区分 NMOS 管和 PMOS 管（国际流行符号）

3.1.2 NMOS 管的简化结构

NMOS 管的简化结构如图 3-1-2 所示。由图可见，该器件制作在 P 型衬底上（P-substrate，也称 bulk 或 body，衬底以 B 来表示），两个重掺杂（N^+）区形成源区（S）和漏区（D），重掺杂多晶硅区（poly）作为栅极（G），一层薄 SiO_2 氧化层作为栅极与衬底的绝缘隔离。NMOS 管的有效作用就发生在栅极氧化层下的衬底表面导电沟道（channel）上。由于源漏结的横向扩散，栅源和栅漏有一重叠长度为 L_D，所以导电沟道有效长度（L_{eff}）将小于版图中所画的导电沟道总长度（L）。图 3-1-2 中 W 表示沟道宽度。宽长比（W/L）和栅氧化

层厚度 t_{ox} 这两个参数对管子的性能特别重要。MOS 技术发展中的主要推动力就是在保证电性能参数的前提下，一代一代地缩小沟道长度 L 和氧化层厚度 t_{ox}。

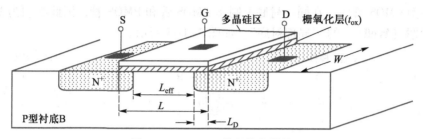

图 3-1-2　NMOS 管的简化结构

为了使 MOS 管的电流只在导电沟道中沿表面流动而不产生垂直于衬底的额外电流，源区、漏区以及沟道和衬底间必须形成反偏的 PN 结隔离，因此，NMOS 管的衬底 B 必须接到系统的最低电位点（例如"地"），而 PMOS 管的衬底 B 必须要接到系统的最高电位点（例如正电源 U_{DD}）。衬底的连接如图 3-1-3（a）、（b）所示。

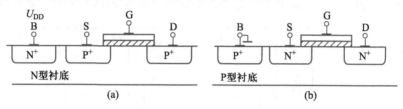

图 3-1-3　衬底的连接
（a）PMOS 管　（b）NMOS 管

单个 MOS 管的版图及剖面图如图 3-1-4 所示，在物理版图中，只要一条多晶硅跨过一个有源区就形成了一个 MOS 管，将其 S，G，D，B 四端用连线引出即可与电路中其他元件连接。

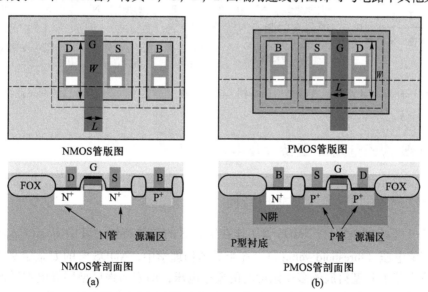

图 3-1-4　P 型衬底的 MOS 管的版图及剖面图（彩图见插页）
（a）NMOS 管　（b）PMOS 管

3.1.3　N 阱及 PMOS 管

在互补型 CMOS 管中，在同一衬底上制作 NMOS 管和 PMOS 管，因此必须为 PMOS 管做一个称为"**阱（Well）**"的"局部衬底"，如图 3-1-5 所示。

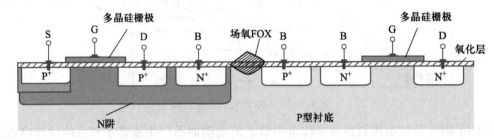

图 3-1-5　互补型 CMOS 管 N 阱中的 PMOS（示意图）

一个 P 型衬底的 CMOS 管反相器的版图和剖面图如图 3-1-6 所示。应该指出，在同一衬底上制作两个互不相关、独立的管子，必须用氧化物（场氧 FOX）隔离，如图 3-1-6 所示。

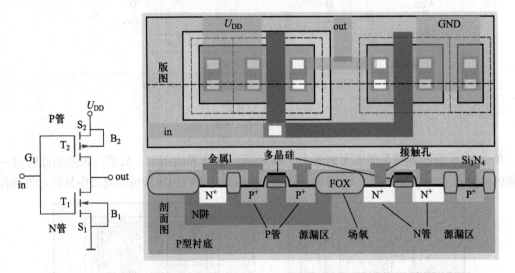

图 3-1-6　CMOS 管反相器的版图举例（场氧 FOX 用作管子间的隔离）（彩图见插页）

3.2　MOS 管的电流电压特性及电流方程

3.2.1　MOS 管的转移特性及输出特性

图 3-2-1（a）为增强型 NMOS 管工作在饱和区的转移特性，其中 $U_{THN}(U_{THP})$ 为开启电压，或称阈值电压（threshold voltage）。在半导体物理学中，NMOS 管的 U_{THN} 定义为表面反型层的电子浓度等于 P 型衬底的多子浓度时的栅极电压，即表面强反型层导电沟道形成所需的最小栅极电压。工作在饱和区的 MOS 管漏极电流与栅极电压成平方律关系。

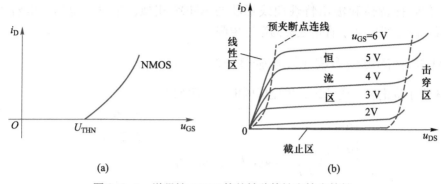

图 3-2-1　增强性 NMOS 管的转移特性和输出特性
（a）转移特性　（b）输出特性

　　增强型 NMOS 管的输出特性如图 3-2-1（b）所示。栅极电压超过阈值电压 U_{THN} 后，开始出现电流。栅压 u_{GS} 越大，漏极电流也越大，体现了栅压对漏极电流有明显的控制作用。漏极电压 u_{DS} 对漏极电流 i_D 的控制作用基本上分两段，即线性区（linear）和饱和区（saturation）。为了不和双极型晶体管的饱和区混淆，我们将 MOS 管的饱和区称为恒流区，以表述 u_{DS} 增大而电流 i_D 基本恒定的特性。

　　线性区（又称可变电阻区）和恒流区是以预夹断点的连线为分界线的，如图 3-2-1（b）中虚线所示。在栅压 u_{GS} 一定的情况下，随着 u_{DS} 从小变大，沟道将发生如图 3-2-2 所示的变化。从图中可见，若

$$u_{DS} = u_{GS} - U_{TH} \tag{3-2-1}$$

则沟道在漏区边界被夹断，因此该点电压称为"预夹断电压"。在此点之前，即

$$u_{DS} < u_{GS} - U_{TH} \tag{3-2-2}$$

管子工作在线性区，此时 u_{DS} 增大，i_D 有明显的增大。而在预夹断点之后，即

$$u_{DS} > u_{GS} - U_{TH} \tag{3-2-3}$$

其中，U_{TH} 为 NMOS 或 PMOS 管的开启电压。管子工作在恒流区，此时 u_{DS} 增大，夹断区扩大，大部分电压降在夹断区，对沟道电场影响不大，因此电流 i_D 增大很小。将 u_{DS} 增大对沟道的影响进而微弱增大电流的效应称为**沟道调制效应**。u_{DS} 增大对沟道的影响如图 3-2-2 所示。

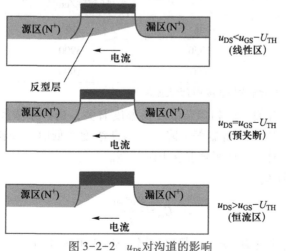

图 3-2-2　u_{DS} 对沟道的影响

PMOS 的转移特性和输出特性曲线形状与 NMOS 相似，不过其电压、电流方向均与 NMOS 相反，故曲线应处于直角坐标的第三象限。

3.2.2 MOS 管的电流方程（以增强性 NMOS 为例）

NMOS 管在截止区、线性区、恒流区的电流方程如下：

$$
i_{\mathrm{D}} = \begin{cases} 0 & u_{\mathrm{GS}} < U_{\mathrm{THN}} & \text{(3-2-4a)} \\ & \text{（截止区）} \\ \dfrac{\mu_{\mathrm{n}} C_{\mathrm{ox}}}{2} \left(\dfrac{W}{L} \right) \left[2(u_{\mathrm{GS}} - U_{\mathrm{THN}}) u_{\mathrm{DS}} - u_{\mathrm{DS}}^2 \right] & u_{\mathrm{DS}} < u_{\mathrm{GS}} - U_{\mathrm{THN}} & \text{(3-2-4b)} \\ & \text{（线性区）} \\ \dfrac{\mu_{\mathrm{n}} C_{\mathrm{ox}}}{2} \left(\dfrac{W}{L} \right) (u_{\mathrm{GS}} - U_{\mathrm{THN}})^2 (1 + \lambda_{\mathrm{n}} u_{\mathrm{DS}}) & u_{\mathrm{DS}} > u_{\mathrm{GS}} - U_{\mathrm{THN}} & \text{(3-2-4c)} \\ & \text{（恒流区）} \end{cases}
$$

其中最重要的是恒流区（即饱和区）特性，重写如式（3-2-5）所示：

$$
i_{\mathrm{D}} = \frac{\mu_{\mathrm{n}} C_{\mathrm{ox}}}{2} \left(\frac{W}{L} \right) (u_{\mathrm{GS}} - U_{\mathrm{THN}})^2 (1 + \lambda_{\mathrm{n}} u_{\mathrm{DS}}) \tag{3-2-5}
$$

下面介绍式中的参数。

一、几个与材料及工艺相关的参数

1. 载流子迁移率 μ

μ_{n} 为电子迁移率（单位电场作用下电子的迁移速度）；

μ_{p} 为空穴迁移率（单位电场作用下空穴的迁移速度）；

迁移率是反映半导体中载流子导电能力的重要参数，迁移率越大，导电能力越强，而且器件的工作速度越快。**迁移率与载流子类型及材料有关**，表 3-2-1 给出常温下较高纯度的硅、锗、砷化镓材料中电子和空穴的迁移率。由表可见：电子的迁移率比空穴迁移率大得多，所以 NMOS 管比 PMOS 管的性能优越。同时看出，锗的迁移率比硅的迁移率大得多，单原子层锗的迁移率甚至是硅的 10 倍，这也是当前锗材料研究重新备受关注的原因之一。

表 3-2-1 常温下较高纯度的硅、锗、砷化镓材料中电子和空穴的迁移率

载流子	迁移率/cm²V⁻¹s⁻¹		
	硅	锗	砷化镓
电子	1350	3900	8500
空穴	450	1900	400

注：经特殊工艺处理，砷化镓空穴的迁移率可大大提高。

迁移率不仅与材料有关，还和掺杂浓度及温度有关，当掺杂浓度超过 $10^{15} \sim 10^{16} \mathrm{cm}^{-3}$ 以后，迁移率随掺杂浓度的提高而显著下降。在掺杂浓度较低时，迁移率随温度升高下降明显，而在掺杂浓度较高时，迁移率随温度下降趋缓。

2. 单位面积栅电容 C_{ox}

$$
C_{\mathrm{ox}} = \frac{\varepsilon_0 \varepsilon_{\mathrm{SiO_2}}}{t_{\mathrm{ox}}} \tag{3-2-6}
$$

式中：ε_0 为真空介电常数；$\varepsilon_{\mathrm{SiO_2}}$ 为栅氧化层（$\mathrm{SiO_2}$）的相对介电常数；t_{ox} 为栅氧化层厚度。

当 $t_{ox} \approx 50 \mathring{A}$（$1 \mathring{A} = 0.1 \, nm$）时，$C_{ox} \approx 6.9 \, fF/\mu m^2$（$fF = 10^{-15} \, F$）。

通常称 $K' = \mu_n C_{ox}$ 为本征导电因子，$\beta = K' / \dfrac{W}{L}$ 为导电因子。

则式（3-2-5）可改写为式（3-2-7）：

$$
\begin{aligned}
i_D &= \frac{\mu_n C_{ox}}{2}\left(\frac{W}{L}\right)(u_{GS} - U_{TH})^2(1 + \lambda u_{DS}) \\
&= \frac{K'}{2}\left(\frac{W}{L}\right)(u_{GS} - U_{TH})^2(1 + \lambda u_{DS}) \\
&= \frac{1}{2}\beta(u_{GS} - U_{TH})^2(1 + \lambda u_{DS})
\end{aligned}
\tag{3-2-7}
$$

3. 阈值电压（也称开启电压）U_{TH}

阈值电压 U_{TH} 是表征 MOS 管性能的重要参数，U_{TH} 与栅极材料、栅绝缘层材料类型和厚度、衬底掺杂浓度以及半导体与二氧化硅界面的质量等因素有关。而且还与衬底电压及管子物理尺寸有关。

（1）阈值电压与衬底电压有关，若衬底与源极不直接相连，而是在衬底与源极之间加一个负偏压 U_{BS}，当 $U_{BS} < 0$ 时，沟道与衬底间的耗尽层加厚，导致阈值电压 U_{TH} 增大。这个特点被利用在超大规模集成电路设计中，使那些处于等待状态的器件处于较深的截止状态，从而使泄漏电流得到大幅度减小，待机功耗明显降低。

（2）当管子尺寸减小时，U_{TH} 与 L 和 W 有较强的依赖关系，在长沟道器件中，阈值电压与沟道长度 L 和沟道宽度 W 的关系不大；而在短沟道器件中，如 $L < 3 \, \mu m$，U_{TH} 与 L、W 的关系较大。如图 3-2-3 所示，U_{TH} 随着 L 的增大而增大，随着 W 的增大而减小。图中 N_{sub} 为衬底掺杂浓度。

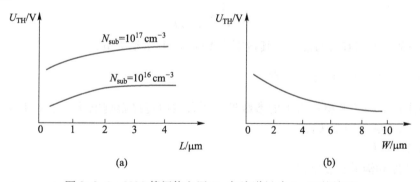

图 3-2-3　MOS 管阈值电压 U_{TH} 与沟道尺寸 L、W 的关系

(a) U_{TH} 与 L 的关系　(b) U_{TH} 与 W 的关系

因为阈值电压与工艺有关，所以可通过工艺控制使阈值电压降低（NMOS 管降为 0.4 V 左右，PMOS 管降为 -0.3 V 左右），从而使器件适合在低电源电压下工作。总之，阈值电压可控是 MOS 管集成电路成功的技术之一。

阈值电压的温度系数大约为

$$
\frac{dU_{TH}}{dT} \approx -4 \, mV/\text{℃} \quad \text{重掺杂}
$$

$$\frac{\mathrm{d}U_{\mathrm{TH}}}{\mathrm{d}T} \approx -2\,\mathrm{mV/^\circ C} \quad 轻掺杂$$

在 SPICE 软件中，$U_{\mathrm{BS}}=0\,\mathrm{V}$ 时的阈值电压 U_{TH0} 就是一个模型参数。

4. 沟道调制系数 λ_n、λ_p

该系数表达在恒流区 U_{DS} 对沟道长度的改变影响漏极电流的程度大小。通常，将输出特性恒流区曲线延长会交于一点，如图 3-2-4 所示。该交点对应的电压 U_{A} 为厄尔利电压（early voltage）。沟道调制系数 λ 符合

$$\lambda \approx \frac{1}{U_{\mathrm{A}}} \tag{3-2-8}$$

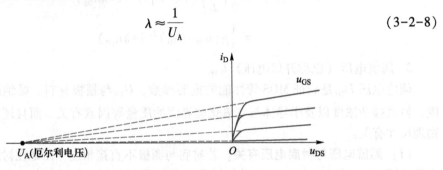

图 3-2-4　沟道调制系数 $\lambda = 1/U_{\mathrm{A}}$

对于 NMOS，若 $U_{\mathrm{A}}=100\,\mathrm{V}$，则 $\lambda \approx \dfrac{1}{U_{\mathrm{A}}}=\dfrac{1}{100\,\mathrm{V}}=0.01\,\mathrm{V^{-1}}$

输出特性恒流区曲线越平坦，U_{A} 越大，沟道调制系数越小，说明 U_{DS} 对电流影响越小。进一步分析得知，沟道调制系数与沟道长度 L 成反比，沟道长度 L 越长，沟道调制系数越小，即

$$\lambda = \frac{1}{U_{\mathrm{A}}} \approx \frac{1}{U_{\mathrm{E}} \times L} \tag{3-2-9}$$

式中 U_{E} 是一个与工艺有关的常量，其量纲为 $\mathrm{V/\mu m}$，L 量纲为 $\mu\mathrm{m}$。

二、两个与设计相关的重要参数

除了以上四个与工艺材料有关的参数外，还有两项直接影响电流大小的重要参数是宽长比 W/L 和过驱动电压（$u_{\mathrm{GS}}-U_{\mathrm{TH}}$）。

1. 宽长比 W/L

即沟道宽度和沟道长度之比。

由式（3-2-4）和式（3-2-5）可知**电流与宽长比（W/L）成正比**。W 表示管子的大小，W 越大，管子电流越大。L 表示沟道长度，管子的最小沟道长度 $L_{\min}$ 标志着工艺水平高低，L 越小，工艺水平越高。这是一个特征尺寸，**宽长比 W/L 是一个重要的设计参数**。

2. 过驱动电压（$u_{\mathrm{GS}}-U_{\mathrm{TH}}$）

栅源电压 u_{GS} 与阈值电压 U_{TH} 之差（$u_{\mathrm{GS}}-U_{\mathrm{TH}}$）称为**过驱动电压**，在导电因子确定，并忽略沟道调制系数的情况下，**管子电流与过驱动电压的平方成正比**，如式（3-2-10）所示。所以，在工艺及器件物理尺寸确定后，过驱动电压的选择是集成电路设计的一个重要内容。

$$i_{\mathrm{D}} = \frac{\mu_\mathrm{n}C_{\mathrm{ox}}}{2}\left(\frac{W}{L}\right)(u_{\mathrm{GS}}-U_{\mathrm{TH}})^2(1+\lambda u_{\mathrm{DS}}) \approx \frac{K'}{2}\left(\frac{W}{L}\right)(u_{\mathrm{GS}}-U_{\mathrm{TH}})^2 \tag{3-2-10}$$

例如：对于典型的 0.5 μm 工艺的 MOS 管，忽略沟道调制效应，其主要参数如表 3-2-2 所示。

表 3-2-2　0.5 μm 工艺 MOS 管的典型参数

类型	参数	
	$K'=\mu_n C_{ox}(\mu A/V^2)$	U_{TH}/V
NMOS	73	0.7
PMOS	21	-0.8

假定有一 NMOS 管，$W=3\ \mu m$，$L=1\ \mu m$，在恒流区：若 $u_{GS}=2\ V$，则

$$i_D \approx \frac{K'}{2}\left(\frac{W}{L}\right)(u_{GS}-U_{TH})^2$$

$$=\frac{1}{2}\times 73\ \mu A/V^2 \times \frac{3\ \mu m}{1\ \mu m}\times(2\ V-0.7\ V)^2 \approx 185\ \mu A$$

3.2.3　MOS 管的输出电阻

1. 线性区的输出电阻

根据式（3-2-4b）线性区的电流方程，当 u_{DS} 很小 $[U_{DS}\ll 2(u_{GS}-U_{TH})]$ 时，可近似有

$$i_D = \frac{\mu_n C_{ox}}{2}\left(\frac{W}{L}\right)[2(u_{GS}-U_{TH})u_{DS}-u_{DS}^2]$$

$$\approx \mu_n C_{ox}\left(\frac{W}{L}\right)(u_{GS}-U_{TH})u_{DS} \qquad (3-2-11)$$

那么，输出电阻 r_{DS} 为

$$r_{DS}=\frac{\partial u_{DS}}{\partial i_D}=\frac{1}{\mu_n C_{ox}\left(\dfrac{W}{L}\right)(u_{GS}-U_{TH})} \qquad (3-2-12)$$

可见，深线性区的 MOS 管输出电阻 r_{DS} 是 u_{GS} 的函数，u_{GS} 越大，r_{DS} 越小。因此，称线性区的输出电阻为"压控电阻"，线性区又叫"可变电阻区"。这一点对于许多模拟电路的应用至关重要，如自动增益控制、滤波器自动调谐、连续时间滤波器设计等都用到了场效应管的压控电阻特性。

例如，$\mu_n C_{ox}=50\ \mu A/V^2$，$W/L=10$，$U_{TH}=0.7\ V$，$u_{GS}=5\ V$，则 $r_{DS}=465\ \Omega$；若 $u_{GS}=2\ V$，则 $r_{DS}=1538\ \Omega$。可见，线性区的输出电阻较小，且可变。

2. 恒流区（饱和区）的输出电阻

根据式（3-2-5）恒流区的电流方程，有

$$r_{DS}=\frac{\partial u_{DS}}{\partial i_D}=\frac{1}{\lambda\ \dfrac{\mu_n C_{ox}}{2}\left(\dfrac{W}{L}\right)(u_{GS}-U_{TH})^2}=\frac{1}{\lambda I_{DQ}}=\frac{U_A}{I_{DQ}} \qquad (3-2-13)$$

若 $U_A=200\ V$，工作点电流 $I_{DQ}=1\ mA$，则

$$r_{DS}=\frac{U_A}{I_{DQ}}=\frac{200\ V}{1\ mA}=200\ k\Omega$$

可见，MOS 管恒流区的输出电阻是很大的，工作点越低，I_{DQ} 越小，输出电阻越大；电流曲线越平坦，U_A 越大，输出电阻也越大。

3.2.4 MOS 管的跨导 g_m

恒流区的电流方程在忽略沟道调宽影响时为平方律方程，即

$$i_D = \frac{\mu_n C_{ox}}{2}\left(\frac{W}{L}\right)(u_{GS}-U_{TH})^2$$

那么 u_{GS} 对 i_D 的控制能力参数 g_m 为

$$g_m = \frac{\partial i_D}{\partial u_{GS}} = \mu_n C_{ox}\left(\frac{W}{L}\right)(u_{GS}-U_{TH}) \tag{3-2-14a}$$

$$= \sqrt{2\mu_n C_{ox}\left(\frac{W}{L}\right)i_D} \tag{3-2-14b}$$

$$= \frac{2i_D}{u_{GS}-U_{TH}} \tag{3-2-14c}$$

可见，宽长比 W/L 越大，跨导 g_m 越大。在 W/L 不变的情况下，g_m 与 $(u_{GS}-U_{TH})$ 呈线性关系，与 i_D 的平方根成正比；在 i_D 不变的情况下，g_m 与 $(u_{GS}-U_{TH})$ 成反比。其变化曲线分别如图 3-2-5（a）、（b）、（c）所示。人们要问，g_m 到底是与 i_D 的平方根（$\sqrt{i_D}$）成正比还是与 i_D 成正比？回答是：在测试与应用中，W/L 肯定是不变的，那么 g_m 与 i_D 的平方根（$\sqrt{i_D}$）成正比，i_D 增大一倍，g_m 增大 41%。而在设计过程中，设计者若固定 $(u_{GS}-U_{TH})$ 值，则 g_m 与 i_D 成正比。其中式 **（3-2-14c）不含有任何与工艺参数有关的变量，是一个非常重要的关系式。**

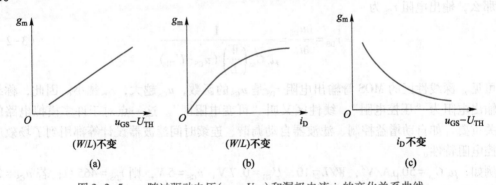

图 3-2-5 g_m 随过驱动电压 $(u_{GS}-U_{TH})$ 和漏极电流 i_D 的变化关系曲线

（a）（W/L）不变时 $g_m \sim (u_{GS}-U_{TH})$ 关系曲线 （b）（W/L）不变时 $g_m \sim i_D$ 关系曲线 （c）i_D 不变时 $g_m \sim (u_{GS}-U_{TH})$ 关系曲线

3.2.5 体效应与背栅跨导

前面所有结论是在衬底与源极等电位的前提下得出来的，但在集成电路中，在同一硅片衬底上要做许多管子，为保证它们正常工作，一般 N 管的衬底要接到全电路的最低电位点，P 管的衬底接到最高电位点。因此，有些管子的源极与衬底之间存在电位差，如图 3-2-6 所示，图中 T_2 管的 $u_{BS}<0$。

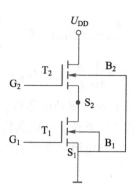

图 3-2-6 $u_{BS}<0$ 的 MOS 管（T_2）

当 $u_{BS}<0$ 时，沟道与衬底间的耗尽层加厚，导致阈值电压 U_{TH} 增大，沟道变窄，沟道电阻变大，i_D 减小，人们将此称为"体效应"、"背栅效应"或"衬底调制效应"。

引入背栅跨导 g_{mb} 来表示 u_{BS} 对漏极电流的影响，其定义为

$$g_{mb}=\frac{\partial i_D}{\partial u_{BS}} \tag{3-2-15a}$$

通常用跨导比 η 来表达 g_{mb} 与 g_m 的关系：

$$\eta=\frac{g_{mb}}{g_m}\approx 0.1\sim 0.2 \tag{3-2-15b}$$

式中 g_m 为栅跨导（$g_m=\partial i_D/\partial u_{GS}$）。

3.2.6 MOS 管的特征频率 f_T

MOS 管的特征频率 f_T 表征 MOS 管能工作的最高频率。特征频率 f_T 定义为 MOS 管的电流增益（输出小信号电流与输入小信号电流之比）下降到 1 时的频率。计算 f_T 的等效电路如图 3-2-7 所示，图中忽略 C_{dg} 的影响，由图可见，

$$i_1=j\omega C_{gs}u_{gs}, \quad i_2=g_m u_{gs}$$

令

$$\left|\frac{i_2}{i_1}\right|=\frac{g_m}{\omega C_{gs}}=1$$

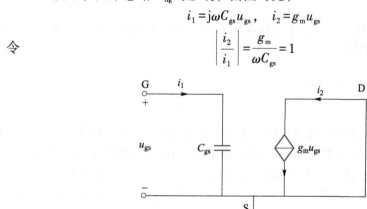

图 3-2-7 MOS 管特征频率分析等效电路

故

$$\omega=\omega_T=\frac{g_m}{C_{gs}}=2\pi f_T$$

又知 $\qquad g_{\mathrm{m}}=\mu_{\mathrm{n}}C_{\mathrm{ox}}\dfrac{W}{L}(u_{\mathrm{GS}}-U_{\mathrm{TH}}) \qquad C_{\mathrm{gs}}\approx\dfrac{2}{3}WLC_{\mathrm{ox}}$

所以 $\qquad\qquad\qquad\qquad f_{\mathrm{T}}=\dfrac{3}{4\pi}\dfrac{\mu}{L^2}(u_{\mathrm{GS}}-U_{\mathrm{TH}})$ （3-2-16a）

可见，MOS 管特征频率与迁移率 μ 及过驱动电压 $(u_{\mathrm{GS}}-U_{\mathrm{TH}})$ 成正比，与沟道长度 L 的平方成反比，选择迁移率高的材料，缩小沟道长度是提高特征频率的有效方法。增加过驱动电压可以提高特征频率，但同时会增大工作电流和功率损耗。图 3-2-8 给出某 CMOS 工艺特征频率 f_{T} 与最小沟道长度 $L_{\min}$ 的关系曲线。

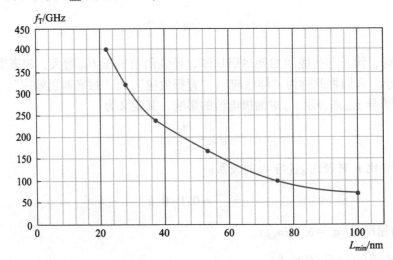

图 3-2-8　f_{T} 与 $L_{\min}$ 的关系曲线

从另一个角度，即载流子在沟道中的渡越时间分析，可导出

$$f_{\mathrm{T}}=\frac{\mu_{\mathrm{n}}u_{\mathrm{DS}}}{2\pi L^2}$$ （3-2-16b）

与公式（3-2-16a）相比，只是分子电压项的不同。实际上两式可统一起来，在沟道预夹断情况下，两者电压是相等的。

3.2.7　MOS 管特性的三个非理想因素——亚阈区、表面迁移退化与速度饱和效应

1. 亚阈区特性

实验和理论证明，MOS 管在弱反型层向强反型层过渡的区域已经存在电流，不过该电流很小（nA 级），因此人们认为只有当栅压 u_{GS} 超过阈值电压 U_{TH} 后才出现电流。弱反型层向强反型层过渡的区域称为"亚阈区"。在亚阈区，过驱动电压 $(u_{\mathrm{GS}}-U_{\mathrm{TH}})$ 为负值，即 $u_{\mathrm{GS}}<U_{\mathrm{TH}}$，此时，MOS 管的电流电压关系不符合"平方律"关系，而为**指数关系**，如下式所示，这一点与双极型晶体管的电流电压特性有相似之处。

$$i_{\mathrm{D}}=I_{\mathrm{D0}}\left(\frac{W}{L}\right)\mathrm{e}^{\left(\frac{u_{\mathrm{GS}}}{nU_T}\right)}$$ （3-2-17）

式中：n 为 1~2 的常数；U_T 为热电压（$U_T=kT/q$）；I_{D0} 为由制造工艺、u_{BS}、U_{TH} 决定的系数。

因为亚阈区电流非常小，跨导值也很小，所以通常在模拟电路中，MOS 管不要工作在亚阈区，而要工作在恒流区（饱和区）。特别是大规模数字电路芯片中有千万个甚至上亿个 MOS 管，即使这些管子处于关断状态，$u_{GS} < U_{TH}$，但由于亚阈区电流构成的整个芯片的关断电流将相当大，产生了很大的无用功耗，另外由亚阈区电流导致的待机功耗也十分可观，所以必须提高阈值电压或减小关断态的栅压，使 $u_{GS} \ll U_{TH}$，以避开亚阈区，使器件处于真正的关断状态。

但事物还有另一面，在低电流（nA 级）、低功耗应用条件下，亚阈区特性却受到越来越多的关注。由于在亚阈区电流电压成指数关系，说明 u_{GS} 对电流有较强的控制能力，且栅跨导 g_m 与电流 i_D 成正比，即 $g_m = \dfrac{i_D}{nU_T}$，电流效率 $\dfrac{g_m}{i_D} = \dfrac{1}{nKT/q}$ 较高，在诸如植入人体芯片、生物学应用、医学探头、微弱光电传感器等应用中，可工作在亚阈区，例如某卫星照相机光电传感器的电流非常微弱，故其芯片放大器前级需偏置在亚阈区。

2. 表面迁移率退化

沟道中的载流子同时受到两个电场作用，一个是由 u_G 产生的垂直电场，另一个是由 u_D 产生的水平电场，所以载流子沿沟道的运动轨迹并非单调平行于表面，而是如图 3-2-9 所示的曲线轨迹运行，在垂直电场作用下，载流子会频繁与沟道表面产生碰撞，从而使载流子运动速度降低，这个现象被称为迁移率退化。理论与实验证明，表面迁移率随着垂直电场的增大而单调减小。

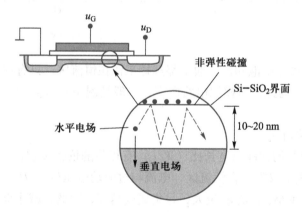

图 3-2-9　载流子表面运动轨迹示意图

3. 速度饱和效应

在 u_{DS} 较低时，沟道载流子的平均漂移速度与沟道方向电场成正比，即 $v = \mu E$，迁移率为常数。但当 u_{DS} 增大使电场强度超过一定强度后，载流子的平均漂移速度增加变慢，最后趋于一个不再随电场变化的极限恒定值，这是因为载流子速度太大导致晶格散射现象加剧，从而使载流子漂移速度趋于饱和的缘故。

综上所述，MOS 管的工作区可分为三段，即弱反型区、强反型区和速度饱和区，其电流及跨导和栅压的关系曲线如图 3-2-10 所示，图中：

wi 段：弱反型区（亚阈区），电流符合指数特性，$i_D = I_{D0}\left(\dfrac{W}{L}\right) e^{\left(\frac{u_{GS}}{nU_T}\right)}$，跨导 $g_m = \dfrac{i_D}{nKT/q} =$

$\dfrac{i_D}{nU_T}$，电流效率$\dfrac{g_m}{i_D}=\dfrac{1}{nKT/q}$。

si 段：强反型区（饱和区），电流符合平方律特性，$i_D=\dfrac{\mu_n C_{ox}}{2}\left(\dfrac{W}{L}\right)(u_{GS}-U_{TH})^2$，跨导

$g_m=\mu_n C_{ox}\dfrac{W}{L}(u_{GS}-U_{TH})$，电流效率$\dfrac{g_m}{i_D}=\dfrac{2}{u_{GS}-U_{TH}}$。

vs 段：速度饱和区，电流符合线性特性，而跨导基本不变，电流效率下降。

图 3-2-11 给出电流效率与过驱动电压关系示意图，所谓电流效率 g_m/i_D 指的是消耗一定的电流能产生多大的跨导。亚阈区电流及跨导绝对值非常小，但电流效率较高。

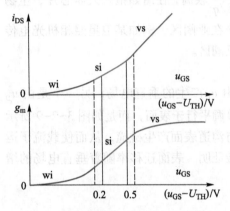

图 3-2-10   电流、跨导和栅压曲线

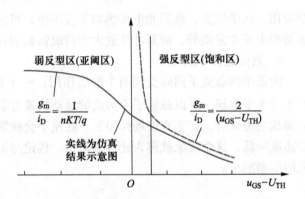

图 3-2-11   电流效率 g_m/i_D 与过驱动电压关系示意图

MOS 管工作要远离速度饱和区，通常都选择工作在恒流区，只有在极小电流、极低功耗应用中才选择亚阈区。为此，对模拟电路而言，一般情况下选 $u_{GS}-U_{TH}=0.2\,\text{V}$，大电流情况下选 $u_{GS}-U_{TH}=0.5\,\text{V}$。

综上所述，总结如下：

（1）MOS 场效应管的性能与宽长比（W/L）有很强的依赖关系；

（2）U_{TH} 是一个重要参数，在恒流区，电流与过驱动电压（$u_{GS}-U_{TH}$）成平方律关系；

（3）沟道长度 L 越小，f_T 及 g_m 越大，且集成度越高，因此，减小器件尺寸有利于提高器件性能。

（4）提高载流子迁移率 μ 有利于增大 f_T 及 g_m，NMOS 的 μ_n 比 PMOS 的 μ_p 大 2~4 倍，所以 NMOS 管的性能优于 PMOS 管；

（5）体效应（衬底调制效应）、沟道调制效应（λ 与 U_A）和亚阈区及速度饱和区等均属于二阶效应，在 MOS 管参数中应有所反映。

3.2.8 MOS 管的并联与串联

一、MOS 管的并联

两个 MOS 管的 D 相连、S 相连就构成并联，如果两个管子宽长比相同，其等效管子相当于沟道宽度 W 加倍，总电流为所有管子电流之和，如图 3-2-12（a）所示。每个管子相当

于一个电阻, 总电阻等于所有电阻并联, 即电流增大, 等效电阻减小, 如图 3-2-12 (b)
所示。

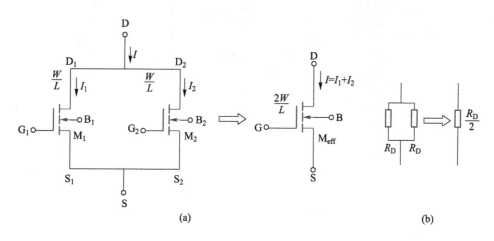

图 3-2-12   MOS 管的并联

（a）并联管的等效电流   （b）并联管的等效电阻

如果在某一设计中, 要求一个宽长比 W/L 很大的管子, 例如: $W = 10\ \mu\text{m}$, $L = 0.18\ \mu\text{m}$,
为了减小器件的失配和误差, 采用多管并联的方式, 只要在电路图中该管旁边注明并联管数
M 值即可, 如图 3-2-13 所示, 例如 $M = 4$, $W/L = 2.5/0.18$, 说明该管由 4 个宽长比 $W/L = 2.5/0.18$ 管子并联而成。

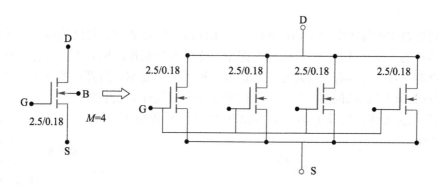

图 3-2-13   4 管并联

二、MOS 管的串联

一个 MOS 管的 D 与另一管子的 S 相连就构成串联, 如图 3-2-14 所示, 其等效管子相当
于沟道宽度 W 减半, 两个管子电流相同, 等效管子总电流与单个管子电流相等。每个管子相
当于一个电阻, 总电阻等于所有电阻串联, 即电流不变, 等效电阻增大。

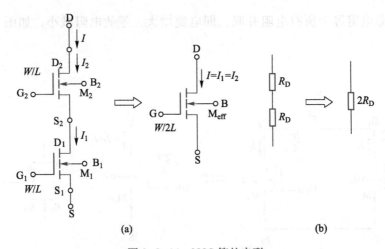

图 3-2-14　MOS 管的串联

（a）串联 MOS 管的等效管　（b）串联 MOS 管的等效电阻

3.3　集成电路中的无源元件

集成电路中的无源元件主要有集成电容、集成电阻、集成电感及连线等。因为电容、电阻占的硅片面积很大，所以在集成电路中，尽量用有源元件代替无源元件，尽量不去专门制作无源元件，更不要做电感，只有在射频电路和微机电系统（MEMS）中才可能出现微小电感元件。

3.3.1　集成电容

在集成电路中电容主要用于相位补偿、电源滤波、信号滤波、数模转换、开关电容网络等，是最基本的无源元件之一。在集成电路中，除了专门制作的电容外，还存在许多极间电容和寄生电容。这些电容将使功耗增大、信号延迟、带宽变窄、运算误差增大，甚至产生自激，是设计时必须考虑的问题。以下，我们将简单介绍几种集成电容。

电容是二端元件，集成电容的基本结构类似于平板电容，如图 3-3-1 所示。

$$C = \frac{\varepsilon S}{d} \tag{3-3-1}$$

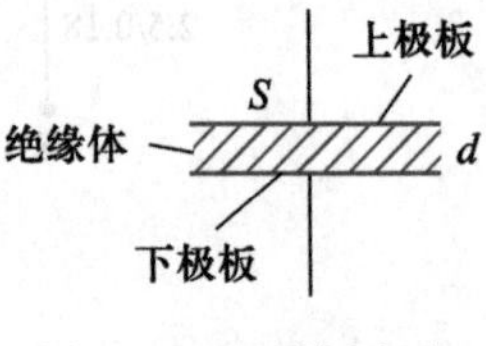

图 3-3-1　平板电容 结构示意图

式中：ε 为绝缘体介电系数；S 为电容极板面积；d 为电容极板间距离。

下面我们将简单介绍几种集成电容。

一、多晶硅—扩散区电容

该电容制作在扩散区上，其上极板是第一层多晶硅，下极板是扩散区，中间的介质是氧化层，如图 3-3-2 所示。

此类电容 C_{AB} 为

$$C_{AB} = C_{ox} WL = C_{ox} S \tag{3-3-2}$$

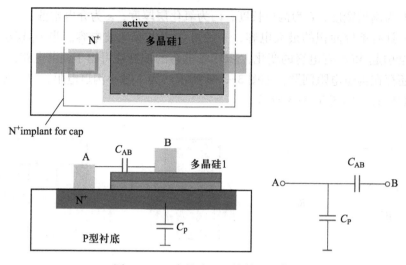

图 3-3-2　多晶硅——扩散区电容

其中 C_{ox} 为单位面积电容

$$C_{ox} = \frac{\varepsilon_0 \varepsilon_{sio_2}}{t_{ox}} = \frac{\varepsilon}{t_{ox}} \tag{3-3-3}$$

式中：ε 为氧化层介电系数；t_{ox} 为氧化层厚度；S 为该电容面积，$S = W \cdot L$。

例如：若 $t_{ox} = 100\,nm$，$\varepsilon = \varepsilon_0 \varepsilon_{sio_2} = 3.46 \times 10^{-11}\,F/m$，那么

$$C_{ox} = \frac{\varepsilon}{t_{ox}} = \frac{3.46 \times 10^{-11}\,F/m}{100 \times 10^{-9}\,m} = 3.46 \times 10^{-4}\,pF/\mu m^2$$

因此，要获得一个 $C = 34.6\,pF$ 的电容，需要硅片面积为 $10^5\,\mu m^2$，相当于 25 只场效应管的面积。由此可见，在集成电路中要尽量避免制作大电容。

实际上，在扩散区与 P 型衬底之间存在着寄生电容 C_p（如图 3-3-2 所示），底板寄生电容 $C_p \approx 0.02C$ 左右。

二、多晶硅——多晶硅电容

如图 3-3-3 所示，该电容制作在场区上，其两个电极分别是两层多晶硅，中间的介质为氧化层。该电容的典型值为 $0.7\,fF/\mu m^2$。

三、MOS 电容——栅极与沟道之间的电容 C_{ch}

这种电容结构与 MOS 晶体管一样，是一种感应沟道电容，当栅极加上电压形成沟道时电容就存在了，其一个极板是栅极，另一个极板为沟道，沟道这一极由源极与漏极短接而引出，如图 3-3-4 所示。电容大小取决于沟道面积，即

$$C_{ch} = \varepsilon \frac{S}{t_{ox}} = \varepsilon \frac{WL}{t_{ox}} \tag{3-3-4}$$

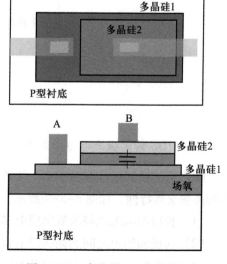

图 3-3-3　多晶硅——多晶硅电容

式中：W 为沟道宽度；L 为沟道长度；t_{ox} 为氧化层厚度；ε 为介电常数。

这种电容具有单位面积的最大电容，一般可作为电源滤波电容。当 U_C 较小或反相偏置时，U_C 变化会引起 MOS 管电容的变化，MOS 管电容的该特性可用于调谐电路。

实际上还存在沟道电阻问题，如图 3-3-4 所示。为了减小沟道电阻，当 L 较大时，可将栅极做成梳状形式，如图 3-3-5 所示。

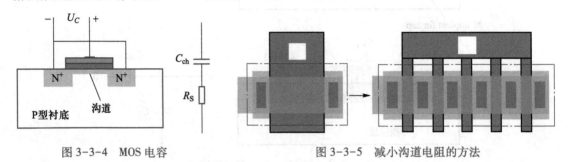

图 3-3-4   MOS 电容   图 3-3-5   减小沟道电阻的方法

四、"夹心"电容

如图 3-3-6 所示，总电容值 C 为

$$C = C_1 + C_2 + C_3 + C_4 \tag{3-3-5}$$

该电容是一种线性电容，其底板寄生电容约为 $C_p \approx (50\% \sim 60\%) C$

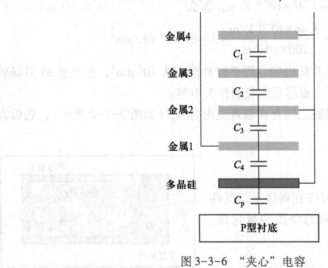

图 3-3-6   "夹心"电容

五、MOS 管的极间电容和寄生电容

MOS 管的极间电容存在于 4 个端子中的任意两端之间，这些电容的存在影响了器件和电路的高频交流特性。如图 3-3-7 所示，这些电容包括以下几部分：

（1）栅极和沟道之间的氧化层电容 $C = C_{ox} \cdot S = C_{ox} \cdot W \cdot L$；

（2）衬底和沟道之间的耗尽层电容 C_{gb}；

（3）多晶硅与源、漏之间交叠而形成的电容 C_{gd}、C_{gs}；

（4）源、漏与衬底之间的结电容 C_{sb}、C_{db}。

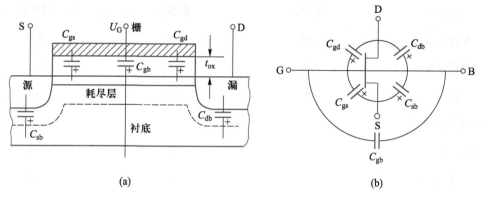

(a)　　　　　　　　　　　　　　(b)

图 3-3-7　MOS 管的栅电容及寄生电容

（a）结构图　（b）等效电路

3.3.2　集成电阻

电阻也是二端元件$\left(R=\dfrac{U}{I}\right)$，是最基本的无源元件之一，在数字集成电路中可作为输入、输出静电保护电路，在模拟集成电路中则用处更多。

一、方块电阻的概念

如图 3-3-8 所示，一块薄层矩形均匀导电材料的电阻为

$$R=\rho\frac{L}{Wt}=\frac{\rho}{t}\left(\frac{L}{W}\right)=R_{\square}\left(\frac{L}{W}\right) \tag{3-3-6}$$

定义：
$$R_{\square}=\frac{\rho}{t}\text{——方块电阻} \tag{3-3-7}$$

式中：ρ 为导电材料的电阻率；L 为矩形薄层电阻的长度；W 为矩形薄层电阻的宽度；t 为矩形薄层电阻的厚度。

当材料和薄层厚度确定时，则方块电阻就确定了，设计者只需根据方块电阻值，通过改变长度与宽度之比，就可控制电阻值的大小。这样将版图几何尺寸和工艺参数分开，给设计带来很大方便。表 3-3-1 给出不同材料方块电阻的大概量级。

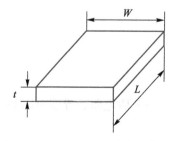

图 3-3-8　方块电阻定义（$L=W$）

表 3-3-1　常用材料的方块电阻（单位：Ω/□）

材料	最小值	典型值	最大值
互连金属	0.05	0.07	0.1
顶层金属	0.03	0.04	0.05
多晶硅	15	20	30
硅-金属化合物	2	3	6
扩散层（N^+，P^+）	10	25	100
硅化合物扩散	2	3	10
N 阱（或 P 阱）	1000	2000	5000

二、拐弯电阻计算

当阻值要求较大时，电阻图形较为复杂，例如图 3-3-9 所示，称为拐弯电阻，该电阻 R 的计算公式如下：

$$R = R_\square \left(\frac{L}{W} + 2K_1 + nK_2 \right) \tag{3-3-8}$$

式中：K_1 为端口修正因子（一般取 0.35~0.65）；K_2 为拐角修正因子（一般取 0.5）；n 为拐角数。

根据式（3-3-8），图 3-3-9 的电阻值 R 为

$$R = R_\square \left(\frac{L_1 + L_2 + L_3 + L_4 + L_5 + L_6}{W} + 2 \times 0.65 + 5 \times 0.5 \right)$$

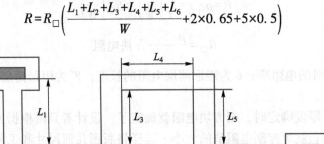

图 3-3-9　拐弯电阻 R 的图形

三、集成电阻的基本类型及结构

常用集成电阻有多晶硅电阻、N-P 阱电阻、导线电阻等。

1. 多晶硅电阻

如图 3-3-10 所示，多晶硅电阻做在场区上，其方块电阻较大。如果在做电阻的多晶硅处不掺入杂质，使其方块电阻更大，则可制作阻值很大的电阻。

$$R = R_{\square(多晶硅)}\left(\frac{L}{W}\right) \tag{3-3-9}$$

式中：多晶硅的方块电阻 $R_{\square(多晶硅)} = 1\,\text{k}\Omega/\square$

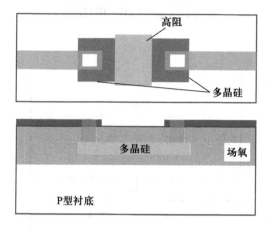

图 3-3-10 多晶硅电阻

2. N-P 阱电阻

因为"阱"是低掺杂的，方块电阻较大，因此大阻值的电阻也可用"阱"来制作，如图 3-3-11 所示。"阱"的方块电阻典型值为

$$R_{\square 阱} = 0.82\,\text{k}\Omega/\square$$

N 阱电阻具有一定的非线性。N 阱电阻也有寄生电容存在。

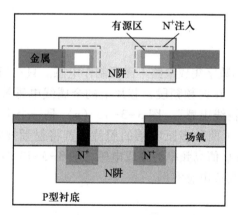

图 3-3-11 N 阱电阻

3. MOS 管电阻

工作在可变电阻区的 MOS 管可用作电阻，该电阻与 u_{GS} 的关系，如式（3-3-10）所示，即

$$R_{ds} = \frac{\partial u_{DS}}{\partial i_D} = \frac{1}{\mu_n C_{ox}\left(\dfrac{W}{L}\right)(u_{GS} - U_{TH})} \tag{3-3-10}$$

4. 导线电阻

如图 3-3-12 所示，用作导线电阻的有多晶硅导线和扩散区导线。它们的方块电阻分别为

$$R_{\square(多晶硅导线)} = 10 \sim 15 \, \Omega/\square$$

$$R_{\square(扩散区导线)} = 20 \sim 30 \, \Omega/\square$$

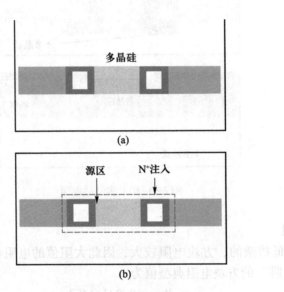

图 3-3-12   导线电阻

（a）多晶硅导线   （b）扩散区（N⁺）导线

3.3.3   集成电感

一般的低频集成电路和数字集成电路不需要制作电感。只有当频率提高到射频集成电路（RF-IC）才需要制作电感。在射频频段，芯片上的金属线电感效应才越来越明显。集成电感有"集总电感"和"传输线电感"，图 3-3-13（a）是一个由空气桥组成的单匝线圈电感，图 3-3-13（b）给出了两种多匝电感的照片。若将射频技术与微机电系统技术结合（RF-MEMS），可制造出高 Q 值高频率的集成电感，图 3-3-13（c）给出一个 Q 值高达 30、自谐振频率可达 10 GHz 的集成电感实例。

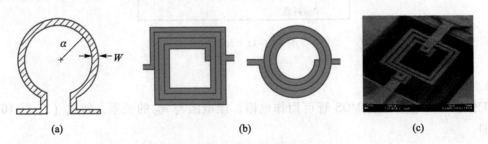

图 3-3-13   若干集成电感实例

（a）单匝线圈电感   （b）多匝电感照片   （c）RF-MEMS 集成电感实例

3.3.4 互连线

元件与元件之间必通过"连线"才构成电路。在集成电路板图设计中,用于互连线的有:金属,扩散区,多晶硅等。

理想的互连线在实现连线的功能时,不应带来额外的寄生效应。但实际上,互联线存在许多不可忽视的寄生效应,特别是当特征尺寸越来越小、集成度越来越高、集成层次越来越多时更为突出。随着研究的不断深入,寄生效应的模型也随之越来越完善,图 3-3-14 给出互连线的寄生模型的演变过程,开始认为互联线是理想的短路线,而后认为有串联寄生电阻 R,工作频率升高时要考虑并联寄生电容 C 的存在,工作频率更高还必须计入寄生电感 L 的影响。连线越长、越密,频率越高,寄生参数影响越大。寄生电阻 R 使信号衰减(如果是电源线,会使电源电压下降),寄生电容存在会产生信号延迟,边沿变差,寄生电感会使高频高速信号产生畸变。寄生电阻、电容、电感会带来热噪声和耦合噪声。导线互相平行或不同层导线交叉时,将带来相互串扰等。

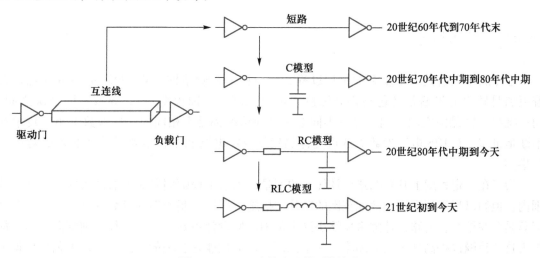

图 3-3-14 互连线寄生模型的演变

对于不同材料的连线,其串联寄生电阻大小也有所不同。对应不同材料连线的方块电阻分别为

金属(铝、钢等)连线,$R_\square = 0.05\ \Omega/\square$;

多晶硅连线,$R_\square = 10 \sim 15\ \Omega/\square$;

扩散区连线,$R_\square = 20 \sim 30\ \Omega/\square$;

单位长度并联寄生电容的经验公式为

$$C = \varepsilon\left[\frac{W}{h} + 0.77 + 1.06\left(\frac{W}{h}\right)^{0.25} + 1.06\left(\frac{t}{h}\right)^{0.5}\right]$$

$$(3-3-11)$$

式中:W、h、t 尺寸的含义如图 3-3-15 所示。至于多层金属连线的寄生电容则更为复杂,图 3-3-16 给出三层金属连线的寄生电容示意图。

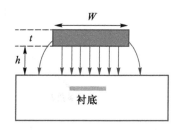

图 3-3-15 W、h、t 尺寸的含义

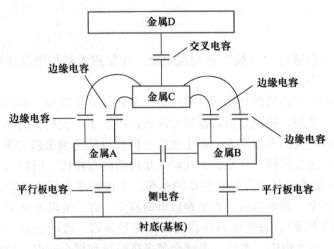

图 3-3-16 三层金属连线的寄生电容示意图

3.4 工艺角概念

芯片加工制造是一个复杂的物理过程，与双极晶体管不同，MOSFET 的参数变化存在着更加明显的工艺偏差（包括掺杂浓度、扩散深度、刻蚀程度等），导致不同批次之间、同一批次不同晶圆之间、同一晶圆不同芯片之间情况都是不相同的。尽管数十年来技术在不断地进步，CMOS 电路参数大的可变性仍然是数字电路和模拟电路设计者必须面对的一个事实。

为了在一定程度上减轻电路设计任务的困难，工艺工程师们要保证器件的性能在某个范围内，他们以报废超出这个性能范围的芯片的措施来严格控制预期的参数变化。当然两者之间总是存在矛盾，电路设计师希望缩小这个范围以使设计更好，工艺工程师则倾向于尽可能扩大这个范围以提高加工的成品率。为了保证器件的性能在合理的范围之内，工艺厂根据大量流片测试数据的分布情况，以"工艺角"（process corners）的形式给出了器件性能的分布边界，并在仿真模型中进行了限定。实际流片加工的工艺参数包含典型性与随机性，通常呈现正态分布形态，大部分器件参数都分布在典型情况下，"快"（fast）"慢"（slow）模型给出了随机分布的边界范围。图 3-4-1 给出性能与工艺参数分布的关系示意图。

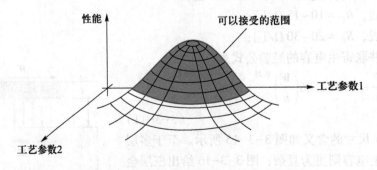

图 3-4-1 性能与工艺参数分布的关系示意图

以 MOSFET 为例，NMOS 和 PMOS 晶体管在工艺上是独立做出来的，彼此之间不会影响，"工艺角"的思想是：把 NMOS 和 PMOS 晶体管的速度波动范围限制在由四个角所确定的矩形内。这四个角分别是：快 NFET 和快 PFET，慢 NFET 和慢 PFET，快 NFET 和慢 PFET，慢 NFET 和快 PFET。例如，具有较薄的栅氧、较低阈值电压的晶体管，就落在快角附近。这四个角（FF，SS，FS，SF）加上典型 NFET 和典型 PFET 的组合（TT），可以覆盖 99.73% 以上的性能分布范围，如图 3-4-2 所示。从晶片中提取与每一个角相对应的器件模型时，片上 NMOS 和 PMOS 的测试结构显示出不同的门延迟，而这些角的实际选取是为了得到

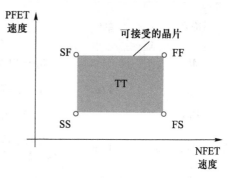

图 3-4-2 基于 NMOS 和 PMOS
器件速度的工艺角

可接受的成品率。因此，只有满足这些性能指标的晶片才被认为是合格的。

当然，二极管、电阻、电容等其他器件也都有各自不同的工艺角模型。由于半导体工艺在制作过程中肯定会有偏差，而"工艺角"是对生产线正常波动的预估，因此，在各种工艺角和极限温度组合条件下，对电路进行全面的仿真验证对芯片批量生产的成品率具有重要意义。一般成熟稳定的工艺，同一片晶圆上的芯片，同一批次的晶圆甚至不同批次的晶圆参数都是很接近的，偏差的范围相对不会很大。

3.5 MOS 管的 SPICE 模型参数

目前许多数模混合计算机仿真软件的内核都是 SPICE。计算机仿真（模拟）的精度很大程度上取决于器件模型参数的准确性和算法的科学先进性。了解 SPICE 模型参数的含义对于正确设计集成电路是十分重要的。表 3-5-1 给出 MOS 管的一级 SPICE 模型参数的符号含义和 0.5 μm 工艺的参数典型值。

表 3-5-1 MOS 管的一级 SPICE 模型参数

符号	单位	含义	典型值（0.5 μm 工艺）	
			NMOS	PMOS
L	μm	沟道长度		
W	μm	沟道宽度		
A_S、A_D	μm^2	源、漏面积		
P_S、P_D	μm	源、漏周长		
R_S、R_D	Ω	源、漏电阻		
R_{SH}	Ω	源、漏薄层电阻		
C_J	F/m^2	单位面积零偏衬底结电容（源/漏结电容）	$0.56×10^{-3}$	$0.94×10^{-3}$

续表

符号	单位	含义	典型值（0.5 μm 工艺）	
			NMOS	PMOS
M_J		C_J 公式中的幂指数	0.45	0.5
C_{JSW}	F/m	单位长度源、漏侧壁结电容	0.35×10^{-11}	0.32×10^{-11}
M_{JSW}		CJSW 中的幂指数	0.2	0.3
C_{GBO}、C_{GSO}、C_{GDO}	F/m	单位宽度的栅—衬底、栅—源、栅—漏交叠电容	CGDO 0.4×10^{-9}	CGDO 0.3×10^{-9}
J_S	A/m^2	源/漏结单位面积的漏电流	1×10^{-8}	0.5×10^{-8}
P_B	V	源/漏结内建电势	0.9	0.9
U_{TO}	V	$V_{SB} = 0$ 零时的阈值电压	0.7	−0.8
K_P	$\mu A/V^2$	互导系数（$\mu_n C_{ox}$）		
γ	$V^{\frac{1}{2}}$	体效应系数	0.45	0.4
λ	V^{-1}	沟道长度调制系数	0.1	0.2
t_{ox}	m	栅氧化层厚度	9×10^{-9}	9×10^{-9}
L_D	m	源/漏侧扩散长度	0.08×10^{-6}	0.09×10^{-6}
X_J	m	源/漏 PN 结结深		
$z \mid \rho_F \mid$	V	表面态电势（$2 \mid \varphi_F \mid$、φ_F——费米能级）	0.9	0.8
N_{SUB}	cm^{-3}	衬底掺杂浓度（N_A、N_D）	9×10^{14}	5×10^{14}
N_{SS}		表面态密度		
μ_O	$cm^2/(V \cdot s)$	沟道载流子迁移率（μ_n、μ_p）	350	100
TPG −1 −0	栅材料类型 硅栅 铝栅			

思考题与习题

3-1　什么是场效应管的体效应？栅 g_m 与背栅 g_{mb} 的定义是什么？

3-2　MOS 管的阈值电压与管子的尺寸有什么关系？

3-3　MOS 管的最高允许工作频率（即特征频率 f_T）与管子尺寸（沟道长度）L 有什么关系？L 由 3.5 μm 减小到 0.18 μm，特征频率 f_T 增大多少倍？

3-4　迁移率 μ_n 和 μ_p 的含义是什么？二者哪个值大？比率大致是多少？

3-5　在工艺参数和 u_{GS} 相同情况下，漏极电流 i_D 与管子尺寸(W/L)有何关系？

3-6　沟道调制参数 λ 的含义是什么？与厄尔利电压的关系如何？

3-7　MOS 管的平方律区、亚阈区、速度饱和区有何特点？为什么通常要工作在平方律区？

3-8　方块电阻 $R_\square$ 的定义是什么？$R_\square$ 大小与哪些因素有关？

3-9　已知某材料的方块电阻为 $50\,\Omega/\square$，最大电流密度为 $1\,\mathrm{mA}/\mu\mathrm{m}$，电阻尺寸如图 P3-9 所示，试求该电阻的阻值和允许流过的最大电流。

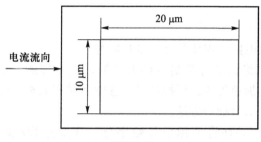

图 P3-9

3-10　已知多晶硅的 $R_\square=30\,\Omega/\square$，金属的 $R_\square=80\,\mathrm{m}\Omega/\square$，两种材料电阻的尺寸分别如图 P3-10 (a)、(b) 所示，试求这两种材料的平均电阻率之比。

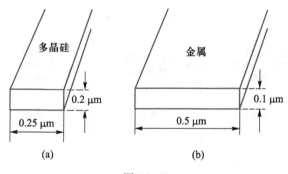

图 P3-10

3-11　已知材料的 $R_\square=30\,\Omega/\square$，其宽度 $W=1\,\mu\mathrm{m}$，若要得到 $R=1\,\mathrm{k}\Omega$，试问材料的长度 L 值为多少？

3-12　比较多种集成电容的结构与特点。

3-13　利用 $2\,\mu\mathrm{m}\times6\,\mu\mathrm{m}$ 的多晶硅覆盖在 $4\,\mu\mathrm{m}\times12\,\mu\mathrm{m}$ 氧化层的正中间构成一个多晶硅-扩散层集成电容 C（如图 P3-13 所示），已知 $C_{\mathrm{ox}}=3.46\times10^{-11}\,\mathrm{pF}/\mu\mathrm{m}^2$，试估算该电容 C 的容量为多少。

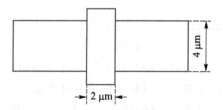

图 P3-13　多晶硅-扩散层集成电容 C

第4章　模拟集成电路设计 I——信号链篇

4.1　引言

模拟集成电路是集成电路的重要分支，这是因为：

（1）自然界的物理量绝大部分都是以模拟量的形式呈现的，如电、磁、光、声音、温度、压力、流量、速度、加速度等，模拟信号在强度和时间上都具有"连续"的特性。在许多领域可以直接采用模拟信号处理方法。

（2）数字处理之前，必须将模拟信号数字化，即经过模/数（A/D）变换，将幅度和时间上连续的信号变成幅度上和时间上均为离散的信号。经过数字处理以后的信号有时还需 D/A 变换器还原为模拟信号。因此，在一个大系统中，模拟信号处理和数字信号处理是并存的，只是占据的比例有所不同而已。典型的信号处理系统框图如图 4-1-1 所示。

图 4-1-1　典型的信号处理系统框图

（3）在信号处理和传输中，可能混入噪声和干扰，那么低噪声放大、弱信号放大、预滤波等技术往往是必不可少的。

（4）在宽带、高速信号处理中，特别是光信号处理与传输以及射频信号处理等领域中，数字化困难较大，所以模拟处理方法更为有用。在高速的数字信号处理中，通常要考虑各种电容带来的时延，其分析方法与模拟电路分析方法是基本相同的。

（5）随着微电子技术的发展，数字处理和模拟处理往往融为一体，数模混合的片上系统 SoC 必将得到进一步发展。

模拟集成电路主要包括**信号链和电源域**两部分，其中信号链模块主要有：运算放大器、模数变换（A/D）及数模变换（D/A）、锁相环（PLL）等。放大器、滤波器是信号链中最基本的元素，A/D、D/A 是模拟信号处理和数字信号处理的桥梁。锁相环不仅在通信系统中必不可少，也是数字系统中产生高速时钟树和保证时钟质量的重要模块。

射频集成电路应用于通信领域收发信机前端，是模拟集成电路信号链分支中的重要一环，由于许多知识涉及微波技术，限于篇幅与时数，本教材只介绍一些基本概念，不展开讨论。

4.2 MOS 电流源及 CMOS 运算放大器

集成运算放大器的种类很多，如高精度、低噪声、低功耗运放，宽带高速运放，全差分运放，大功率运放，仪表放大器，可变增益放大器，缓冲器，轨到轨输入输出运放等。各种运放各有特点，但基本原理相似，限于篇幅，在学习《模拟电子技术基础》课程基础上，本章通过一些例子，介绍模拟集成运算放大器的电路及设计的相关基础知识。

4.2.1 MOS 电流源

一、基本电流镜及比例电流源

电流源可作为集成电路偏置和有源负载，也可作为运算电路，是十分重要的单元电路，也是组成集成运算放大器的基本元素之一。MOS 电流镜及比例电流源电路如图 4-2-1 所示。

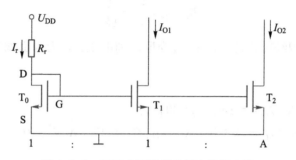

图 4-2-1　MOS 电流镜及比例电流源电路

1. 工作原理

图中 T_0 支路为参考支路，其漏极与栅极短接，一旦电源电压加入，就可供给 U_{GS1} 及形成参考电流 I_r。T_1 管与 T_0 管宽长比相同（1:1），T_2 管与 T_0 管宽长比为 A，且

$$A = \frac{W_2/L_2}{W_0/L_0} \tag{4-2-1}$$

根据 MOS 管的电流方程

$$I_D = \frac{\mu_n C_{ox}}{2} \frac{W}{L} (U_{GS} - U_{TH})^2 (1 + \lambda U_{DS}) \tag{4-2-2}$$

由于各管的工艺参数相同（C_{ox} 相同，U_{DS} 相同），栅极电压也相同，所以

$$\frac{I_{O1}}{I_r} = \frac{I_{D1}}{I_r} = \left(\frac{\dfrac{W_1}{L_1}}{\dfrac{W_0}{L_0}}\right) \left(\frac{1 + \lambda U_{DS1}}{1 + \lambda U_{DS0}}\right) \tag{4-2-3}$$

如果 $U_{DS1} \approx U_{DS0}$，或沟道调制效应很弱 $\left(\lambda = \dfrac{1}{U_A} \approx 0\right)$，那么

$$\frac{I_{O1}}{I_r} \approx \frac{\dfrac{W_1}{L_1}}{\dfrac{W_0}{L_0}} \approx 1 \tag{4-2-4}$$

可见，I_{O1} 复制了参考电流 I_r，T_0 和 T_1 组成镜像电流源。

又有

$$\frac{I_{O2}}{I_r} = \frac{I_{D2}}{I_r} = \left(\frac{W_2/L_2}{W_0/L_0}\right)\left(\frac{1+\lambda U_{DS2}}{1+\lambda U_{DS0}}\right) \approx A \tag{4-2-5}$$

可见，T_0 和 T_2 实现了比例电流源的功能。

$$I_{O1} = I_r \tag{4-2-6a}$$

$$I_{O2} = A \times I_r \tag{4-2-6b}$$

该电路的输出电阻 R_o 为

$$R_o = r_{DS} = \frac{U_A}{I_D} = \frac{1}{\lambda I_D} \tag{4-2-7}$$

该式在第三章中曾经讨论过，式中 U_A 为厄尔利电压，λ 为沟道调制系数，I_D 为 MOS 管的静态工作电流。

2. 设计举例

若要求：$I_r = 10\,\mu\text{A}$，$I_{O1} = 5\,\mu\text{A}$，$I_{O2} = 20\,\mu\text{A}$，

已知：电源电压 $U_{DD} = 3.3\,\text{V}$；$K'_N = \mu_n C_{ox} = 17\,\mu\text{A/V}^2$，$U_{TH} = 0.9\,\text{V}$；$2\,\mu\text{m}$ 工艺 $\left(\lambda = \dfrac{A}{2} = 1\,\mu\text{m}\right)$。

试设计一个如图 4-2-1 所示的恒流源电路。

解：（1）选 $(U_{GS} = 1.5\,\text{V}) > (U_{TH} = 0.9\,\text{V})$。

（2）$U_{Rr} = U_{DD} - U_{GS} = (3.3 - 1.5)\,\text{V} = 1.8\,\text{V}$。

（3）$R_r = \dfrac{U_{Rr}}{I_r} = \dfrac{1.8\,\text{V}}{10\,\mu\text{A}} = 0.18\,\text{M}\Omega = 180\,\text{k}\Omega$。

（4）因为 $I_D = \dfrac{\mu_n C_{ox}}{2}\left(\dfrac{W}{L}\right)(U_{GS} - U_{TH})^2$，所以

$$\frac{W_0}{L_0} = \frac{2I_r}{K_N(U_{GS} - U_{TH})^2} = \frac{2 \times 10}{17 \times (1.5 - 0.9)^2} = 3.268$$

根据 λ 设计规则，选 $\dfrac{W_0}{L_0} = 3.3$，若选 L_0 为最小尺寸，$L_0 = 2\lambda = 2\,\mu\text{m}$，则 $W_0 = 6.6\,\mu\text{m}$。

（5）$\dfrac{W_1}{L_1} = \dfrac{I_{o1}}{I_r}\left(\dfrac{W_0}{L_0}\right) = \dfrac{5\,\mu\text{A}}{10\,\mu\text{A}} \times 3.3 = 1.65$　选 $L_1 = L_0 = 2\,\mu\text{m}$，故 $W_1 = 3.3\,\mu\text{m}$。

（6）$\dfrac{W_2}{L_2} = \dfrac{I_{o2}}{I_r}\left(\dfrac{W_0}{L_0}\right) = \dfrac{20\,\mu\text{A}}{10\,\mu\text{A}} \times 3.3 = 6.6$　选 $L_2 = L_0 = 2\,\mu\text{m}$，故 $W_2 = 13.2\,\mu\text{m}$。

所选各 MOS 管的尺寸如表 4-2-1 所列，所设计的电路如图 4-2-2 所示。

表 4-2-1 各 MOS 管的尺寸

参数	T_0	T_1	T_2
$\dfrac{W}{L}$	3.3	1.65	6.6
$L/\mu m$	2	2	2
$W/\mu m$	6.6	3.3	13.2

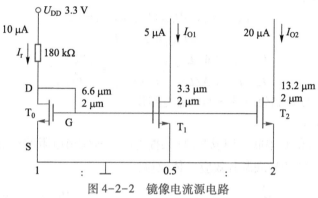

图 4-2-2 镜像电流源电路

图中 $R_r = 180\,k\Omega$，集成电路中难以做这样大的电阻，所以该电阻可用外接分立电阻代替，或者用一个栅漏极短路的 PMOS 管来代替。

二、共源-共栅电流源

1. 电路及工作原理

实际上，图 4-2-1 中 $U_{DS2} \neq U_{DS0} \neq U_{DS1}$，若沟道调制系数 λ 较大，则

$$\frac{I_{O1}}{I_r} = \frac{I_{D1}}{I_r} = \left(\frac{\dfrac{W_1}{L_1}}{\dfrac{W_0}{L_0}}\right)\left(\frac{1+\lambda U_{DS1}}{1+\lambda U_{DS0}}\right) \neq \left(\frac{\dfrac{W_1}{L_1}}{\dfrac{W_0}{L_0}}\right) \tag{4-2-8}$$

此时，电流镜会出现较大误差，而且图 4-2-1 电路输出阻抗也不够大，为了减小沟道调制效应的影响，增大电流源的输出电阻，可采用共源-共栅电流源，如图 4-2-3 所示。

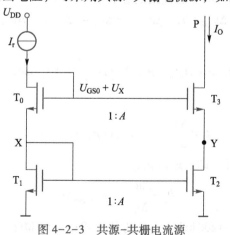

图 4-2-3 共源-共栅电流源

该电路相当于两个镜像电流源串联，两对管子的宽长比相同，都为 $1:A$，T_0 与 T_1 串联，T_2 和 T_3 串联，其电流相等。该电路可消除沟道调制效应引起误差的原理是让 $U_X = U_Y$，因为

$$\frac{(W/L)_3}{(W/L)_0} = \frac{(W/L)_2}{(W/L)_1} = A \tag{4-2-9}$$

所以，$U_{GS0} = U_{GS3}$ 则有

$$U_Y = -U_{GS3} + U_{GS0} + U_{GS1} = U_{GS1} = U_X \tag{4-2-10}$$

即

$$U_Y = U_{DS2} = U_{DS1} = U_X \tag{4-2-11}$$

故

$$\frac{I_O}{I_r} = \frac{I_2}{I_1} = \frac{(W/L)_2}{(W/L)_1} \frac{(1+\lambda U_{DS2})}{(1+\lambda U_{DS1})} = \frac{(W/L)_2}{(W/L)_1} \tag{4-2-12}$$

可见，消除了沟道长度调制效应带来的电流复制误差。

2. 电流源的输出电阻

图 4-2-3 中，T_2 和 T_3 串联，构成共源-共栅电路，求输出电阻的小信号电路如图 4-2-4 所示，图中还考虑了 T_3 的衬底调制效应（体效应）。

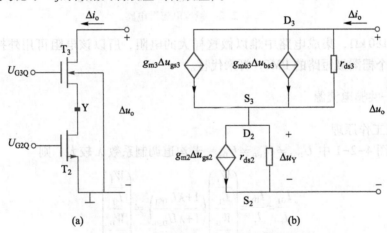

图 4-2-4　共源-共栅电流源的输出电阻
（a）求输出电阻 R_o 的电路　（b）电路（a）的微变等效电路

因为图中，U_{G2Q}、U_{G3Q} 为不变的直流偏置电压，所以，

$$\Delta u_{gs2} = 0, \quad \Delta u_{gs3} = -\Delta u_Y = -\Delta i_o r_{ds2} = \Delta u_{bs3}$$

输出节点总电流方程为

$$\Delta i_o + g_{m3} \Delta i_o r_{ds2} + g_{mb3} \Delta i_o r_{ds2} - \frac{1}{r_{ds3}} (\Delta u_o - \Delta u_Y) = 0 \tag{4-2-13}$$

因此输出电阻 R_o

$$R_o = \frac{\Delta u_o}{\Delta i_o} = r_{ds2} + r_{ds3} + (g_{m3} + g_{mb3}) r_{ds3} r_{ds2} \tag{4-2-14}$$

通常栅跨导远大于背栅跨导，即 $g_{m3} \gg g_{mb3}$

最终得

$$R_o = \frac{\Delta u_o}{\Delta i_o} \approx (g_{m3} r_{ds3}) r_{ds2} \tag{4-2-15}$$

例如：$g_{m3} = 150\,\mu A/V$，$r_{ds3} = 200\,k\Omega = r_{ds2}$，则 $R_o = 30 \times r_{ds2} = 6\,M\Omega$。

可见，**输出电阻 R_o 增加到基本电流镜的 $(g_{m3}r_{ds3})$ 倍**。这其实很好理解，因为共源-共栅电流源中，T_2 相当于给 T_3 引入了串联电流负反馈，所以输出电阻增大了。理想电流源的内阻应为无穷大，故共源-共栅电流源更接近于理想电流源。

4.2.2　CMOS 集成运算放大器电路举例

一、差分放大器

差分放大器是集成运算放大器的重要单元电路，典型的有源负载 CMOS 差分放大器电路如图 4-2-5 所示。

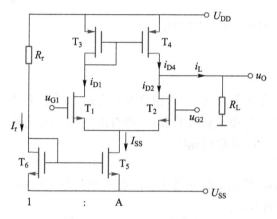

图 4-2-5　CMOS 差分放大器

该电路中，T_1、T_2 组成差分对管，T_3、T_4 组成镜像电流源作为差分对管的有源负载，T_5、T_6 组成比例电流源供给偏置电流。电路为单端输出，输出电流 I_L 等于 $I_{D4}-I_{D2}=I_{D1}-I_{D2}$。NMOS 管 T_1 和 T_2、T_5 和 T_6 完全匹配 $(W/L)_5=A(W/L)_6$。

1. 静态输出电流 I_{LQ} 为 0

由图 4-2-5 可见：

$$I_{SS}=AI_r \quad I_{D1Q}=I_{D2Q}=\frac{I_{SS}}{2} \quad I_{D4Q}=I_{D3Q}=I_{D1Q}$$

$$I_{LQ}=I_{D4Q}-I_{D2Q}=I_{D1Q}-I_{D2Q}=0$$

2. 差模增益 A_{ud}

$$A_{ud}=\frac{\dot{U}_o}{\dot{U}_{i1}-\dot{U}_{i2}}=g_{m1}(r_{ds4}//r_{ds2}//R_L)\approx g_{m1}(r_{ds4}//r_{ds2}) \tag{4-2-16}$$

式中：g_{m1} 为差分对管 T_1（或 T_2）的跨导；r_{ds4} 为 T_4 的输出电阻；r_{ds2} 为 T_2 的输出电阻；R_L 为负载电阻。

$$g_{m1}=g_{m2}=\frac{\partial i_{D1}}{\partial u_{GS1}}=\sqrt{2I_{D1Q}\beta_{N1}} \tag{4-2-17}$$

式中，β_{N1} 为 NMOS 管 T_1 的导电因子，且

$$\beta_{N1}=\mu_n C_{ox}\left(\frac{W}{L}\right)_1 \tag{4-2-18}$$

$$r_{ds2} = \frac{U_A}{I_{D2Q}} = \frac{1}{\lambda_2 I_{D2Q}} = \frac{1}{\lambda I_{DQ}} \tag{4-2-19}$$

$$r_{ds4} = \frac{U_A}{I_{D4Q}} = \frac{1}{\lambda_4 I_{D4Q}} = \frac{1}{\lambda I_{DQ}} \tag{4-2-20}$$

若 $r_{ds4}//r_{ds2} \ll R_L$

$$A_{ud} = \frac{1}{\lambda_2 + \lambda_4} \sqrt{\frac{2\beta_N}{I_{DQ}}} = \frac{1}{\lambda} \sqrt{\frac{\beta_{N2}}{2I_{DQ}}} \tag{4-2-21}$$

可见，减弱沟道调制效应，增大管子的输出电阻，有助于增益提高。由于管子的静态工作电流 I_{DQ} 一般由功耗决定，那么可以通过控制管子尺寸 $\left(\dfrac{W}{L}\right)$ 来达到满足增益之目的。

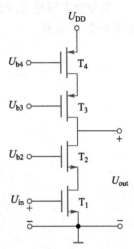

图 4-2-6　有源负载的共源-共栅放大器

二、共源-共栅放大器（cascode 放大器）

图 4-2-6 给出一个有源负载共源-共栅放大器电路，图中 T_1 和 T_2 构成共源-共栅放大器，T_3 和 T_4 构成共源-共栅有源负载，U_{in} 为输入信号，U_{out} 为输出信号，U_b 为栅极偏压。

1. 小信号电压增益

由于共源-共栅电路的输出电阻非常大，所以单级共源-共栅放大器的电压增益能够做到很大。

根据小信号等效电路，在忽略衬底调制效应情况下，得图 4-2-6 电路的小信号电压增益为

$$A_u = \frac{\dot{U}_{out}}{\dot{U}_{in}} = g_{m1}(g_{m2} r_{ds2} r_{ds1} // g_{m3} r_{ds3} r_{ds4}) \tag{4-2-22}$$

式中：g_{m1} 是 T_1 管的跨导；$g_{m2} r_{ds2} r_{ds1}$ 是 T_1 串联 T_2 的输出电阻；$g_{m3} r_{ds3} r_{ds4}$ 是 T_3 串联 T_4 的输出电阻。

2. 输出电压摆幅范围

该电路电压增益很高，但输出电压摆幅范围减小了，因为要保证 4 个管子均工作在饱和区，则要求所有管子的漏源电压必须等于或大于过驱动电压，即 $u_{DS} \geq U_{ODS} = u_{GS} - U_{TH}$，所以输出电压摆幅范围（峰峰值）等于电源电压 U_{DD} 减去 4 个管子的过驱动电压

$$\Delta U_{ODSPP} = U_{DD} - U_{ODS1} - U_{ODS2} - U_{ODS3} - U_{ODS4} \tag{4-2-23}$$

可见，相对于普通有源负载共源放大器而言，由于 T_2 和 T_3 的存在，电路的输出电压摆幅减小了两个 MOS 管的过驱动电压，这对于低电压设计是十分不利的。

三、集成运算放大器电路举例

1. 具有共源-共栅放大器的 CMOS 电路

图 4-2-7 给出一个差分放大器和共源-共栅放大器组合的集成运算放大器电路。其中第 1 级是电流镜作负载的双端输出差分放大器，第 2 级是共源-共栅放大器。T_1、T_2 是输入差分对管，T_3、T_5 组成电流镜，作为 T_1 的有源负载，T_3、T_5 和 T_{10}、T_7 组成两个电流镜，将 T_1 的

漏极电流转移给 T_7。T_4 和 T_6 组成另一个电流镜，作为 T_2 的有源负载，将 T_2 的漏极电流转移给 T_6。第 2 级是共源-共栅放大器，T_7、T_9 和 T_6、T_8 互为放大管和负载管，完成了双端变单端的功能，使单端输出的增益和双端输出相同。外接电阻 R_r 和 T_{12}、T_{11} 构成偏置电路。

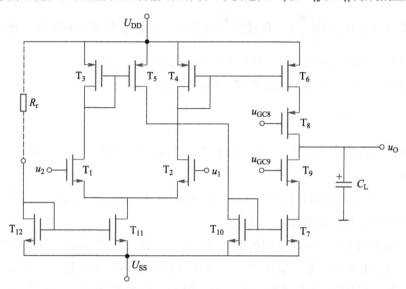

图 4-2-7　具有共源-共栅级的运算放大器电路

2. 具有互补跟随输出级的 CMOS 运算放大器

如图 4-2-8 所示，第 1 级是电流镜为有源负载差分放大器（由 T_1、T_2、T_3、T_4、T_{11} 组成），第 2 级是有源负载共源放大器（T_5 为放大管、T_{10} 为负载管），第 3 级即输出级，是互补跟随器（由 T_8、T_9 组成），其中 T_6、T_7 是为了消除交越失真而设置的。图中 R_z 和 C_c 是用来增加电路稳定性的相位补偿元件。用互补跟随器作输出级，可减小输出电阻，增强带负载能力。

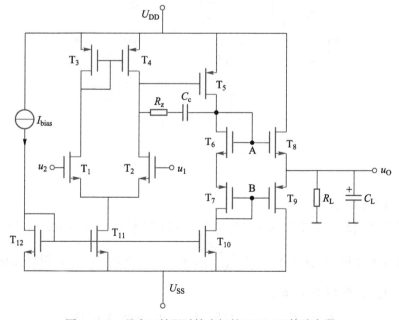

图 4-2-8　具有互补跟随输出级的 CMOS 运算放大器

4.2.3   CMOS 集成运算放大器设计举例

设计 CMOS 集成运放，一般不需要严格计算，电路和工艺确定后，根据经验估算器件尺寸，通常放大器选尺寸大些 $\left(\dfrac{W}{L}\right)$，负载管 $\dfrac{W}{L}$ 可小些，以保证有足够的增益。最后通过仿真，不断调整尺寸来满足性能就行。L 大约是工艺规定的值的 2~3 倍。

下面通过两个例子，介绍集成运算放大器设计的流程。

一、典型两级运算放大器设计

设计要求：电源电压 $U_{DD} = 3.3\,V$，功耗 $P_M \leqslant 3.5\,mW$，增益 $A_u \geqslant 90\,dB$，单位增益带宽 $BW_G \geqslant 20\,MHz$

设计步骤：第 1 步根据设计要求，初步确定各 MOS 管的尺寸，第 2 步通过 HSPICE 仿真，做进一步调整，以确定最后的设计结果。

电路结构拟采用典型的两级 CMOS 运算放大器，如图 4-2-9 所示。该电路的第一级为差分放大器，由 $T_1 \sim T_4$ 组成。第二级由 T_5、T_6 组成有源负载共源放大器，其中 T_5（PMOS）为该级放大管，T_6（NMOS）为负载管，输出为高阻型。恒流源由 T_7、T_8 组成。C_c 为密勒相位补偿电容，以防止电路产生自激。

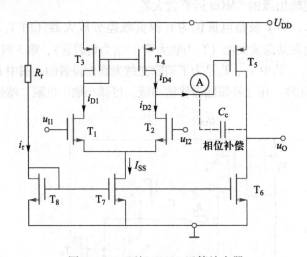

图 4-2-9   两级 CMOS 运算放大器

1. 设计采用的工艺参数

设器件模型采用某公司 0.35 μm 工艺的 N33 和 P33 模型，其 NMOS 管的电子迁移率和 PMOS 管的迁移率分别为：$\mu_n = 3.5 \times 10^{-2}\,\dfrac{m^2}{V \cdot S}$，$\mu_p = 9.25 \times 10^{-3}\,\dfrac{m^2}{V \cdot S}$，栅氧化层厚度 $t_{ox(n)} = 6.65 \times 10^{-9}\,m$，$t_{ox(p)} = 6.62 \times 10^{-9}\,m$。

那么 $K_n = \mu_n C_{ox} = 182\,\mu A/V^2$；$K_p = \mu_p C_{ox} = 48.3\,\mu A/V^2$

式中，栅单位面积电容 C_{ox} 为

$$C_{ox} = \frac{\varepsilon \varepsilon_0}{t_{ox(n)}} = \frac{3.46 \times 10^{-11} \text{ F/m}}{6.65 \times 10^{-9} \text{ m}} = 0.52 \times 10^{-2} \text{ F/m}^2$$

另有 N33 模型的 $U_{TH} = 0.713 \text{ V}$，P33 模型的 $U_{TH} = -0.6603 \text{ V}$

2. 指标分配

（1）电流分配

$P_M \le 3.5 \text{ mW}$，$U_{DD} = 3.3 \text{ V}$，故总电流 $I_{DD} = \dfrac{P_M}{U_{DD}} = \dfrac{3.5 \text{ mW}}{3.3 \text{ V}} = 1.06 \text{ mA}$。

分配如下：

第一级（差分放大器）：$I_{SS} = 0.3 \text{ mA}$，$I_{D1Q} = I_{D2Q} = I_{D3Q} = I_{D4Q} = 150 \text{ μA}$；

第二级（有源负载共源放大器）：因为是输出级，电流要大一些，$I_{D5} = I_{D6} = 600 \text{ μA}$；

基准电流支路：$I_r = I_{D8} = 160 \text{ μA}$。

（2）增益分配

总增益 $A_u \ge 90 \text{ dB}$，相当于 31622.7 倍。分配如下：

第一级 $A_{u1} = 350$，第二级 $A_{u2} = 110$，两级 $A_u = A_{u1} A_{u2} = 38500$，即 $A_u = 91.7 \text{ dB}$。

① 第一级设计

第一级为 CMOS 恒流源负载差分电路

（a）差分对管设计（T_1、T_2）——从满足增益的角度出发

根据式（4-2-21），有

$$A_{u1} = g_{m1}(r_{ds2} // r_{ds4}) = \frac{1}{\lambda_n + \lambda_p} \sqrt{\frac{2\beta_N}{I_{D2Q}}} \tag{4-2-24}$$

式中 $\beta_N = K_n \left(\dfrac{W}{L}\right)_2 = \mu_n C_{ox} \left(\dfrac{W}{L}\right)_2$，为 T_2 的导电因子。

故
$$\left(\frac{W}{L}\right)_2 = \frac{A_{u1}^2 (\lambda_p + \lambda_n)^2 I_{D2Q}}{2\mu_n C_{ox}} \tag{4-2-25}$$

式中 λ 为沟道调制系数，典型值为 $\lambda_2 = \lambda_n = 0.01$，$\lambda_4 = \lambda_p = 0.02$，

所以
$$\left(\frac{W}{L}\right)_2 = \left(\frac{W}{L}\right)_1 = \frac{350^2 \times 0.03^2 \times 150 \times 10^{-6}}{2 \times 182 \times 10^{-6}} = 45.43$$

取 $\left(\dfrac{W}{L}\right)_2 = \left(\dfrac{W}{L}\right)_1 = 50$

（b）第一级负载管 T_3、T_4 设计

因为一旦电流确定，负载管尺寸对增益影响不大，故其尺寸可取小一些，况且负载管尺寸小些，对减小噪声还有好处。

预选 $\left(\dfrac{W}{L}\right)_4 = \left(\dfrac{W}{L}\right)_3 = 10$，最后由仿真调整来决定其值。

② 第二级设计

(a) 放大管 T_5 设计——根据增益要求设计

$$\left(\frac{W}{L}\right)_5 = \frac{A_{u2}^2(\lambda_n+\lambda_p)I_{D2Q}}{2\mu_p C_{ox}} = \frac{110^2 \times 0.03^2 \times 600 \times 10^{-6}}{2 \times 48.3 \times 10^{-6}} \approx 68$$

取 $\left(\dfrac{W}{L}\right)_5 = 75$

(b) 第二级负载管 T_6 设计

预选 $\left(\dfrac{W}{L}\right)_6 = 5$，最后由仿真调整来决定其值。

③ 恒流源设计

(a) T_7 管设计

$$\left(\frac{W}{L}\right)_7 = \frac{I_{SS}}{i_{D6}}\left(\frac{W}{L}\right)_6 = \frac{300 \times 10^{-6}}{600 \times 10^{-6}} \times 5 = 2.5$$

(b) T_8 管设计

$$\left(\frac{W}{L}\right)_8 = \frac{i_{D8}}{i_{D6}}\left(\frac{W}{L}\right)_6 = \frac{160 \times 10^{-3}}{600 \times 10^{-3}} \times 5 = 1.33$$

取 $\left(\dfrac{W}{L}\right)_8 = 1.5$

(c) 偏置电阻 R_r 选择

$$i_{D8} = \frac{\mu_n C_{ox}}{2}\left(\frac{W}{L}\right)_8 (u_{GS8}-U_{TH8})^2$$

则 $u_{GS8}-U_{TH8} = \sqrt{\dfrac{2i_{D8}}{\mu_n C_{ox}\left(\dfrac{W}{L}\right)_8}} = \sqrt{\dfrac{2 \times 160 \times 10^{-6}}{182 \times 10^{-6} \times 1.5}}$ V $= 1.083$ V

故 $u_{GS8} = 1.083$ V $+ U_{TH8}$

式中 $U_{TH8} = 0.713$ V，故

$$u_{GS8} = u_{DS8} = (1.083+0.713) \text{ V} = 1.8 \text{ V}$$

$$R_r = \frac{U_{DD}-u_{DS8}}{i_{D8}} = \frac{3.3-1.8}{160 \times 10^{-6}} \Omega \approx 9.3 \text{ k}\Omega$$

(d) 偏置管 T_9 设计

如果将偏置电阻换成 T_9 管，则 $\left(\dfrac{W}{L}\right)_9 = \dfrac{2i_{D9}}{\mu_p C_{ox}(u_{GS9}-U_{TH9})^2}$

式中 $u_{GS9} = u_{DS9} = -(3.3 \text{ V}-1.8 \text{ V}) = -1.6 \text{ V}$

P33 模型中查到 $u_{TH9} = -0.6603$ V

故
$$\left(\frac{W}{L}\right)_9 = \frac{2 \times 160 \times 10^{-6}}{48.3 \times 10^{-6} \times (-1.6+0.6603)} = 7.52$$

取 $\left(\dfrac{W}{L}\right)_9 = 9$

④ 相位补偿电容 C_c 的估算

该放大器采用了密勒电容 C_c 相位补偿来消除自激振荡和提高稳定性。那么由 C_c 决定的极点频率就成为该电路的主极点。如图 4-2-10（a）、（b）所示小信号等效电路及单向化模型，其中密勒等效电容 $C_m = (1+g_{m2}R_{o2})C_c$。

从图 4-2-10（b）电路得

增益
$$A_u(j\omega) = u_0/u_i = g_{m2}R_{o2}u_1/u_i = g_{m2}R_{o2}\frac{g_{m1}R_{o1}}{1+j\omega R_{o1}C_m} \tag{4-2-26}$$

可见，低频增益
$$A_{u0} = g_{m2}R_{o2}g_{m1}R_{o1} \tag{4-2-27}$$

−3 dB 带宽，即上限角频率　$\omega_H = 1/R_{o1}C_m \approx 1/R_{o1}g_{m2}R_{o2}C_c$

所以，由 C_c 引入的单位增益带宽（增益频带积）为

$$BW_G = A_{u0} \times \frac{\omega_H}{2\pi} = \frac{1}{2\pi}\frac{g_{m1}}{C_c} \tag{4-2-28}$$

从而得密勒补偿电容
$$C_c = \frac{1}{2\pi}\frac{g_{m1}}{BW_G} \tag{4-2-29}$$

式中
$$g_{m1} = \sqrt{2\mu_n C_{ox}\left(\frac{W}{L}\right)_1 i_{D1}}$$

要求 $BW_G \geqslant 20\,\text{MHz}$，那么 $C_c \leqslant \dfrac{\sqrt{2 \times 182 \times 10^{-6} \times 50 \times 150 \times 10^{-6}}}{2\pi \times 20 \times 10^6}\,\text{F} \approx 10\,\text{pF}$

取 $C_c = 5\,\text{pF}$

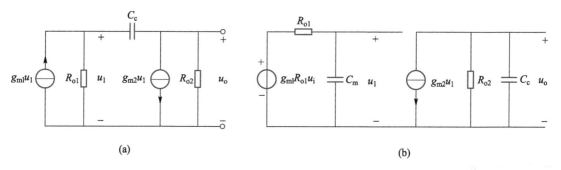

图 4-2-10　高频小信号等效电路及单向化模型

（a）高频小信号等效电路　（b）密勒等效单向化模型，其中密勒等效电容 $C_m = (1+G_{m2}R_{o2})C_c$

如果取沟道长度 $L = 1\,\mu\text{m}$，则电路的设计参数如表 4-2-2 所示。若 $L_{\min} = 0.35\,\mu\text{m}$，则 W 尺寸按比例缩小即可。

表 4-2-2　CMOS 运算放大器的主要参数

参数	管子序号								
	T_1	T_2	T_3	T_4	T_5	T_6	T_7	T_8	T_9
W/L	50	50	10	10	75	5	2.5	1.5	9
$W/\mu m$	50	50	10	10	75	5	2.5	1.5	9
$L/\mu m$	1	1	1	1	1	1	1	1	1
$I_D/\mu A$	150	150	150	150	600	600	300	160	160
U_{DD}/V	3.3								
P_D/mW	3.5								
A_u/dB	>90								
BW_G/MHz	$20\,MHz < BW_G \approx 55\,MHz$								

图 4-2-11 给出电阻 R_r 偏置的 HSPICE 仿真电路，图 4-2-12（a）、（b）分别给出该电路的瞬态仿真波形及幅频特性。从仿真结果得到

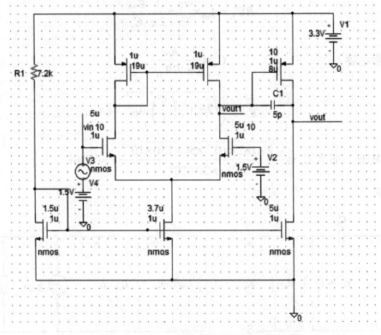

图 4-2-11　电阻偏置两级运放仿真电路图

增益 $A_u = 95\,dB$；

上限频率 $f_H = 1\,kHz$；

单位增益带宽 $BW_G = A_u f_H = 44.668\,MHz$；

总电流 $I_{DD} = 985.938\,\mu A$；

总功耗 $P_D = 3.2536\,mW$。

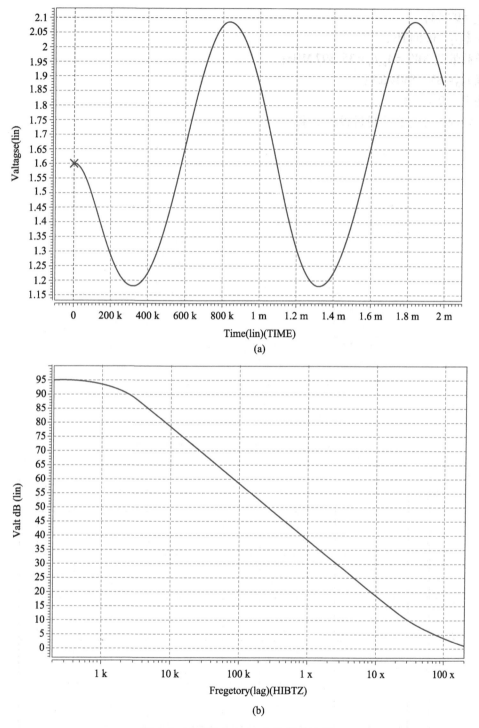

图 4-2-12　图 4-2-11 电路仿真结果

（a）瞬态输出波形　（b）幅频特性

图 4-2-13 给出用 T_9 管作偏置的 HSPICE 仿真电路，图 4-2-14（a）、（b）分别给出其瞬态输出波形及幅频特性，从仿真结果得到

增益 $A_u = 97\,\mathrm{dB}$；

上限频率 $f_H = 0.5\,\mathrm{kHz}$；

单位增益带宽 $BW_G = A_u f_H = 35.397\,\mathrm{MHz}$；

总电流 $I_{DD} = 850.5504\,\mathrm{\mu A}$；

总功耗 $P_D = 2.8\,\mathrm{mW}$。

可见，各项指标达到或超过设计要求。

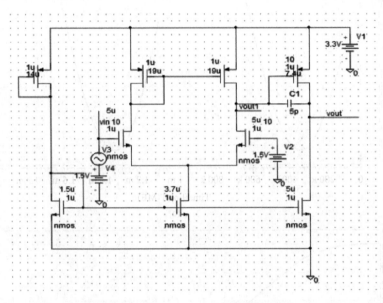

图 4-2-13　管子偏置两级运放仿真电路图

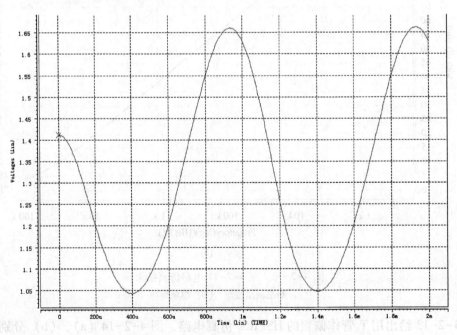

(a)

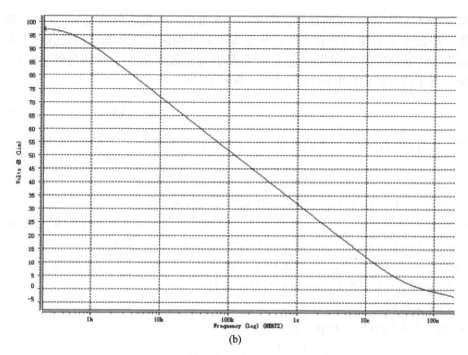

图 4-2-14 图 4-2-13 电路仿真结果

（a）瞬态输出波形 （b）幅频特性

二、增益可控集成放大器（VGA）

所谓 VGA 放大器，就是其增益是一个控制电压 u_C 的函数，即

$$A_u = \frac{u_{out}}{u_{in}} = f(u_C) \tag{4-2-30}$$

实现增益控制的方法大致有三种，一是用 u_C 控制放大器的负载电阻；二是用 u_C 控制放大器的源极负反馈强弱；三是用 u_C 控制放大器管子的静态电流，进而控制管子的跨导，其中第三种方法最为有效，这种方法称为"变跨导法"，其电路称为"变跨导增益控制放大器"，简称 VGA 电路，如图 4-2-15 所示。

VGA 的增益控制关系可以是线性的，也可以是对数的。所谓"线性"控制关系就是放大倍数 A_u 随着 u_C 呈线性变化；所谓"对数"控制关系就是放大倍数的分贝数 $G = 20\lg |A_u|$（dB）与 u_C 呈线性关系。

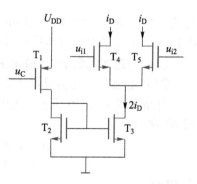

图 4-2-15 线性控制 VGA 电路

1. 线性控制 VGA 电路

我们知道，MOS 管跨导

$$g_m = \frac{\partial i_D}{\partial u_{GS}} = \mu_n C_{ox} \left(\frac{W}{L}\right)(u_{GS} - U_T) = \sqrt{2\mu_n C_{ox}\left(\frac{W}{L}\right)i_D} \tag{4-2-31}$$

可见，在工艺和管子尺寸一定的情况下，跨导与工作电流 i_D 的开方成正比，那么只要我们用

u_C 改变 i_D 就可以达到控制增益的目的。图 4-2-15 给出一个最简单的 u_C-i_D 变换电路，其中 T_1 为 P 管，控制电压 u_C 加到 P 管栅极，从而改变 P 管电流，T_2 和 T_3 组成镜像电流源，将受控的电流传送到差分对管 T_4 和 T_5，使 i_D 也受控于 u_C，进而使 T_4、T_5 的跨导 g_{m4}、g_{m5} 受控于 u_C。增益 A_u 等于跨导和负载电阻 R_D 的乘积，很容易证明

$$A_u = \frac{u_{out}}{u_{in}} = -g_m R_D = -\sqrt{\frac{\beta_{N4}\beta_{P1}}{2}}(u_C - U_{DD} - U_{THP})R_D \tag{4-2-32}$$

可见，在负载电阻 R_D 不变的情况下，A_u 正比于控制电压 u_C。上式中 β 为导电因子

$$\beta_{N4} = \mu_n C_{ox}\left(\frac{W}{L}\right)_4 \qquad \beta_{P1} = \mu_p C_{ox}\left(\frac{W}{L}\right)_P$$

2. 对数控制 VGA 电路（低电压、低功耗可变增益放大器）

要使增益 A_u 的对数值（dB）与控制电压 u_C 呈线性关系，那么必须**使增益 A_u 与 u_C 呈指数关系**。为此，首先要寻找指数函数数学模型及实现电路。设计步骤如下：① 寻找数学模型；② 构建实现数学模型的电路；③ 根据代工厂提供的工艺参数，初步估算各 MOS 管的尺寸（W/L）；④ 通过 HSPICE 仿真验证和调节设计参数。

（1）指数函数模型

将 e^{ax} 展开为泰勒级数，并取二阶近似，则有

$$e^{ax} \approx 1 + \frac{ax}{1!} + \frac{(ax)^2}{2!} = \frac{1}{2}\left[2 + 2ax + (ax)^2\right] = \frac{1}{2}\left[1 + (1+ax)^2\right]$$

$$e^{-ax} \approx 1 - \frac{ax}{1!} + \frac{(ax)^2}{2!} = \frac{1}{2}\left[2 - 2ax + (ax)^2\right] = \frac{1}{2}\left[1 + (1-ax)^2\right]$$

$$e^{2ax} = \frac{e^{ax}}{e^{-ax}} \approx \frac{1 + (1+ax)^2}{1 + (1-ax)^2} \tag{4-2-33}$$

将式（4-2-33）中的 1 改为 k，并改写为式（4-2-34）

$$e^{2ax} \approx \frac{k + (1+ax)^2}{k + (1-ax)^2} \tag{4-2-34}$$

将式（4-2-34）取对数（用 dB 表示），以 x 为自变量，k 为参变量，作出曲线，发现 $k = 0.15$ 时，增益的对数特性具有最宽的线性范围。

（2）构建实现数学模型的电路

① 用电流源电路实现 U-I 变换的近似指数特性

电路如图 4-2-16 所示。图中 I_0 为偏置电流。

对 NMOS T_1

$$i_{D1} = \frac{\mu_n C_{ox}}{2}\left(\frac{W}{L}\right)_n (u_C - U_{SS} - U_{THN})^2 = K_n(u_C - U_{SS} - U_{THN})^2$$

对 PMOS T_2

$$i_{D2} = \frac{\mu_p C_{ox}}{2}\left(\frac{W}{L}\right)_p (u_C - U_{DD} - U_{THP})^2 = K_p(u_C - U_{DD} + |U_{THP}|)^2$$

图中

$$i_{C1} = i_{D5} = I_0 + i_{D2} = K_p(U_{DD} - |U_{THP}|)^2\left\{\frac{I_0}{K_p(U_{DD} - |U_{THP}|)^2} + \left[1 - \frac{u_C}{(U_{DD} - |U_{THP}|)}\right]^2\right\}$$

$$\tag{4-2-35a}$$

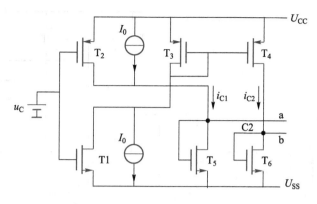

图 4-2-16　实现指数特性的电路图

$$i_{C2}=i_{D6}=I_0+i_{D1}=K_n(U_{SS}+U_{THN})^2\left\{\frac{I_0}{K_n(U_{SS}+U_{THN})^2}+\left[1-\frac{u_C}{(U_{SS}+U_{THN})}\right]^2\right\}\quad(4\text{-}2\text{-}35\mathrm{b})$$

设 $K_n=K_p=K$，$U_{SS}=-U_{DD}$，$U_{THN}=U_{THP}=U_{TH}$，则

$$\frac{i_{D6}}{i_{D5}}=\frac{\dfrac{I_0}{K(U_{DD}-|U_{TH}|)^2}+\left[1+\dfrac{u_C}{(U_{DD}-|U_{TH}|)}\right]^2}{\dfrac{I_0}{K(U_{DD}-|U_{TH}|)^2}+\left[1-\dfrac{u_C}{(U_{DD}-|U_{TH}|)}\right]^2}\qquad(4.2\text{-}36)$$

令

$$k=\frac{I_0}{K(U_{DD}-|U_{TH}|)^2}\qquad(4\text{-}2\text{-}37\mathrm{a})$$

$$a=\frac{1}{U_{DD}-|U_{TH}|}\qquad(4\text{-}2\text{-}37\mathrm{b})$$

$$x=u_C\qquad(4\text{-}2\text{-}37\mathrm{c})$$

则

$$\frac{i_{C2}}{i_{C1}}=\frac{i_{D6}}{i_{D5}}=\frac{k+(1+ax)^2}{k+(1-ax)^2}\qquad(4\text{-}2\text{-}38)$$

可见，该电路实现了指数函数数学模型，调整偏置电流 I_0，使 $k=0.15$，以使得对数特性的线性范围最宽。

控制电压范围应满足　　　　　$U_{THN}<u_C<U_{DD}-|U_{THP}|$ 　　　　　(4-2-39)

若 $U_{DD}=1.8\,\mathrm{V}$，$U_{SS}=0\,\mathrm{V}$，$U_{THN}=|U_{THP}|=0.4\,\mathrm{V}$，$0.4\,\mathrm{V}<u_C<1.4\,\mathrm{V}$。

因为超出这个范围，T_1 和 T_2 中总有一个管子截止，对数特性的线性将会变差。

② 可变增益差分放大器电路

要实现增益与控制电压呈指数关系，必须使增益表达式中含有 i_{C2}/i_{C1} 项，图 4-2-17 所示仿真电路非常巧妙地实现了这一点。图中 T_7、T_8 为差分对放大管，T_9 是 T_7、T_8 的恒流源，$i_{D9}=i_{D6}=i_{C2}$。T_{10}、T_{11} 以及 T_{13}、T_{14} 是 T_7、T_8 的负载管。在交流等效电路中，T_{10} 与 T_{13}，T_{11} 与 T_{14} 是并联关系，因为 T_{10}、T_{11} 栅漏短接，等效输出电阻很小（$R_{o10}=1/g_{m10}$），所以在负载中起关键作用，我们称之为负载管，T_{12} 是负载管的恒流源，$i_{D12}=i_{D5}=i_{C1}$，T_{13}、T_{14} 仅起引入共模负反馈作用。

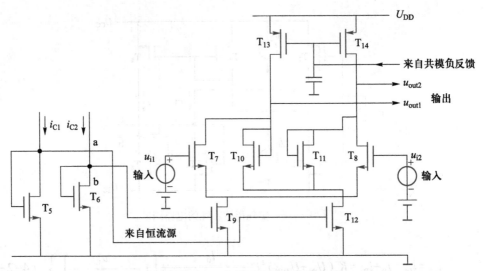

图 4-2-17   可变增益差分放大器电路

根据前面分析

$$A_u = \frac{u_{out}}{u_{in}} = \frac{u_{out1} - u_{out2}}{u_{in1} - u_{in2}} = -g_{m7}R_{o10} = \frac{-g_{m7}(\text{差分放大管})}{g_{m10}(\text{负载管})}$$

$$= -\sqrt{\frac{\left(\dfrac{W}{L}\right)_7 i_{D6}}{\left(\dfrac{W}{L}\right)_{10} i_{D5}}} = -\sqrt{\frac{\left(\dfrac{W}{L}\right)_7 i_{C2}}{\left(\dfrac{W}{L}\right)_{10} i_{C1}}} \tag{4-2-40}$$

式中 $\left(\dfrac{W}{L}\right)_7 = \left(\dfrac{W}{L}\right)_8$ 为差分对管宽长比，$\left(\dfrac{W}{L}\right)_{10} = \left(\dfrac{W}{L}\right)_{11}$ 为负载管宽长比。

将式 (4.2.34) 代入式 (4.2.36)，得到

$$A_u = -\sqrt{\frac{\left(\dfrac{W}{L}\right)_7}{\left(\dfrac{W}{L}\right)_{10}} \times \left[\frac{k + (1+ax)^2}{k + (1-ax)^2}\right]} \approx A_0\sqrt{e^{2ax}} = A_0 e^{ax} \tag{4-2-41}$$

$$20\log|A_u|\,(\text{dB}) = A_0 ax = A_0 a u_C \tag{4-2-42}$$

可见实现了放大倍数的对数值正比于控制电压 u_C 的功能。

③ 共模负反馈电路

其作用是取出差分放大器的共模输出电压，反馈到差分放大器的 T_{13}、T_{14} 的栅极，起到稳定整个电路直流工作点的作用。

图 4-2-18 给出完整的 VGA 仿真电路图，包括具有指数特性的 V–I 转换电路、可变跨导差分放大器，共模负反馈电路三部分。实现了电压控制增益对数值的目的。

现在来看图 4-2-18 中，共模反馈电路的原理，可变增益放大器输出 V_{out+} 和 V_{out-} 分别加到 M_{17} 和 M_{20} 的栅极，M_{18}、M_{19} 的栅极加一个参考电压 U_{REF}，M_{17} 与 M_{20} 漏极相连，M_{18} 与 M_{19} 栅极相连，M_{17}、M_{18} 射极连接电流源 I_5，M_{19}、M_{20} 射极连接电流源 I_6，这种接法使 V_{out+} 和 V_{out-} 的差模信号影响抵消，而共模信号被取出，并反馈到 M_{13} 和 M_{14} 的栅极，从而达到稳定放大器输出共模电平之目的。电路中电容 C_7 的作用是相位补偿电容，以防止电路产生自激。

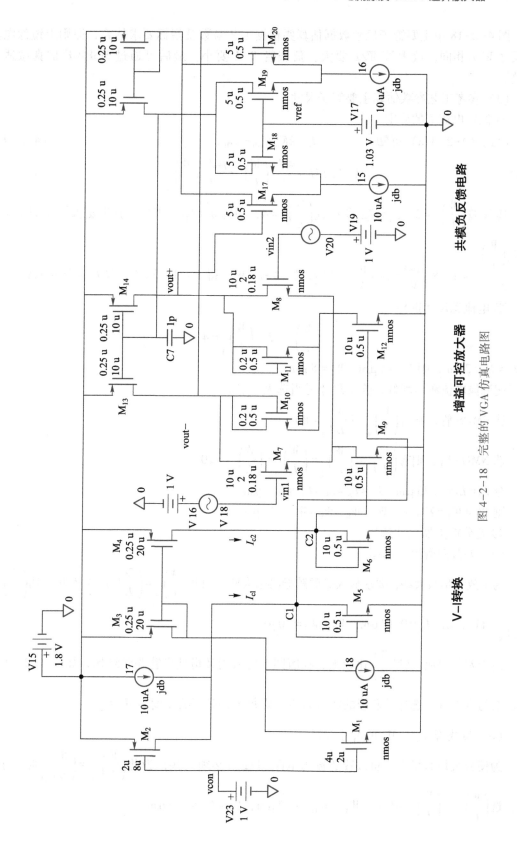

图 4-2-18　完整的 VGA 仿真电路图

图 4-2-18 中主要管子尺寸数据估算要根据工艺参数及指标要求估算，原则上镜像电流源尺寸 W/L 相同，放大管 W/L 要大，负载管 W/L 要小，最后可通过 HSPICE 仿真做适当调整。

（3）参考工艺参数估算主要管子尺寸

① 偏置电流 I_0 的确定

由式（4-2-37a）可知
$$I_0 = kK(U_{DD} - U_{TH})^2 \tag{4-2-43}$$

其中
$$k = 0.15K = \frac{\mu_n t_{ox}}{2}\left(\frac{W}{L}\right)_1 = \frac{\mu_p t_{ox}}{2}\left(\frac{W}{L}\right)_2 \tag{4-2-44}$$

选 N 管 $\left(\frac{W}{L}\right)_1 = 2$，$\mu_n \approx 2\mu_p$ 所以选 $\left(\frac{W}{L}\right)_2 = 4$，根据 0.18 μm 工艺，查出 μ_n 及 t_{ox}。计算 $K \approx$

$\dfrac{\mu_n C_{ox}\left(\frac{W}{L}\right)_1}{2} \approx 172 \times 2\ \dfrac{\mu A}{V^2} = 344\ \dfrac{\mu A}{V^2}$，代入式（4-2-39）得 $I_0 \approx 11.2$ μA。取 I_0 等于 10 μA。

② 电流源尺寸选择
$$\left(\frac{W}{L}\right)_2 = 2 \quad \left(\frac{W}{L}\right)_1 = 4$$

选 $L_1 = L_2 = 2$ μm，则 $W_1 = 4$ μm，$W_2 = 8$ μm。

为了使镜像电流源匹配好，管子尺寸适当选大一点。

选 PMOS 管，则有 $\left(\frac{W}{L}\right)_4 = \left(\frac{W}{L}\right)_3 = 80$

选 NMOS 管，则有 $\left(\frac{W}{L}\right)_5 = \left(\frac{W}{L}\right)_6 = \left(\frac{W}{L}\right)_9 = \left(\frac{W}{L}\right)_{12} = 20$

令 $L_3 = L_4 = 0.25$ μm，$L_5 = L_6 = L_9 = L_{12} = 0.5$ μm。

则 $W_3 = W_4 = 20$ μm，$W_5 = W_6 = W_9 = W_{12} = 10$ μm。

③ 差分放大器尺寸选择

（a）差分对管尺寸选择

为了放大倍数大些，要求放大管的跨导必须大些，因此 $\left(\frac{W}{L}\right)_7 = \left(\frac{W}{L}\right)_8$ 应选大些。选 $\left(\frac{W}{L}\right)_7 =$

$\left(\frac{W}{L}\right)_8 = 111$，$L_7 = L_8 = 0.18$ μm，$W_7 = W_8 = 20$ μm。

由于差分对放大管 $\left(\frac{W}{L}\right)$ 比较大，在版图上可采用叉指型多管并联结构，如图 4-2-19 所

示，在仿真参数上选择并联管的数目为 M，则每个并联管的宽度为 $W' = \dfrac{W}{M}$。

（b）负载管 M_{10}、M_{11} 的尺寸选择

为使放大倍数增大，负载管的输出电阻（$1/g_m$）必须大些，为此 $\left(\frac{W}{L}\right)_{10} = \left(\frac{W}{L}\right)_{11}$ 应选小一

点，选 $\left(\frac{W}{L}\right)_{10} = \left(\frac{W}{L}\right)_{11} = 0.4$，$W_{10} = W_{11} = 0.2$ μm，$L_{10} = L_{11} = 0.5$ μm。

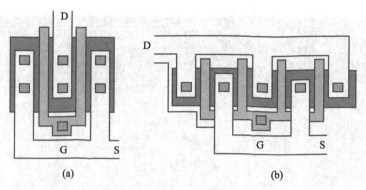

图 4-2-19 多管并联叉指型版图

(a) 简单的 MOS 晶体管折叠结构 (b) 使用叉指结构

④ 共模负反馈电路管子尺寸估算（略）

（4）VGA 电路仿真

仿真采用 1.8 V 电源、某公司 0.18 μm 模型工艺库、HSPICE 仿真软件。仿真电路如图 4-2-18 所示，所有管子 $\left(\dfrac{W}{L}\right)$ 及恒流源标于图中。

① 直流分析

主要观察每个管子是否都工作在饱和区以及总功率损耗等情况。

② 瞬态分析

u_C 以 0.1 V 为步进的输出波形图如图 4-2-20 所示。

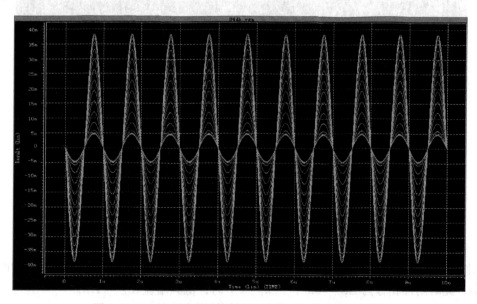

图 4-2-20 输出波形随控制电压变化（u_C 以 0.1 V 步进）

③ 交流小信号分析（频率响应）

$u_C = 1$ V 的频率响应如图 4-2-21 所示。

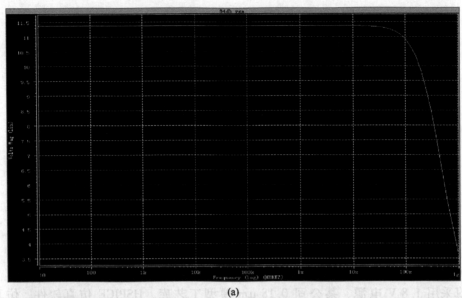

(a)

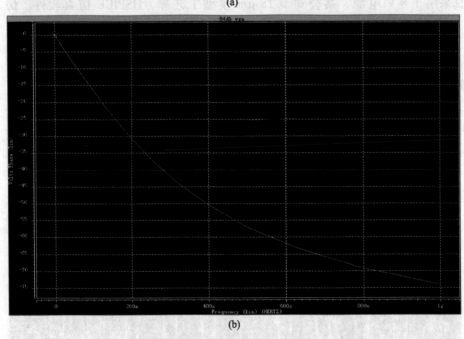

(b)

图 4-2-21　频率响应（$u_C = 1\,\text{V}$）

（a）振幅频率响应　（b）相位频率响应

　　由图 4-2-20 及图 4-2-21 仿真曲线可知，图 4-2-18 电路的 -3 dB 带宽为 $BW_{-3\,\text{dB}} \approx$ 350 kHz，此时附加相移为 $\Delta\varphi = -45°$，当 $u_C = 1\,\text{V}$ 时，低频增益 $A_{u0} \approx 11.4$。

　　图 4-2-22 所示为 u_C 以 0.01 V 为步进的频率响应。

　　④ 三级级联仿真

　　单级增益不够，拟采用三级级联，如图 4-2-23 所示。图 4-2-24 和图 4-2-25 是三级级联的仿真结果。

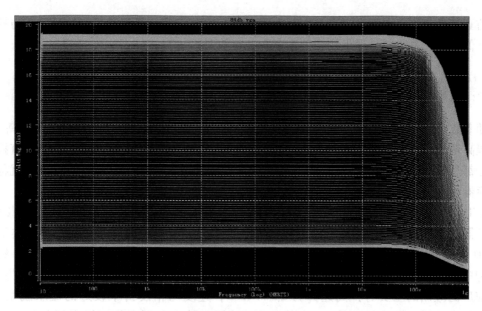

图 4-2-22　u_C 扫描频率响应（u_C 以 0.01 V 步进）

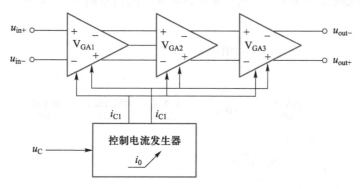

图 4-2-23　三级级联框图

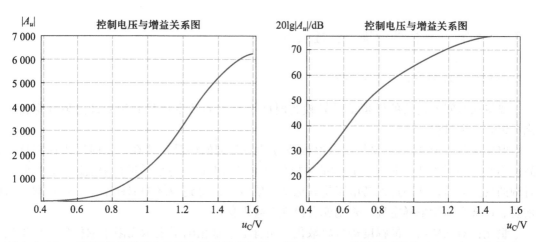

图 4-2-24　三级级联总增益和控制电压的关系曲线　　图 4-2-25　总增益对数值（dB）和 u_C 的关系

仿真结果表明：增益绝对值与控制电压近似为指数特性，增益绝对值的对数值与控制电压呈近似线性关系，但与理想线性关系存在一定的误差。

4.3　A/D 转换器

随着数字技术，特别是信息技术的飞速发展与普及，在现代控制、通信及检测等领域，为了提高系统的性能指标，对信号的处理广泛采用了数字计算机技术。而从自然界直接采集的信号都是模拟的，于是就需要将模拟信号转换为数字信号，实现这一转换的器件就称为模数转换器（analog to digital converter，简称 A/D 转换器或 ADC）。

A/D 转换器的类型很多，根据 A/D 转换的方式可将其分成两大类，一类是直接型 A/D 转换器，将输入的电压信号直接转换成数字代码，不经过中间任何变量；另一类是间接型 A/D 转换器，将输入的电压转变成某种中间变量（时间、频率、脉冲宽度等），然后再将这种中间变量变成数字代码输出。根据转换原理来分类的话，A/D 转换器的种类很多，但目前广泛应用的主要有：高速并行 Flash A/D，速度与精度折中较好的流水线型 A/D，分辨率很高的适合语音处理的 Δ-Σ 型 A/D，适用于数字电压表的双斜率积分型 A/D，适用范围很广的逐次逼近型 A/D，适用于非快速的远距离信号的 V-F 型 A/D 等，如图 4-3-1 所示。

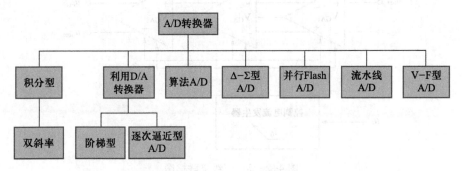

图 4-3-1　A/D 转换器类型

4.3.1　A/D 转换器的原理、特性及指标

一、A/D 转换器的原理及特性

要将在时间上连续的模拟信号转换为时间上离散的数字信号必须要经过取样保持、量化、编码三个过程。

取样保持（S/H）：主要是获取模拟信号某一时刻的样品，并在一定时间内保持这个样品值不变。如图 4-3-2 所示，连续的模拟信号通过与取样脉冲信号进行乘法运算，得到每一时刻的具体数值，并通过保持电路将其保持一段时间，得到最终的取样信号。注意取样时必须要满足奈奎斯特采样定理，否则就会出现混叠现象。

量化：对取样信号的幅度进行离散化，用有限个量化电平表示无限个取样值。模拟信号的取样值仍然为一实数值，可以有无数个可能的连续取值。若只用 N 个二进制数字来代表此取样值的大小，则 N 个二进制数字可以代表 $M=2^N$ 个不同的取样值。这样，将取样值的范围

划分为 M 个区间，每个区间用一个电平值表示，称为量化电平。如图 4-3-3 所示，$m = m(kT_s)$ 表示模拟信号的实际取样值，$m_q(kT_s)$ 表示信号的量化值，q_i 表示量化值 $m_q(kT_s)$ 对应的输出电平值，如用二进制形式表示的 $0,1,2,\cdots,7$ 等。m_i 为量化区间的端点。于是，量化的一般公式为

$$m_q(kT_s) = q_i, \quad m_{i-1} \leqslant m(kT_s) \leqslant m_i \tag{4-3-1}$$

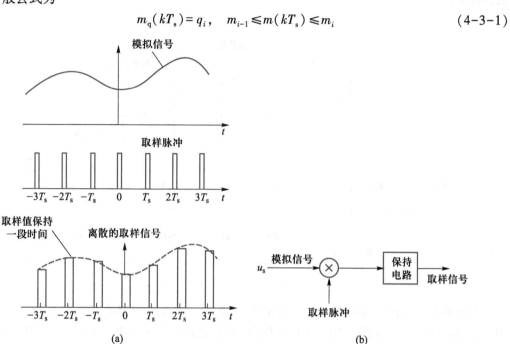

图 4-3-2 模拟信号的取样保持

（a）取样保持的波形 （b）取样保持电路原理

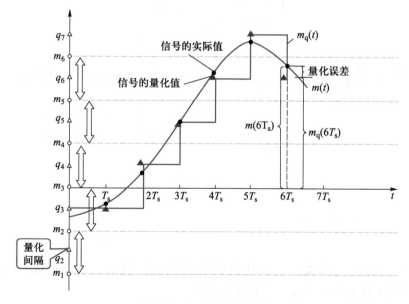

图 4-3-3 量化过程示意

编码：将量化后的数字量按一定规则编码成数据流，以便进一步存储与处理。模拟信号经取样和量化后，得到 M 个电平的序列，将每个量化电平进行编码，得到对应的二进制数据流。图 4-3-4 给出了一个例子，展示了从取样到量化到编码的过程。当然，编码方式可以有很多种类。

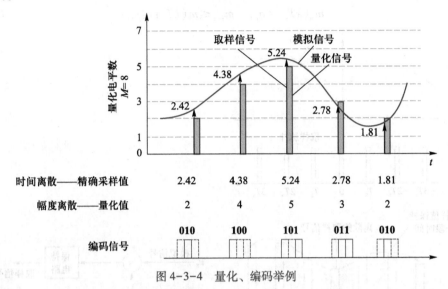

图 4-3-4   量化、编码举例

根据取样、量化、编码的原理，图 4-3-5 给出一个 A/D 转换器的原理框图，在这个框图中，量化器就是一系列加不同参考电平的电压比较器，当输入电压 u_I 高于该比较器的参考电平 U_{REF} 时，比较器输出的数字量为 **1**；低于参考电平 U_{REF} 时，输出为 **0**。

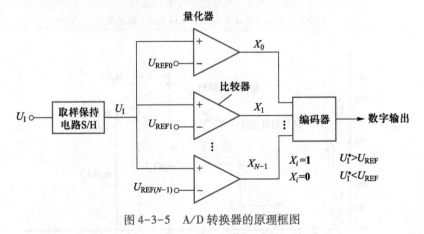

图 4-3-5   A/D 转换器的原理框图

二、A/D 转换器的主要指标

1. 分辨率

分辨率即"位数"（bit 数——A/D 数字化的字长）。这是一个表达精度的指标。如果 A/D 转换器的满刻度输入为 U_{FSR}，位数为 N，则

量化电平
$$U_Q = \frac{U_{FSR}}{2^N}$$
(4-3-2)

量化误差
$$\pm \frac{1}{2}LSB = \frac{U_Q}{2} \tag{4-3-3}$$

量化噪声方差
$$\sigma_e^2 = \frac{U_Q^2}{12} \tag{4-3-4}$$

分析指出，分辨率每提高一位，量化信噪比提高 $6.02\,\mathrm{dB}$。

2. 采样率

采样率即最高时钟频率，是一个表达 A/D 转换器转换速度的指标。

3. 其他静态特性指标

其他静态特性指标还有失调误差、增益误差、非线性误差（积分非线性、微分非线性）等，其意义与 D/A 转换器的静态误差相同。

4.3.2　A/D 转换器电路举例

图 4-3-1 已经给出了主流的 A/D 转换器的分类，不同种类的 A/D 转换器的性能各异。根据采样率和精度的具体大小，图 4-3-6 给出了不同 A/D 转换器的性能对比。在这里，本书将给出部分主要的 A/D 转换器的介绍。

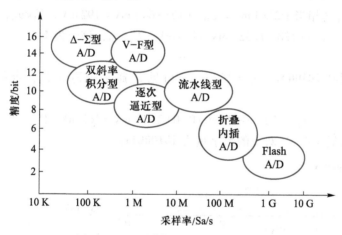

图 4-3-6　不同类型的 A/D 性能对比

一、逐次逼近型 A/D 转换器

逐次逼近型 A/D 转换器是一种低成本，分辨率和速度都比较好的 A/D 转换器，因此应用十分广泛，其原理框图如图 4-3-7 所示。

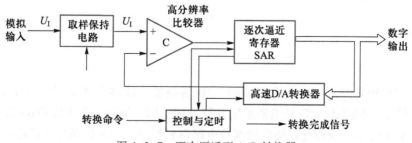

图 4-3-7　逐次逼近型 A/D 转换器

电路收到转换命令后，首先将逐次逼近寄存器置 **0**（清零）。当第一个时钟脉冲到来时，逻辑控制电路先将逐次逼近寄存器最高位（D_{n-1}）置 **1**，其他位置 **0**，经过 D/A 转换器重新转换为模拟电压 u_0（相当于 $U_{FSR}/2$），然后将此电压回送到比较器，与输入信号 U_I 比较。若

$$u_0 < U_I \qquad \text{数字输出最高位保留 \textbf{1}}$$
$$u_0 > U_I \qquad \text{数字输出最高位改为 \textbf{0}}$$

第二个时钟脉冲到来时，逻辑控制电路将寄存器次高位置 **1**，并与最高位一起送到 D/A 转换器，将其输出电压 u_0 与 U_I 再次比较。若

$$u_0 < U_I \qquad \text{数字输出次高位保留 \textbf{1}}$$
$$u_0 > U_I \qquad \text{数字输出次高位改为 \textbf{0}}$$

这个过程一直进行下去，直到最后一位比较完成，得到 D_0 值为止。

例如，一个 8 位 A/D 转换器，其输入模拟信号 U_I 为 163 mV，满刻度电压（参考电压 U_{FSR}）为 256 mV，$\left(\text{量化电平为} \dfrac{U_{FSR}}{2^N} = 1 \text{ mV}\right)$，则量化过程及量化结果如图 4-3-8 所示。

最高位置 **1**，（相当于 $2^7 \times 1$ mV = 128 mV）$u_0 = 128$ mV，$U_I > u_0$，输出为 **1**；

次最高位置 **1**，（相当于 $2^6 \times 1$ mV）$u_0 = (128+64)$ mV = 192 mV，$U_I < u_0$，次高位为 **0**；

次次高位置 **1**，$u_0 = (128+0+32)$ mV = 160 mV，$U_I > u_0$，该位为 **1**；

$$\cdots\cdots$$

如此下去，得到 **1010001**，$u_0 = 162$ mV，可见 u_0 越来越逼近 U_I，令最低位（LSB）置 **1**，则

$$u_0 = (128+0+32+0+0+0+2+1) \text{ mV} = 163 \text{ mV} = U_I$$

完成转换，最后 163 mV 对应的数字量为 **10100011**。

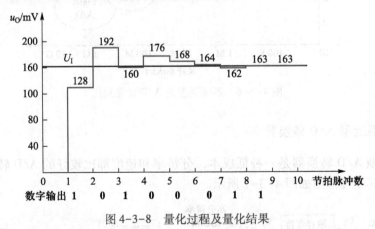

图 4-3-8 量化过程及量化结果

二、快闪式（Flash）A/D 转换器

快闪式 A/D 转换器是一种速度最高的 A/D 转换器，最高采样率可达几十兆、几百兆，甚至 GHz 数量级。快闪式 A/D 转换器采用并行处理结构，例如一个 3 位 Flash A/D 转换器的简图如图 4-3-9 所示。这种电路的编码部分电路形式很多，但量化部分是核心，它由参考电

压 U_{REF} 和分压电阻串以及一系列高速带锁存的电压比较器组成。电阻串分压定标提供每个比较器的比较电平 u_{ri}，待量化的模拟信号加到每个比较器输入端与 u_{ri} 比较，决定比较器输出是 **0** 或是 **1**，然后送入编码器编码，得到最后的 3 位数字码。

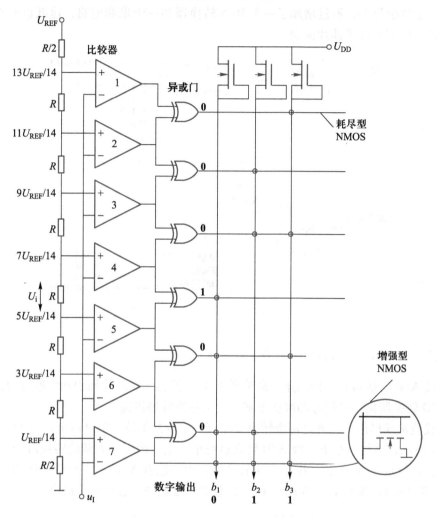

图 4-3-9　3 位 Flash A/D 转换器简图

例如，一个模拟信号 $5U_{REF}/14 < U_i < 7U_{REF}/14$，那么，第一个比较器输出为 **1**，第二个输出为 **1**，第三个输出为 **1**，…，总的比较结果为 **1111000**，经异或门输出为 **0001000**。编码电路由 MOS 管组成，其中有符号 ⊕ 者表示行与列之间跨接一个 MOS 管。如果行信号为 **1**，栅极为高电位，则管子导通，将"列"线接地，即输出数字为 **0**。反之，行信号为 **0**，栅极为低电位，管子截止，输出为高 **1**。因此，对应 $5U_{REF}/14 < u_I < 7U_{REF}/14$（相当于 $2.5U_{REF}/7 < u_I < 3.5U_{REF}/7$）的数字量为 **011**，也就是"3"，说明转换是正确的（见图 4-3-9）。

由于 Flash A/D 转换器是并行工作的，所以速度很快，但是所用比较器特别多，一个 N 位的 Flash A/D 转换器需要 2^{N-1} 个比较器，8 位就需要 255 个比较器，所占的硅片面积很大，因此 Flash A/D 一般应用于精度不太高（即位数较少）而速度要求很快的场合。

为了减少比较器数量，可采用"子区式"A/D转换器。如图4-3-10所示，将A/D分成两段：高4位（粗量化）和低4位（精量化），这样所需比较器数量仅为

$$2(2^{N-1}) = 2(2^{4-1}) = 16 \text{ 个}$$

比255个要少得多，不过增加了一个D/A转换器和一个求和电路，速度也要受点影响，但总的来说可以节省许多硅片面积。

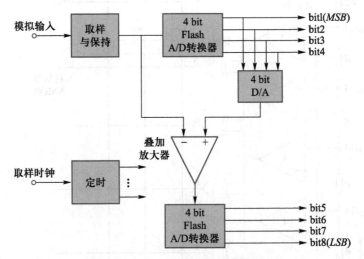

图 4-3-10   "子区式"A/D转换器

三、流水线型 A/D（pipeline A/D）转换器

流水线 A/D 转换器是一种高速、高精度 A/D 转换器，在芯片面积和转换时间的折中上，流水线 A/D 转换器是一种较好的解决方案，故近年来发展迅速。

要完成流水线操作，关键是每个转换级都有一个取样保持 S/H（sample-hold）电路，如图 4-3-11 所示，这样，在下一级 A/D 转换过程中，上一级可以做新的转换改变，而不会影响下一级。在流水线 A/D 中，共有 M 个转换级，每一级有 N 位的子 A/D 转换器，所以总分辨率为 $M \times N$（位）。实际上，当 $N=1$ 时，其总的速度最快，芯片面积最小。

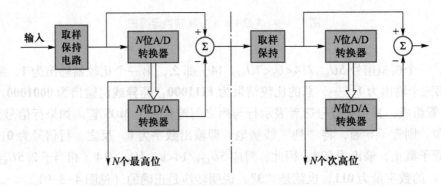

图 4-3-11   流水线型 A/D 框图

图4-3-12 给出 $N=1$ 的流水线型 A/D 转换器的示意图。其工作原理为

若 $u_{I1} > \dfrac{U_{REF}}{2}$，则 $MSB = \mathbf{1}$，S_1 接通，则 $u_{I2} = \left(u_{I1} - \dfrac{U_{REF}}{2}\right) \times 2$；

若 $u_{I1} < \dfrac{U_{REF}}{2}$，则 $MSB = \mathbf{0}$，S_0 接通，则 $u_{I2} = 2u_{I1}$。

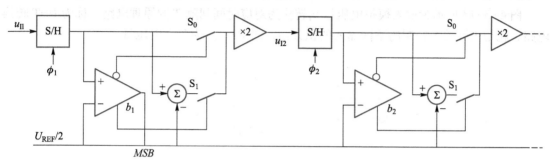

图 4-3-12　流水线型 A/D 转换器（$N=1$）的级结构

遵照这一规律，可按下列流水作业得出数字码元。例如 $U_{REF} = 5\,\mathrm{V}$，$u_{I1} = 3\,\mathrm{V}$，则流水作业如下：

$$u_{I1}(3\,\mathrm{V}) \xrightarrow{\ \dfrac{U_{REF}}{2}(2.5\,\mathrm{V})\ \overset{\mathbf{1}(MSB)}{\uparrow}\ } u_{I2} = \left(u_{I1} - \dfrac{U_{REF}}{2}\right) \times 2 = 1\,\mathrm{V} < \dfrac{U_{REF}}{2} \xrightarrow{\overset{\mathbf{0}}{\uparrow}}$$

$$\rightarrow u_{I3} = 2u_{I2} = 2\,\mathrm{V} < \dfrac{U_{REF}}{2} \xrightarrow{\overset{\mathbf{0}}{\uparrow}} u_{I4} = 2u_{I3} = 4\,\mathrm{V} > \dfrac{U_{REF}}{2} \xrightarrow{\overset{\mathbf{1}}{\uparrow}}$$

$$\rightarrow u_{I5} = \left(u_{I4} - \dfrac{U_{REF}}{2}\right) \times 2 = 3\,\mathrm{V} > \dfrac{U_{REF}}{2} \xrightarrow{\overset{\mathbf{1}}{\uparrow}} u_{I6} = \left(u_{I5} - \dfrac{U_{REF}}{2}\right) \times 2 = 1 < \dfrac{U_{REF}}{2} \xrightarrow{\overset{\mathbf{0}}{\uparrow}}$$

$$\rightarrow u_{I7} = 2u_{I6} = 2\,\mathrm{V} < \dfrac{U_{REF}}{2} \xrightarrow{\overset{\mathbf{0}}{\uparrow}} u_{I8} = 2u_{I7} = 4\,\mathrm{V} > \dfrac{U_{REF}}{2} \xrightarrow{\overset{\mathbf{1}(LSB)}{\uparrow}}$$

故模拟输入电压量化后的 8 位码元为

10011001

按照图 4-3-12 框图的 8 位量化方案，仅需 8 个比较器、8 个取样保持器、8 个 2 倍增益级、8 个相减器和 16 个开关。所用电路资源较小，芯片面积小。而且由于有 8 个 S/H 电路，可实现流水作业，对应每个时钟周期都有一位数码输出，速度较快。当前 CMOS 工艺单个流水线 A/D 已达 200 Msps 的转换速率和 14 位的分辨率。

四、双积分型 A/D 转换器

双积分型 A/D 转换器是一种间接型 A/D 转换器，其基本原理是：先对输入模拟电压进行固定时间的积分，然后转为对标准电压的反相积分，直至积分输入返回初始值，这两个积分时间 T 的长短正比于二者的大小，进而可以得出对应模拟电压的数字量。也就是说，双积分型 A/D 转换器在进行模拟数字转换时分为两步：第一步，将模拟电压量转化为时间 T，使 T 与输入电压成正比；第二步，将时间 T 转化为数字量，使数字量与 T 成正比。

图 4-3-13 所示为输入模拟电压量 u_I 转化为对应时间间隔 T 的原理电路，称为 U–T 转换电路，就是由开关 S 控制的不同输入的积分器，图中 $-U_{REF}$ 为参考电压量。

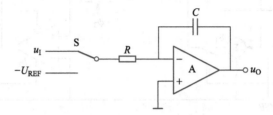

图 4-3-13 U–T 转换电路

当 S 接到 u_I 一侧时，在固定时间 T_1 内进行积分，有

$$u_O = \frac{1}{C}\int_0^{T_1}\left(-\frac{u_I}{R}\right)\mathrm{d}t = -\frac{T_1}{RC}u_I \tag{4-3-5}$$

当 S 接到 $-U_{REF}$ 一侧时，在 $0\sim T$ 内积分，并保证输出为零，则有

$$u_O = -\frac{T_1}{RC}u_I + \frac{1}{C}\int_0^T\frac{U_{REF}}{R}\mathrm{d}t = -\frac{T_1}{RC}u_I + \frac{T}{RC}U_{REF} = 0 \tag{4-3-6}$$

$$故\ T = \frac{T_1}{U_{REF}}u_I \tag{4-3-7}$$

于是，时间 T 与输入模拟电压量 u_I 成正比。

如图 4-3-14 所示为一完整的常用双积分型 A/D 转换器电路，首先是采样阶段，此时模拟开关 S_1 导通，其余各模拟开关断开，u_I 通过缓冲隔离后，进行积分运算，之后再控制 S_2、S_3、S_4 依次导通，将参考电压值接入积分器，进行反向积分，直至积分输入返回初始值。不

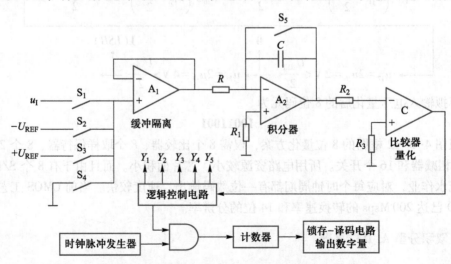

图 4-3-14   双积分型 A/D 转换器电路

同的积分时间长短正比于输入电压 u_1 大小，进而可以得出对应模拟电压的数字量，这样就把 u_1 转换为时间量 T。在进入采样阶段之前，S_5 控制积分器的输出被复零，所以当输入电压 u_1 为正时，积分器输出负向渐增；当输入电压 u_1 为负时，积分器输出正向渐增。

接下来，是计数阶段，此时计数器开始对时钟脉冲进行计数，直到计数器的计数值与第二阶段的积分时间相等时停止计数，并通过锁存-译码电路输出对应的数字量。在这里，逻辑控制电路非常关键，积分器输出的时间量经过比较器后输出量化后的控制数字量，控制逻辑控制电路的工作，使其输出 $Y_1 \sim Y_5$ 的控制信号以及 D 触发器的控制信号，使整个电路正常工作。

由于该转换电路是对输入电压的平均值进行变换，所以它具有很强的抗工频干扰能力，在数字测量中得到广泛应用。

这种 A/D 转换器的转换速度较慢，但精度较高。由双积分式发展出四重积分、五重积分等多种方式，在保证转换精度的前提下提高了转换速度。

五、Δ-Σ 型 A/D 转换器

Δ-Σ 型 A/D 转换器是由积分器、比较器、1 位 D/A 转换器和数字滤波器等组成。原理上近似于积分型 A/D 转换器，将输入电压转换成时间（脉冲宽度）信号，用数字滤波器处理后得到数字值。该电路通过"过采样"压低量化噪声功率谱密度；再经过噪声整形将噪声搬移到信号带外的高频处，有利于将其滤除，因此容易做到高分辨率。Δ-Σ 型 A/D 转换器主要用于音频、医疗成像以及工业仪器仪表测量等领域。这种转换器的转换精度极高，可以达到 16 位到 24 位的转换精度，价格低廉。缺点是转换速度比较慢，比较适用于对检测精度要求很高但对速度要求不是太高的检验设备。

结构较为简单的一阶 Δ-Σ 型 A/D 转换器的基本框图如图 4-3-15 所示，其中包含一个积分器、一个量化器、一个 1 位 D/A 转换器和一个数字抽取滤波器。其中，积分器、量化器和 1 位 D/A 转换器构成了一个 Δ-Σ 调制器。

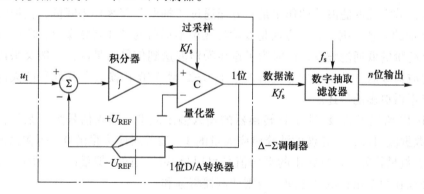

图 4-3-15　一阶 Δ-Σ 型 A/D 框图

在这里，"过采样"指的是采样率远高于奈奎斯特采样率（$f_s = 2f_a$，f_a 为信号最高频率分量）。过采样率 f_s' 与奈奎斯特采样率的关系式为

$$f_s' = Kf_s \tag{4-3-8}$$

式中 K 为过采样系数，$K \gg 1$。过采样可以降低量化噪声的功率谱密度，提高信噪比。量

化噪声是均匀地分布在奈奎斯特频带内的，经过过采样处理的噪声，其功率谱密度是远小于奈奎斯特采样的噪声功率谱密度的，如图 4-3-16（a）、（b）所示。其中（a）为奈奎斯特采样的功率谱密度分布图，（b）为过采样的功率谱密度分布图，可见，过采样压低了量化噪声功率谱密度，提高了信噪比，大大降低了对前端抗混迭滤波器的要求。f_a 为信号的最高频率分量。r_0 为奈奎斯特采样时的功率谱密度，r'_0 为过采样时的功率谱密度。

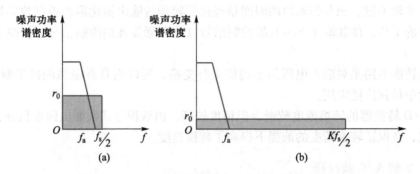

图 4-3-16　采样率与噪声功率谱密度的关系
（a）奈奎斯特采样的噪声功率谱密度　（b）过采样的噪声功率谱密度

　　一位 A/D 转换器和一位 D/A 转换器实际上是一个简单的电压比较器。"一阶"指的是调制器中只有一个"积分器"。其量化过程简要描述如下：当积分器输出为正时，量化器输出为 0，D/A 反馈一个正的参考信号（$+U_{REF}$），并将其从输入信号中减去。反之，若积分器输出为负，则量化器输出为 1，D/A 反馈一个负的参考信号（$-U_{REF}$），并加到输入信号上。积分器的作用是积累输入信号与量化器和 D/A 转换器输出信号之差，并试图保持积分器输出在零值附近。事实上，积分器、量化器以及 D/A 转换器构成的反馈环迫使量化输出的局部平均值将跟踪输入信号的局部平均值，形成的一位数据流，再经过数字抽取滤波器，最后输出最终结果。

　　在这里，数字抽取滤波器的作用是一方面通过"抽取"将采样率降低，去掉由于"过采样"带来大量的多余数据。另一方面是滤除经噪声整形后的带外高频噪声，所以数字抽取滤波器是一个高阶的低通滤波器，同时为了避免噪声混迭到信号频带内，一般又采用梳状滤波器与低通滤波器级联。数字抽取滤波器占整个 Δ-Σ 型 A/D 转换器芯片面积的大部分，限于篇幅，这里不做更多的叙述。

　　图 4-3-17 给出了 Δ-Σ 型 A/D 转换器的输入输出波形。输入信号为正弦波，输出的波形由 0、1 数据流组成，正弦波的波峰对应大量的 1，波谷对应大量的 0，而在输入的零值附近，则 0、1 数量相等。可见输出的平均值是可以反映输入的模拟量的大小的。注意，输入信号范围必须在两个量化电平之间，否则调制器将饱和。

　　随着 Δ-Σ 型 A/D 转换器的阶数增加，其信噪比也将大大提升。其阶数取决于积分器的个数，例如，一个二阶的 Δ-Σ 型 A/D 转换器的框图如图 4-3-18 所示。

六、V-F 型 A/D 转换器

　　V-F 型 A/D 转换器也是一种间接型 A/D 转换器，与双积分型 A/D 转换器和 Δ-Σ 型 A/D 转换器将电压量转换为时间量类似，只是 V-F 型 A/D 转换器是将电压量转化为频率量，然后再将频率量转换为数字量。V-F 型 A/D 转换器是由 V-F 变换器（压控振荡器）、时钟控制闸门（**与门**）、计数器、寄存器和单稳态电路组成，如图 4-3-19 所示。

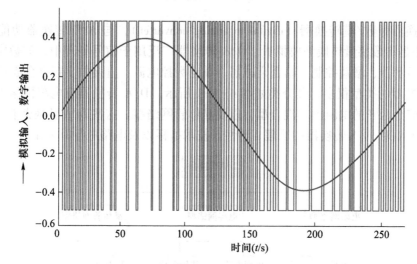

图 4-3-17　Δ-Σ 型 A/D 转换器的输入输出波形图

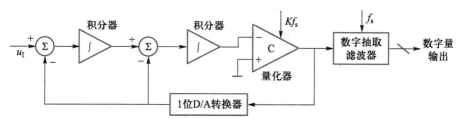

图 4-3-18　二阶 Δ-Σ 型 A/D 转换器框图

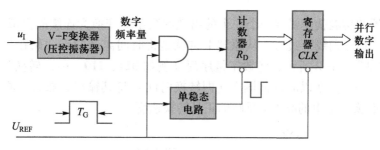

图 4-3-19　V-F 型 A/D 电路结构

输入信号的模拟电压量 u_I 通过压控振荡器实现 V-F 变换，将电压量转换为与之成正比的数字频率量。在这里，压控振荡器的功能就是将电压量转换为频率量，有 $f_0 = ku_I$，压控振荡器的详细介绍将在 4.5 节中论述。接下来，该数字频率量通过时钟控制闸门控制参考时钟，使时钟随频率而变，生成频率控制时钟信号，传送给计数器，在一个固定的时间间隔内对频率控制时钟信号进行计数，所得的计数结果就是正比于输入模拟电压量的数字信号了。

4.4   D/A 转换器

D/A 转换器即数/模转换器（digital to analog converter），与 A/D 转换器功能正好"相逆"，其任务是将数字量转换为模拟量。D/A 转换器广泛用于信号处理中，如数字存储示波器的示波管显示器、增益控制、精密衰减器、精密数控电源、直接数字频率合成器等。

D/A 转换器的类型很多，其分类如图 4-4-1 所示。D/A 转换器有电阻网络型、电容网络型，也有综合两者的电阻电容混合型，以及晶体管网络型。这些 D/A 转换器有并行的，也有串行的。下面对 D/A 转换器的原理、特性、技术指标以及电路进行简单介绍。

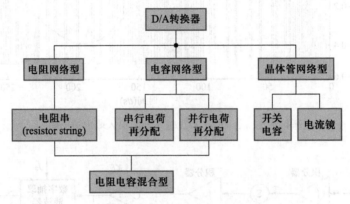

图 4-4-1   D/A 转换器的分类

4.4.1   D/A 转换器的原理、特性及技术指标

一、D/A 转换器的原理与特性

D/A 转换器的功能就是要将一个一个的离散的数字量变换为连续的模拟量，打个比方，就像是常说的"描点画线"过程，从原理上讲就是将时间离散的点"画在"坐标系中，再将其连成线。如图 4-4-2 所示，将数字量序列（例如 011、110、…）转换为具体的电压值（例如 3 V、6 V、…），在以时间间隔 T（即转换时间）将其输出，然后"将各点连起来"，就完成了 D/A 转换。这里的频率 f_s 反映的正是转换速度。

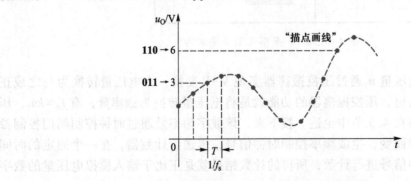

图 4-4-2   D/A 转换器原理示意图

那么，具体是怎么实现这种"描点画线"的呢？我们来看一下如图 4-4-3 所示的 D/A 转换器的原理框图，其中，$b_1 \sim b_N$ 为 N 位数字量输入，U_{REF} 为参考电压。输出模拟量 u_O 为

$$u_O = KDU_{REF} \tag{4-4-1}$$

式中 K 为比例因子，D 为

$$D = \frac{b_1}{2} + \frac{b_2}{2^2} + \cdots + \frac{b_N}{2^N} = \sum_{i=1}^{N} b_i \, 2^{-i} \tag{4-4-2}$$

所以

$$u_O = KU_{REF} \sum_{i=1}^{N} b_i 2^{-i} \tag{4-4-3}$$

这就说明，假设数字序列 **011** 转换为 3，若参考电压 U_{REF} 为 0.1 V、K 为 10，则输出 u_O 为 3 V。

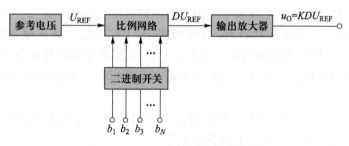

图 4-4-3　D/A 转换器的原理框图

图 4-4-4 给出了三位（3 bit）D/A 转换器的输入输出特性。图中横坐标代表输入数字量，纵坐标代表输出模拟量。图中设 K=1。

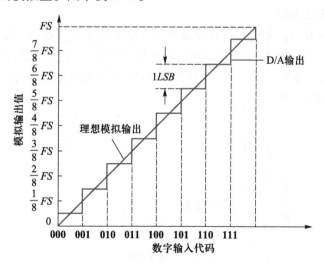

图 4-4-4　转换器输入输出特性

可见，D/A 输出为阶梯波信号。注意，图 4-4-4 所示的只是从 **000 ~ 111** 递增的特殊情况，当然，将 **000 ~ 111** 的顺序打乱，则输出量就不是直线，而是折线了。

二、D/A 转换器的主要技术指标

1. 代表精度的指标（位数、分辨率）

从 D/A 转换器特性看，当输入数字量最低位变化时，对应的模拟量跳一个台阶，且

$$\Delta U = 1LSB = \frac{U_{REF}}{2^N} \tag{4-4-4}$$

若 U_{REF} 为 5 V，$N=8$，则每个台阶对应的电压值为

$$\Delta U = 1LSB = \frac{5}{256}\,V = 19.53\,mV \tag{4-4-5}$$

由此可见，位数越多，则台阶越密，可分辨的电压值也越小，所以分辨率也越高，而分辨率越高，转换误差就越小，D/A 转换器的特性就越接近于理想特性。

2. 代表速度的指标（转换时间，时钟频率）

这是一个动态特性指标，它反映了对输入数字信号变化的响应速度，主要参数是转换时间，即从数字信号输入 D/A 转换器起，到输出电压（或电流）达到稳态值所需要的时间，该时间决定了 D/A 转换器的转换速度。实际上，D/A 转换器要按时钟节拍工作，转换速度越快，允许的时钟频率越高。因此，通常也用最高时钟频率来表达 D/A 转换器的工作速度。

3. 其他静态误差

所谓静态误差，是与时间无关，反映静态工作时实际模拟输出接近理想模拟输出的程度。通常有失调误差、增益误差、非线性误差等。

失调误差与数字量无关，其定义为：输入为 **0** 时，输出模拟量的偏移值。可通过调节运算放大器的零点来减少失调误差。

增益误差定义为实际转换曲线和理想转换曲线在满刻度时的差值。增益误差表现为实际特性与理想特性斜率的不同。

非线性误差是由开关的非理想特性以及电阻网络阻值偏差引起的，定义为实际特性和理想特性的最大差值。非线性误差分为微分误差和积分误差。微分非线性误差是指每个数字量对应的台阶高度相对于理想时的变化量。积分非线性误差是指非线性误差的总度量。图 4-4-5 给出了非线性误差的示意图。

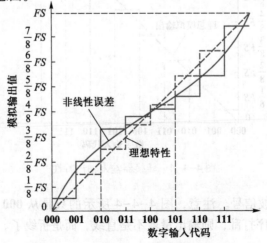

图 4-4-5   转换器非线性误差示意图

4.4.2　D/A 转换器电路举例

D/A 转换器的电路形式很多，并行式的有倒置 R-$2R$ 梯形 D/A 转换器权电阻网络 D/A 转换器、权电流网络 D/A 转换器、倒置梯形网络 D/A 转换器、权电容网络 D/A 转换器、权电阻-电容混合网络 D/A 转换器、开关树 D/A 转换器等，串行式的有电荷再分配 D/A 转换器、算法 D/A 转换器等。这里仅介绍几种常用的 D/A 转换器，供读者参考。

一、倒置 R-$2R$ 梯形 D/A 转换器

1. 电路

倒置 R-$2R$ 梯形 D/A 转换器电路如图 4-4-6 所示。该电路的优点是电阻类型少，只有 R 和 $2R$ 两种，减少了实现的困难。

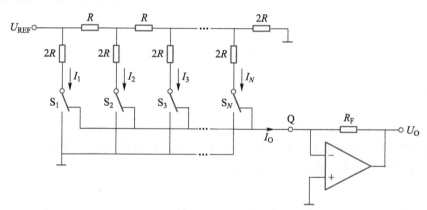

图 4-4-6　倒置 R-$2R$ 梯形 D/A 转换器

2. 原理

由图 4-4-6 可见，输出电压为

$$U_O = -R_F \times I_O \tag{4-4-6}$$

而 I_O 视开关 $S_1 \sim S_N$ 的状态而定。S 表示数字量控制开关，当数字量为 **0** 时，开关接地，电流不流入运放；只有当数字量为 **1** 时，开关接到运算放大器的虚地点，其电流才流入运放而产生输出。由图 4-4-6 可见，各电流关系为

$$I_1 = 2I_2 = 2^2 I_3 = \cdots = 2^{N-1} I_N \tag{4-4-7}$$

流入运放总电流为

$$I_O = \sum_{i=1}^{N} I_i = \frac{U_{REF}}{R}\left(\frac{b_1}{2} + \frac{b_2}{2^2} + \cdots + \frac{b_N}{2^N}\right) = \frac{U_{REF}}{R}\sum_{i=0}^{N} b_i 2^{-i} \tag{4-4-8}$$

模拟量输出为

$$U_O = -I_O R_F = -\frac{R_F}{R}U_{REF}\sum_{i=0}^{N} b_i 2^{-i} \tag{4-4-9}$$

若 $N=3$，且数字（即数字输入代码）为 **110**，$R_F = R$，那么

$$U_O = -\left(\frac{1}{2} + \frac{1}{4} + \frac{0}{8}\right)U_{REF} = -\frac{6}{8}U_{REF} \tag{4-4-10}$$

3. 开关电路

如图 4-4-7（a）所示，数字 $b_1 \sim b_N$ 通过两级非门构成的分相电路变成 $\overline{b_i}$ 和 b_i，然后分别去控制两个传输门构成的开关，如图 4-4-7（b）所示。当 $b_1 = 1$，$\overline{b_1} = 0$ 时，传输门 Ⅱ 导通，将 S_i 接到虚地点 Q。反之，当 $b_1 = 0$，$\overline{b_1} = 1$ 时，传输门 Ⅰ 导通，Ⅱ 截止，将 S_i 接到地。

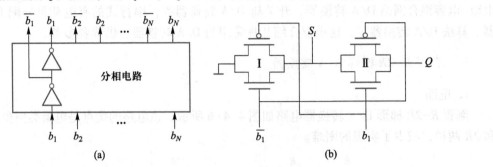

图 4-4-7　D/A 转换器的开关电路
（a）分相电路　（b）开关电路

二、权电容网络 D/A 转换器

1. 电路

权电容网络 D/A 转换器的电路如图 4-4-8 所示。该电路由电容网络与一组开关组成，并由两相时钟控制，两相时钟波形图如图 4-4-9 所示。

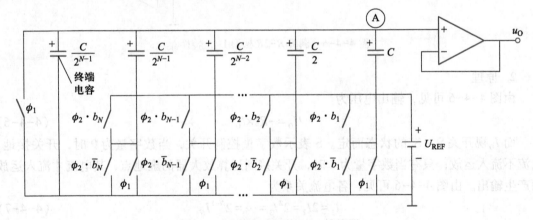

图 4-4-8　权电容网络 D/A 转换器

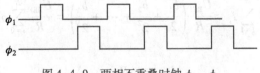

图 4-4-9　两相不重叠时钟 ϕ_1、ϕ_2

2. 原理

（1）当 $\phi_1 = 1$ 时，终端电容被短路，其他电容下端均接地，处于全放电状态，所有电容电荷为 0，称此阶段为"复位期"。

（2）当 $\phi_1 = 0$ 时，电路进入工作期，有两种情况：

① $\phi_2 = 0$，所有受 ϕ_2 控制的开关打开，电容下端悬空，$u_0 = 0$。

② $\phi_2 = 1$。

若 $b_i = 1$，$\overline{b_i} = 0$，则受 $\phi_2 b_i$ 控制的开关闭合，相应的电容下端被接到参考电压 U_{REF}。

若 $b_i = 0$，$\overline{b_i} = 1$，则受 $\phi_2 \overline{b_i}$ 控制的开关闭合，相应的电容下端被接地。

（3）等效电路。根据上述分析，可以画出电容分压的等效电路如图 4-4-10 所示。

图中 C_{eq} 代表对应 $b_i = 1$ 被接到参考电压 U_{REF} 的电容之和，$2C$ 代表电路中所有电容之和，那么 $(2C - C_{eq})$ 代表对应 $b_i = 0$ 即接地电容之和。根据串联电容上电荷相等的原理，有

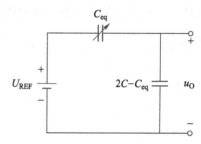

$$u_0(2C - C_{eq}) = (U_{REF} - U_A)C_{eq} \qquad (4\text{-}4\text{-}11)$$

$$u_0 = U_A = \frac{C_{eq}}{2C}U_{REF} \qquad (4\text{-}4\text{-}12)$$

图 4-4-10　电容分压等效电路

其中

$$C_{eq} = b_1 C + b_2 \frac{C}{2} + b_3 \frac{C}{2^2} + \cdots + b_N \frac{C}{2^N}$$

$$= 2C\left(\frac{b_1}{2} + \frac{b_2}{2^2} + \cdots + \frac{b_N}{2^N}\right)$$

$$= 2C\sum_{i=1}^{N}\frac{b_i}{2^i} \qquad (4\text{-}4\text{-}13)$$

故

$$u_0 = U_{REF}\sum_{i=1}^{N}\frac{b_i}{2^i} \qquad (4\text{-}4\text{-}14)$$

可见，该电路实现了数字量向模拟量的转换。

3. 开关电路

受 ϕ_2 控制的开关电路如图 4-4-11 所示。首先用**与**门完成 $b_i \phi_2$ 和 $\overline{b_i}\phi_2$，然后用此信号分别去控制两个传输门。当 $b_i \phi_2$ 为 **1** 时，传输门 I 导通，将 Ⓑ 与 U_{REF} 接通，该电容 C 就成了 C_{eq} 的一部分。而当 $b_i \phi_2$ 为 **0** 时，传输门 II 导通，将 Ⓑ 与地接通，该电容 C 被接地，成为 $(2C - C_{eq})$ 的一部分。

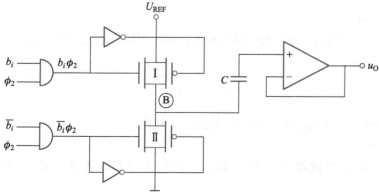

图 4-4-11　权电容网络 D/A 转换器中的开关

三、开关树 D/A 转换器

1. 电路

用 2^N 个电阻串和开关树构成的 D/A 转换器电路如图 4-4-12 所示。该电路电阻数为 2^N 个，其中 N 为位数，电路中所有的电阻均相同，开关也相同，实现起来比较容易。但电阻多，开关也多，所占硅片面积比较大，而且转换器对寄生电容敏感，导致信号延迟，如果电阻值不一致或开关非理想，将造成 D/A 转换误差。

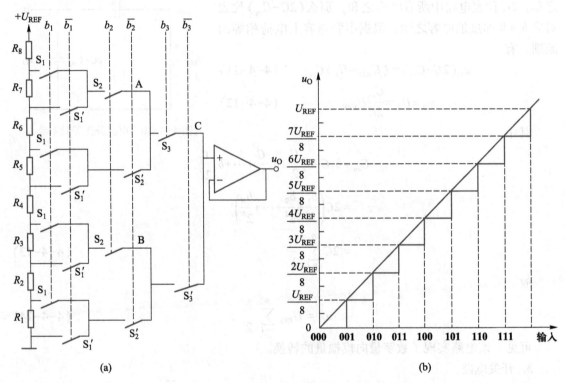

图 4-4-12   电阻串和开关树构成的 D/A 转换器电路

（a）电路   （b）输入输出特性

2. 原理

（1）分压定标

该电路共有 2^N 个电阻，且所有电阻均相等，电阻串对参考电压 U_{REF} 分压。对第 i 个电阻分割点的电压 U_i 为

$$U_i = \frac{U_{REF}}{2^N R} \times iR = \frac{U_{REF}}{2^N} i \tag{4-4-15}$$

到底是哪个电阻分割点的电压输出，则由开关树决定。

（2）开关控制

例如，3 位 D/A 转换器（$N=3$），对应一定的数字量，各开关状态与分割点电压如表 4-4-1 所示。

表 4-4-1　3 位 D/A 转换器对应的开关状态与分割点电压

b_3	b_2	b_1	导通的开关	输出电压的分割点序号	输出电压 u_O
1	1	1	$S_3 S_2 S_1$	$i=7$	$\dfrac{U_{REF}}{8} \times 7$
1	0	1	$S_3 S_2' S_1$	$i=5$	$\dfrac{U_{REF}}{8} \times 5$
0	0	0	$S_3' S_2' S_1'$	$i=0$	0
0	0	1	$S_3' S_2' S_1$	$i=1$	$\dfrac{U_{REF}}{8} \times 1$
1	0	0	$S_3 S_2' S_1'$	$i=4$	$\dfrac{U_{REF}}{8} \times 4$

3. 开关电路

开关电路如图 4-4-13 所示。开关工作情况如表 4-4-2 所列。

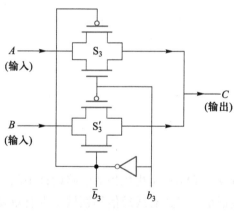

图 4-4-13　开关电路

表 4-4-2　开关电路的开关工作情况

$b_3 \overline{b_3}$	传输门	输出 C
10	S_3 导通，S_3' 截止	A
01	S_3 截止，S_3' 导通	B

4. 变更了的电阻串电路

如果将电阻串电路改为图 4-4-14（a）所示的形式，则 D/A 转换原理相同，只不过传输特性向上偏移了一个位置，如图 4-4-14（b）所示。对于电阻串第 i 个分割点，其电压为

$$u_i = \frac{U_{REF}}{2^N}(i-0.5) \tag{4-4-16}$$

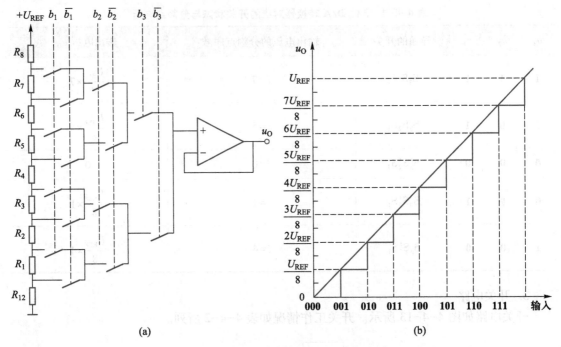

图 4-4-14　另一种电阻串电路
（a）电路　（b）输入输出特性

4.5　锁相环（PLL）

4.5.1　锁相环的作用

　　锁相环（phase locked loop，PLL）是现代集成电路设计中的一个重要课题，在高性能数模混合集成电路、射频无线通信、高速有线通信等领域中占有重要的地位。主要用于通信电路芯片中的稳定本振、载波提取、倍频、窄带跟踪接收、调频与鉴频、频率合成等，在大规模高速数字集成芯片中，锁相环可用于高速时钟信号的生成、时钟数据恢复、消除时钟抖动倾斜、保证时钟质量等方面。

　　时钟信号提供数字系统的时间参考（基准），控制着数据流通和交换，所以要求时钟信号必须非常稳定、干净、边缘陡峭，通常还要求有 50% 的占空比。我们知道，晶体谐振器具有很高的频率稳定度，可作为时钟提供时间基准，但其振荡频率一般只有几十兆赫兹（MHz），而高速数字芯片的时钟频率可达几百兆赫兹，甚至千兆赫兹（GHz），而且晶体谐振器的工艺与集成电路不兼容，所以只好将晶振置于芯片外，在数字电子系统中，往往需要多个芯片同步到同一个时钟信号上，利用芯片内的 PLL 可产生多个同步到同一片外晶振的时钟信号。但由于许多因素会改变时钟配置网络的定时特性而使电路产生故障，利用 PLL 产生片内时钟，可以克服这些不良影响。图 4-5-1 给出利用 PLL 产生两个片内时种信号的示意图，一些大的数模混合芯片往往在芯片四个角各安置一个 PLL，以产生时钟树和保证时钟信号质量。

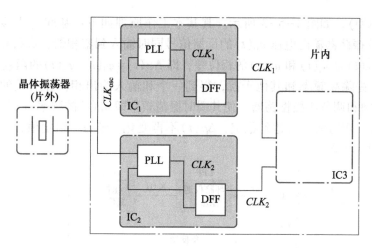

图 4-5-1　利用 PLL 产生两个片内时钟（CLK）信号的示意图

时钟恢复是锁相环的另一个重要应用，图 4-5-2 给出用锁相环恢复时钟和数据的示意图，发射端发射的数据经过信道（或链路）传输到接收端，传输过程中时钟和数据都会受到噪声和干扰的污染而变化，接收端利用锁相环来恢复时钟的定时关系，以保证数据的正确传输。

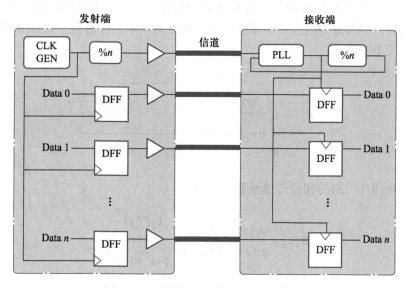

图 4-5-2　利用 PLL 实现时钟数据恢复

锁相环是一个结构精致而巧妙的动态负反馈系统，下面介绍几种锁相环的工作原理和特点。

4.5.2　模拟锁相环原理及应用

一、基本锁相环

锁相环是由三部分构成的负反馈系统，即：鉴相器（PD）、环路低通滤波器（LPF）和压控振荡器（VCO），如图 4-5-3 所示。其基本工作原理如下：基准（或参考）输入电压 $u_I(t)$ 和来自压控振荡器输出电压 $u_O(t)$ 的反馈信号同时输入到鉴相器，进行相位比较，鉴相器的输出信号 $u_D(t)$ 是 $u_I(t)$ 和 $u_O(t)$ 的相位差，即 $\Delta\varphi(t)=\varphi_i(t)-\varphi_o(t)$ 的函数。$u_D(t)$ 输入环路低通滤波器，去除高频率和其他干扰，得到一个和输入输出相位差有关的误差控制电压 $u_C(t)$，$u_C(t)$ 控制和调节压控振荡器，使其瞬时振荡频率即 $u_O(t)$ 的频率 ω_o 向 $u_I(t)$ 的频率 ω_i 靠拢。系统运行一定时间后将达到稳定，$\Delta\rho(t)$ 不再变化，成为一恒定值，ω_o 和 ω_i 相等，此时锁相环进入锁定状态。

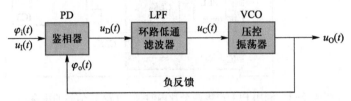

图 4-5-3　锁相环 PLL 的原理框图

二、锁相环的线性化模型

锁相环的常用线性化数学模型如图 4-5-4 所示，其中 $F(s)$ 表示环路滤波器的传递函数，鉴相器增益为 k_d（单位为 V/rad），压控振荡器的增益为 k_o（单位为 Hz/V）。压控振荡器模型分为两个部分，一部分为电压频率转换；另一部分为频率相位转换，这部分的模型可表示为积分模型，用 $1/s$ 表示。

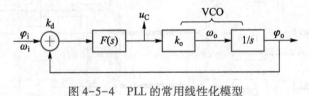

图 4-5-4　PLL 的常用线性化模型

很容易导出闭环回路的相位传递函数 $H(s)$ 为

$$H(s)=\frac{\varphi_o(s)}{\varphi_i(s)}=\frac{T(s)}{1+T(s)}=\frac{k_d F(s)\dfrac{k_o}{s}}{1+k_d F(s)\dfrac{k_o}{s}} \tag{4-5-1}$$

其中 $T(s)$ 是环路增益，由于环路中至少包含一个积分器，则 $T(s)$ 在低频时非常高，如果 $T(s)\gg 1$，则

$$\frac{T(s)}{1+T(s)}\approx 1 \tag{4-5-2}$$

这说明输出信号相位逼近输入信号相位，输出信号与输入信号同频，输出很好地跟踪输入、复制输入，环路处于稳定锁定状态。

三、可实现倍频和频率合成的锁相环

电路如图 4-5-5 所示。

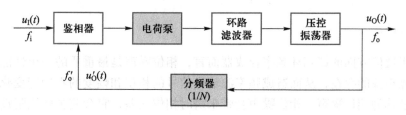

图 4-5-5 可实现倍频和频率合成的锁相环

图中反馈支路加入了一个分频器，其分频系数为 N，可见送到鉴相器的反馈信号 $u_O'(t)$ 的频率 $f_o' = \dfrac{f_o}{N}$，当环路锁定时，有 $f_o' = f_i$，所以得

$$f_o = N \times f_i \tag{4-5-3}$$

若 $N = 100$，则 $f_o = 100 f_i$，这就实现了倍频功能。理论上分频器的分频系数 N 可取"任意数"，则可得到"任意"频率的锁相环输出信号，这就是频率合成的概念。

图 4-5-5 中，在鉴相器和环路滤波器之间加入了"电荷泵"电路，这是为了将鉴相器输出的电压信号转换为电流信号，以改善锁相环的某些性能，例如具有电荷泵的 PLL 可以实现反馈信号和基准信号之间的零相位差。

如图 4-5-6 所示，设片外晶振频率为 10 MHz，作为时钟参考信号，若 PLL_1 的分频系数 $N_1 = 100$，那么 PLL_1 的输出信号频率为 1000 MHz，若 D 触发器（DFF）接成 2 分频电路，则得到频率为 500 MHz、占空比为 50% 的标准时钟信号 CLK_1。同理，若 PLL_2 的分频系数 $N_2 = 50$，则 PLL_2 的输出信号频率为 500 MHz，经 D 触发器整形和 2 分频，得到频率为 250 MHz、占空比为 50% 的标准时钟信号 CLK_2。可见，锁相环可以生成芯片所需的时钟树信号。

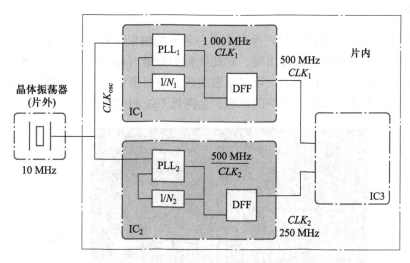

图 4-5-6 PLL 生成时钟树的示意图

4.5.3 锁相环的性能指标

根据应用场合的不同，锁相环的性能指标各有所侧重。

一、相位噪声

对于用于通信方面的锁相环频率合成器而言,相位噪声是最重要的一个性能指标。由于自然界各种噪声源的存在,从而造成频率源输出信号的相位和幅度的不确定变化,叠加在相位上的噪声就称为相位噪声,相位噪声会带来瞬时相位误差,它会使主谱线附近呈现出连续的频谱边带,如图 4-5-7 所示。相位噪声的大小反映了频率源输出信号的频谱纯净度。相位噪声越小,频谱纯净度越高。

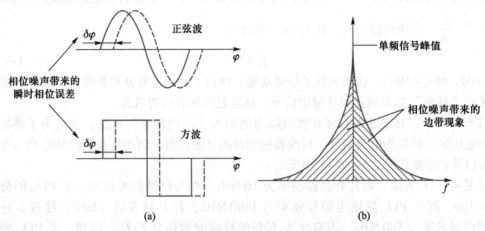

图 4-5-7   相位噪声对 PLL 输出信号的影响
(a) 相位噪声引起相位误差   (b) 频谱边带

二、杂散

理想的 PLL 频率合成器应当只产生一个单一频率的输出信号,但实际上还会产生一些高次谐波,还可能有其他的频率成分出现,对此统称为**杂散(spur)**。图 4-5-8 给出由频谱仪实测的某锁相环频率合成器的频谱,可见杂散表现为频谱图中在主峰两侧出现许多多余的频率分量。杂散的影响类似于相位噪声的影响,会降低系统的信噪比。

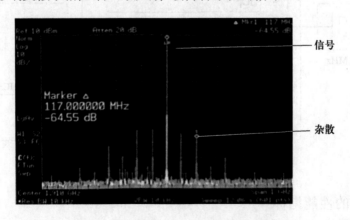

图 4-5-8   频谱仪呈现的"杂散"现象

杂散的抑制和消除是通信电路中锁相环频率合成器设计的最大难点之一，也是实际芯片设计和生产过程中最关键、最耗时的设计调试环节之一。由于杂散的产生和很多通信中的寄生效应密切相关，很难用已有的计算机辅助设计工具进行建模和模拟，因而往往依赖于经验和摸索。

三、锁定时间和锁定频率范围

在频率合成的应用中，有一个重要的指标就是锁定时间，即频率合成器从上电到环路锁定，即其输出频率从一个稳定的频率点跳转到另一个目标频率点并稳定下来所需的时间，也称为捕获时间。例如在标准为时分系统的 GSM 系统中，发射和接收按照时间分配在不同的时间段上，因而其频率合成器必须在一定的时间内锁定到要求的频率上。通常要求其必须在 $200\,\mu s$ 内将本振频率锁定到要求的 0.1×10^{-6} 倍数之内。另外当前主要的通信标准，如 WCDMA、LTE 等，要求频率锁定时间都与 GSM 相近，大致在 $100\sim200\,\mu s$ 以内。锁定时间这一指标直接决定了锁相环带宽的下限。由于锁相环锁定的过程严格来讲是一个非线性的动态过程，而且该过程还包括了其他的操作（如振荡器频率的粗调、振荡器增益的校准等），因此锁相环锁定时间的计算要根据实际情况进行选择和调整。

另一个指标是锁定频率的范围，在这里以应用例子来说明该指标，在先进的多模多频段接收器、发射器中的频率合成器，需要覆盖所有的现有无线通信频段，例如从较低的 700 MHz 频段到较高的位于 2.7 GHz 的 IMT-E 频段，这样就会要求频率合成器可实现的锁定频率范围很大，如本振采用 2 分频和 4 分频，频率合成器的频率将达到 2.8~5.4 GHz。通常压控振荡器的调节范围决定了锁相环的频率范围，因此，宽频振荡器的设计是锁相环振荡器设计的难点。

四、频率分辨率

锁相环频率合成器的输出频谱是一系列离散的频率，两个邻近离散频率之间的间隔称为频率分辨率。对于整数锁相环频率合成器而言，即图 4-5-5 中分频器的 N 为整数，锁定状态下 VCO 的输出频率 $f_o=N\times f_r$，最小的输出频率间隔为外部参考频率 f_r。在无线通信系统中，通常希望频率分辨率越小越好，显然需要较小的参考频率 f_r。但是，为了使锁相环具有较大的环路带宽，从而获得更快的响应速度，又希望外部参考频率 f_r 越大越好。因而，频率分辨率的设计也存在着折中考虑。如果使用分数型锁相环频率合成器，可以解除分辨率对参考频率的限制，分数型频率合成器也是目前的一个应用趋势。

五、系统带宽、稳定性和定时抖动

在很多时钟恢复和时钟生成的数字系统应用中，主要指标是**系统带宽、稳定性和定时抖动**，这些指标都和时钟抖动相关。笼统地讲，时钟抖动是指时钟周期的不确定性，一种衡量的方法就是时钟周期随时间变化的均方差（RMS error）。时钟抖动和相位噪声是密切相关的，前者是锁相环频率合成器在时域的表现，后者则是其在频域的表现。在后续的章节中，将讨论时钟抖动的准确定义以及时钟抖动和相位噪声的详细关系。

4.5.4 模拟锁相环电路原理

如图 4-5-9 所示，模拟锁相环主要由鉴相器、电荷泵、环路滤波器、压控振荡器和分频器组成，接下来就对相关的各个模块进行介绍。

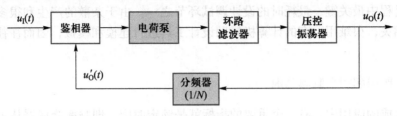

图 4-5-9   锁相环框图

一、鉴相器

鉴相就是将输入信号 u_I 和反馈信号 u_O' 的相位偏移量 $\Delta\varphi$ 提取出来，并转化为输出的电压量 u_D，这样 u_D 的变化就反映了 $\Delta\varphi$ 的变化，二者之间就有函数关系，称为鉴相特性，如图 4-5-10 所示。

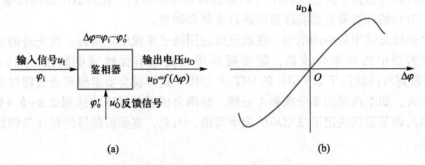

图 4-5-10   鉴相器的信号与框图及鉴频特性示意图

(a) 鉴相器信号与框图   (b) 鉴相特性示意图

1. 异或门（XOR）鉴相器

异或门鉴相器的电路符号、真值表及波形图如图 4-5-11 所示。

u_I	u_O'	u_D
0	0	0
0	1	1
1	0	1
1	1	0

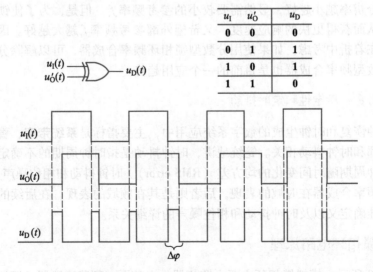

图 4-5-11   异或门（XOR）鉴相器符号、真值表及波形图

由图 4-5-11 可见，当 $u_I(t)$ 和 $u'_O(t)$ 相位差 $\Delta\varphi$ 较大时，误差信号 $u_D(t)$ 的脉冲宽度越宽，反之越窄，即 $u_D(t)$ 的占空比是相位差的函数，可见，该鉴相器的输出能反应二者相位差的变化。图 4-5-12 给出 XOR 鉴相器的鉴相特性，当两输入相位差为零或 2π 时，输出近零。当相位差为 π 时，输出最大，当 $\Delta\varphi = \dfrac{\pi}{2}$ 时，鉴相器输出脉冲 $u_D(t)$ 的占空比为 50%，此时环路被锁定。如图 4-5-13 所示，在锁定状态下，相位差是恒定的，即

$$\Delta\varphi = \varphi_i - \varphi'_o = K = \frac{\pi}{2} \tag{4-5-4}$$

那么

$$\frac{\partial \Delta\varphi}{\partial t} = \frac{\partial \varphi_i}{\partial t} - \frac{\partial \varphi'_o}{\partial t} = 0 \tag{4-5-5}$$

因为相位的微分就是频率，所以有

$$\omega_i = \omega'_o \tag{4-5-6}$$

$$\omega_o = N\omega'_o = N\omega_i \tag{4-5-7}$$

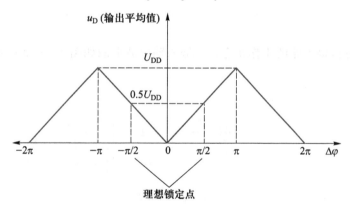

图 4-5-12　XOR 鉴相器的鉴相特性

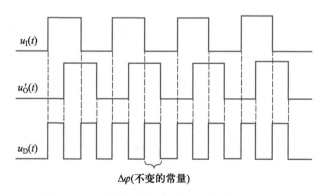

图 4-5-13　锁定时的波形（u_D 占空比为 50%）

2. 由 D 触发器和与门组成的鉴相鉴频器（PFD）

该鉴相鉴频器是多数高性能 PLL 通常采用的一种数字电路结构，因为该结构的杂散小，而且可以获得性能优异的相位噪声特性。PFD 通常和电荷泵电路配合使用，用于检测外部参考信号和分频器反馈信号之间的相位差和频率差。图 4-5-14 是该鉴相器的数字实现，由两

个边沿触发、复位清零（R）的 D 触发器和一个**与门**构成。该电路在工作时，两个 D 触发器的 D 端都被置为 **1**，输入的参考时钟 A 和分频器输出 B 作为 D 触发器的时钟（由上升沿触发），D 触发器输出分别为 *UP* 和 *DOWN*。

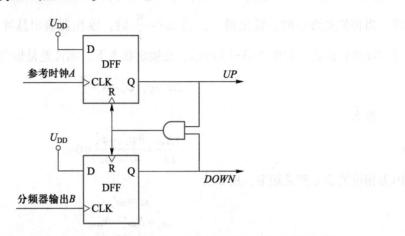

图 4-5-14　由 D 触发器和与门组成的鉴相鉴频器（PFD）电路（R 为复位清零端）

分四种情况分析该电路的工作状态，其输入输出波形图如图 4-5-15 所示。

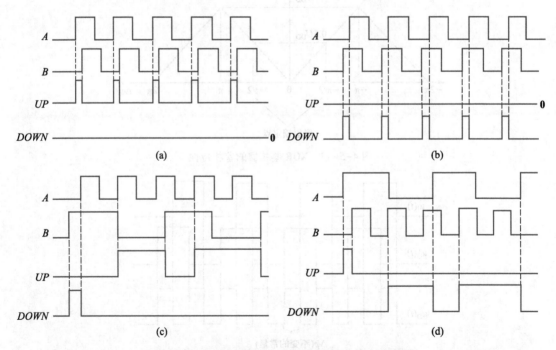

图 4-5-15　鉴相鉴频器（PFD）的输入输出波形图

（a）信号 A 和信号 B 同频不同相，且 A 超前 B　（b）信号 A 和信号 B 同频不同相，且 A 滞后 B
（c）信号 A 和信号 B 不同频，且 A 频率高于 B　（d）信号 A 和信号 B 不同频，且 A 频率低于 B

（1）信号 A 和信号 B 同频不同相，且 A 领先于 B，如图 4-5-15（a）所示。此时，*UP* 输出为一串正脉冲，其脉冲宽度与 A、B 的相位差有关。而 *DOWN* 始终处于低电平。

（2）信号 A 和信号 B 同频不同相，且 A 滞后于 B，如图 4-5-15（b）所示。此时，*DOWN* 输出为一串正脉冲，其脉冲宽度与 A、B 的相位差有关。而 *UP* 始终处于低电平。

（3）信号 A 和信号 B 不同频，且 A 的频率高于 B，如图 4.5.15（c）所示。此时，*UP* 的脉冲多于 *DOWN*。

（4）信号 A 和信号 B 不同频，且 A 的频率低于 B，如图 4.5.15（d）所示。此时，*DOWN* 的脉冲多于 *UP*。

（5）图 4-5-16 给出 PFD 的鉴相特性，在 $\Delta\varphi$ 从 -2π 到 $+2\pi$ 的变化范围内，鉴相特性是一条过零点的直线，理想锁定点为原点（$\Delta\varphi=0$），可见实现了同频同相，即

$$\varphi_i-\varphi_o'=0; \quad \omega_i=\omega_o'; \quad \omega_o=N\times\omega_o'=N\times\omega_i \tag{4-5-8}$$

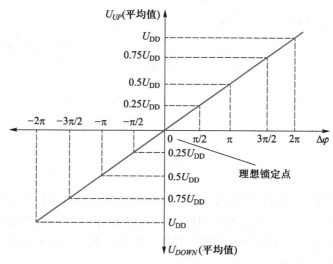

图 4-5-16　PFD 的鉴相特性

该 PFD 有两个输出信号，*UP* 和 *DOWN*，分别去控制电荷泵的两个开关。

二、电荷泵（charge pump，CP）

电荷泵由两个相等的电流源和两个开关组成，如图 4-5-17 所示。电荷泵的主要功能是将 PFD 输出的代表相位差值信息的信号 *UP* 和 *DOWN* 转化为电流信号，在控制开关的作用下对环路滤波器进行充放电，使得滤波器电容上的电压 u_{CTRL} 升高或降低，从而进一步控制压控振荡器的频率。当 *UP* 为高电平、*DOWN* 为低电平，S_1 闭合，S_2 打开时，电荷泵向环路滤波器注入电流；反之当 *UP* 为低电平、*DOWN* 为高电平时，电荷泵向环路滤波器抽取电流；当 *UP*、*DOWN* 均为低电平时（$\Delta\varphi=0$），两开关都打开，则存储在环路滤波器中的电荷保持不变。

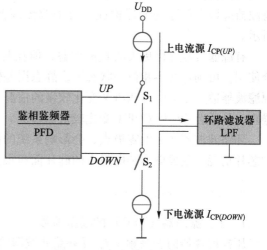

图 4-5-17　电荷泵电路原理图

一个由电流镜和 CMOS 开关组成的电荷泵电路如图 4-5-18 所示。图中 T_1、T_3 产生基准电流 I_r，调节偏置电压 U_B，使 I_r 等于电荷泵所需的电流 I_{cp}。T_1 和 T_5 组成电流镜，所以流过 T_5 的电流也为 I_{cp}。T_2 和 T_4 串联，T_4 和 T_8 组成另一电流镜，因此流过 T_8 的电流也为 I_{cp}。T_6 和 T_7 是 CMOS 开关，分别由 $\overline{UP}$ 和 $DOWN$ 控制，因为 T_6 管是 PMOS 管，所以要将 UP 进行一次非操作而变成 $\overline{UP}$。开关分别引导电流 I_{cp} 流向或是流出环路滤波器。

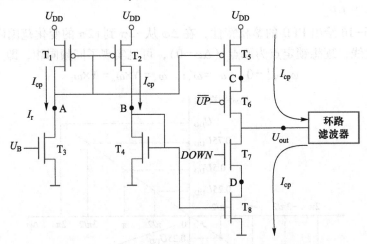

图 4-5-18　由电流镜和 CMOS 开关组成的电荷泵电路

实际电荷泵电路在工作时会遇到开启速度的限制、输入信号不同步、电荷泄漏、充放电电流不匹配等非理想情况。这些情况会引起 VCO 的控制电压出现纹波或者抖动，造成输出频率偏差，从而恶化锁相环系统的相位噪声性能。因此，在电荷泵电路设计时应尽量减少或消除这些非理想因素的影响。

三、环路滤波器

环路滤波器的功能是滤除电荷泵输出信号中的高频分量和噪声，取出其平均分量，并输出到压控振荡器（VCO），从而控制 VCO 的振荡频率和相位，使环路调节到锁定状态。环路滤波器应该由低通滤波器构成，可采取无源低通滤波器或有源低通滤波器，如图 4-5-19 所示。

有源滤波器提供更大的直流增益，但在时钟生成 PLL 电路中，PFD 和电荷泵（CP）配合使用，可锁定在零相位差状态下，静态误差较小，通常无源滤波器就可满足要求。一阶无源滤波器适用于 UP 和 $DOWN$ 变化较慢的情况，无源二阶低通滤波器更好地滤除控制电压的噪声，且适合 UP 和 $DOWN$ 变化较快的情况。

环路滤波器产生的零极点，会影响系统的稳定性、锁定时间和锁定误差等指标，也会增加芯片功耗，集成电容和电阻占的硅片面积很大，这些因素在设计中需要很好地均衡考量。

四、压控振荡器（VCO）

1. 压控振荡器（VCO）的模型参数

压控振荡器的振荡频率 f_{out} 受环路滤波器输出信号 u_{cont} 的控制，理想情况下，这种控制关系应该是线性的，如式（4-5-9）所示。

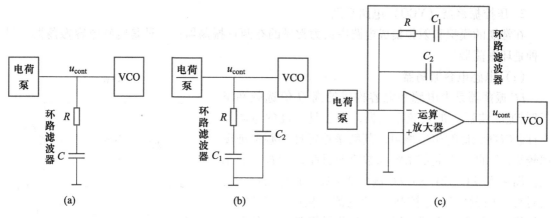

图 4-5-19　环路滤波器

（a）无源一阶低通滤波器　（b）无源二阶低通滤波器　（c）有源二阶低通滤波器

$$f_{\text{out}} = f_0 + K_{\text{vco}} u_{\text{cont}} \qquad (4\text{-}5\text{-}9)$$

式中：f_0 为控制电压 u_{cont} 为零时的振荡频率；K_{vco} 为 VCO 的增益，即频率控制灵敏度。图 4-5-20（a）给出线性控制关系示意图。实际上很难做到理想的线性关系，往往都呈现非线性，如图 4-5-20（b）所示。

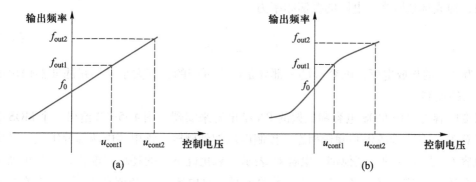

图 4-5-20　VCO 输出频率与控制电压的关系

（a）线性关系　（b）非线性关系

在线性关系中，VCO 增益为

$$K_{\text{vco}} = \frac{\Delta f}{\Delta u_{\text{cont}}} (\text{Hz/V}) （常量） \qquad (4\text{-}5\text{-}10)$$

相位 φ 是角频率 ω 的时间积分，所以 VCO 的输出相位为

$$\varphi_{\text{out}} = \int 2\pi f_{\text{out}} \mathrm{d}t = \int 2\pi (f_0 + K_{\text{vco}} u_{\text{cont}}) \mathrm{d}t \qquad (4\text{-}5\text{-}11)$$

忽略常数项 f_0，可得 s 域的 φ_{out} 和 u_{cont} 的控制关系为

$$\frac{\varphi_{\text{out}}}{u_{\text{cont}}} = \frac{2\pi K_{\text{vco}}}{s} \qquad (4\text{-}5\text{-}12)$$

因为相位 φ 是角频率 ω 的时间积分，故当频率变化时，相位调整需要一定的时间，这会使相位抖动积累。VCO 的设计主要考虑以下几点特性，即线性度、调谐范围、VCO 增益及噪声特性。实际上，工艺、温度、电源电压变化都会影响以上特性。

2. 压控振荡器（VCO）电路举例

在常规的模拟和射频集成电路中最为常见的有两种振荡器：一种是电感电容振荡器；另一种是环振荡器。

（1）电感电容振荡器

LC 振荡器是由电感和电容构成的高 *Q* 值选频网络（即带通滤波器）的正弦振荡器，由于具有高的电源噪声抑制特性和低的相位噪声，其频率稳定性和频谱纯度都较高，因此，在通信系统和数字时钟生成中被广泛采用。图 4-5-21 给出一个 *LC* 振荡器电路。该电路结构高度对称，偏置电压 u_B 控制 T_3 的电流，从而也控制 T_1、T_2 的静态电流和放大器的增益。差分对管 T_1、T_2 的漏极和栅极交叉耦合构成正反馈，若某种因素使 u_{D1} 增大，则产生如下过程：

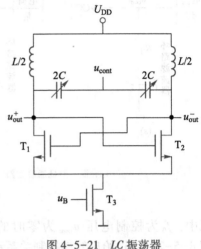

图 4-5-21　*LC* 振荡器

$$u_{D1}\!\uparrow \to u_{G2}\!\uparrow \to u_{D2}\!\downarrow \to u_{G2}\!\downarrow$$
$$u_{D1}\!\uparrow\uparrow$$

可见，是个正反馈过程。电感 *L* 和电容 *C* 作为电路的负载，构成选频网络，电路的振荡频率为

$$f_{\text{out}} = \frac{1}{2\pi\sqrt{LC}} \tag{4-5-13}$$

L 为固定的集成电感，电容 *C* 的一部分是可变可控的，其大小受环路滤波器输出的控制电压 u_{cont} 的控制。

可变电容可以用 MOS 电容和反偏的 PN 结电容来实现。图 4-5-22 给出一个 MOS 电容的结构示意图，MOS 管源极和漏极相连，控制电压加到栅极。该电容由两部分组成，其中栅氧化层电容 C_{ox} 是不变的，其他部分电容 C_{c} 表示二氧化硅下面的耗尽层电容，它是可变的，并受栅极电压 u_{GS} 控制，总电容 C_{MOS} 是二者的串联。总电容 C_{MOS} 和栅源电压 u_{GS} 的关系曲线如图 4-5-23 所示。通常工作在 u_{GS} 较小处，且必须工作在 *C-U* 曲线的负斜率处。因为 C_{ox} 是固定不变的，所以这种电路的调谐范围有限。

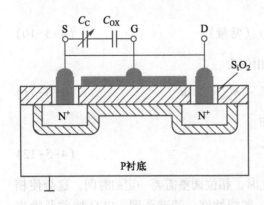

图 4-5-22　MOS 电容结构示意图

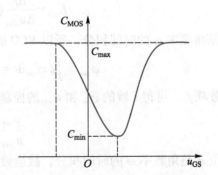

图 4-5-23　MOS 电容和栅压的关系曲线（*C-U*）

图 4-5-24 给出一个可变 MOS 电容调谐的 VCO 电路，其中 MOS 管 T_1、T_2 等效于可变电容，其容量受控制电压 u_{cont} 控制，可变电容与固定电容 C_1 并联，为总电容 C，L 为回路电感，L、C 构成选频电路。T_3、T_4 为差分对管，T_5、T_6 组成源极跟随器（即缓冲级），将 T_3、T_4 的漏极电压交叉耦合到 T_4、T_3 的栅极，构成正反馈。T_7、T_8、T_9、T_{10} 构成镜像电流源，使各路偏置电流均等于参考电流 I_r。该电路可在 1.8 V 的低压电源下工作，振荡频率高达 2.4 GHz 或更高，调谐灵敏度可达 140 MHz/V，调频线性好，相位噪声低。

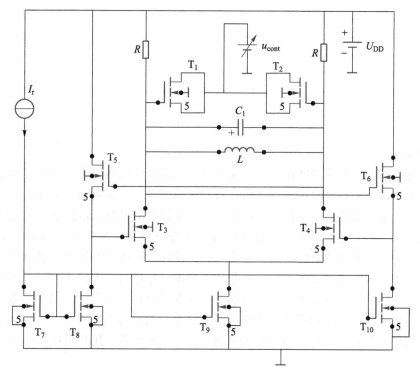

图 4-5-24　一个 VCO 电路

（2）环振荡器

环振荡器是另外一种广泛应用的振荡器形式。相对于电感电容振荡器，环振荡器主要应用于相位噪声指标较宽松的电路中，比如数字时钟生成、短距离有线数据传输等。最简单的环振荡器结构是由若干个反相器串联成环形，图 4-5-25 给出一个环振荡器电路。每级反相器输入输出相位相反，C_L 表示 MOS 管极间电容和连线电容的总和，由于 C_L 的存在，每级都会产生一定的延迟，电路设计一定要保证引进正反馈而产生振荡，图 4-5-25 中控制电压 u_{cont} 控制 T_2、T_6 的电流，T_1 和 T_2 串联，而 T_2 和 T_3 又组成电流镜，所以，流过 T_3 和 T_6 的电流相等，由于上、下排的 MOS 管栅极都连在一起，所以每级反相器的电流均相等。该电流给反相器（T_4、T_5）的电容 C_L 充放电，u_{cont} 增大，给反相器电容充放电的电流增大，充放电速度加快，延迟减小，从而使振荡频率提高。

环振荡器是一种弛张振荡器，与 LC 正弦振荡器比较，其相位噪声较大，频谱纯度不高。但因其调谐范围宽，且不需要集成电感和额外制作电容，占用硅片面积小，集成度高，所以适用于大规模数字集成电路的时钟树生成等应用场合。

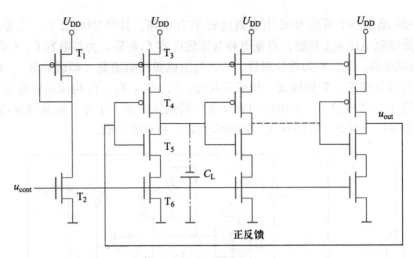

图 4-5-25 环振荡器电路

3. 分频器

分频器构成锁相环的反馈回路，其功能是以指定的分频倍数将振荡器的高频信号频率降到较低的频率，以便和参考时钟进行比较。对分频器的基本性能而言，要求高精度、高线性和低相位噪声。分频器的输入端是锁相环中工作频率最高的电路，也是功耗最大的。

从原理上讲，一个通用可编程计数器就可以当作分频器，通常采用 N 进制计数器实现 $1/N$ 倍分频。但这种通用可编程计数器往往只能在较低的频段下工作（一般在 1 GHz 以下）。所以，在锁相环集成电路设计时，通常将分频器根据处理信号频率的不同，分为前端和后端两部分。前端的电路模块是处理高频信号的，将其降至较低频率段。可编程计数器作为后端的电路模块，再次分频，得到最终的低频频率。这里，前端的电路称为预定标器，一般采用双模预定标器，即具有两个可能分频比为 N 或 $N+1$ 的分频器，其分频比可由输入控制信号来选定。

图 4-5-26 所示为一个双模分频器原理图，其中预定标器由控制信号控制分频比为 N 或 $N+1$，另有分频比为 P 和 S 的可编程计数器，满足 $P \geqslant S$。在一个周期开始时，预定标器设定分频比为 $N+1$，即每输入 $N+1$ 个振荡器时钟沿，预定标器就输出一个时钟沿给计数器 P 和 S。当计数器 S 得到 S 个输入时钟沿时，就会比计数器 P 先输出一个时钟沿（因为 $S \leqslant P$），然后停止计数，此时分频器已接收到 $S(N+1)$ 个振荡器时钟沿。计数器 S 的输出时钟沿作为预定标器的控制信号，将其分频比变为 N，在计数器 P 接收到下 $(P-S)$ 个预定标器输出时钟沿后，计数器 P 计数达到 P 时，输出一个时钟沿，这就意味着分频器又接收到 $(P-S)N$ 个

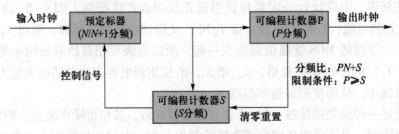

图 4-5-26 可变分频器框图

振荡器时钟沿。计数器 P 的输出时钟沿重置整个双模分频器，一个分频周期就结束了。这样在一个分频周期内，总共接收到 $S(N+1)+(P-S)N$，即 $PN+S$ 个振荡器时钟沿，这样就实现了 $PN+S$ 的分频比。

4.5.5　延迟锁相环

1. 工作原理

延迟锁相环（delay-locked loop，DLL）的结构与普通锁相环（phase-locked loop，PLL）相似，是在 PLL 基础上改进得到的，被广泛应用于时序领域中。它继承了 PLL 电路的锁相技术，不同的是，DLL 用电压控制延迟线（voltage control delay line，VCDL）代替了压控振荡器（VCO）。其结构框图如图 4-5-27 所示，一个普通的 DLL 包括 4 个主要模块：鉴相器、电荷泵、环路滤波器及电压控制延迟线。其中电压控制延迟线是由一系列电压控制的可变延迟电路串联而成的开路链，其输出信号是输入信号的延迟 t_d。把电压控制延迟线的输入和输出送入鉴相器中进行持续比较、调整，而使输出信号和参考信号时间对齐（零相位差），并通过锁相环路使两者之差锁定在一个周期（同相比较）或者半个周期（倒相比较）内，则每个延迟单元的延迟时间为 T/n 或 $T/2n$，其中 n 为延迟的级数，T 为参考信号周期。

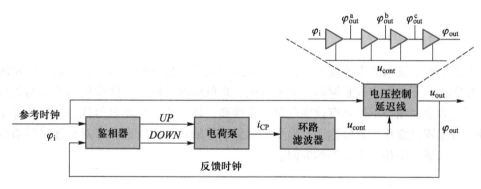

图 4-5-27　延迟锁相环结构框图

与 PLL 比较，DLL 的主要特点如下：

① DLL 输入输出频率相同，不具备倍频和频率合成功能，所以应用上受到一定的限制。

② 在 PLL 中，控制信号改变 VCO 的频率，相位是频率的积分，改变相位需要一定时间，这会引入时钟抖动积累，而 DLL 直接改变相位（即延迟时间），所以锁定时间比较快，且抖动积累小。

③ DLL 中，电压控制延迟线（VCDL）内部没有反馈通路，因此，引入延迟线内的瞬态噪声不会反馈到 VCDL 中，从而进一步改善了噪声特点。而不像 VCO 内必须引入正反馈，所以 DLL 比较稳定，相位噪声也比较小。

④ DLL 可同时输出多个频率相同（但延迟恒定）的时钟信号。

⑤ DLL 中环路滤波器比较简单，总体来说占的硅片面积较小。

2. 压控延迟线电路举例

与 PLL 电路模块对应，DLL 中的鉴相器、电荷泵、环路滤波器的设计都与 PLL 的设计基本一致。这里介绍压控延迟线电路的一个例子。将图 4-5-25 环振荡器的正反馈通路断开，就是一个典型的压控延迟线电路，如图 4-5-28 所示。参考信号从第一级反相器输入，经 n 级延迟后输出，控制信号 u_{cont} 控制每级反相器的电流，从而控制每级反相器的延迟时间。

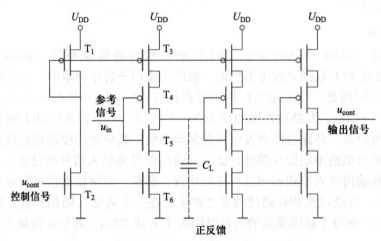

图 4-5-28   一个典型的压控延迟线电路

4.5.6   数字锁相环

随着数字电子技术的飞速发展，锁相环也向着数字集成方向发展，形成数字锁相环集成电路。数字锁相环在数字调制解调、频率合成、彩色副载波同步、图像处理等方面得到了广泛的应用。数字锁相环不仅具有数字电路可靠性高、体积小、成本低等优点，还弥补了模拟锁相环的直流零点漂移、器件饱和、易受环境影响等缺点，同时还具有对离散采样值的实时处理能力，已成为锁相技术发展的方向。

一、数字锁相环原理框图

锁相环是一个相位反馈控制系统，在数字锁相环中，由于误差控制信号是离散的数字信号，而不是模拟电压，因而受控的输出电压的改变是离散的而不是连续的；此外，环路组成部件也全用数字电路实现，故这种锁相环就称之为全数字锁相环（DPLL）。

全数字锁相环的实现有很多不同的方式，最常用的实现结构如图 4-5-29 所示，由三部分组成：时间数字转换器、数字环路滤波器和数控振荡器（DCO）。输入信号被采样并与环路输出的本地估算信号做相位比较，产生一个跟两者相位误差成比例的数字样本序列。该序列由数字环路滤波器加以平滑得到控制信号去控制数控振荡器的周期。

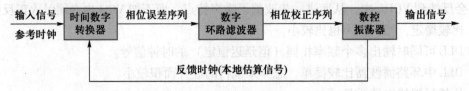

图 4-5-29   全数字锁相环实现结构

二、时间数字转换器（TDC）

正如鉴相器和电荷泵在模拟锁相环中的重要地位一样，时间数字转换器可以说是全数字锁相环的心脏，也是最重要和最难设计的一部分。时间数字转换器采用了时间间隔测量手段将模拟信号的时间信息转换为数字信号。在数字锁相环中，其主要用来鉴别参考时钟和反馈时钟之间的相位差，并转换为数字形式输出，起到了鉴相和鉴频的作用。它的基本结构是一个多级串联的延迟电路，各个内部节点引出一个 D 触发器，所有 D 触发器都由参考时钟沿来触发，如图 4-5-30 所示。

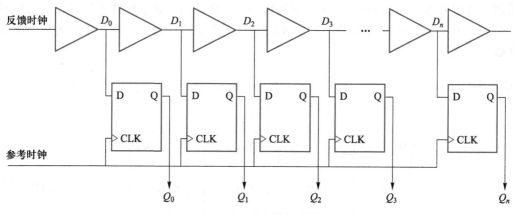

图 4-5-30 时间数字转换器结构举例

当输入时钟沿在延迟线电路中传输时，延迟线内部节点电压会随时钟的传播而变化，当参考时钟沿来临时，触发 D 触发器，从而记录下那一瞬间延迟线内部各节点的电平，从序列 $D_0 \sim D_n$ 的电平信息可以得到反馈时钟相对参考时钟的相对时间和相位关系，如图 4-5-31 所示。在该图所示的例子中可以看到，参考时钟和反馈时钟之间的时间差就是 3 个延迟单元，因为输出信号 Q 的前 3 位为 1。

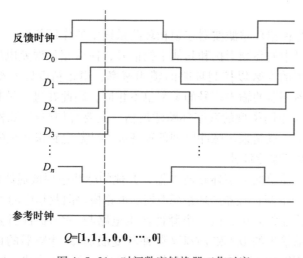

$Q=[1,1,1,0,0,\cdots,0]$

图 4-5-31 时间数字转换器工作时序

这样，模拟的时间和相位信号就转换成数字信号。这种转换器与 A/D 转换器中的快闪式 A/D 转换器（Flash ADC）类似，一个是用一串电阻来测量电压，另一个是用一串延时单元来测量时间，都属于奈奎斯特类型的 A/D 转换器。

时间数字转换器还可以实时测量振荡器的周期长度，其原理与测量相位与时间差是一致的，于是就实现了实时的单位延迟校准。因为在锁相环锁定之后，振荡器的周期是固定和已知的，那么它就可以作为时间单位来校准时间数字转换器中的反相器延迟。

另外，还有一种比较常用的时间数字转换器，采用了差分延迟链结构。如图 4-5-32 所示，它是实现分辨率低于门延迟的一种采用结构，由两条单元延时差别很小的延迟链组成。一条延时链用来传播参考时钟，另一条延迟链用来传播反馈时钟，但两条延时单元的延时不同，类似于游标卡尺的主尺和游标尺的读数之间的关系，故而这种结构又被称为游标延迟链时间数字转换器。

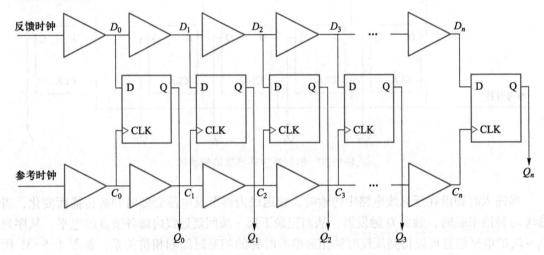

图 4-5-32　差分延迟链结构的时间数字转换器

三、数字环路滤波器

数字环路滤波器与模拟环路滤波器在锁相环路系统中的作用相同。一方面滤除鉴相器输出的相位误差电压信号中的高频干扰和其他干扰信号，使得相位误差电压信号更加稳定；另一方面能调制环路系统的参数以控制环路的锁相速率、锁相精度以及整个锁相环路的稳定性。不同类型的数字鉴相器的输出信号的类型也不相同，因此在进行锁相环设计时，要根据数字鉴相器的特性选择不同类型的数字环路滤波器，主要有加/减计数器型和 K 计数器型的数字环路滤波器，它们一般是采用脉冲序列低通滤波器计数电路来实现的。

1. 加/减计数器型环路滤波器

这是一种结构非常简单的数字环路滤波器，其他的脉冲序列低通滤波器计数电路都是在此基础上发展起来的。加/减计数器型环路滤波器的电路模块图及相应的工作波形如图 4-5-33 所示，可以看出其结构非常简单，由一个脉冲产生电路与一个加/减计数器组成。首先脉冲产生电路将前端鉴相器输出的 UP 和 DOWN 脉冲转变成加/减计数器的计数时钟以及计数的方向信号，即相应的 UP/DOWN 信号。当鉴相器每输出一个 UP 脉冲，加/减计数器的计数值增加 1；相反，鉴相器每输出一个 DOWN 脉冲，加/减计数器的计数值减少 1。这样计数值 N

就是 *UP* 脉冲和 *DOWN* 脉冲的权值之和。于是，*UP* 和 *DOWN* 脉冲没有携带任何有关实际相位误差的信息，它们仅能反映出锁相环路输入信号的相位是超前还是滞后于环路的相位，所以在锁相环电路设计时使用加/减计数器型环路滤波器会影响环路相位锁定的精度和速度。

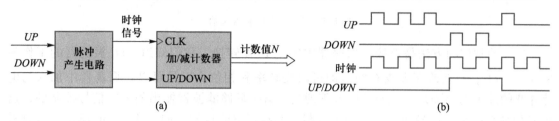

图 4-5-33　加/减计数器型环路滤波器
（a）电路模块　（b）相应工作波形

2. K 计数器型环路滤波器

K 计数器型环路滤波器是一种应用非常广泛的数字环路滤波器，如图 4-5-34 所示，它是由一个加（UP）计数器和一个减（DOWN）计数器构成，且二者相互独立。

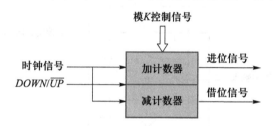

图 4-5-34　K 计数器型环路滤波器

K 计数器在工作的过程中，加、减两个计数器都是向上计数的，它们的模值都为 K。也就是说，加（UP）计数器和减（DOWN）计数器在"$0 \sim K-1$"范围内计数，其模值大小是由模 K 控制器来控制的，通常为 2 的整数幂。时钟信号（K 时钟）的频率定义为数字锁相环中心频率的 2^n 倍。当信号为高电平时，减计数器开始运行，而加计数器的计数值保持不变；相反，当（$\overline{DOWN/UP}$）信号为低电平时，加计数器开始运行，而减计数器的计数值保持不变。当计数值超过 $K-1$ 时，加、减计数器都会重新置 0。加计数器的最高位作为环路滤波器的进位输出，而减计数器的最高位则作为环路滤波器的借位输出。于是，当加计数器的值大于或等于 $K/2$ 时环路滤波器的进位输出为高电平；当减计数器的值大于或等于 $K/2$ 时环路滤波器的借位输出为高电平。最后，环路滤波器输出的进位信号和借位信号的上升沿控制数字控制振荡器（DCO）的输出信号频率。

3. 数字控制振荡器

无论模拟锁相环还是数字锁相环，都是将相差信号转换成电压信号，经过环路滤波器后，用来控制振荡器的频率和相位，只是在数字锁相环中是数字信号控制的振荡器。

最简单的实现方法就是在模拟压控振荡器（VCO）的输入端加一个 D/A 转换器，将数字信号转换为对应的模拟电压信号，仍然用该模拟电压量去控制压控振荡器的输出频率和相位，如图 4-5-35 所示。这样做的优点是将 D/A 转换器和振荡器分开，可以相互独立地进行设计与优化，而且在 D/A 转换器的输出端，可以加入一定阶数的电阻电容滤波器，从而滤掉 D/A 转换器的一些高频干扰。这种方法是一种折中的解决方案，仍然保留了相当的模拟设计成分。

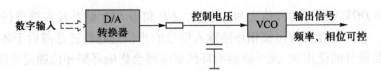

图 4-5-35   数字控制振荡器

另一种常用的方法是直接在振荡器中实现 D/A 转换，我们知道，LC 振荡器的工作频率为 $1/\sqrt{LC}$，只要改变 L 或 C 的值即可改变频率和相位，于是可以在振荡器中加入与电感并联的开关电容阵列，该开关电容阵列是由数字环路滤波器输出的数字信号控制的，这样 C 值就会随控制信号而变，达到了控制频率和相位的目的。如图 4-5-36 所示，可以看到，数控振荡器本质上就是一种 D/A 转换器，其输入为数字信号，其输出为模拟频率和相位信号，我们前面学到的有关 D/A 转换器设计的概念和技术都可以用到数控振荡器的设计中。

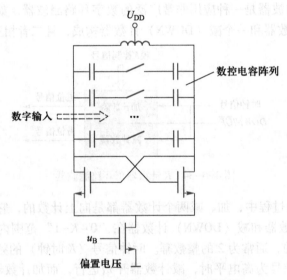

图 4-5-36   数控电容阵列 LC 振荡器

4.6   射频集成电路简介

射频集成电路应用于通信领域收发信机前端，是信号链中的重要一环，具有举足轻重的作用。所谓"射频（RF）"其频段在 0.3 GHz 至 4~5 GHz 之间，手机通信基本上在 2~4 GHz 频段，而雷达往往工作在 24~70 GHz 或更高的频段。有时将 0.3 GHz~300 GHz 通称为射频，没有严格的定义，其频率范围的高频段很大部分与微波（MW）重叠，这导致了两者之间的界限相对模糊。射频集成电路是天线和无线收发机后端基带处理器之间的接口，它需要检测 GHz 频段的微弱接收信号（μV 级），同时还要在相同的频段发射大功率的射频信号（可高达 2 W）。设计和制造高性能、低功耗、低成本的射频集成电路是一个极富挑战性的难题。

由于砷化镓（GaAs）的载流子迁移率特别高，曾经的射频集成电路以砷化镓为主要材料，随着工艺水平的提高，CMOS 工艺的特征频率可高达几十 GHz 到几百 GHz，射频集成电路也可用 CMOS 工艺来实现，从此射频前端和基带处理器可集成在同一芯片上，实现了单芯片收发信机。

4.6.1 射频前端的电路构成

现代通信系统复杂多样，但基本结构如图 4-6-1 所示，由射频前端、A/D 和 D/A 以及数字信号处理等三部分组成。

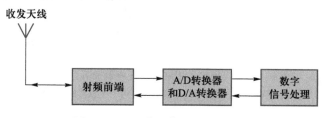

图 4-6-1　现代通信系统基本结构

其中射频前端的作用是调制发送信号和解调接收信号，发射时将信号从低频搬移到射频频段，而接收时又将射频信号恢复到低频频段，完成了频率搬移的功能。将这两个过程分别称为"上变频"和"下变频"。上变频实现调制，下变频可实现降频和解调。实现变频的电路实质上是一个信号"相乘器"，两信号在时域相乘，相当于在频域卷积，如式（4-6-1）所示，产生一个和频分量和差频分量。

$$U_1\cos\omega_1 t \times U_2\cos\omega_2 t = \frac{U_1 U_2}{2}\cos(\omega_1+\omega_2)t + \frac{U_1 U_2}{2}\cos(\omega_1-\omega_2)t \tag{4-6-1}$$

假设，$\omega_1 = 2\pi f_c$，$f_c = 2.4\,\text{GHz}$，代表射频载波频率，$\omega_2 = 2\pi f_s$，$f_s = 1\,\text{MHz}$，代表低频信号频率，那么相乘后，得到的和频分量为 2.401 GHz，差频分量为 2.399 GHz，可见是两个携带低频信息的射频信号，一般称和频分量为"上边频"，差频分量为"下边频"。若低频是占有一定频带的信号，则形成一个"上边带"和"下边带"，据此，实现信号相乘的上变频器及其频谱变换如图 4-6-2 所示。在接收端，接收到的射频信号通过相乘器与载波同步信号相乘后，再接一个低通滤波器，滤除和频分量，输出差频分量，即低频信号。

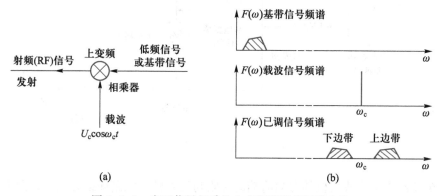

图 4-6-2　实现信号相乘的上变频器及其频谱变换

（a）发送信号时的上变频器　（b）发送信号时上变频器的频谱搬移示意图

实现信号相乘的下变频器及其频谱变换如图 4-6-3 所示。

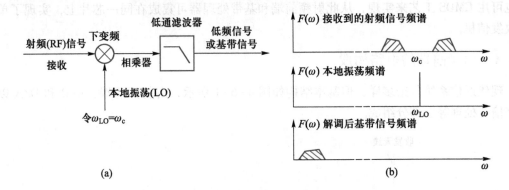

(a)

图 4-6-3 实现信号相乘的下变频器及其频谱变换

(a) 接收信号时的下变频器 (b) 接收信号时下变频器的频谱搬移示意图

在图 4-6-3 中，本地振荡频率 $\omega_{LO} = \omega_c$，二者频差为零，信号由射频直接变换到低频（基带），人们把这种接收机称为"零中频"接收机。而在许多超外差接收机中，本地振荡频率 ω_{LO} 不等于射频载波频率 ω_c，二者差一个中频（IF），这种中频接收机变频后获得一个低载频的调制信号，必须用一个片外带通滤波器取出，并做其他处理后才能得到基带信号。

图 4-6-3（b）给出的频谱搬移示意图是理想情况，实际上还存在许多干扰，其中最严重的是产生镜像频率信号的干扰。抑制镜像频率信号干扰的方法是采用正交双通道变频器（也称混频器），如图 4-6-4 所示。图中本地振荡一路直接送给混频器（$\cos\omega_{LO}t$），另一路经 90°移相（$\sin\omega_{LO}t$）后送给另一个混频器，各经低通滤波器滤除高频分量而输出两路正交基带信号（I/Q）。

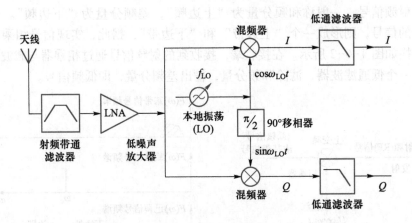

图 4-6-4 正交双通道变频器

图 4-6-5 给出一个收发机的射频前端的接收与发射模块电路详细方框图，图中上半部为接收框图，下半部为发射框图，此图中将一部分低频电路归到射频单元中。

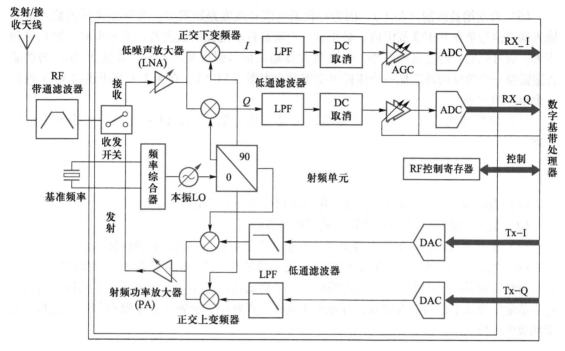

图 4-6-5 一个收发机的射频前端的接收与发射模块电路组成

一、接收部分

（1）RF 带通滤波器（RF-BPF）：由天线接收的信号经射频（RF）带通滤波器选择出所要接收的信号，滤除其他频道信号及带外干扰。

（2）收发开关：因为发送与接收同用一副天线，收发开关用于控制"收"或"发"。

（3）低噪声放大器（LNA）：由于接收到的信号非常微弱（μA 级），必须先经低噪声放大器放大，然后进入下变频器进行混频。

（4）正交下变频器：其功能是实现频谱搬移，将信号频谱从射频搬移到低频，从而取出要接收的信号。该接收机采用"零中频"方案，即本地振荡频率 ω_{LO} 等于信号的载波频率 ω_c，下变频后直接得到基带信号，而不需经过中频（IF）阶段，省去了高 Q 值的片外高频或中频带通滤波器。为更好地抑制"镜频干扰"采用正交双通道（I/Q）下变频方法。"零中频"变频后的电路都在低频下工作，所以具有易集成、低功耗的优点。

（5）直流失调取消器（DC 取消）：零中频接收机有许多优点，但也存在一些缺点，其中一个突出的缺点是产生"直流失调"。所谓"直流失调"是指变频器输出产生一个直流干扰信号混在有用信号中，该直流干扰信号强度远超过有用信号，从而淹没了有用信号，并使后续电路处于饱和状态。究其原因主要是本地振荡信号通过分布电容或衬底泄漏到低噪声放大器、变频器输入端甚至于天线。同理天线接收到的射频信号也会泄漏到本地振荡器中，因为射频载波频率与本振频率相同，混频后就会产生一个很大的直流干扰信号，称这种现象为"直流失调"。

消除"直流失调"的方法是采用一个截止频率很低的高通滤波器将直流干扰滤除，也可以将直流干扰信号采样，然后用数字信号处理方法来消除。

（6）自动增益控制（AGC）：因为接收到的信号强度差别很大，为保证送到模数转换器输入端的信号落在其正常范围内，必须有一个增益自动受控的放大器，信号弱时，增益自动变大，信号强时，增益自动变小，保证放大器输出信号强度基本恒定。要实现 AGC 的功能肯定需要一个负反馈环路加一个压控可变增益放大器（VGA），在 4.2.1 节所述的 VGA 就是一个很好的例子。

（7）模数转换器（ADC）：将接收到的基带信号数字化，以实现一系列的数字信号处理。

二、发送部分

（1）数模转换器（DAC）：将数字化 I/Q 信号转换为模拟信号。

（2）低通滤波器（LPF）：滤除高频干扰和噪声。

（3）正交上变频器：采用直接上变频方法，将基带信号直接搬移到射频频段。

（4）射频功率放大器（PA）：射频功率放大器是发射机的核心模块之一，要求输出大功率，射频功放是收发机中功耗最大的模块，为了降低功耗，延长电池寿命，要求射频功放具有高能量转换效率和高功率增益，且要求非线性失真要小。射频功放电路有传统功放和开关型功放两种模式。

三、频率综合器

频率综合器也称频率合成器，产生本地振荡信号，其以片外高稳定、高精度的晶体谐振器作为基准频率，合成射频载波信号，用于调制和解调本地振荡信号。其主要电路是锁相环（PLL），如 4.5 节所述。

用 CMOS 工艺实现射频功放也十分具有挑战性，如器件的耐压能力、跨导较小问题、衬底问题、预夹断电压升高问题等。

4.6.2　射频前端电路的特殊性与电路举例

一、特殊性

（1）由于频率很高，射频电路的性能描述方式与低频电路完全不同，更接近或完全类同于微波电路。

（2）器件模型参数不同，射频器件一般采用 S 参数，而且都是复数，等效电路要复杂得多，而低频电路一般用 H 参数，等效电路相对简单。

（3）因为频率很高，必须考虑和计算分布参数，而低频电路往往可以忽略。

（4）因为频率很高，射频电路的性能参数度量侧重于功率增益和电压增益、灵敏度和噪声系数、线性度和动态范围，如 1 dB 压缩点 IP1 dB、二阶交调点 IIP2、三阶交调点 IIP3 等。

（5）射频电路中，十分强调阻抗匹配，而且大部分匹配电阻为 $50\,\Omega$。分析和设计中大量应用阻抗圆图方法。射频电路中，较多地应用电感元件，集成电感的成功制造是射频集成电路得以发展的关键之一。

图 4-6-6 给出射频集成电路中电感的几种典型应用。图 4-6-7 给出几种片上平面螺旋形电感的结构。图 4-6-8 给出几种片上互感耦合器（变压器）的结构及其电路符号。

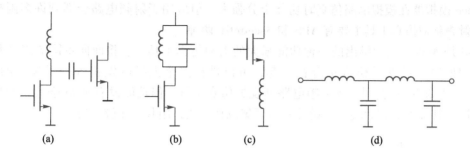

图 4-6-6 射频集成电路中电感的典型应用
（a）窄带阻抗匹配 （b）谐振负载 （c）源极串联反馈 （d）低通滤波器

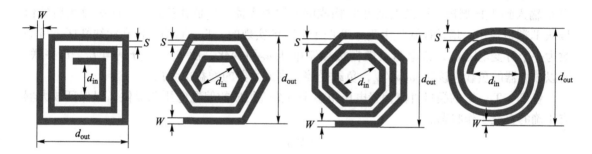

图 4-6-7 片上平面螺旋形电感的结构

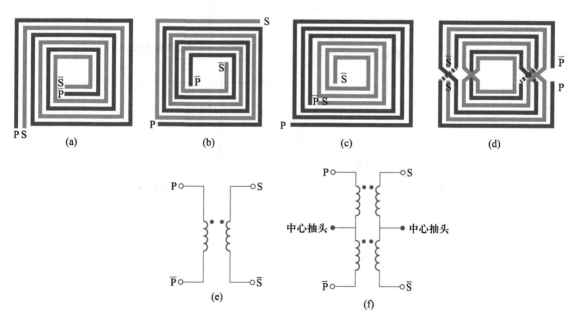

图 4-6-8 片上互感耦合器（变压器）结构及其电路符号
（a）并行绕线 （b）交叉绕线 （c）中心螺旋绕线 （d）对称绕线耦合电感
（e）图（a）、（b）、（c）的电路符号 （f）图（d）的电路符号

二、射频集成电路的仿真工具

SPice 模拟器在模拟电路仿真时功能十分强大，但应用于射频电路会遇到许多困难和限制。在射频领域仿真工具主要有 ADS 和 SpectreRF 两种。

ADS 是 Agilent 公司推出的一种功能强大的射频仿真工具，它将面向不同应用（数字信号处理和射频）的两种仿真集合在一起，可以进行整个无线收发机各个子模块的仿真。SpectreRF 是 Cadence 公司专为射频电路开发的仿真工具，但功能没有 ADS 强大，而且运行速度较慢，其优点是和后端版图设计和验证集成在一块，用起来比较方便。

三、射频集成电路举例

图 4-6-9 给出一个增益可控的低噪声放大器简化电路，该放大器由两级组成，第一级由 T_1、T_2 构成共源-共栅放大器，电感 L_1 是其负载，第一级放大了的信号从 T_2 漏极输出，经电容 C_5 输入到 T_3 的栅极。第二级是由 T_3 构成的共源放大器，L_2 是其负载，经两级放大后的信号从 T_3 漏极输出。增益控制是由 T_4、T_5 两个 PMOS 实现的，T_4、T_5 均工作在深线性区，可等效为一个可变电阻 r_{ds}，该电阻会随栅极控制电压 u_C 而变化，而 T_4、T_5 分别与 L_1、L_2 并联，所以放大器的负载应该为 $j\omega L//r_{ds}$，负载受控，则放大器的增益也受控。

各 T_1、T_2、T_3 的栅极直流偏置电压由多个电流镜组成的偏置电压源提供，以保证放大器有正确的直流工作状态。

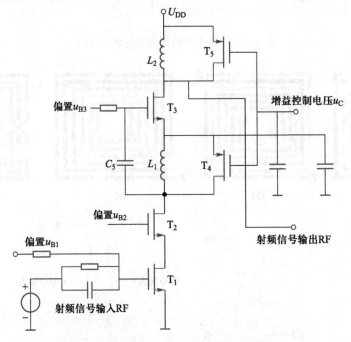

图 4-6-9　增益可控低噪声放大器简化电路

四、混频器（Mixer）

混频器电路形式很多，图 4-6-10 给出几个用"模拟乘法器"构成的混频器电路。

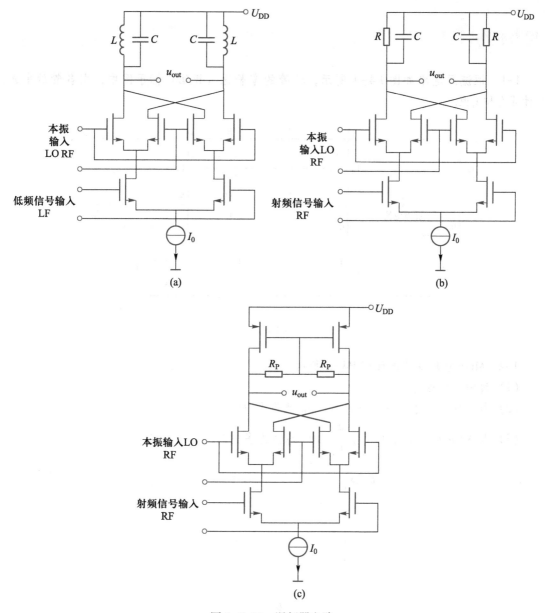

图 4-6-10 混频器电路

（a）上变频（调制）　　（b）下变频（解调）　　（c）负载为 PMOS 管

　　其中 4-6-10（a）图，一路输入为本振射频，另一路输入为低频信号，相乘后产生上边带和下边带，都是射频，所以用 LC 谐振回路构成的带通滤波器作为混频器负载，可滤出已调射频信号，因为频率很高，所需电感量很小，因此易于集成。图 4-6-10（b）中，一路输入为本振射频，另一路输入为已调射频信号，混频后产生低频信号和频率更高的射频，因负载是 RC 低通滤波器，可滤除射频，取出低频信号。图 4-6-10（c）中，用 PMOS 管作为负载，而且由两个电阻 R_P 构成共模负反馈，进一步改善了混频器的性能。

思考题与习题

4-1　恒流源电路如图 P4-1 所示，各管的宽长比（W/L）标于图中，求各管的电流。并计算 l_o 和 l_f 值。

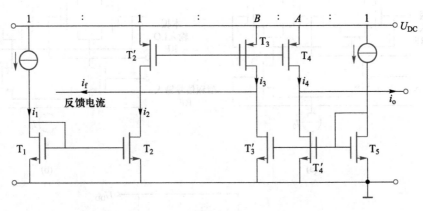

图 P4-1

4-2　MOS 管转移特性如图 P4-2 所示，

（1）过驱动电压为多少？

（2）若要保证管子工作在恒流区，u_{DS} 值为多少？

（3）若 $K = \mu_n C_{ox} = 73\ \mu\text{A/V}^2$，$\dfrac{W}{L} = 10$，$i_D$ 值为多少？

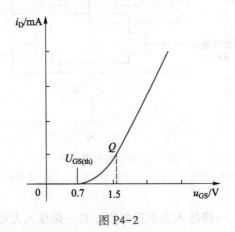

图 P4-2

4-3　两级运算放大电路如图 P4-3 所示，若偏置电流 $I_r = 15\ \mu\text{A}$，试回答：

（1）各个管子的直流电流 =？

（2）电路的总功耗 P_D =？

注：图中所标宽长比，如 T_1、T_2 旁的标注，表示 $L = 0.6\ \mu\text{m}$，$W = 12\ \mu\text{m}$，$M = 2$（即由两个管子并联，实际的 $W = 2 \times 12\ \mu\text{m} = 24\ \mu\text{m}$），其他类推。

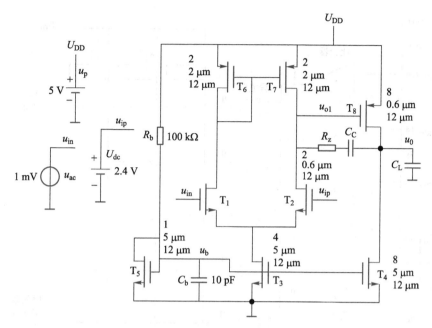

图 P4-3　两级跨导放大器电路

4-4　D/A 转换器的种类有哪些？各自的特点是什么？

4-5　一个 10 位 D/A 转换器，参考电压 $U_{REF} = 5\,V$，输入数字为 **1010011000**，求模拟输出电压 u_0。

4-6　如果用 D/A 转换器构成一个精密衰减器，试问：待衰减的信号应该加在什么地方？对于位数 $N = 8$ 的 D/A 转换器，最大输入为 5 V，求最小输出 u_{Omin} 值。

4-7　选择一个 D/A 转换器，关注的指标参数主要是什么？

4-8　A/D 转换器的种类有哪些？各自的特点是什么？

4-9　选择一个 A/D 转换器，关注的指标参数主要是什么？

4-10　对于高速并行闪电式 A/D 转换器，如图 P4-10 所示，设 $U_{REF} = 5\,V$，问当 $u_I = 2\,V$ 时，其输出数码为多少？

4-11　对于一个 8 位的 A/D 转换器，$U_{REF} = 5\,V$，其量化误差为多少？量化电平为多少？量化噪声有效值为多少？

4-12　针对题 4-11 的问题，若按奈奎斯特采样率 $f_s = 1\,MHz$，则其量化噪声功率谱密度 r_0 值为多少？

4-13　针对题 4-11 的问题，若采用过采样，过采样率 $K = 15$，则量化噪声功率谱密度 r_0' 值为多少？

4-14　流水线型 A/D 转换器的原理是什么？其优点是什么？

4-15　什么是奈奎斯特采样？什么是欠采样？什么是过采样？什么是等效采样？

4-16　图 P4-16 给出一种流水线型 A/D 转换器中的一级电路，试分析它的工作原理。

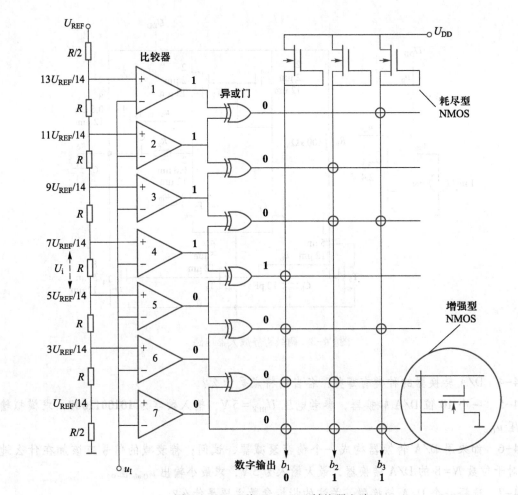

图 P4-10   一种 Flash A/D 转换器电路

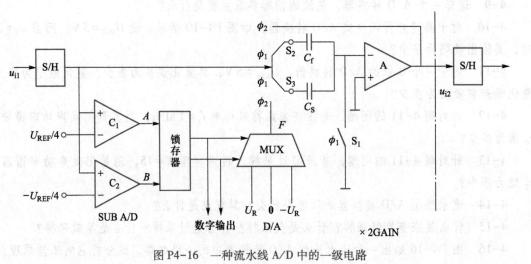

图 P4-16   一种流水线 A/D 中的一级电路

提示：① 一位 D/A 转换器的工作特性如表 T4-16 所示。

表 T4-16

A	B	F
1	1	U_{REF}
0	1	0
0	0	$-U_{\text{REF}}$

② ϕ_1 期间：采样，ϕ_2 期间，完成 2 次采样，并输出剩余电压至下一级 A/D 转换器。

4-17 Δ-Σ 型 A/D 转换器之所以能做到位数很高（14 位~24 位），主要依靠哪三大技术？它们各自的作用什么？

4-18 Δ-Σ 型 A/D 的过采样率 $K=20$，经过一阶噪声整形后，问信噪比增加多少？

4-19 一个一阶 Δ-Σ 型调制器模型如图 P4-19 所示，试证明：$Y(Z)=X(Z)+(1-Z^{-1})N_Q(Z)$

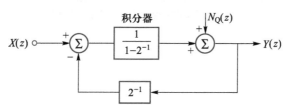

图 P4-19　一阶 Δ-Σ 型调制器模型

4-20 二阶 Δ-Σ 型调制器模型如图 P4-20 所示，试证明量化噪声 $N_Q(z)$ 被二次微分了，即

$$Y(z)=X(z)+(1-z^{-1})^2 N_Q(z)$$

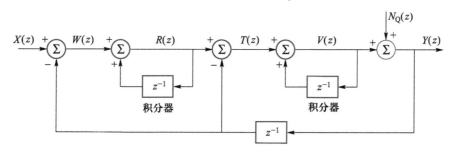

图 P4-20　二阶 Δ-Σ 型调制器模型

4-21 已知锁相环的鉴相器输出电压振幅 $U_{\text{dm}}=0.8\,\text{V}$，压控振荡器的调频比例常数 $k_{\text{f}}=30\,\text{kHz/V}$，固有振荡频率 $f_0=3\,\text{MHz}$，环路低通滤波器的传递函数 $F(0)=1$。进入锁定状态后，控制频差 $f_o-f_0=15\,\text{kHz}$。计算锁相环的输入电压频率 f_i、稳态相位差 ρ_∞ 和控制电压 $u_C(t)$。

4-22 图 P4-23（a）所示为某锁相环中电荷泵电路结构，图 P4-23（b）为输出波形图，已知锁相环电路的输入信号频率为 9.42 MHz，输入信号与反馈信号的相位差为 $\pi/8$。电荷泵对环路滤波器电容 C_1 的充放电电流 i_{CP} 为 25 μA。问：在一个比较周期内，$\pi/8$ 相位差对应的电荷泵开关量导通时间 t_{on} 为多少？一个周期内电荷泵对 C_1 充放电的平均电流 I_{cp} 为多少？

鉴相器与电荷泵级联时总增益 K_{PD} 为多少？

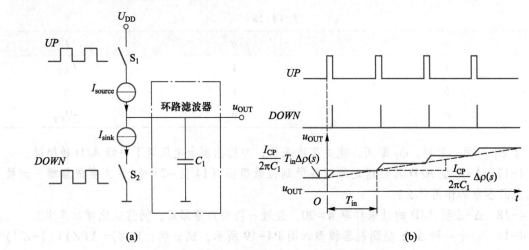

图 P4-23   电荷泵基本结构图及其输出波形图

（a）电荷泵的基本结构   （b）电荷泵输出波形图

第5章　模拟集成电路设计 II——电源管理篇

5.1　引言

电源管理芯片是模拟集成电路最大的细分市场，是所有电子产品和设备的电能供应中枢和纽带。电源管理芯片负责电子设备中各器件的电能供给，起到电能转换、分配和监测的作用。电源管理芯片的主要职能为将电源输入的电能转换到电路中各负载可接受的电流电压范围，并在不同负载之间进行合理的电能分配，同时监控电源的工作状态并进行调整。在不同应用中电源管理芯片发挥不同的电压、电流管理功能，需针对具体的应用采用针对性的设计。常见的电源管理芯片包括交直流转换器（AC-DC、DC-AC）、稳压器（低压差线性电源、DC-DC 开关电源）、驱动类芯片和高集成度的电源管理单元（PMIC）等。

近年来，随着物联网、智能设备的应用和普及，电子整机产品不断创新，性能大幅提升，对电源的效率、能耗和体积，以及电能管理的智能化水平提出了更高的要求；整个电源市场呈现出需求多样化、应用细分化的特点，高效低耗化、集成化、内核数字化和智能化成为新一代电源管理芯片技术发展的趋势。

5.1.1　多电压域中的电源管理

电源管理芯片，作为各种用电设备的动力装置，目前已经广泛应用于各类移动设备、消费电子、工业应用、军工安防和航空航天等各个领域。如图 5-1-1 所示，根据应用环境的不同，电源管理芯片输入电压可以分为极低电压（1.05 V、1.8 V 等）、普通电压（3.3 V、5 V等）、高电压（10 V、24 V、40 V、60 V、80 V 等）和极高电压（100 V 及以上）四类电压域。比如，锂电池供电的电子产品使用的电源芯片一般为 5 V 以下的普通电压域，个人计算机中使用的电源是普通电压域与高电压域相结合，而 FPGA、DSP 等数字系统则使用诸如 1.05 V的极低电压域。

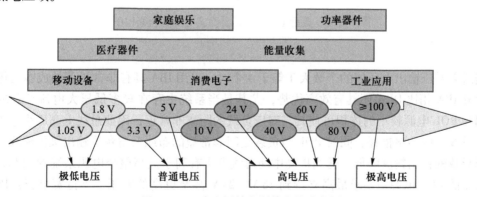

图 5-1-1　多电压域电源管理芯片应用

以一个典型的电信设备为例，系统中既有电源电压为 1.2 V 的高性能处理器与内存（RAM），又有电源电压为 5 V 的硬盘，还存在可能要求 3.3 V、2.5 V、1.8 V 等多个电压值的各种 ASIC、DSP、FPGA。传统的分布式电源管理架构（distributed-power architecture，DPA）如图 5-1-2（a）所示，首先靠外置的 AC-DC 转换器将 220V 的市电转换为 48V 的直流电输入主板上的电源系统，然后用多个隔离式 DC-DC 开关电源分别转换出所需的各低电压输出。而实际的当下主流的中间总线架构（intermediate bus architecture，IBA）如图 5-1-2（b）所示，仅用一个隔离式 DC-DC 开关电源将 48 V 直流电转换为典型值为 12 V 的中间总线电压，然后分别用多个成本低、体积小的非隔离式 DC-DC 开关电源在各自所供电的器件附近将中间总线电压转换为所需低压，这些非隔离式 DC-DC 开关电源被称为负载点（point of load，POL）电源。

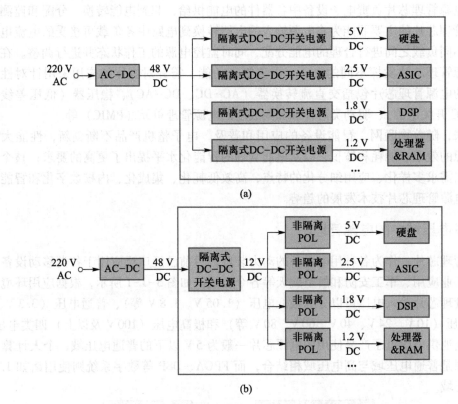

图 5-1-2   典型电信设备的分布式电源管理架构图
（a）DPA   （b）IBA

当所需低压输出电压值的个数大于等于 4 个时，采用 IBA 具有非常显著的成本与体积优势。此外 IBA 相比 DPA 还具有效率优势，尤其是当系统中存在较多低压大电流负载的情况下，因为 POL 电源较小的体积可使其与对应负载的距离非常近，因此总线上高压小电流输电降低了总线上的功率损耗，同时 POL 与负载之间非常短的布线又避免了输出级传输线上过大的压降导致的输出精度降低。适当提高中间总线电压有利于提高整个电源系统的效率，因此如今大量的 POL 电源被要求最高支持到 18 V、24 V 甚至更高的电压，支持宽电压范围输入（跨越不同电压域）的电源管理芯片也有利于使一款芯片胜任多种应用，以降低板级电路的研发周期与成本。除了上述的电信设备，常采用 IBA 的类似应用还包括服务器、计算机、汽车电子等，不同应用领域的电压转换级数与各级电压值略有不同。

5.1.2 电源管理芯片重要参数

电源管理芯片除了要实现预定的功能之外，其性能需要采用一些设计参数来评估。这些参数包括瞬态参数和稳态参数。

1. 负载调整率

负载调整率是表征输出电压精度的稳态参数之一，其定义如式（5-1-1）所示。在设计允许的负载电流范围以内，负载调整率越小，表明电源管理芯片对输出电压的调整能力越强，输出电压的精度越高。负载调整率通常与芯片的环路增益有关。为了实现较好的负载调整率，需要电路具有较高的开环增益，但这会导致系统的稳定性降低，电路设计中需要折中考虑。

$$S_{\mathrm{L}} = \frac{\Delta u_{\mathrm{OUT}}}{u_{\mathrm{OUT}} \cdot \Delta i_{\mathrm{LOAD}}} \times 100\% \tag{5-1-1}$$

2. 电源调整率

电源调整率是表征输出电压精度的另一个稳态参数，其定义如式（5-1-2）所示。负载电流固定时，输入电压发生变化，输出电压亦会稍有不同。对于输入电压的变化，较小的电源调整率意味着电路具有更好的抗干扰能力。电源芯片具有高的电源调整率表明芯片具有较好的鲁棒性。

$$S_{\mathrm{V}} = \frac{\Delta u_{\mathrm{OUT}}}{u_{\mathrm{OUT}} \cdot \Delta u_{\mathrm{IN}}} \times 100\% \tag{5-1-2}$$

3. 瞬态电压变化

由于电子系统的工作状态需要实时调整，电源管理芯片需要面对负载电流的瞬态阶跃变化。如图 5-1-3 所示，当负载短时间内突然发生变化时，较好的瞬态响应意味着较小的电压瞬态变化和输出电压的快速恢复时间。通常系统带宽决定了瞬态响应的性能，较大的系统带宽意味着控制环路可以快速调整，使响应时间变得很短。我们可以在频域和时域分别进行电路瞬态响应分析。

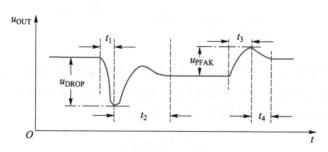

图 5-1-3 负载瞬态响应的输出电压波形

频域分析中，对反馈系统进行小信号建模，对绘制波特图进行零极点分析。如果系统的主极点位于高频区域，那么电路可以获得较大的单位增益带宽和快速的响应时间，但这时很难保证系统的稳定性。当主极点位于低频区域时，会导致系统的瞬态响应时间过长，却很容易获得稳定的工作状态。反馈系统的稳定性通常通过巴克豪森判据来判断，如图 5-1-4 所示。当环路引起的相位延迟达到-180°，即负反馈变为正反馈时，如果环路增益大于1，那么系统不稳定。若希望系统远离不稳定状态，则要在稳定与不稳定的边界处留有一定的裕量，通常希望波特图有 3~5 dB 的增益裕度（相位为-180°时增益与 0 dB 的距离），以及 60°~70° 的相位裕度（增益为 0 dB 时相位与-180°的差）。相位裕度与负载阶跃变化时的输出响应直接有关。相位裕度太小，闭环响应会出现尖峰和振铃，相位裕度过大，会影响芯片的响应速度和恢复时间。

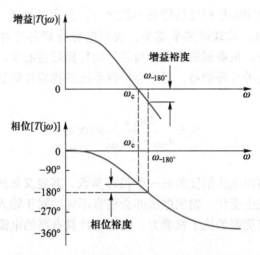

图 5-1-4   巴克豪森判据判断系统稳定性

时域分析中，输出电容可以维持短时间输出负载所需要的电流，负载电压变化瞬态周期 t_1 内负载电流突然增大 Δi_{LOAD} 和瞬态周期 t_3 内负载电流突然减小 Δi_{LOAD} 时，输出电压的电压变化 u_{DROP} 和 u_{PEAK} 都和输出电容 C_{OUT} 及其等效串联电阻 R_{ESR} 有关，如式（5-1-3）和式（5-1-4）所示。

$$u_{DROP} = u_{ESR} + u_{CAP} = \Delta i_{LOAD} R_{ESR} + \frac{\Delta i_{LOAD} t_1}{C_{OUT}} \tag{5-1-3}$$

$$u_{PEAK} = u_{ESR} + u_{CAP} = \Delta i_{LOAD} R_{ESR} + \frac{\Delta i_{LOAD} t_3}{C_{OUT}} \tag{5-1-4}$$

4. 转换效率

转换效率是电源管理芯片最为重要的设计参数，特别是在靠电池供电的便携式电子设备中，电源管理芯片的效率直接影响到系统的运行时间和用户的使用体验。转换效率定义为输出功率与输入功率的比值，其定义如式（5-1-5）所示。

$$\eta = \frac{P_{OUT}}{P_{IN}} \times 100\% \tag{5-1-5}$$

降低功率损耗，可以实现高的功率转换效率，增强电源管理芯片的竞争性。常见的功率损耗包括功率级的传输损耗、功率级的开关损耗、控制电路的静态电流损耗以及实际硅工艺中的寄生参数损耗。不同负载电流条件下，各种类型的功率损耗对效率的影响占比不同，为实现全负载范围高效率，电路设计中需进行折中考虑。

以 DC-DC 稳压器为例，功率级的传输损耗指负载电流流过阻性元件而产生的能量损耗。其中阻性元件包括非理想功率开关管的导通电阻、封装打线引入的金属电阻、滤波元件以及互联线的电阻。传输损耗与负载电流直接相关，负载越大，直流导通损耗越大，它是大负载条件下最主要的功率损耗。设计中需要尽量减小阻性原件的电阻。功率级的开关损耗指用于驱动功率器件导通和关断而产生的动态能量损耗，该损耗主要由对功率管的寄生电容充放电引起。功率管的面积越大，开关损耗越大，该损耗会随着电源电压的升高变得越发严重。而且开关损耗与开关频率成正比，这对于高频应用来说无疑是不利的。设计中需要针对传输损耗与开关损耗进行优化折中考虑。控制电路的静态电流损耗主要由片内的模拟单元模块消耗，包括基准电压、误差放大器、振荡器模块等。该损耗也会随电源电压的升高而增大，由于与负载电流无关，静态功耗在轻负载应用中是功耗的主要组成部分。

5.2 电压基准源设计

电压基准源是电源管理芯片中的重要模拟单元，其电压特性直接影响电源管理芯片的性能指标。电压基准源通常具有较高的精度，输出电压具有可预见性。大多数电压基准源电路所必需的基本模块都由二极管、电流镜及电流基准源构成。电压基准源可以按照不同性能等级进行分类，可分为零阶、一阶或者二阶。零阶电压基准源是最初级的，其温度漂移性能为 $1.5\sim5\,\mathrm{mV/℃}$，这种类型的基准源通常都未进行温度补偿。一阶电压基准源是经过温度补偿的，即电压温度特性多项式中的一阶分量已被有效抵消，温度漂移特性为 $50\sim100\,\mathrm{ppm/℃}$（每摄氏度变化百万分之五十至百万分之一百）。在一些高精度低电压系统中，一阶电压基准源无法满足使用需求，二阶或者高阶基准源需要对线性和一个甚至多个高阶温度分量进行补偿。

5.2.1 零阶齐纳二极管电压基准源

产生零阶电压基准源最简单也是最经济的方法是使一定大小的电流流过 PN 结二极管，从而得到二极管上的电压。这种电压基准源的电压较低，且呈现负温度特性，温度漂移系数大约为 $-2.2\,\mathrm{mV/℃}$。当输出需要驱动某一负载电流时，二极管的偏置电流会发生变化，这种基准源的输出电压精度将会变得很差。因此我们经常采用另一种实现方式：齐纳二极管和电阻串联，如图 5-2-1 所示。电流流入二极管的负极，齐纳二极管工作在反向击穿区域。在这种工作模式下，即使负载电流有很大的变化，二极管上电压的变化也几乎可以忽略。因此，二极管负极具有较小的输出电阻，通常典型值为 $10\sim300\,\Omega$。最常见的齐纳二极管击穿电压为 $5.5\sim8.5\,\mathrm{V}$，其温度漂移系数为 $1.5\sim5\,\mathrm{mV/℃}$。由于齐纳二极管需要工作在高电源电压下，所以其通常应用在电源电压高于 $6\sim9\,\mathrm{V}$ 的高电压系统中。

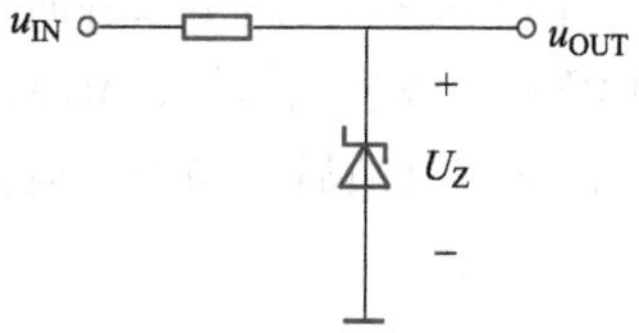

图 5-2-1 齐纳二极管
电压基准源

零阶电压基准源由于其温度特性相对较差，因此在模拟集成电路中并不会直接将其作为比较基准点使用。但在高压芯片设计中，经常采用齐纳二极管结构提供一个小于 $5.5\,\mathrm{V}$ 的预稳压电源，为后级模拟电路供电。因此，后级电路可以采用面积较小的低压器件，以节省空间。

5.2.2　一阶带隙电压基准源

带隙结构电压基准源是一种典型的一阶电压基准源，相比零阶齐纳二极管电压基准源具有更高的精度。带隙基准源的工作原理是根据硅材料的带隙电压与电源电压和温度无关的特性，利用一个具有正温度系数的电压（u_{PTAT}）与一个负温度系数的电压（u_{BE}）叠加，将一阶温度系数相抵消，从而实现与温度无关的稳定电压输出。一阶带隙结构基准电压约为 1.2 V，具体值与工艺有关，它补偿了二极管电压的线性部分，但是对于非线性部分并不能有效补偿。图 5-2-2 展示了一阶带隙电压基准源的温度特性曲线，在不同温度条件下，基准电压具有不同的温度系数，但电压值随温度变化不大。

零温度系数带隙基准电压具体的产生原理如图 5-2-3 所示，其中热电压 $u_T = kT/q$ 是一个正温度系数的量（电压温度系数约为 +0.086 mV/K），u_{BE} 是一个负温度系数的量（电压温度系数约为 -2 mV/K）。将 u_T 放大 m 倍，使得二者的温度系数等量，再将二者相加就得到一个零温度系数的输出电压。因为大多数工艺参数是随温度变化的，所以如果一个基准电压是与温度无关的，那么通常它也是与工艺无关的。

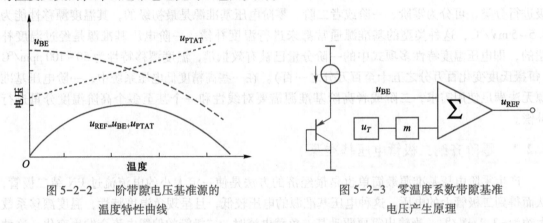

图 5-2-2　一阶带隙电压基准源的　　　　图 5-2-3　零温度系数带隙基准
　　　　温度特性曲线　　　　　　　　　　　　　电压产生原理

图 5-2-4 给出了一种简单的一阶带隙电压基准源实现方法。T_1 和 T_2 为两个个数比为 $1:n$ 的 PNP 双极型晶体管，M_3 和 M_4 为尺寸相同的 PMOS 晶体管，左右两个支路电流相等（$i_1 = i_2$），形成反馈后，高增益运算放大器可以强制两个输入端电压近似相等，因此有

$$i_1 = i_2 = \frac{\Delta u_{BE}}{R_1} = \frac{1}{R_1} \frac{kT}{q} \ln n \tag{5-2-1}$$

$$u_{OUT} = u_{BE1} + \frac{R_2}{R_1} \frac{kT}{q} \ln n \tag{5-2-2}$$

调节 R_1、R_2 和 n 的取值，可以使得正负温度系数抵消，实现对工艺、温度与电源电压等环境因素都不敏感的零温度系数基准电压。

在设计细节上，运算放大器的增益与基准电压的精度直接相关，因此功耗允许的情况下，尽量采用高增益运放。同时，为了方便版图匹配，使加工出来的芯片性能更接近理想特性，R_1、R_2 应采用相同类型的电阻集中交叉摆放，n 一般取为整数的平方减 1，经典取值为 8 或者 24。如图 5-2-5 所示，将 T_1 放置在 T_2 的中间位置，有助于抵消一阶梯度误差。同时，为确保双极型晶体管能够正常工作，一般来说电流 i_1 和 i_2 取为微安量级。

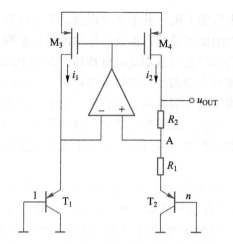

图 5-2-4 典型一阶带隙电压基准源电路图

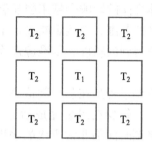

图 5-2-5 带隙基准双极型晶体管版图示意图

5.2.3 二阶曲率校正带隙电压基准源

随着芯片系统的性能要求越来越高，典型的一阶带隙基准源不能满足一些特殊环境的使用需求，因此二阶曲率校正电压基准源应运而生。除了要抵消电压的一阶温度分量，曲率校正带隙电压基准源还需要尽可能抵消二极管电压的非线性分量。实现这种补偿的传统方法是，在一阶基准源输出电压的基础上，增加 PTAT（proportional to absolute temperature）平方分量，即二次项进行抵消。补偿的思想是通过正抛物线分量来抵消 u_{BE} 中对数分量的负温度特性。

图 5-2-6 所示为二阶曲率校正带隙电压基准源的温度特性曲线，基准电压的低温段主要由基极发射极电压和线性 PTAT 分量控制，在温度范围的前半段，基准电压表现出一阶带隙基准电压的曲率特性。但是，随着温度升高，与温度平方成正比的分量将逐渐增大，在高温段将抵消基极发射极电压不断增大的负温度特性。因此，同一阶带隙电压基准相比，二阶曲率校正的电压基准具有更好的温度特性，其随温度的变化量更小。

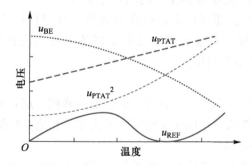

图 5-2-6 二阶曲率校正带隙电压基准源的温度特性曲线

5.2.4 修调网络分析

集成电压基准源总是会受到半导体制造工艺非理想因素的影响。这些寄生效应主要包括电流镜失配、电阻绝对值偏差、电阻温度系数、扼流电压、沟道长度调制效应、电阻失配、晶体管失配、由封装应力引入的漂移和输入失调电压等方面。其中部分误差是系统性的，可以通过仿真软件进行有效的模拟和预测，例如，电阻温度系数、扼流电压和沟道长度调制效应等。但是，器件失配、绝对值偏差和封装应力等非理想因素则是随机性的，存在于芯片与芯片之间、晶圆与晶圆之间、批次与批次之间。随着大量温度校正技术的应用，这些误差对基准源总体性能的影响会越来越显著。这些随机寄生效应引起的误差会使高精度基准源超过系统可接受的范围，直接影响批量生产的成品率。因此，需要进行修调。修调的方法与具体电路、期望得到的精度、基准源最终得到的温度漂移性能，以及由封装应力引入的漂移等都有联系。

由于修调过程是在芯片制造完成之后进行的，所以约束较多，灵活性不强。修调通常在晶圆级进行，较少在封装完成后进行修调。因为没有额外的器件可用，也不能进行重新连接，所以修调时面临非常严峻的物理限制。另外，修调消耗的时间会影响修调网络的成本，进而限制修调算法的灵活性。典型的修调网络由电阻组成。这些电阻可以短路也可以开路。虽然修调在所有温度范围内都可以进行，但是对于大部分商用产品来说，实现修调所需要付出的时间成本几乎是难以接受的。因此大部分产品仅进行常温修调。修调网络的效率与制造前的设计紧密相关。修调哪个电阻单元以及如何实现修调都可能会优化或者破坏集成基准源的性能。在电路和版图设计时，必须考虑修调网络的位置和修调所需的功耗大小。设计师必须通过提高所有关键器件的匹配性能，以便尽可能减小修调的范围。修调位数越多，意味着芯片面积越大，消耗的测试时间越长，从而增加了整体成本。

1. 修调范围

修调范围的设计由期望的精度和未修调时的初始误差决定。需要修调的最低有效位（LSB）和期望的初始满量程误差决定修调的位数。例如，整体初始精度为±2.5%的1.2 V基准源，需要修调至精度为±0.5%，每个修调步进至少为3 mV，那么就需要修调5位（采用二进制权重算法）。

从理论上讲，基准电压是在满量程电压一半处根据修调码上下波动的。换句话说，基准源电路对满量程电压一半的修调码进行操作后，就可以产生一个理想电压值。因为工艺误差是随机的，所以尽量要求向正方向和反方向的调整幅度相等，即可产生上面要求的修调编码。当然还有另外一种选择，那就是引进最高有效位（MSB）作为修调的方向位，确定修调的方向。针对后一种情况，基准源的正常电压值的平均点应在编码 **00000**…处，或者在 **10000**…处，其中第一位就是方向位。

2. 修调技术

修调技术可以分为三种基本类型：齐纳二极管击穿修调、熔丝修调和激光修调。针对某个特定的设计，采用何种修调技术取决于使用的工艺类型和掩模版的情况。

（1）齐纳二极管击穿修调

齐纳二极管击穿修调技术的连接与电阻类似，可以使齐纳二极管两端处于短路状态。只要将相对较大的电流灌入一个小面积齐纳二极管的负极，就可以使二极管形成短路。通常情况下，该电流的典型值范围为200~300 mA，这在二极管的负极和正极间会形成较大的压降。二极管上流过较大的反向电流，从而消耗极大的功耗，甚至会对 PN 结造成永久损坏。金属导线被融化后，通过接触孔流进氧化层和硅表面间的结，从而在二极管的正极和负极间形成短路。图 5-2-7 所示为击穿后的齐纳二极管截面图。由于修调电流通常都较大，所以有必要采取特殊措施防止对周边电路造成永久性损伤。齐纳二极管击穿修调技术可靠性非常高,并且时间稳定性也很强。

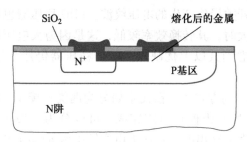

图 5-2-7 击穿后的齐纳二极管的截面图

（2）熔丝修调

与齐纳击穿二极管不同,熔丝在正常状态下是短路的,一旦修调后就变成开路状态。典型情况下,熔丝都采用金属铝或者多晶硅来实现,当有大电流流过时,熔丝将被物理破坏,形成开路状态。要使熔丝形成不可恢复的开路状态,熔丝两端增加可在晶圆上扎入探针的引脚,通过探针引入 5~6 V 电压。熔丝连接熔断的可靠性不如齐纳击穿二极管,通常需要更高的电压才能完全实现编程。这里也需要预防由于片上电迁移而导致的金属重新生长,从而恢复为短路状态。另外,熔丝数量较多时,探针引脚数目相应增加,无疑会增大版图的面积。

（3）激光修调

激光修调技术有两种。一种与熔丝修调类似,通过激光切断本来将电阻短路的金属连接,这种熔断方式更加可靠,而且使用的要求比熔丝修调的要求更低。同时,激光修调不需要引入探针引脚,可以大幅节省版图面积。另一种激光修调的方法是从物理上直接改变薄膜电阻的形状,从而改变单个电阻的有效阻值,这种解决方案不受数字修调电阻的限制。激光修调可以重新定义器件的物理形状,所以等效电阻的修调范围可以非常宽。激光修调的激光束光斑大小通常为 1 μm。修调电阻时,通常先在垂直电流方向上进行切割,当接近需要的阻值时,再顺着电流的方向进行调整。

表 5-2-1 表示了三种修调技术各自特点的定性比较。激光修调是最有效的,不需要大功率即可对电阻进行修调,但消耗的时间和物质成本通常较高。要实现激光修调需要昂贵的设备,并且需要消耗时间进行对准。齐纳击穿二极管和熔丝修调更具有成本优势。

表 5-2-1 三种修调技术各自特点的定性比较

修调技术	正常开路	正常短路	成本	非数字调整
齐纳二极管击穿	√		低	
熔丝修调		√	低	
激光修调		√	高	√

5.3 低压差线性稳压器设计

低压差线性稳压器（low dropout regulator, LDO）是一种典型的电源管理模块,其具有较小的芯片面积、低输出电压纹波、低静态电流和较大的带宽，广泛应用于便携式电子设备中。LDO 稳压器通过线性操作实现输入输出电压转换，因此没有开关噪声，经常用于系统中的后级稳压器，抑制前级开关操作产生的电压纹波。LDO 稳压器也存在一个固有缺陷，当输入电压与输出电压差别较大时，其转换效率较低，这是因为大电压加载在传输晶体管时，产生了较大的功率损耗。考虑到其以上优缺点，LDO 稳压器仍然是用于电压转换调整的重要电路。

　　LDO 稳压器可以根据控制方式和补偿技术划分为两类：模拟 LDO 稳压器、数字 LDO 稳压器。模拟 LDO 稳压器的控制由模拟电路完成，可以分为主极点补偿结构和无电容结构。主极点补偿结构需要有较大的输出电容；而无电容结构由补偿电容来产生主极点。数字 LDO 稳压器的控制器则由数字电路来实现。选择哪种类型的 LDO 由具体的应用环境决定。具有主极点补偿的 LDO 稳压器可以改善瞬态电压变化，降低静态电流，但以较大的输出电容为代价。无电容结构 LDO 稳压器以较大的静态电流和瞬态电压变化为代价，可以获得紧凑的电路尺寸。数字 LDO 稳压器由于数字控制的特点，其具有更快的瞬态响应，简化的补偿网络，并且它们能够在极低的电源电压下工作。

5.3.1　模拟 LDO 稳压器基本结构

　　图 5-3-1 所示为模拟 LDO 稳压器的基本结构，内部控制部分由误差放大器和功率晶体管组成。其工作原理如下：系统通过电阻网络检测输出电压，将反馈电压 u_{FB} 与基准电压 U_{REF} 的差值通过运算放大器进行放大，误差放大器输出为功率晶体管提供驱动，控制输入电压向输出提供能量的大小，最终实现平衡，输出电压稳定在设定值附近。经过功率晶体管的电压降定义为 LDO 输入电压与输出电压的电压差。较小的电压差意味着较好的转换效率。然而，降低 LDO 稳压器的电压差会使得电路最后一级的增益降低，从而恶化调整性能。所以必须在转换效率和性能调整之间进行折中。我们通常采用较大的功率晶体管来减小其导通电阻，有效降低电压降。然而，面积较大的功率晶体管会增加芯片面积与成本，同时带来较大的寄生电容。具有有限压摆率的误差放大器驱动功率晶体管时，LDO 稳压器的瞬态响应会下降。

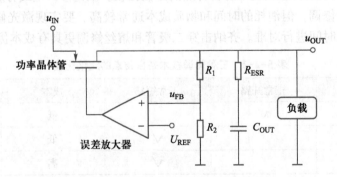

图 5-3-1　模拟 LDO 稳压器基本结构

1. 功率晶体管

功率晶体管可以采用双极型晶体管实现，也可以采用 MOSFET 实现。

双极型晶体管由于具有大的电流增益，所以作为功率晶体管时具有高驱动能力的优势。

然而，双极型晶体管也有两个明显的缺点。首先，其两端的电压降较大，即使采用 PNP 型结构，典型电压降也有 0.4 V；其次，基极会产生较大的漏电流，影响驱动效率。近年来，我们更多地采用 MOSFET 晶体管来消除以上两个缺陷。MOSFET 栅极没有电流消耗，因此可以完全解决漏电流问题，但 MOSFET 的驱动能力要弱于双极型晶体管，因此，MOSFET 需要更大的尺寸来获得与双极型晶体管相同的驱动电流。

采用 MOSFET 作为功率晶体管还可以实现更小的电压降，尤其是采用大尺寸的 PMOS，其电压降最小可以接近 0.2 V。如果 LDO 稳压器需要较高的输出电压和较小的静态电流，PMOS 功率管是更优的选择。NMOS 与 PMOS 相比，其迁移率不同，实现相同的导通电阻，PMOS 需要更大的面积。同时 LDO 稳压器中 PMOS 作为共源级使用，其栅漏电容会被密勒效应放大，从而增加了环路补偿的困难性。而 NMOS 作为源极跟随器，主要起缓冲器的作用，其补偿难度要小于采用 PMOS 的 LDO。而采用 NMOS 功率管的 LDO 电压降则不及 PMOS 功率管。

2. 主极点补偿 LDO 与无电容 LDO

在 LDO 的控制环路中，通常引入两个比较重要的电容，一个位于误差放大器的输出，该电容与误差放大器的驱动能力以及功率管的尺寸，共同影响输入到输出的能量传输速度；另一个位于输出端口，称为输出电容，决定了负载电流突然变化时，输出电压的保持水平。这两个电容的大小将模拟 LDO 分为两类。

第一类是传统的主极点补偿 LDO，使用一个具有几微法的大输出电容，主极点位于输出端，增加了使用成本和片外占用 PCB 面积。第二类是无电容 LDO，其名称来源于不需要使用大型片外电容，被小型片上密勒电容取代，形成主极点并提高系统稳定性。

无电容 LDO 稳压器的优势在于其高集成度，而输出电容太小则无法承受任何突然的负载电流变化，输出电压容易受到噪声干扰。因此为解决负载瞬态响应问题，无电容 LDO 稳压器设计为多级架构，以使其具有较大的直流增益，从而可以扩展带宽，控制功率晶体管可以快速地为输出级提供足够的能量输出。

5.3.2 数字 LDO 稳压器基本结构

图 5-3-2 所示为数字 LDO 稳压器的基本结构，它由功率 MOSFET 阵列、比较器和数字控制器组成。功率晶体管被分为几个 MOSFET 单元，每个单元通过数字控制器产生的 n 位数字控制信号驱动。与模拟 LDO 稳压器结构不同，数字 LDO 稳压器电路设计中没有采用放大器，而是采用了比较器，将输出电压和基准电压进行比较。比较器输出的数字信号被反馈进入到数字控制器，来决定开启的 MOSFET 单元数目。MOSFET 单元被开启的数目，对应于不同负载电流条件下的驱动能力。例如，大负载条件下，较多的 MOSFET 单元被开启，等效电阻变小，获得较高的负载驱动能力。

数字控制器能够完全开启或关闭各个 MOSFET 阵列中的子 MOSFET 单元。从数字的角度来看，完全开启或者关闭表明系统具有较高的噪声免疫能力。在稳态时，开启的 MOSFET 数目代表负载电流的条件。当控制码在两个控制码之间发生振荡时，开启的子单元 MOSFET 数目会相应地变多或者变少，数目的变化会引起电压纹波，如图 5-3-3 所示。因此，数字 LDO 稳压器会使线性稳压器无纹波的优点变差。高分辨率会产生较低的不期望的输出电压纹波。此外，瞬态时间是由时钟频率和功率 MOSFET 阵列共同决定的。较高的时钟频率将会产生快速的响应和较短的恢复时间。然而，工作频率不能无限制地增大，因为较高的时钟频率将会产生不必要的功率损耗，进而影响稳压器的转换效率。数字 LDO 稳压器的带宽由时钟频率和功率 MOSFET 阵列的分辨率共同决定。

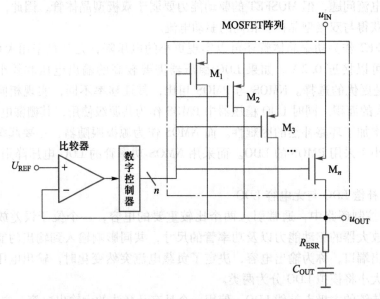

图 5-3-2   数字 LDO 稳压器基本结构

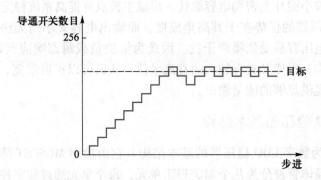

图 5-3-3   数字 LDO 稳压器中计数控制方法产生的电压纹波

5.4   DC-DC 开关稳压器设计

DC-DC 开关稳压器是将一种直流电能转换成另一种或多种直流电能的变换器，其由于高效率、输出电压可调以及高带载能力等优点，在智能手机、笔记本电脑等消费电子领域，路由器、数字电视等家电领域，数据中心、储能等工业电子领域以及新能源汽车领域都得到了广泛应用。同低压差线性稳压器相比，其工作效率更高，输入输出电压范围更宽，带载能力更强，两者的特点对比如表 5-4-1 所示。但同时由于 DC-DC 开关稳压器的工作原理依赖于开关的交替导通，因此输出电压纹波偏大。

表 5-4-1　DC-DC 开关稳压器与低压差线性稳压器比较

DC-DC 开关稳压器	低压差线性稳压器
输出范围灵活（可降压，可升压）	输出范围受限（只降压）
成本高	成本低
有开关噪声	噪声低
响应缓慢	响应快速
转换效率高	转换效率受限
适用于高效率大负载系统应用	适用于低噪声低功率应用

　　DC-DC 开关稳压器按输出电压与输入电压的关系以及拓扑结构可以实现降压型、升压型、极性反转型等不同的系统功能。其基本组成环路可以分为功率级和反馈控制级。功率级主体采用半导体功率器件作为开关，使带有滤波器（L 和/或 C）的负载线路与直流电压间歇地接通与断开，在负载上得到另一个稳定的直流电压。功率开关负责将能量由输入传输到输出，滤波器负责滤除高频分量，这就是 DC-DC 开关稳压器的基本手段，类似于"斩波"作用，其回路组成元件主要有功率开关、电感、电容。反馈控制级则通过电阻网络检测输出电压，提取反馈电压与基准电压的差值信息，通过复杂的数模混合电路处理，驱动控制功率开关的导通和关闭。不同的反馈控制结构，适用于不同的应用环境，在环路响应速度、系统稳定性、电路复杂度等方面会有差异。

5.4.1　开关稳压器的拓扑结构

　　开关稳压器的拓扑结构决定了开关电源的类型。所谓拓扑结构，指的是功率开关、电感、电容等元件的连接关系。开关稳压器有以下三种基本类型：降压型、升压型、极性反转型。其他的拓扑结构大多可以由这三种基本类型衍生而得。多种变换形式是开关稳压器的优越之处，而线性稳压电源仅仅只有降压一种类型。

　　1. 降压型（Buck）开关稳压器拓扑结构

　　降压型开关稳压器拓扑结构如图 5-4-1 所示，功率开关 S_1 与 S_2 周期性交替导通。当开关 S_1 导通时，开关 S_2 断开，$u_D = u_{IN}$，输入电源通过电感 L 向输出电容 C_{OUT} 充电，并且为负载供电，电感上的电流 i_L 逐渐增大，电感储存磁能。当开关 S_1 断开时，开关 S_2 导通，由于电感上的电流不能突变，i_L 经由输出电容和 S_2 构成闭合回路，释放电感上存储的磁能，期间 $u_D \approx$

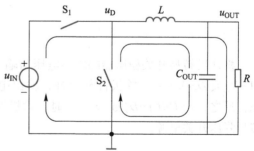

图 5-4-1　降压型开关稳压器拓扑结构

0。由于电感电流的连续性，以上开关动作周期性重复出现，负载能得到连续的电流和稳定电压，如式（5-4-1）所示，实际上输出电压就是 u_D 的平均值。

$$u_{OUT} = D u_{IN} \tag{5-4-1}$$

　　其中，D 为占空比，定义为开关 S_1 导通时间与周期的比值，$D \leqslant 1$。所以，此拓扑结构输出电压小于输入电压，称为降压型开关稳压器拓扑结构。

2. 升压型（Boost）开关稳压器拓扑结构

升压型开关稳压器拓扑结构如图 5-4-2 所示，同降压型开关稳压器拓扑结构相比，电感和开关位置发生了变化。当开关 S_1 导通时，开关 S_2 断开，$u_D = 0$，输入电源直接向电感 L 储存磁能，电感电流 i_L 增大，直到开关 S_1 断开前达到峰值。当开关 S_1 断开后，开关 S_2 导通，由于电感上的电流不能突变，i_L 经由开关 S_2 和输出电容构成闭合回路，释放电感上储存的磁能给输出电容充电，i_L 逐渐下降。以上开关动作周期性重复出现，电感上的能量转移至输出电容上，输出电压等于输入电压与电感电压叠加，此类开关电源输出电压与输入电压的关系可由式（5-4-2）表示。

$$u_{OUT} = \frac{1}{1-D} u_{IN} \tag{5-4-2}$$

可见，输出电压高于输入电压，故称为升压型开关稳压器拓扑结构。

3. 极性反转型（Inverting）开关稳压器拓扑结构

所谓极性反转型指的是开关电源的输出电压与输入电压极性相反，其拓扑结构如图 5-4-3 所示。设输入为正压，当开关 S_1 导通时，开关 S_2 断开，$u_D = u_{IN}$，输入电源给电感 L 储存磁场能量，当开关 S_1 断开时，开关 S_2 导通，电感上的能量经开关 S_2 释放至输出电容，得到负压输出，故也称此类开关电源为"负压型"开关电源。此类开关电源输出电压 $|u_{OUT}|$ 既可以高于输入电压，也可以低于输入电压，所以负压型拓扑结构也被称为升/降压型（Boost/Buck）拓扑结构。

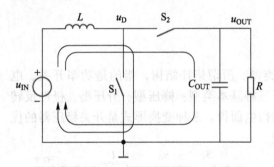

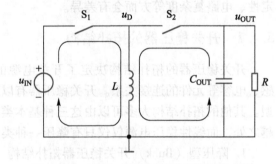

图 5-4-2   升压型开关稳压器拓扑结构   图 5-4-3   极性反转型开关稳压器拓扑结构

极性反转型开关稳压器的输出电压与输入电压的关系可以用式（5-4-3）表示。当 $D>(1-D)$ 或 $D>0.5$ 时，除极性相反外，输出电压大于输入电压，即为极性反转型升压开关电源，反之，当 $D<(1-D)$ 或 $D<0.5$ 时，除极性相反外，输出电压小于输入电压，即为极性反转型降压开关电源。

$$u_{OUT} = -\frac{D}{1-D} u_{IN} \tag{5-4-3}$$

5.4.2   开关稳压器的功率级元件

1. 电感

电感是开关电源中常用的元件，由于它的电流、电压相位不同，因此理论损耗为零。实际中的电感由金属绕线而成，因此存在直流电阻，会产生传输损耗。电感作为储能元件，常与电容共用在输入滤波器和输出滤波器上，用于平滑电流，也称它为扼流圈。其特点是流过其上的电流有"很大的惯性"。换句话说，由于"磁通连续性"，电感上的电流必须是连续的，否则将会产生很大的电压尖峰波。

电感值的不同对电感电流纹波 Δi_L 有显著影响。以降压型开关稳压器为例，Δi_L 随着电感值的增加而减小，随着输入电压 u_{IN} 或者输出电压 u_{OUT} 的升高而增加，如式（5-4-4）所示。

$$\Delta i_L = \frac{u_{OUT}}{fL} \cdot \left(1 - \frac{u_{OUT}}{u_{IN}}\right) \tag{5-4-4}$$

其中，f 为开关频率。如果我们能够接受较大的 Δi_L 值就可以采用低电感，但这会导致输出电压纹波和磁心损耗的增加以及输出电流能力的下降。在降压型开关稳压器中，电感电流纹波一般取为峰值电流的 30% 左右。

若输出电压固定，则输入电压最大时，纹波电流 Δi_L 最大。为了保证纹波电流处于规定的最大值以下，电感应按式（5-4-5）进行选择。

$$L = \frac{u_{OUT}}{\Delta i_L f}\left(1 - \frac{u_{OUT}}{u_{IN(MAX)}}\right) \tag{5-4-5}$$

2. 电容

电容是开关电源中常用的元件，它与电感一样，也是储存电能和传递电能的元件。应用上，主要是吸收纹波，具有平滑电压波形的作用。输入电容是为了降低输入端的纹波和噪声，保证系统正常工作而引入的。输出电容的选择主要是基于系统输出电压纹波的要求。实际的电容并不是理想元件。电容器由于有介质、接点与引出线，形成一个等效串联电阻 R_{ESR}。这种等效串联电阻对开关电源中小信号反馈控制，以及输出纹波的抑制都有着不可忽略的影响。降压型开关稳压器的输出电压纹波 Δu_{OUT} 可以由式（5-4-6）表示。

$$\Delta u_{OUT} = \Delta i_L\left(R_{ESR} + \frac{1}{8fC_{OUT}}\right) \tag{5-4-6}$$

可见，对于一个固定的输出电压，输出纹波在最大输入电压条件下最高，因为电感电流纹波 Δi_L 随输入电压的增加而增加。另外电容等效电路上有一个串联的电感，有时在分析电容器的滤波效果时也是要考虑的。电容的类型多种多样，常见的有电解电容、钽电容、陶瓷电容、POSCAP 电容。由于陶瓷电容具有较低的 R_{ESR}、更小的外壳尺寸以及较低的成本，成为 DC-DC 开关稳压器应用的理想选择。陶瓷电容器的选择，除了考虑有效值以外还要考虑耐压以及温度特性的要求。推荐选择 X5R 或者 X7R 的陶瓷电容，因为这两种电容器具有极佳的温度特性。

3. 功率开关

功率开关只有导通、关断这两种状态，并且可以快速地进行转换。只有快速转换，状态转换引起的损耗才小。目前主流使用的功率开关大多是 MOSFET，当然根据应用不同还有双极型晶体管、绝缘栅双极晶体管（IGBT），还有各种特性较好的大功率开关元件。为减小传输损耗，大面积 MOSFET 并联以获取较低的导通电阻。中小功率的 DC-DC 开关稳压器通常将功率开关单片集成在芯片内部，称为 DC-DC 变换器。而大功率应用中，考虑到芯片面积成本，功率开关在芯片外部实现，此种电源芯片称为 DC-DC 控制器。

针对不同电压域应用，构成集成功率开关的 MOSFET 晶体管也有不同。普通电压域 N 沟道 5 V MOSFET 结构如图 5-4-4 所示，其结构简单，占用面积小，薄栅氧化层设计可以实现开关的高速开断特性，但这种薄栅氧化层不能承受较高的栅源电压。而且，因为漏极的漂移区太小也不能承受较高的漏源电压。为满足高压域应用，陆续发展出了双扩散金属氧化物半导体（DMOS）、纵向双扩散金属氧化物半导体（VDMOS）、横向扩散金属氧化物半导体（LDMOS）。目前，应用较多的高压功率开关以 N 沟道 LDMOS 为主，其结构如图 5-4-5 所示。LDMOS 通过添加 N 阱层来扩展漏极漂移区以实现较高的漏源耐压。这种结构由于栅极氧化层厚度与低压 MOSFET 相似，因此也不能承受较高的栅源耐压。

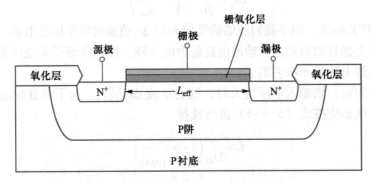

图 5-4-4 普通 N 沟道 5 V MOSFET 结构

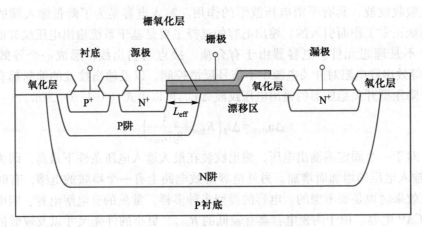

图 5-4-5 典型 N 沟道 LDMOS 结构

在低压 5 V 输入供电的降压型开关稳压器中，经常采用 PMOS 作为连接电源的主功率开关（栅极接地时导通），NMOS 作为连接地的续流功率开关（栅极接电源时导通）。而在高压输入供电的开关稳压器中，经常采用高压 NLDMOS 作为连接电源的主功率开关和连接地的续流功率开关。主开关采用自举升压结构进行驱动，续流开关采用内部产生的 5 V 电源进行驱动，如图 5-4-6 所示。续流开关导通时，片内产生的 5 V 电源通过二极管对自举电容进行充电，使自举电压 $u_{BS}=u_{SW}+5$，待主开关导通时，其栅极电压被连接至 u_{BS}，栅源电压保持 5 V 状态。图 5-4-7 所示为一款 18 V 输入、2 A 输出的降压型开关稳压器显微照片，其中主功率开关采用多个 NLDMOS 并联实现，并采用自举升压驱动结构，大面积的功率开关保证了较小的导通电阻，确保满负载高效率的实现。

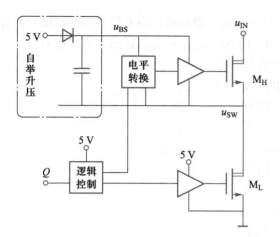

图 5-4-6　高压自举升压驱动 DC-DC 结构

图 5-4-7　采用 NLDMOS 功率开关的
降压型开关稳压器显微照片（彩图见插页）

5.4.3　DC-DC 开关稳压器的反馈控制架构

DC-DC 开关稳压器是一个产生精确输出电压的负反馈系统，经过数十年的发展，反馈控制环路的设计方案多种多样，目前应用最广泛的控制架构主要有以下三类：电压模式控制（voltage-mode control，VMC）、电流模式控制（current-mode control，CMC）以及恒定导通时间模式控制（constant-on-time control，COT）。

1. 电压模式控制

以降压型开关稳压器为例，电压模式控制架构的原理图如图 5-4-8 所示。反馈与控制电路中，首先利用电阻网络对输出电压进行分压得到反馈电压 u_{FB}，然后利用高增益误差放大器（EA）对基准电压 U_{REF} 与 u_{FB} 的误差电压进行放大，得到模拟控制电压 u_C。通过比较器对 u_C 与片内周期性的三角波信号 u_{RAMP} 进行比较，调制出具有合适占空比的脉冲宽度控制信号。若输出电压受到扰动而降低，u_C 将会升高，占空比增大，将更多的能量送给输出电容，使输

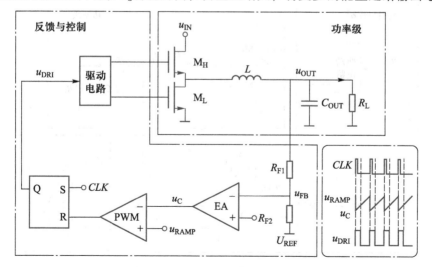

图 5-4-8　电压模式控制架构原理图

出电压升高，该工作逻辑决定了系统在低频下是一个负反馈环路。误差放大器的高增益是环路增益的主要来源，在深度负反馈下，误差电压趋于零，$U_{REF} \approx u_{FB}$，即运放的"虚短"。

为了抑制开关噪声，DC-DC 开关稳压器的交越频率（即单位增益带宽）通常在开关频率的 1/5 以下，主极点位于非常低频处，同时需要较高的直流增益以降低误差电压，因此 EA 输出通常连接大电容作为积分器满足该要求。而电压模式控制中功率级的 LC 低通滤波器存在双极点，需要补偿网络提供双零点与之抵消，保证环路稳定，因此电压模式架构常采用能够提供三个极点与两个零点的 3 型补偿（type 3），如图 5-4-9 所示，其复杂的电路结构与参数设置成了 VMC 的缺点之一。但 VMC 更大

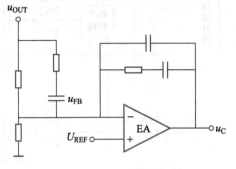

图 5-4-9   电压模式控制
type 3 补偿结构图

的缺陷在于补偿网络中的大电容降低了 EA 输出端 u_C 的变化速率，使得转换器在瞬态响应中只能缓慢地改变占空比，导致响应速度较慢。后来出现的改进方案——前馈电压模，即 u_{RAMP} 的上升斜率与输入电压成正比，使得输入电压突变时能够迅速调整占空比，大幅提升了 VMC 的输入阶跃响应速度（见图 5-4-8）。

2. 电流模式控制

反馈与控制电路中，为了克服 VMC 瞬态响应速度慢的缺点，人们在 VMC 的基础上对斜坡信号的产生方式进行了改进，发展出了电流模式控制架构。在很长一段时间内，CMC 稳压器都是开关电源芯片市场上的主流产品，是发展非常成熟、产业界应用非常广泛的脉冲宽度调制模式，峰值电流模式控制是其中应用最广的一种，其架构原理图如图 5-4-10 所示。峰值电流模式将电流信息引入反馈环路，使用电流采样电路将功率开关 M_H 导通阶段的电感电流 i_L 转换为电压信号 u_{SEN}，取代了 VMC 中的斜坡信号 u_{RAMP}，是一种电压反馈环与电流反馈环共同作用的双环控制结构。

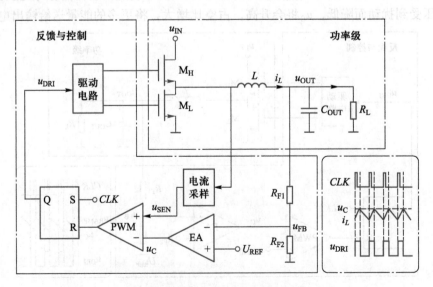

图 5-4-10   峰值电流模式控制架构原理图

功率开关管 M_H 每周期的开启由片内确定的时钟控制，关断则受 PWM 比较器控制，即 u_{SEN} 达到 u_C 的时刻。负反馈工作逻辑也是显而易见的：若 u_{OUT} 受到扰动而降低，u_C 将升高，占空比增大，使 u_{OUT} 升高。与 VMC 相似，输出电压的精度仍然由高增益的 EA 保证，而电流反馈的引入使 CMC 具有比 VMC 更快的瞬态响应。此外，电流反馈的引入消除了功率级的 LC 双极点，功率级只留下了 RC 单极点，因此传统峰值电流模式的频率补偿设计比 VMC 的 3 型补偿更容易，采用提供两个极点与一个零点的 2 型补偿（type 2），如图 5-4-11 所示。常见的 2 型补偿有两种形式，采用传统电压型运放与电流型跨导运放的补偿结构略有差异。

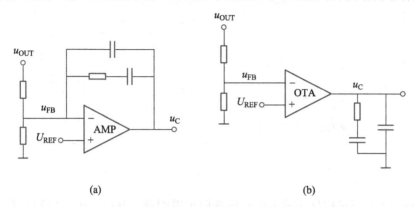

图 5-4-11　峰值电流模式 type2 补偿结构图
(a) 采用电压型运放形式的 type2　(b) 采用电流型跨导运放形式的 type2

峰值电流模式仍然存在一些缺点：首先它的抗噪声能力较差，在功率开关 M_H 导通阶段，输入电源上的噪声很容易引起电流采样错误，甚至造成 PWM 比较器发生误翻转，错误关闭 M_H。同时在每个周期 M_H 导通瞬间，电流采样电路也容易由于开关噪声出现错误，电路设计中往往需要采用前沿消隐技术（leading edge blanking，LEB），待 M_H 导通一段时间后再进行采样；而较长的消隐时间使稳压器难以工作在高频且占空比极低的条件下。其次，峰值电流模式需要斜坡补偿电路以避免占空比大于 50% 时发生次谐波振荡，增加了额外的复杂度。最后，由于补偿网络中仍然存在着 EA 输出连接大电容的积分环节，使得负载阶跃响应中 u_C 的变化速率仍然有限，因此占空比无法迅速变化，响应速度仍有进一步提高的空间。

3. 恒定导通时间模式控制

恒定导通时间模式控制的降压型开关稳压器如图 5-4-12 所示，一旦反馈电压 u_{FB} 低于基准电压 U_{REF}，则 PWM 比较器输出高电平，功率开关 M_H 开启，u_{OUT} 与 u_{FB} 升高，经过固定的导通时间后，M_H 被定时器输出脉冲关断，此时比较器持续监测 u_{FB}，直至 u_{FB} 低于 U_{REF}，再次重复上述过程，实现了 COT 控制 DC-DC 开关稳压器输出电压的稳定。

COT 控制模式的环路结构简单，无须误差放大器，更没有带积分环节的补偿网络，由于比较器与数字逻辑的传输延时都非常小，因此 COT 转换器瞬态响应速度非常快。例如对于连续导通的负载正阶跃响应，响应过程中，每个周期 M_L 的导通时间被迅速压缩至最小，反馈环路能够立刻达到最大占空比控制，且将工作频率迅速拉高。如此快速的瞬态响应是 VMC 与 CMC 所望尘莫及的，然而上述传统 COT 控制模式存在的几个重要缺陷限制了其应用。首先，由于导通时间恒定，稳压器的开关频率将会随着输入和输出电压的改变而大幅变化，这将为系统应用中的各种敏感电路带来严重电磁干扰问题，相应的噪声滤波器的设计难度也将

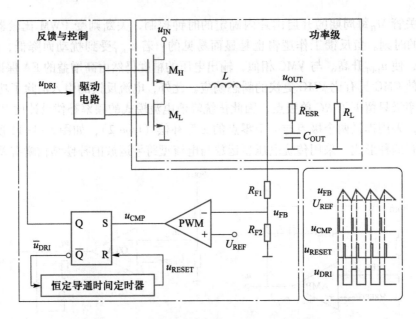

图 5-4-12　恒定导通时间模式控制架构原理图

增大，甚至稳压器自身的电感与输出电容的选取也更困难。其次，由于控制环路依赖反馈电压的纹波，因此在输出电容 R_{ESR} 非常小的条件下，COT 控制模式将面临稳定性问题。这对于电解电容应用来说没有问题，但对于陶瓷电容应用而言却十分不方便。最后，COT 这种谷值电压纹波控制模式的特点是反馈电压 u_{FB} 始终不会低于基准电压 U_{REF}，即 u_{FB} 平均值高于 U_{REF}，输出电压与设定值存在一定的偏差，精度略低。

思考题与习题

5-1　什么应用情况下优先使用低压差线性稳压器？什么应用情况下优先使用 DC-DC 开关稳压器？

5-2　提高电源管理芯片转换效率的方法有哪些？

5-3　如何实现电压为 1.0 V 的零温度系数带隙电压基准源？

5-4　电路设计中如何确定带隙基准电压源的修调范围？

5-5　如何保证电源管理芯片中负反馈系统的稳定性？

5-6　举例说明常见的降压型开关稳压器和升压型开关稳压器的应用。

5-7　陶瓷电容与电解电容有哪些区别？选择 DC-DC 开关稳压器的控制结构与电容类型是否有关联？

5-8　进一步提升峰值电流模式控制 DC-DC 开关稳压器的瞬态响应有哪些方法？

第6章 数字集成电路设计I——单元电路篇

数字单元电路是数字（逻辑）集成电路设计的基础，包括 MOS 开关、CMOS 传输门、反相器，各种门电路和触发器等。了解这些知识将为设计数字集成电路系统奠定基础。

6.1 MOS 开关及 CMOS 传输门

电子开关是集成电路最小也是最基本的单元之一。理想电子开关应该和机械开关一样，在闭合时完全短路，而在打开时则完全开路。由 MOS 管构成的电子开关分模拟开关和数字开关，模拟开关既可以传输模拟信号又可以传输数字信号，而数字开关只能传输数字信号，模拟信号通过数字开关就会被整形成数字信号，从而只有 0 和 1 两个电平。本节只讨论 MOS 数字开关。由 MOS 管构成的电子开关并非是理想开关，导通时其导通电阻不为零而存在损耗，截止时还可能有泄漏电流。但是 MOS 开关很接近理想开关，特别是 CMOS 开关有其优越特性，是最常用的数字开关。

6.1.1 单管 MOS 开关的局限性

1. NMOS 单管开关

NMOS 单管开关电路如图 6-1-1（a）所示，图中 C_L 为负载电容，u_G 为栅极电压，设 **1** 表示 $u_G = U_{DD}$，**0** 表示 $u_G = 0$（接地）。其工作原理如下：

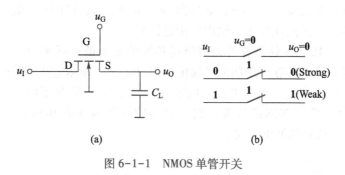

图 6-1-1　NMOS 单管开关

(a) 电路　(b) 等效开关

（1）当 $u_G = \mathbf{0}$（接地，低电平）时，$u_{GS} < U_{THN}$（NMOS 管阈值电压），NMOS 管截止，输入端与输出端相互完全隔离，输入端的信号无法传递到输出端，相当于一个被打开的开关。

（2）当 $u_G = \mathbf{1}$（U_{DD}，高电平）时，NMOS 管将进入有条件导通状态，当其导电沟道处于饱和导通状态下，就可以被看作是一个闭合的开关。此时，当 $u_I = 0$ 时，由于导电沟道的存在，导电沟道两端的电压 $u_{DS} = 0$，流经沟道的电流 $i_{DS} = 0$，输出端的电压 u_O 也为 0。当 u_I 逐渐上升时，就会有电流 i_{DS} 从漏极至源级流过沟道，对负载充电后，使 $u_O = u_I$。

（3）需要特别注意的是，NMOS 管栅极和源级之间的电压 u_{GS} 必须要远大于其阈值电压

U_{THN}才能确保 NMOS 管的完全导通，否则在导电沟道两端就会存在电压差，而且一旦输出电压 $u_0 \geq U_{\text{DD}} - U_{\text{THN}}$，NMOS 管将进入截止状态。因此 NMOS 管开关导通时所能传输的最大高电平是 $U_{\text{DD}} - U_{\text{THN}}$，即它不能完整地传递高电平信号，而是存在一个明显的阈值损失 U_{THN}，所以它并不是一个理想的开关。

2. PMOS 单管开关

PMOS 单管开关电路如图 6-1-2（a）示，u_{G} 为栅极控制电压，设 **1** 表示 $u_{\text{G}} = U_{\text{DD}}$（接高电平），**0** 表示 $u_{\text{G}} = 0$（接地）。其工作原理如下：

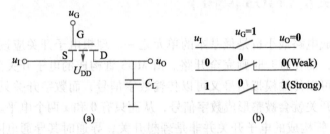

图 6-1-2　PMOS 单管开关

(a) 电路　(b) 等效开关

（1）当 $u_{\text{G}} = 1$（接 U_{DD}，高电平）时，$|u_{\text{GS}}| < |U_{\text{THP}}|$（PMOS 管阈值电压），PMOS 管截止，开关断开，$u_0 = 0$。

（2）当 $u_{\text{G}} = 0$（接地，低电平）时，PMOS 管将进入有条件导通状态，当其导电沟道处于饱和导通状态下，就可以被看作是一个闭合的开关。当输入电压 u_{I} 为正电压且远高于 u_{G} 时，PMOS 管导通，有电流 i_{DS} 从源极至漏极流过沟道，对负载充电后，使 $u_0 = u_{\text{I}}$。当 u_{I} 逐渐下降至 $|U_{\text{THP}}|$ 附近，即 $u_{\text{I}} \leq |U_{\text{THP}}|$ 时，会导致 $|u_{\text{GS}}| < |U_{\text{THP}}|$，PMOS 管就会逐步进入截止状态，导致开关被打开，无法在输入与输出间传递信号。

（3）由上可见，**PMOS 管开关导通时所能传输的最小低电平是 $|U_{\text{THP}}|$，即它不能完整地传递低电平信号，而是存在一个明显的阈值损失 $|U_{\text{THP}}|$**，所以它也不是一个理想的开关。

由此可以得出的结论是：当开关控制电压（u_{G}）使 MOS 管导通时，无论是 NMOS 管还是 PMOS 管传输信号均存在阈值损失，只不过 NMOS 管发生在传输信号的高电平时，而 PMOS 管发生在传输信号的低电平时。

6.1.2　CMOS 传输门

根据 NMOS 和 PMOS 单管开关的特性，将其并联组合在一起就可以构成一个互补的 CMOS 传输门，这是一个没有阈值损失的理想开关。

1. CMOS 传输门电路

CMOS 传输门电路、符号如图 6-1-3 所示，NMOS 管和 PMOS 管的源极、漏极接在一起，NMOS 管衬底接地，PMOS 管衬底接 U_{DD}（保证了沟道与衬底之间有反偏 PN 结隔离），二者的栅极控制电压反相，即 $u_{\text{GP}} = \overline{u}_{\text{GN}}$。

2. CMOS 传输门的直流传输特性

CMOS 传输门的直流传输特性如图 6-1-4 所示，它不存在阈值损失问题，其理由如下：

（1）当 $u_{\text{GN}} = 0$，$u_{\text{GP}} = 1$ 时，N 管、P 管均截止，$u_0 = 0$。

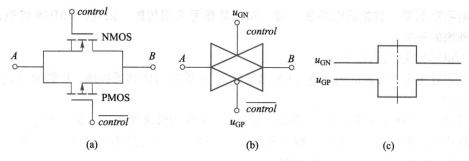

图 6-1-3　CMOS 传输门电路及符号

（a）电路　（b）符号　（c）栅极控制信号

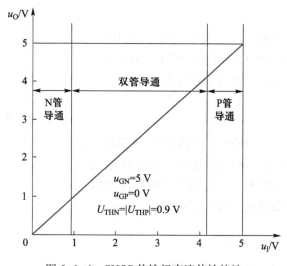

图 6-1-4　CMOS 传输门直流传输特性

（2）当 $u_{GN} = \mathbf{1}$，$u_{GP} = \mathbf{0}$ 时，u_I 由 **0** 升高到 **1** 的过程分为以下三个阶段（以上分析中，设 **1** 为 $U_{DD} = 5\,\text{V}$，**0** 为 $0\,\text{V}$，即接地，$U_{THN} = |U_{THP}| = 0.9\,\text{V}$）：

① u_I 较小时，有

$$\left.\begin{array}{ll} u_{GN} - u_I > U_{THN} & \text{N 管导通} \\ |u_{GP} - u_I| < U_{THP} & \text{P 管截止} \end{array}\right\} \text{N 管导通区}$$

此时，N 管接近理想开关，N 管沟道电流向 C_L 充电，使 $u_0 = u_I$。

② u_I 升高时，有

$$\left.\begin{array}{ll} u_{GN} - u_I > U_{THN} & \text{N 管导通} \\ |u_{GP} - u_I| > |U_{THP}| & \text{P 管导通} \end{array}\right\} \text{双管导通区}$$

此时，N 管、P 管共同向 C_L 充电，仍使 $u_0 = u_I$。

③ u_I 再升高，接近 **1** 时，有

$$\left.\begin{array}{ll} u_{GN} - u_I < U_{THN} & \text{N 管截止} \\ |u_{GP} - u_I| > |U_{THP}| & \text{P 管导通} \end{array}\right\} \text{P 管导通区}$$

此时，P 管接近理想开关，继续向 C_L 充电，仍维持 $u_0 = u_I$。**利用 CMOS 的互补作用，**

传输低电平靠 **N 管**，传输高电平靠 **P 管**，可以使信号无损传输。因此，**CMOS 传输门是一种较为理想的开关。**

3. CMOS 传输门的设计

为保证导电沟道与衬底的隔离（PN 结反偏），N 管的衬底必须接地，P 管的衬底必须接电源（U_{DD}）。

沟道电流 i_D 与沟道的宽长比（W/L）成正比，为使传输速度更快，就要求 i_D 大些，而沟道长度取决于硅栅多晶硅的宽度，视工艺而定。一般 L 取工艺最小宽度（2λ），那么，要使 i_D 大，就要将沟道宽度 W 设计得大一些。

6.2　CMOS 反相器

CMOS 反相器相当于**非门**，是数字集成电路中最基本的单元电路之一。搞清楚 CMOS 反相器的工作特性与分析方法，可为一些复杂数字电路的设计打下基础。

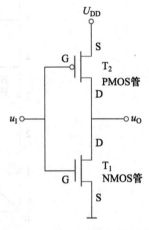

图 6-2-1　CMOS 反相器电路

6.2.1　反相器电路

图 6-2-1 给出了一个 CMOS 反相器电路。CMOS 功耗小，速度快，集成度高，驱动能力强，噪声容限大，抗干扰能力强，温度稳定性好，并容易与其他电路兼容，因而 CMOS 反相器是比较优越的反相器电路。

6.2.2　CMOS 反相器的直流传输特性

随着 u_I 由小变大（$0 \to U_{DD}$），反相器的输出波形如图 6-2-2（a）所示，反相器中 N 管和 P 管的输出特性曲线如图 6-2-2（b）所示，反相器的工作状态可由 Ⓐ~Ⓔ 这 5 个阶段来描述，如图 6-2-2（c）所示。

（1）Ⓐ段

此时，$0 < u_I < U_{THN}$，$i_{DN} = 0$，N 管截止，P 管非恒流导通，有

$$u_O = u_{OH} = U_{DD} \tag{6-2-1}$$

（2）Ⓑ段

$$U_{THN} < u_I < u_O + |U_{THP}| \tag{6-2-2a}$$

即

$$U_{GDP} < |u_I - u_O| < |U_{THP}| \tag{6-2-2b}$$

N 管恒流（饱和）导通，P 管非饱和（线性）导通，P 管输出电阻 r_{dsp} 很小，此时反相器相当于一个增益较小的放大器，随着 u_I 增大，u_O 将减小，但减小较慢，中间某一点的增益（斜率）为 -1。

（3）Ⓒ段

当 u_I 进一步增大，且满足

$$u_O + |U_{THP}| \leqslant u_I \leqslant u_O + |U_{THN}| \tag{6-2-3}$$

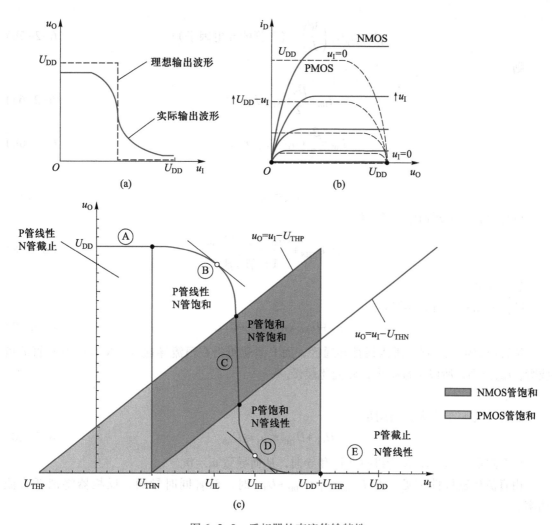

图 6-2-2　反相器的直流传输特性

（a）COMS 反相器的输入输出特性　（b）N 管和 P 管的输出特性曲线　（c）直流传输特性

　　两管的栅区、漏区都进入预夹断状态，NMOS 管和 PMOS 管同时恒流导通，输出电阻 r_{ds} 很大，此时反相器相当于一个有源负载电阻（r_{dsp}）很大的放大管，增益极大。随着 u_I 增大，u_o 急剧下降，传输特性的斜率很大且接近于垂直线。可以计算得出此时的 u_I 值（一般也称之为反相器的阈值电压 U_{iT}）。易知此时 N 管和 P 管的电流相等，根据电流方程：

$$i_{DN} = \frac{\mu_n C_{ox}}{2} \left(\frac{W}{L} \right)_N (U_{DD} - U_{THN})^2 \qquad (6\text{-}2\text{-}4a)$$

$$i_{DP} = \frac{\mu_p C_{ox}}{2} \left(\frac{W}{L} \right)_P (U_{DD} - U_{THP})^2 \qquad (6\text{-}2\text{-}4b)$$

令

$$\beta_N = \mu_n C_{ox} \left(\frac{W}{L} \right)_N \quad （\text{N 管的导电因子}） \qquad (6\text{-}2\text{-}5a)$$

$$\beta_P = \mu_p C_{ox} \left(\frac{W}{L} \right)_P \quad (\text{P 管的导电因子}) \tag{6-2-5b}$$

则

$$i_{DN} = \frac{\beta_N}{2} (u_I - U_{THN})^2 \tag{6-2-6a}$$

$$i_{DP} = \frac{\beta_P}{2} (u_I - U_{DD} - U_{THP})^2 \tag{6-2-6b}$$

且

$$i_{DN} = i_{DP} \tag{6-2-7}$$

可得反相器的阈值电压 U_{iT} 为

$$U_{iT} = U_{THN} + \frac{U_{DD} - U_{THN} + U_{THP}}{1 + \sqrt{\beta_N / \beta_P}} \tag{6-2-8}$$

(4) ①段

随着 u_I 继续上升，当满足

$$u_O + U_{THN} < u_I < U_{DD} + U_{THP} \tag{6-2-9}$$

N 管退出恒流导通，进入线性导通区，而 P 管仍维持在恒流导通区。N 管作为 P 管的负载管，r_{dsn} 很小，所以增益减小，u_O 变化缓慢。

(5) ⑥段

随着 u_I 进一步增大，当满足

$$U_{DD} + U_{THP} \leqslant u_I \leqslant U_{DD} \tag{6-2-10}$$

P 管截止，$i_{DP} = 0$，N 管维持非饱和导通，从而导致 $u_O = 0$。

由直流传输特性可见，在 $U_{THN} < u_I < U_{DD} + U_{THP}$ 时，双管同时导通，反相器将消耗直流功率。

6.2.3　CMOS 反相器的噪声容限

所谓噪声容限，是指电路在噪声干扰下，逻辑关系不发生偏离（误动作）的最大允许的输入噪声电压范围。也就是说，若输入信号中混入了干扰，当此干扰大过反相器输入电压阈值时，会使原本应是高电平的输出信号翻转为低电平，或使原本应是低电平的输出信号翻转为高电平，从而造成逻辑错误。

噪声容限有多种定义，其中一种是以两个单位增益点为界，如图 6-2-3 （a）所示，图中低端的噪声容限为 U_{NL}，高端的噪声容限为 U_{NH}，此种噪声容限的规定较为严格。

另一种是以输入阈值电压 U_{iT} 为界，如图 6-2-3 （b）所示，则低、高端噪声容限分别为：$U_{NL} = U_{iT}$，$U_{NH} = U_{DD} - U_{iT}$。

若要使高端噪声容限和低端噪声容限相等，即

$$U_{NL} = U_{NH} \tag{6-2-11}$$

则

$$U_{iT} = \frac{U_{DD}}{2} = U_{NL} = U_{NH} \tag{6-2-12}$$

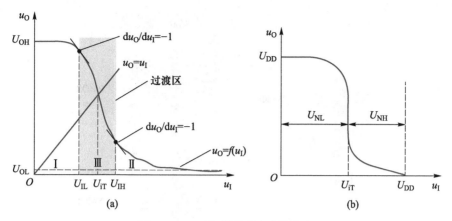

图 6-2-3　反相器的噪声容限定义

（a）以两个单位增益点为界　（b）以输入阈值电压 U_{iT} 为界

称此时的噪声容限为最佳噪声容限，逻辑门的输入端可以容忍更大的噪声电平，从而具有更高的可靠性。

从式（6-2-8）知

$$U_{iT} = U_{THN} + \frac{U_{DD} - U_{THN} + U_{THP}}{1 + \sqrt{\beta_N/\beta_P}} = \frac{U_{DD}}{2} \tag{6-2-13}$$

若 P 管阈值电压 U_{THP} 与 N 管阈值电压 U_{THN} 相等，则得

$$\beta_N = \beta_P \tag{6-2-14}$$

导电因子为

$$\beta_N = \mu_n C_{ox} \left(\frac{W}{L}\right)_N = \beta_P = \mu_p C_{ox} \left(\frac{W}{L}\right)_P \tag{6-2-15}$$

则

$$\left(\frac{W}{L}\right)_P = \frac{\mu_n}{\mu_p} \left(\frac{W}{L}\right)_N = (2\sim4)\left(\frac{W}{L}\right)_N \tag{6-2-16}$$

从式（6-2-16）中可以看出，在最佳噪声容限下，要求 P 管尺寸比 N 管大 2~4 倍。如果沟道长度设计成一样的，则 P 管的沟道宽度要比 N 管大，即

$$\begin{cases} L_P = L_N \\ W_P = (2\sim4)W_N \end{cases} \tag{6-2-17}$$

如果取

$$\left(\frac{W}{L}\right)_P = \left(\frac{W}{L}\right)_N \tag{6-2-18a}$$

则

$$\frac{\beta_N}{\beta_P} = \frac{\mu_n}{\mu_p} = 2\sim4 \tag{6-2-18b}$$

最佳噪声容限（$\beta_N = \beta_P$）条件下反相器的版图设计如图 6-2-4 所示（附 MOS 管沟道长度和宽度定义）。图中 PMOS 管的沟道宽度是 NMOS 管的两倍。

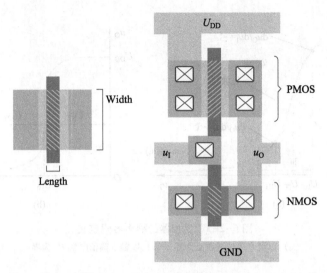

图 6-2-4　最佳噪声容限条件下反相器的版图（彩图见插页）

6.2.4　CMOS 反相器的门延迟、级联以及互连线产生的延迟

时间延迟属于电路的时域特性，延迟时间大小反映了集成电路的工作速度。集成电路信号传输中的延迟由两部分组成：一部分是逻辑门信号从输入到输出产生的延迟；另一部分是互连线产生的延迟。随着线宽尺寸减小到亚微米量级，互连线产生的传输延迟将占据更为重要的地位。反相器是组成各种逻辑门的基本单元，所以分析反相器延迟对于掌握数字集成电路的设计具有普遍意义。

1. CMOS 反相器的延迟分析模型

用于 CMOS 反相器延迟分析的 RC 模型如图 6-2-5 所示，其中点画线框内是 CMOS 反相器本身的等效电路，其将管子导通时的电流电压关系等效为一个电阻，其中 R_P 表示 P 管导

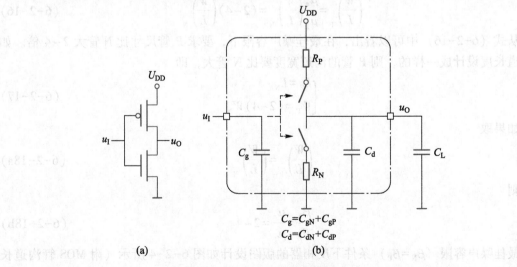

$$C_g = C_{gN} + C_{gP}$$
$$C_d = C_{dN} + C_{dP}$$

图 6-2-5　CMOS 反相器电路及 RC 模型

（a）电路　（b）RC 模型

通时的等效电阻，R_N 表示 N 管导通时的等效电阻；C_g 为输入端等效电容，是 N 管和 P 管栅极电容的并联，C_d 则为输出端等效电容，是 N 管和 P 管漏极电容的并联电容，点画线框外 C_L 是反相器输出驱动的负载电容。如果反相器级联，那么 C_L 则代表下一级反相器的输入栅电容 C_g。

当 P 管导通时，给 C_L 充电的时间常数为 $R_P C_L$；当 N 管导通时，C_L 的放电时间常数为 $R_N C_L$。为了计算反相器的延迟，需要用近似估算方法计算出 R_P 与 R_N 的值。

2. R_P、R_N 的估算

如图 6-2-6 所示，在 u_I 从 0 到 U_{DD} 变化的过程中，N 管的工作状态由截止区→饱和区（恒流区）→线性区变化。分别定义线性区电阻 R_{lin} 和恒流区电阻 R_{sat} 为

线性区电阻：

$$R_{lin} = \frac{U_{lin}}{I_{lin}} \tag{6-2-19a}$$

恒流区（饱和区）电阻：

$$R_{sat} = \frac{U_{sat}}{I_{sat}} \tag{6-2-19b}$$

式中

$$U_{lin} = \frac{1}{2}(U_{DD} - U_{THN}) \tag{6-2-19c}$$

$$U_{sat} = U_{DD} \tag{6-2-19d}$$

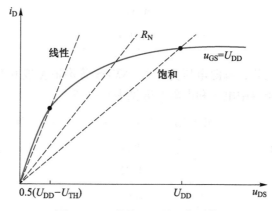

图 6-2-6 等效电阻的近似计算

取其平均值作为 N 管等效电阻 R_N，则

$$R_N = \frac{1}{2}\left(\frac{U_{lin}}{I_{lin}} + \frac{U_{sat}}{I_{sat}}\right) \tag{6-2-20}$$

由线性区和饱和区的电流方程求得电阻 R_N 的一个近似估算式为

$$R_N \approx \frac{2.5 \sim 4}{\mu_n C_{ox}(W/L)_N(U_{DD} - U_{THN})} = \frac{2.5 \sim 4}{\beta_N(U_{DD} - U_{THN})} \tag{6-2-21a}$$

同样，R_P 的近似估算式为

$$R_P \approx \frac{2.5 \sim 4}{\mu_p C_{ox}(W/L)_P(U_{DD} - U_{THP})} = \frac{2.5 \sim 4}{\beta_P(U_{DD} - U_{THP})} \tag{6-2-21b}$$

实际上，我们对计算 R_N、R_P 的电阻值并不十分感兴趣，而对 R_N 和 R_P 的比值更感兴趣。因为电阻与电流成反比，所以在电源和阈值电压相同的条件下，电流与导电因子 β_N（或 β_P）成正比，故

$$\frac{R_N}{R_P} = \frac{\beta_P}{\beta_N} = \frac{\mu_p C_{ox} \left(\dfrac{W}{L}\right)_P}{\mu_n C_{ox} \left(\dfrac{W}{L}\right)_N}$$

所以

$$\frac{R_N}{R_P} = \frac{\mu_p \left(\dfrac{W}{L}\right)_P}{\mu_n \left(\dfrac{W}{L}\right)_N} \tag{6-2-22}$$

这个公式对于之后的设计十分重要。从式中可见，如果要求 $R_N = R_P$，则 PMOS 管的尺寸要比 NMOS 管的大。对于典型的 $0.5\,\mu m$ 工艺，电源电压 $U_{DD} = 5\,V$ 和 $3.3\,V$ 所对应的 R_N 与 R_P 值如表 6-2-1 所示。因为 N 管的电子迁移率 μ_n 比 P 管的空穴的迁移率 μ_p 大，即 N 管导电因子 β_N 大于 P 管的导电因子 β_P，所以在同等尺寸下 $\left[\left(\dfrac{W}{L}\right)_P = \left(\dfrac{W}{L}\right)_N\right]$，$R_P > R_N$。

表 6-2-1   同等尺寸下的 N 管和 P 管的等效电阻

等效电阻	$U_{DD} = 5\,V$	$U_{DD} = 3.3\,V$
R_N	$3.9\,k\Omega$	$6.8\,k\Omega$
R_P	$14\,k\Omega$	$25\,k\Omega$

对于典型 $0.25\,\mu m$ 工艺，电源电压为 $5\,V$，NMOS 管沟道宽度 $0.5\,\mu m$，采用最佳噪声容限版图设计原则时，反相器中电容和电阻参数见表 6-2-2。

表 6-2-2   最佳噪声容限下反相器的等效 R、C 参数

电容/电阻参数	数值	单位
C_d	1.42	$fF/\mu m$
C_d	2.40	$fF/\mu m$
C_g	1.55	$fF/\mu m$
C_g	1.48	$fF/\mu m$
R_N	4.93	$k\Omega/\mu m$
R_P	10.83	$k\Omega/\mu m$

注：上表中沟道和扩散区长度均为工艺允许最小值（$0.25\,\mu m$），因此数值单位定义在一维宽度尺寸下。

3. CMOS 反相器上升时间 t_{rise}、下降时间 t_{fall} 和延迟时间 t_{delay} 的计算

（1）t_{rise}、t_{fall}、t_{delay} 的定义

t_{rise}：输出电压 u_O 从 $0.1 U_{OH}$ 上升到 $0.9 U_{OH}$ 所需的时间（U_{OH} 为 u_O 的振幅）；

t_{fall}：输出电压 u_O 从 $0.9 U_{OH}$ 下降到 $0.1 U_{OH}$ 所需要的时间；

$t_{\text{on\_delay}}$：理想阶跃输入信号 u_I 上升沿至输出信号 u_O 下降至 $0.5U_{OH}$ 所需的时间；

$t_{\text{off\_delay}}$：理想阶跃输入信号 u_I 下降沿至输出信号 u_O 上升至 $0.5U_{OH}$ 所需的时间。

输入输出波形时序图如图 6-2-7 所示。

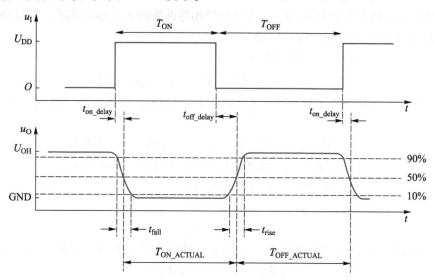

图 6-2-7　CMOS 反相器输入输出波形时序图

CMOS 反相器对负载 C_{LOAD}（$C_{\text{LOAD}} = C_d + C_L$）充放电电路如图 6-2-8 所示。

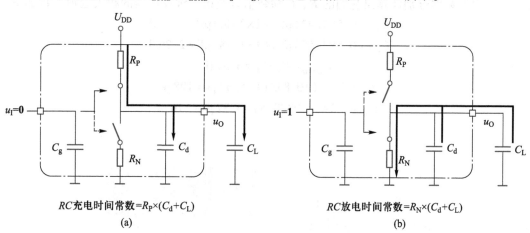

图 6-2-8　C_{LOAD} 的充放电电路

（a）C_{LOAD} 充电电路　（b）C_{LOAD} 放电电路

（2）t_{rise}、t_{fall} 的计算

C_{LOAD} 充电期 $u_O(t)$ 表达式为

$$u_O(t) = U_{DD}\left(1 - e^{-\frac{t}{R_P C_{\text{LOAD}}}}\right) \tag{6-2-23}$$

C_{LOAD} 放电期 $u_O(t)$ 表达式为

$$u_O(t) = U_{DD} e^{-\frac{t}{R_N C_{\text{LOAD}}}} \tag{6-2-24}$$

根据 t_{rise} 和 t_{fall} 的定义，得

$$t_{rise} = 2.2 R_P C_{LOAD} \tag{6-2-25}$$

$$t_{fall} = 2.2 R_N C_{LOAD} \tag{6-2-26}$$

现在来看一看 t_{rise}、t_{fall} 大概的量级。

以 $\lambda = 0.5\,\mu m$ 制作工艺为例，C_{LOAD} 为下级反相器两管输入电容的并联，若以最小尺寸计算，$W' = 3\lambda = 1.5\,\mu m$，$L' = 2\lambda = 1\,\mu m$，则

$$C_{LOAD} = 2 \times C_{ox} \times W' \times L'$$

$$= 2 \times 0.9 \times 10^{-15}\,F/\mu m^2 \times 1.5 \times 1\,\mu m^2 = 2.7\,fF$$

若 $U_{DD} = 5\,V$，查表 6-2-1 可得 $R_N = 3.9\,k\Omega$，$R_P = 14\,k\Omega$，那么下降时间 t_{fall} 与上升时间 t_{rise} 分别为

$$t_{fall} = 2.2 R_N C_{LOAD} = 2.2 \times 3.9 \times 10^3 \times 2.7 \times 10^{-15}\,s = 23.166\,ps$$

$$t_{rise} = 2.2 R_P C_{LOAD} = 2.2 \times 14 \times 10^3 \times 2.7 \times 10^{-15}\,s = 83.16\,ps$$

若 $U_{DD} = 3.3\,V$，则 $R_N = 6.8\,k\Omega$，$R_P = 25\,k\Omega$，得

$$t_{fall} = 40.39\,ps$$

$$t_{rise} = 148.5\,ps$$

如果希望上升时间与下降时间相等，则势必要增大 P 管的尺寸，以减小 R_P。此时

$$\left(\frac{W}{L}\right)_P = (2{\sim}4) \left(\frac{W}{L}\right)_N \tag{6-2-27}$$

对于如图 6-2-9 所示具有最佳噪声容限的两个级联 CMOS 反相器及其版图，可以根据表 6-2-2 中的数据分别计算出它们的 R、C 参数值以及第一级反相器的相关延迟参数如下：

$$C_d = (0.5 \times 1.42)\,pF + (1 \times 2.40)\,pF = 3.11\,fF$$

$$C_L = (0.5 \times 1.55)\,pF + (1 \times 1.48)\,pF = 2.26\,fF$$

$$C_{LOAD} = C_d + C_L = 5.37\,fF$$

$$t_{rise} = 2.2 \times (10.83/1) \times 5.37\,ps = 128\,ps$$

$$t_{fall} = 2.2 \times (4.93/0.5) \times 5.37\,ps = 116\,ps$$

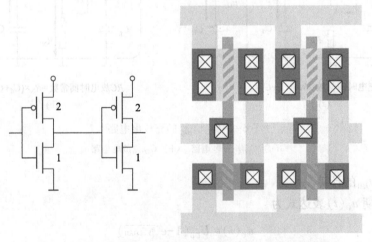

图 6-2-9 两个级联 CMOS 反相器及其版图（彩图见插页）

因该电路采用最佳噪声容限设计，所以其中 NMOS 管的沟道宽度为 $0.5\,\mu m$，PMOS 管的沟道宽度为 $1\,\mu m$，又因为 R_N 及 R_P 的阻值大小与其沟道宽度成反比，因此需要在查表获得相

应电阻值的基础上，再分别除以以 μm 为单位的沟道宽度值。

（3）非门延迟时间 t_{delay} 的计算

非门延迟时间包括上升延迟时间 t_{on_delay} 和下降延迟时间 t_{off_delay}，总的平均延迟时间为

$$t_{delay} = \frac{t_{on\_delay} + t_{off\_delay}}{2} \qquad (6-2-28)$$

其含义如图 6-2-7 所示。如果输入为理想阶跃波形，那么经过一级反相器以后其延迟时间为

$$t_{delay} = \frac{\dfrac{t_{rise}}{2} + \dfrac{t_{fall}}{2}}{2} = \frac{t_{rise} + t_{fall}}{4} \qquad (6-2-29)$$

式中 t_{rise} 为反相器的上升时间，t_{fall} 为反相器的下降时间。经过如图 6-2-9 两级反相器（实际上是缓冲驱动器）的延迟时间为

$$t_{delay} = \frac{t_{rise} + t_{fall}}{2} \qquad (6-2-30)$$

4. 连线延迟

在版图设计中，往往用如图 6-2-10 所示的多层金属和多晶硅作互连线，而扩散层电容较大，除短线外，一般不宜作信号连线。

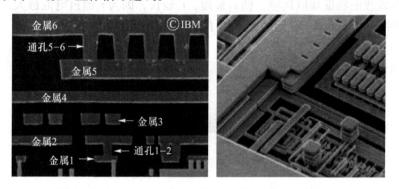

图 6-2-10　IBM CMOS7 工艺 6 层金属布线层显微图像

采用金属或多晶硅作信号连线时，可将长度为 L 的导线等效为如图 6-2-11 所示的若干段分布 RC 网络的级联，使信号传输过程中速度下降，从而产生延迟。

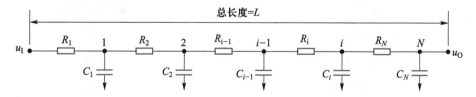

图 6-2-11　互连线的 RC 模型

对于较长的互连线，延迟时间计算方法如下

$$t_{dL} = \frac{rCL^2}{2} \qquad (6-2-31)$$

式中：r 为单位长度连线电阻；C 为连线分布电容；L 为连线长度。

若 $r = 12 \dfrac{\Omega}{\mu m}$，$C = 4 \times 10^{-4}$ pF/μm，$L = 2$ mm，则引入的线延迟 t_{dL} 为

$$t_{dL} \approx \frac{12 \times 4 \times 10^{-4} \times 10^{-12} \times (2 \times 10^{-3})^2}{2} \, \text{s} = 9.6 \, \text{ns}$$

这是一个很大的值。为了减小线延迟，可以采取如下措施：

（1）减小线长，在中间插入驱动器，如图 6-2-12 所示，那么总的延迟时间为

$$t'_{dL} = 2 \times \frac{t_{dL}}{4} + t_{d(\text{驱动门})} = 4.8 \, \text{ns} + t_{d(\text{驱动门})}$$

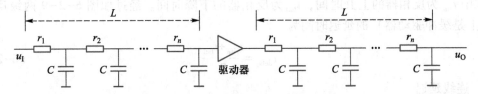

图 6-2-12　插入驱动器的互连线 RC 模型

（2）将各段线的粗细加以调整，使 r_1 最短，r_n 最长，因为 r_1 流过电流最大，应使用粗线，而 r_n 应使用细线，如图 6-2-13 所示，采用了分段锥形的互连线；

（3）选择好的材料，减小 r 及 C；

（4）采用多层金属布线。

图 6-2-13　分段锥形的互连线

当驱动门延迟 t_d 在 100 ps ~ 500 ps 之间时，与之相比，互连线延迟效应可忽略的最大允许长度如表 6-2-3 所示。

表 6-2-3　忽略延迟效应的最大允许长度

层名	最大长度 L/λ
金属层 3 导线	10000
金属层 2 导线	8000
金属层 1 导线	5000
硅化合物互连线	600
多晶硅互连线	200
扩散层互连线	60

5. 逻辑扇出延迟

如果一个反相器，要同时驱动多个反相器，则称之为门的扇出，扇出系数 F_0 表示被驱动的门数，如图 6-2-14 所示。所有扇出门的输入电容并联作为驱动门的负载电容 C_L，若 C_L 增大，门的延迟时间也将增大，而且互连线的影响也将变大，其延迟时间可近似为

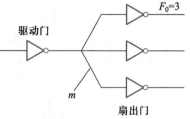

图 6-2-14　门的扇出延迟

$$t_{dF} \approx (m + F_0) t_{dL} \tag{6-2-32}$$

式中：m 为由互连线增多而带来的影响；F_0 为由扇出门带来的影响；t_{dL} 为单个门的延迟时间（$F_0 = 1$ 时）。

多级扇出、多级传输时，延迟将加剧，如式（6-2-33）所示

$$t_{dF_n} = t_{dL} \sum_{j=1}^{n} (m_j + F_{0j}) \tag{6-2-33}$$

集成电路中的总线信号、时钟信号等扇出系数 F_0 大，连线长，因此要考虑逻辑扇出引入的延迟时间增大的情况。同时，当扇出多、连线长时，负载电容 C_L 也会变大，此时还要考虑大电容负载的驱动问题。

6.2.5　CMOS 反相器功耗

1. 静态功耗 P_S

当 $u_I = 0$ 时，T_1 截止，T_2 导通，$u_O = U_{DD}$（**1** 状态）。

当 $u_I = U_{DD}$（**1**）时，T_1 导通，T_2 截止，$u_O = 0$（**0** 状态）。

因此，无论 u_I 是 **0** 或 **1**，总有一个管子是截止的，$i_D = 0$，故静态功耗

$$P_S = i_D U_{DD} = 0 \tag{6-2-34}$$

实际上，由于有漏电流存在，静态功耗也不能完全为 0，但比动态功耗要小得多，故可忽略不计。

2. 动态功耗（瞬态功耗）P_D

从上一节反相器的等效 RC 电路中可见，反相器电平的转换是通过导通的晶体管对负载电容的充电或放电实现的，而且由于 N 管和 P 管在导通和关断时均存在延迟，因此 CMOS 反相器电平转换存在一个瞬态变化的区域，在此区域内存在 N 管和 P 管同时导通的区间，此时在电源和地之间就会存在穿透电流。因上述原因产生的功耗被称为 CMOS 器件的动态功耗。

（1）对负载电容 C_{LOAD} 充放电的动态功耗 P_{D1}——交流开关功耗

如图 6-2-15 所示，设输入信号 u_I 为理想方波。当 u_I 由 **0→1** 时，输出电压 u_O 由 **1→0**，T_1 导通，T_2 截止，i_{DN} 使 C_{LOAD} 放电（反充电），u_O 下降。因此，在输入信号变化的一段时间内，管子存在电流和电压，故有功率损耗。

一周期内 C_{LOAD} 充放电时，管子产生的平均功耗

$$P_{D1} = \frac{1}{T_c} \left[\int_{t_0}^{t_1} (i_{DN} \times u_{DSN}) \, dt + \int_{t_1}^{t_2} (i_{DP} \times u_{DSP}) \, dt \right] \tag{6-2-35}$$

式中 T_c 为输入信号的周期。

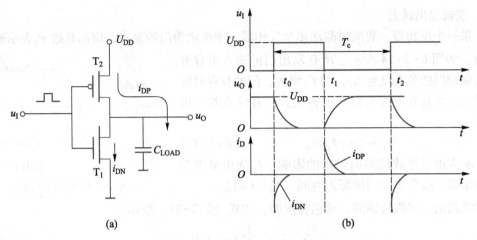

图 6-2-15　u_I 为理想方波时的反相器动态功耗

（a）电路　（b）C_{LOAD} 充放电电流和电压的波形

$$i_{DP} = |i_{DN}| = C_{LOAD}\frac{\mathrm{d}u_o}{\mathrm{d}t}$$

$$u_{DSP} = U_{DD} - u_O$$

$$u_{DSN} = u_O$$

故

$$P_{D1} = \frac{C_{LOAD}}{T_c}\Big[\int_{U_{OH}}^{U_{OL}}(u_O - U_{DD})\mathrm{d}(u_O - U_{DD}) + \int_{U_{OL}}^{U_{OH}}u_O\mathrm{d}u_O\Big] \qquad (6\text{-}2\text{-}36a)$$

$$= C_{LOAD}f_c(U_{OH} - U_{OL})U_{DD} = C_{LOAD}f_cU_{DD}^2 \qquad (6\text{-}2\text{-}36b)$$

由此可见，在 u_I 变化过程中，管子的动态功耗与 C_{LOAD}、f_c、U_{DD} 三者有关。C_{LOAD} 越大，充放电速度越慢，i_D 存在的时间越长，功耗越大；频率 f_c 越高，功耗也越大；U_{DD} 越大，功耗也越大，而且与 U_{DD} 平方成正比，故降低电源电压对于低功耗设计非常重要。目前，由于理论及工艺的进步，可使电源电压由 5 V 降为 3.3 V、1.8 V，甚至 1 V 以下。

（2）u_I 为非理想阶跃波形时引入的动态功耗 P_{D2}——直流开关功耗

如图 6-2-16 所示，当输入信号不是理想阶跃变化时，我们来分析一下反相器中管子的工作状态。

对 NMOS 管，$U_{GSN} = u_I$，则

① 当 $u_{GSN} = u_I < U_{THN}$ 时，NMOS 管截止；

② 当 $u_{GSN} = u_I > U_{THN}$ 时，NMOS 管导通。

对 PMOS 管，$u_{GSP} = u_I - U_{DD}$，则

① 当 $|u_{GSP}| = |u_I - U_{DD}| < |U_{THP}|$ 时，PMOS 管截止；

② 当 $|u_{GSP}| = |u_I - U_{DD}| > |U_{THP}|$ 时，PMOS 管导通。

因此，在 $t_1 \sim t_2$，$t_3 \sim t_4$ 时间段内，NMOS 管和 PMOS 管同时导通，$i_{DN} = i_{DP} \neq 0$，从 U_{DD} 到 GND 之间存在所谓的穿透电流，且 u_{DSN}、u_{DSP} 也不为 0，这就会产生瞬态功耗 P_{D2}，该电流贯穿 NMOS 管和 PMOS。设电流峰值为 I_{DN}，其平均电流近似为 $I_{DM}/2$，那么，电源供给的平均功率（也就是管子消耗的平均功率）为

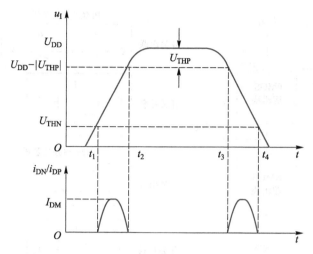

图 6-2-16　u_I 为非理想阶跃变化时的管子工作状态

$$P_{D2} \approx \frac{1}{T_c}\left[\int_{t_1}^{t_2}\frac{I_{DM}}{2}U_{DD}\mathrm{d}t + \int_{t_3}^{t_4}\frac{I_{DM}}{2}U_{DD}\mathrm{d}t\right] = \frac{1}{2}I_{DM}U_{DD}f_c(t_r + t_f) \tag{6-2-37}$$

式中：$t_r = t_2 - t_1$——u_I 的上升时间；$t_f = t_4 - t_3$——u_I 的下降时间。

$$I_{DM} \approx \frac{\mu_n C_{ox}}{2}\left(\frac{W}{L}\right)_N (U_{DD} - U_{THN})^2 = \frac{\mu_p C_{ox}}{2}\left(\frac{W}{L}\right)_P (U_{DD} - U_{THP})^2$$

反相器的总功耗

$$P_D = P_{D1} + P_{D2} \tag{6-2-38}$$

由以上分析可得出结论：要降低功耗，就必须要按比例减小管子的尺寸（C_{LOAD} 减小），特别是要减小供电电压 U_{DD}。

6.3　全互补 CMOS 集成电路

CMOS 反相器是数字电路中最基本的单元，在 6.2 节我们对 CMOS 反相器的性能作了详尽的分析，在此基础上可将逻辑非功能扩展为**或非、与非**等基本电路，而任何复杂的逻辑功能都可以分解为**与、或、非**的操作。通常，CMOS 采用正逻辑，由 NMOS 管组成的逻辑块电路和由 PMOS 管组成的逻辑块电路分别代替单个 NMOS 管和单个 PMOS 管，如图 6-3-1 所示。对于 NMOS 逻辑块，遵循"**与串或并**"的规律；对于 PMOS 逻辑块，则遵循"**或串与并**"的规律。

在这种全互补集成电路中，P 管数目和 N 管数目是相等的。对于标准 CMOS 逻辑门电路来说，若输入变量个数为 *Num*，则共需 2×*Num* 只 MOS 管。

另外需要注意的是，标准全互补 CMOS 逻辑门电路的输出是对所求逻辑函数取反后的输出，如果要得到原函数的输出，需要采用如下图 6-3-2 所示的电路结构，即在原来的 CMOS 逻辑门电路后面加上一个 CMOS 反相器电路。

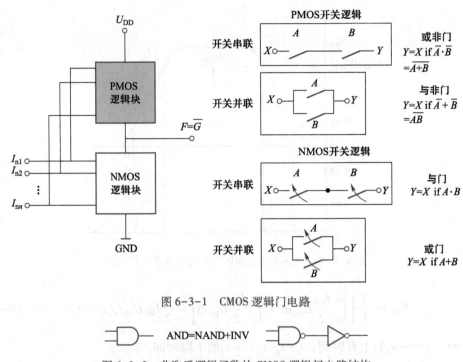

图 6-3-1　CMOS 逻辑门电路

$\begin{array}{c} \rightarrow \end{array}$ AND=NAND+INV $\begin{array}{c} \rightarrow \end{array}$

图 6-3-2　非取反逻辑函数的 CMOS 逻辑门电路结构

6.3.1　CMOS 与非门设计

1. 电路结构

CMOS 与非门电路如图 6-3-3 所示，其中 NMOS 管串联，PMOS 管并联，A、B 为输入变量，F 为输出。

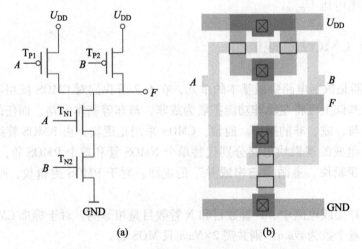

图 6-3-3　CMOS 与非门电路及版图（彩图见插页）

（a）电路 （b）版图

2. 逻辑功能

该电路的逻辑功能如表 6-3-1 所示，可以完成**与非**运算。

表 6-3-1　CMOS 与非门的功能

A	B	管子工作状态	$F=\overline{AB}$
0	**0**	T_{P1}、T_{P2} 导通；T_{N1}、T_{N2} 截止	**1**
0	**1**	T_{P1} 导通，T_{P1} 截止；T_{N1} 截止，T_{N2} 导通，但因为串联，故 T_{N1}、T_{N2} 均截止	**1**
1	**0**	T_{P1} 截止，T_{P1} 导通；T_{N1}、T_{N2} 因串联，仍为截止	**1**
1	**1**	T_{P1}、T_{P2} 均截止，T_{N1}、T_{N2} 均导通	**0**

3. 与非门所用管子数 M

该电路所用管子数 M 为

$$M=输入变量数×2 \tag{6-3-1}$$

4. 与非门的 RC 模型及 t_{rise}、t_{fall} 计算

与非门的 RC 模型如图 6-3-4 所示。图中 R_{P1}、R_{P2} 分别为 PMOS 管导通时的等效电阻，R_{N1}、R_{N2} 分别代表 NMOS 管导通时的等效电阻，S_1、S_2 分别代表两个 PMOS 管的通断开关。两个 NMOS 管串联，只要其中一个不导通，则两个 NMOS 管都不导通，因此用一个通断开关 S_3 表示即可。

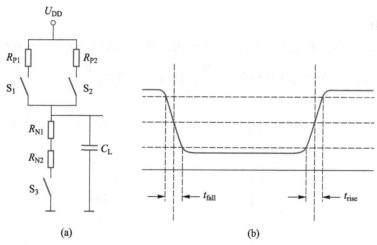

图 6-3-4　CMOS 与非门的 RC 模型

（a）电路　（b）输出信号的上升时间和下降时间

根据这个 RC 模型，从最坏情况考虑（只有一个 P 管导通），可得与非门输出信号的下降时间和上升时间分别为

下降时间：

$$t_{fall}=2.2(R_{N1}+R_{N2})C_L \approx 2.2×2R_{N1}C_L \tag{6-3-2}$$

上升时间：

$$t_{rise}=2.2R_{P1}C_L=2.2×2R_{P2}C_L \tag{6-3-3}$$

由此可见：

（1）如果要求下降时间与标准反相器相同，则要求 R_{N1} 减小一半，那么**与非门的 NMOS 管的宽长比 $(W/L)_N$ 比标准反相器的 NMOS 管的宽长比 $(W/L)_{ON}$ 要大一倍**，即

$$\left(\frac{W}{L}\right)_{\mathrm{N}}=2\left(\frac{W}{L}\right)_{\mathrm{ON}} \tag{6-3-4}$$

沟道长度 L 取最小允许尺寸(2λ),那么**与非门的 NMOS 管宽度 W 要比标准反相器的 NMOS 管大一倍**。

(2) 如果要求上升时间与下降时间一样,则 $2R_{\mathrm{N1}}=R_{\mathrm{P1}}$,那么根据式(6-2-22),有

$$\left(\frac{W}{L}\right)_{\mathrm{P}}=\frac{\mu_{\mathrm{n}}}{2\mu_{\mathrm{p}}}\left(\frac{W}{L}\right)_{\mathrm{N}}\approx1.3\left(\frac{W}{L}\right)_{\mathrm{N}} \tag{6-3-5}$$

即 PMOS 管的尺寸比 NMOS 管稍大一点。

5. 与非门中的体效应

如图 6-3-3 所示,图中一个 NMOS 的源极不接地,而衬底都要接地,所以该管源极对衬底的电压 $u_{\mathrm{BS}}<0$,存在体效应,该管的阀值电压比 $u_{\mathrm{BS}}=0$ 的 NMOS 管阀值电压要大,约为

$$U_{\mathrm{THN2}}=U_{\mathrm{THN0}}+\Delta U_{\mathrm{TH}}\approx U_{\mathrm{THN0}}+\frac{\sqrt{|u_{\mathrm{BS}}|}}{2} \tag{6-3-6}$$

6.3.2　CMOS 或非门设计

1. 电路结构

CMOS **或非门**电路及 IC 版图如图 6-3-5 所示,其中 NMOS 管并联,PMOS 管串联。如果要使其性能达到最优,就要求 PMOS 管的 $\left(\dfrac{W}{L}\right)_{\mathrm{P}}$ 比 NMOS 管的 $\left(\dfrac{W}{L}\right)_{\mathrm{N}}$ 大 2~4 倍。

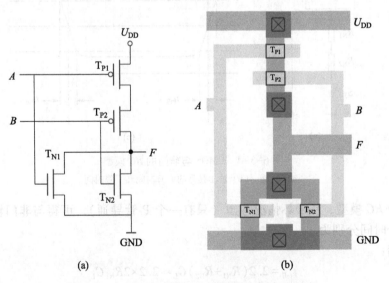

图 6-3-5　CMOS **或非门**及其版图(彩图见插页)

(a) 电路　(b) 版图

2. 逻辑功能

CMOS **或非门**逻辑功能如表 6-3-2 所示,可以完成**或非**运算,$F=\overline{A+B}$。

表 6-3-2　或非门的逻辑功能

A	B	管子工作状态	输出 $F=\overline{A+B}$
0	**0**	NMOS 管截止，PMOS 管导通	**1**
0	**1**	T_{N1} 截止，T_{N2} 导通；T_{P1}、T_{P2} 截止	**0**
1	**0**	T_{N1} 导通，T_{N2} 截止；T_{P1}、T_{P2} 截止	**0**
1	**1**	T_{N1}、T_{N2} 导通，T_{P1}、T_{P2} 截止	**0**

3. 驱动能力及 t_{rise}、t_{fall} 的计算

或非门的 RC 模型如图 6-3-6 所示。

由图 6-3-6 可得，该电路的延时

$$t_{\text{rise}} = 2.2(R_{P1}+R_{P2})C_L \approx 2.2 \times 2R_{P1}C_L \quad (6\text{-}3\text{-}7a)$$

$$t_{\text{fall}} = 2.2\frac{R_{N1}}{2}C_L \text{（双管导通）} \quad (6\text{-}3\text{-}7b)$$

$$t_{\text{fall}} = 2.2R_{N1}C_L \text{（单管导通，最坏情况）} \quad (6\text{-}3\text{-}7c)$$

若要求其驱动能力与标准反相器相同，则

$$2R_{P1} = R_{N1}$$

那么，根据式（6-2-22），有

$$\left(\frac{W}{L}\right)_P = 2\frac{\mu_n}{\mu_p}\left(\frac{W}{L}\right)_N \approx 5.2\left(\frac{W}{L}\right)_N \quad (6\text{-}3\text{-}8)$$

该式说明，**或非门**的 PMOS 管的尺寸要比 NMOS 管大得多。

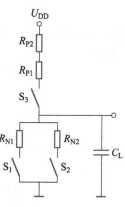

图 6-3-6　CMOS 或非门
的 RC 模型

6.3.3　CMOS 与或非门和或与非门设计

CMOS **与或非门**要实现的逻辑函数为

$$F = \overline{AB+CD} \quad (6\text{-}3\text{-}9)$$

1. 电路结构

（1）NMOS 逻辑块电路的设计。根据 NMOS 逻辑块"**与串或并**"的规律构成 NMOS 逻辑块电路，如图 6-3-7 所示。

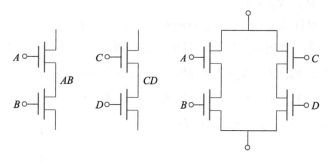

图 6-3-7　NMOS 逻辑块电路

（2）PMOS 逻辑块电路的设计。根据 PMOS 逻辑块"**或串与并**"的规律构成 PMOS 逻辑块电路，如图 6-3-8 所示。

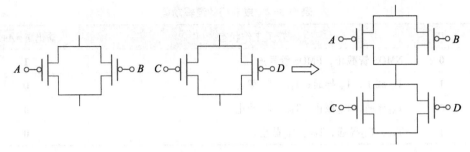

图 6-3-8 PMOS 逻辑块电路

（3）将 NMOS 逻辑块与 PMOS 逻辑块连接，接上电源和地，构成完整的逻辑电路，如图 6-3-9 所示。

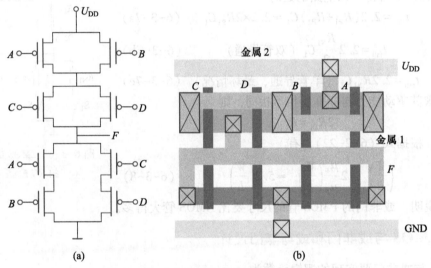

(a)　　　　　　　　　(b)

图 6-3-9 实现与或非运算的电路及其版图（彩图见插页）

(a) 电路 (b) 版图

2. RC 模型及管子尺寸设计

图 6-3-9 电路的 RC 模型如图 6-3-10 所示。图中 $R_{P1} = R_{P2} \approx R_{P3} = R_{P4}$，$R_{N1} \approx R_{N2} = R_{N3} \approx R_{N4}$。

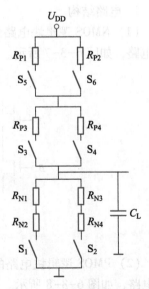

最坏的情况下，晶体管驱动 C_L。C_L 充电时，S_5、S_6 导通一个，S_3、S_4 导通一个。放电时，S_1、S_2 导通一个。因此有

$$t_{rise} = 2.2(R_{P1}+R_{P3})C_L = 2.2 \times 2R_{P1}C_L \quad (6\text{-}3\text{-}10)$$

$$t_{fall} = 2.2(R_{N1}+R_{N2})C_L = 2.2 \times 2R_{N1}C_L \quad (6\text{-}3\text{-}11)$$

若要求 C_L 充放电时的驱动能力一致，则应有

$$R_{P1} = R_{N1}$$

那么

$$\left(\frac{W}{L}\right)_P = \frac{\mu_n}{\mu_p}\left(\frac{W}{L}\right)_N = 2.6\left(\frac{W}{L}\right)_N \quad (6\text{-}3\text{-}12)$$

这是该电路 PMOS 管与 NMOS 管尺寸大小的设计原则。

图 6-3-10 电路的 RC 模型

3. 另一种**与或非门**和**或与非门**电路

（1）这种电路实现的函数如下：

$$\text{与或非门}：F_1 = \overline{AB+C}$$
$$\text{或与非门}：F_2 = \overline{(A+B)\,C}$$

（2）对应的电路分别如图 6-3-11 和图 6-3-12 所示。

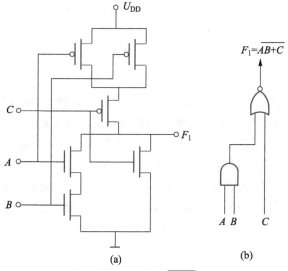

（a）   （b）

图 6-3-11　实现 $F_1 = \overline{AB+C}$ 的电路

（a）晶体管级电路　（b）逻辑门级电路

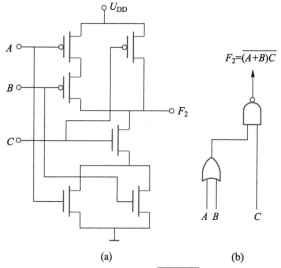

（a）   （b）

图 6-3-12　实现 $F_2 = \overline{(A+B)\,C}$ 的电路

（a）晶体管级电路　（b）逻辑门级电路

6.3.4　三态逻辑门电路设计

三态门是具有三种输出状态的逻辑门，这三种状态分别是高电平 **1**、低电平 **0** 和高阻态 "**Z**"。与普通反相器不同的是，三态门增加了可以控制其输出状态的使能控制信号 en，其电

路符号及真值表如图 6-3-13 所示。

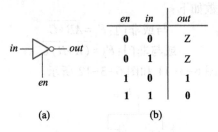

en	in	out
0	0	Z
0	1	Z
1	0	1
1	1	0

(a)　　　　　　(b)

图 6-3-13　CMOS 三态门
(a) 电路符号　(b) 真值表

　　三态门的门级电路实际上可以由如图 6-3-14 (a) 所示的 CMOS 反相器串联 CMOS 传输门来构建,其中传输门关断时提供电路所需的高阻状态。为了提高电路的驱动能力,实际的三态门晶体管级电路如图 6-3-14 (b) 所示,其中 T_{N1} 和 T_{P1} 是由使能信号 en 控制的开关管。当 en 为 **1** 时, T_{N1}、T_{P1} 导通,使 T_{P2} 接电源 U_{DD}, T_{N2} 接地,其功能与普通反相器没有什么不同,实现了 $F=\bar{A}$。反之,使能信号 en 为低 (**0**),则 T_{N1}、T_{P1} 截止,电路与 U_{DD} 和地均断开,输出端既不能向外提供电流,也不能向内吸收电流,呈高阻状态。

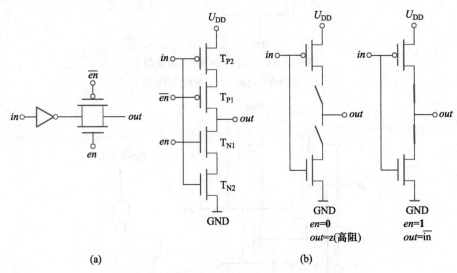

(a)　　　　　　　　　　(b)

图 6-3-14　两种不同的 CMOS 三态门电路
(a) 基于传输门的原理电路　(b) 实际采用的电路

6.3.5　CMOS 异或门设计

　　二输入**异或**门的逻辑函数为

$$F=A \oplus B=A\bar{B}+\bar{A}B \qquad (6-3-13)$$

其逻辑真值表如表 6-3-3 所示。用常规 CMOS 电路设计方法设计出的**异或**门电路如图 6-3-15 所示。此电路共使用了 14 只晶体 MOS 管,之所以用了如此多晶体管的原因主要在于实现**异或**逻辑的函数除了要输入信号的原变量外,还需要输入其反变量,这样一来,原本两输入的逻辑函数就变成了四输入的,而且还要用两个反相器来求反变量,而最终的输出还要经反相器求反后才能获得。晶体管数量多、级数多，不仅占用硅片的面积大，而且所设计出的**异或**门电路延迟也较大。

表 6-3-3 异或门的逻辑真值表

A	B	$F=A \oplus B$	F
0	**0**	**0**	
0	**1**	**1**	B
1	**0**	**1**	
1	**1**	**0**	$\overline{B}$

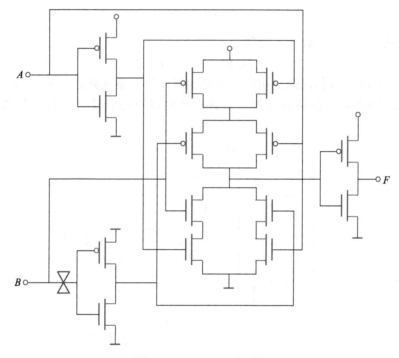

图 6-3-15 CMOS 异或门

改进的设计仅用两个 CMOS 反相器和一个 CMOS 传输门共 6 只晶体管就可以构建成**异或**门电路，其电路如图 6-3-16 所示。

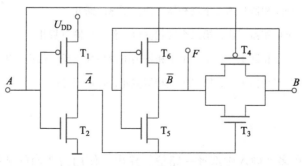

图 6-3-16 改进的 CMOS 异或门

该电路的工作原理如下：第一个反相器由 T_1、T_2 组成，并由 U_{DD} 供电，其输出为 $\bar{A}$。第二个反相器由 T_5、T_6 组成，其输入为 B。该反相器是一个特殊的反相器，它不直接接电源 U_{DD}，而是由 A 和 $\bar{A}$ 供电，当 A 为 1 时才正确加电而工作，而 $A=0$ 时，第二个反相器的供电电压极性是相反的，所以截止。传输门由 T_3、T_4 组成，其控制电压为 A 和 $\bar{A}$。当 A 为 0 时，第二个反相器截止，传输门开启并导通，B 将通过传输门直接传到输出端，即

$$A=0, \quad F=B \tag{6-3-14a}$$

反之，当 $A=1$ 时，传输门截止，第二个反相器工作，B 经反相后输出，故

$$A=1, \quad F=\bar{B} \tag{6-3-14b}$$

可见该电路的逻辑关系与表 6-3-3 是一致的。

6.3.6   CMOS 同或门设计

二输入同或门的逻辑函数表达式为

$$F=A \odot B = \overline{A \oplus B} = \bar{A}\bar{B}+AB \tag{6-3-15}$$

电路图 6-3-17 可以实现同或功能。与异或门比较，该电路是将传输门、第二个反相器的 PMOS 管和 NMOS 管的位置互换了。该电路的逻辑功能及电路各部分的工作状况如表 6-3-4 所示。

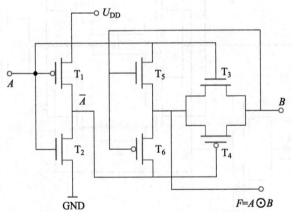

图 6-3-17   同或门电路

表 6-3-4   同或门的工作状况

A	B	电路各部分的工作状况	输出 F
0	0	第一个反相器和第二个反相器工作，传输门断开	$F=\bar{B}=1$
0	1	第一个反相器工作，第二个反相器也工作，传输门断开	$F=\bar{B}=0$
1	0	第一个反相器工作，第二个反相器因电源极性相反而截止，传输门导通	$F=B=0$
1	1	第一个反相器工作，第二个反相器截止，传输门导通	$F=B=1$

6.3.7   CMOS 数据选择器

数据选择器是指在多个输入中选择一路信号输出。使用最普遍的数据选择器是双路选择器，即 2 选 1 电路，它根据"地址"从两路中选择一路信号输出。2 选 1 数据选择器的逻辑

表达式如下，其中 S 是地址选择信号，D_0 和 D_1 是被选择的输入信号，Y 为其输出。基于与**异或**门相同的原理，采用典型CMOS电路设计方式会使用较多的晶体管，而数据选择器从本质上来讲是一个控制信号交叉连接的受控开关阵列，因此采用作为理想开关的传输门进行设计会是更好的选择。

$$Y=SD_1+\overline{S}D_0 \tag{6-3-16}$$

用两个传输门可以设计出一个 2 选 1 电路，如图 6-3-18 所示，其逻辑功能如表 6-3-5 所示。

表 6-3-5　2 选 1 电路逻辑功能

S	$\overline{S}$	传输门工作状态	输出 Y
0	**1**	Ⅰ导通，Ⅱ截止	D_0
1	**0**	Ⅰ截止，Ⅱ导通	D_1

同样，采用 8 个传输门构成的开关阵列，设计出 4 选 1 数据选择器的电路如图 6-3-19 所示。

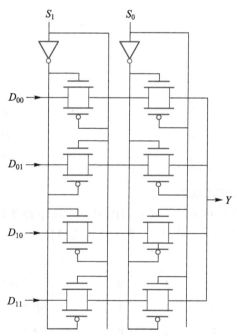

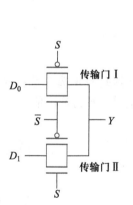

图 6-3-18　2 选 1 数据选择器电路　　　　　图 6-3-19　4 选 1 数据选择器电路

6.3.8　布尔函数逻辑——传输门的又一应用

1. 电路结构

布尔函数逻辑电路如图 6-3-20（a）所示，该电路由 8 个传输门组成，在版图设计中布图/布线将比较困难，因此可将其改成如图 6-3-20（b）所示的形式，使版图设计时的布图/布线更容易。因为图 6-3-20（b）将 PMOS 管与 NMOS 管分别集中，所以只需做一个 P 阱区，而不像图 6-3-20（a）那样每个传输门都需要做一个阱。

图 6-3-20（b）所示的电路从上到下分 8 行，其布尔函数卡诺图如表 6-3-6 所示。

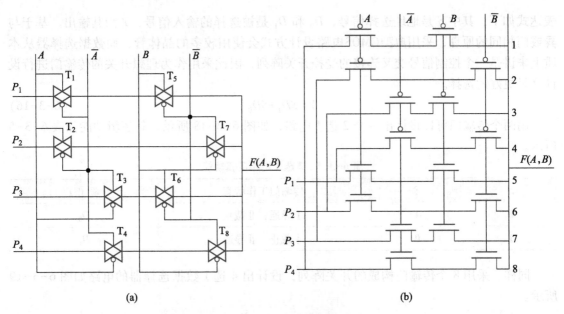

图 6-3-20　布尔函数逻辑电路

（a）由传输门构成的布尔函数逻辑电路　（b）实际布尔函数逻辑电路

表 6-3-6　布尔函数卡诺图

B	A	
	0	**1**
0	P_4	P_2
1	P_3	P_1

2. 4 选 1 功能

从上面的布尔函数卡诺图可见，该电路实际上就是一个典型的 4 选 1 数据选择器，如表 6-3-7 所示，此时 A、B 为地址选择信号，$P_1 \sim P_4$ 为输入信号，F 为输出信号。

表 6-3-7　数据选择器

A	B	$\overline{A}$	$\overline{B}$	导通的信号	F（输出）
0	**0**	**1**	**1**	第 1 行，第 8 行	P_4
0	**1**	**1**	**0**	第 2 行，第 7 行	P_3
1	**0**	**0**	**1**	第 3 行，第 6 行	P_2
1	**1**	**0**	**0**	第 4 行，第 5 行	P_1

3. 布尔函数逻辑电路的逻辑功能

对于上述实现 4 选 1 数据选择器功能的布尔逻辑电路，如果把该电路的 A、B 信号作为 2 输入组合逻辑的输入变量，F 为其输出，这样通过在 $P_1 \sim P_4$ 设置对应的固定电平 0 或 1，就可以实现任意 2 输入的组合逻辑函数，这是因为任意 2 输入的组合逻辑的输入只可能有 4 种确定的状态，对应每一种输入状态的函数值也是确定的，只需要根据输入的状态将正确的函数值选择输出到 F 即可。通过此方式设计实现的部分布尔函数的逻辑功能如表 6-3-8 所示。

表 6-3-8 部分布尔函数的逻辑功能

	P_4	P_3	P_2	P_1	实现的操作
控制条件	0	0	0	1	与 AND (A, B)
	0	1	1	0	异或 XOR (A, B)
	0	1	1	1	或 OR (A, B)
	1	0	0	0	或非 NOR (A, B)
	1	1	1	1	与非 NAND (A, B)

由此可见，如要实现 n 输入的组合逻辑，那么可以用实现 2^n 选 1 的布尔函数逻辑电路通过上面的方法来加以实现。该电路实际上是一种典型的查找表（look up table, LUT），可以用来设计和实现可编程的组合逻辑电路。

6.4 改进的 CMOS 逻辑电路

在全互补型 CMOS 电路中，PMOS 逻辑块的管子数与 NMOS 逻辑块的管子数必须相等，一个 4 输入与非门需要 4 个 NMOS 管和 4 个 PMOS 管，共 8 个管子，而实际上电路的运算关系仅取决于 NMOS 管组成的逻辑块，PMOS 逻辑块仅仅起了非（求反）的作用，而且全互补电路每个输入都需要并联一对 NMOS 管和 PMOS 管，使输入电容加倍，因而影响了速度。因此，人们想办法在保证逻辑功能不变的情况下减少 PMOS 管数目，从而可以节省硅片面积，减少功耗，提高运行速度。

6.4.1 伪 NMOS 逻辑（pseudo NMOS logic）电路

伪 NMOS 逻辑电路由一个 NMOS 逻辑块和一个 PMOS 管组成，如图 6-4-1（a）所示。所用的晶体管数量为

$$\text{晶体管数量}=\text{输入变量数}+1 \tag{6-4-1}$$

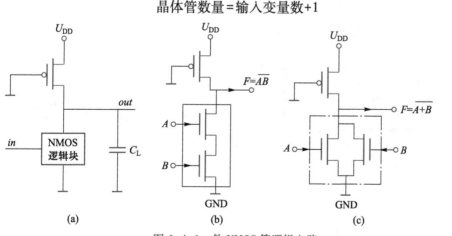

图 6-4-1 伪 NMOS 管逻辑电路

（a）伪 NMOS 电路结构 （b）伪 NMOS 与非门 （c）伪 NMOS 或非门

1. 伪 NMOS 2 输入或非门

如图 6-4-1（c）所示，伪 NMOS 或非门只需 3 个管子，而且 PMOS 管固定偏置，不管

A、B 是 **0** 或 **1**，PMOS 管一直导通。因为 PMOS 管衬底接 U_{DD}，所以 PMOS 管和 NMOS 管均无衬底调制效应。

2. 用伪 NMOS 实现复杂的逻辑关系

【例6-1】用伪 NMOS 实现下面的逻辑表达式。

$$F=\overline{AB+C(D+E)} \tag{6-4-2}$$

其电路设计如图 6-4-2 所示，该电路的 NMOS 逻辑块由 5 个管子组成，而 PMOS 管只有 1 个。其所实现的函数有 5 个变量输入，如果用全互补 CMOS 逻辑电路，则需 10 只晶体管，而用伪 NMOS 逻辑电路，只需要用 6 只。

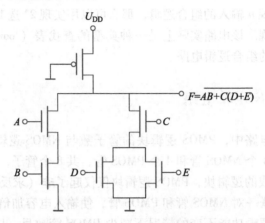

图 6-4-2　例 6-1 的晶体管级电路图

【例6-2】用伪 NMOS 实现式（6-4-3）的逻辑表达式。

$$F=\overline{X_1(X_4+(X_2+X_3)(X_5+X_6+X_7))} \tag{6-4-3}$$

设计如图 6-4-3（a）所示，该电路是一个 7 变量输入的电路，但只用了 8 只晶体管。该电路的等效逻辑门级电路如图 6-4-3（b）所示。

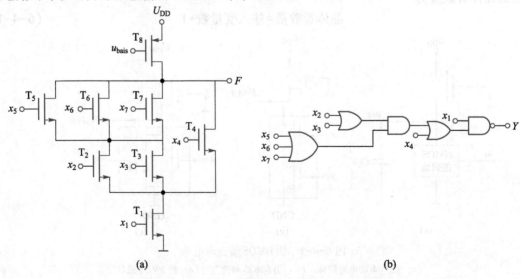

(a)　　　　　　　　　　　　　　　(b)

图 6-4-3　例 6-2 的晶体管级电路图及逻辑门级电路图

(a) 晶体管级电路图　(b) 逻辑电路图

【例6-3】用伪 NMOS 逻辑电路实现如式（6-4-4）所示的逻辑表达式。

$$F = \overline{(X_1+X_2)X_6 + (X_3+X_4+X_5)X_7 + X_8}$$ (6-4-4)

实现本例中逻辑表达式的逻辑电路图如图 6-4-4 所示。伪 NMOS 电路的设计步骤如图 6-4-5 （a）、（b）、（c）所示。

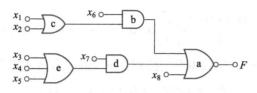

图 6-4-4 逻辑电路图

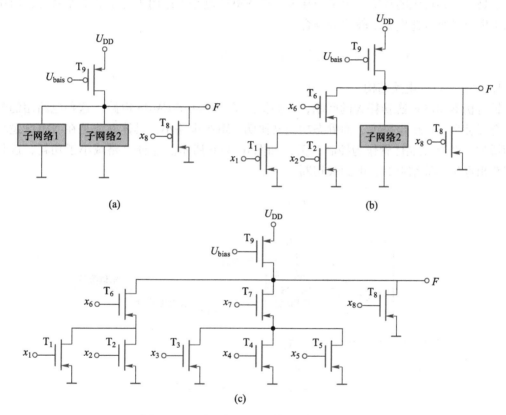

图 6-4-5 实现例 6-3 的伪 NMOS 电路设计

（a）步骤1 （b）步骤2 （c）步骤3

相比于 CMOS 电路，伪 NMOS 电路的优点是所用晶体管数量少，输入电容也有所降低，因此可以获得更快的工作速度。但伪 NMOS 电路有一个明显的缺点，它是一个有比电路，当输出为 **0** 时，PMOS 管中有电流流过，因而存在直流功耗。其直流功耗为流经 PMOS 管的电流与供电电压的乘积，即

$$P_d = \frac{\mu_p C_{ox}}{2}\left(\frac{W}{L}\right)_P (u_{GSP} - U_{THP})^2 U_{DD}$$ (6-4-5a)

一个周期之内的平均功耗为

$$P'_d = \frac{\mu_p C_{ox}}{4} \left(\frac{W}{L}\right)_P (u_{GSP} - U_{THP})^2 U_{DD} \qquad (6\text{-}4\text{-}5b)$$

例如，若 $\mu_p C_{ox} = 44.5\ \mu A/V^2$，$u_{GSP} - U_{THP} u_{GSP} - U_{THP} = 0.75\ V$，$U_{DD} = 3.3\ V$，$\left(\frac{W}{L}\right)_P = \frac{4}{2}$，则

$$P'_d = \frac{44.5 \times 10^{-6}}{4} \times \left(\frac{4}{2}\right) \times (0.75)^2 \times 3.3\ W = 0.415\ mW$$

若有一个扇出为 20000 的伪 NMOS 门阵列，则消耗总直流功率为

$$P_{d总} = 20000 \times 0.0415\ mW = 0.83\ W$$

这是一个很可观的数字。由于功耗大，伪 NMOS 电路不适用于复杂的电路系统，而比较适用于扇出较小且速度要求较快的场合。

6.4.2   动态 CMOS 逻辑电路（预充电 CMOS 电路）

1. 动态 CMOS 电路结构

针对伪 NMOS 静态功耗大的问题，人们提出了一种动态 CMOS 电路。这种电路用的管子数比全互补型 CMOS 电路少，而静态功耗又比伪 NMOS 电路小。具体办法是在 NMOS 逻辑块下面增加一个 N 型晶体管作为控制开关，如图 6-4-6 所示。这种电路减小了功耗，这是因为当输出逻辑运算结束时，电源被切断。

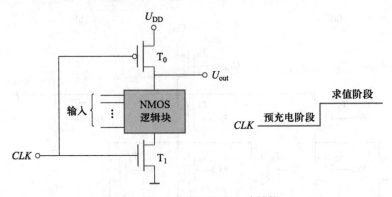

图 6-4-6   动态 CMOS 电路结构

2. 工作原理

当时钟 CLK 为 **0** 时，PMOS 管导通，输出为 **1**，电容 C_L 被"预充电"，所以 PMOS 管 T_0 称为"预充电管"，此时不管输入变量为何值，输出始终为 **1**。而当 CLK 为 **1** 时，求值管 T_1 根据所实现的逻辑函数有条件地（T_2、T_3、T_4 均导通，函数值为 **0** 时）导通或截止，而预充电管截止。输出 F 由输入变量和 NMOS 逻辑块电路确定，所以称 T_1 管为"求值管"，如图 6-4-7 所示。

当

$$A = B = C = 1\ 时，F = 0$$

此时包括求值管在内的所有 NMOS 管均导通。

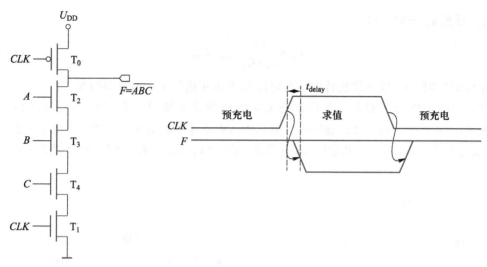

图 6-4-7　动态 CMOS 逻辑电路及其工作原理

而当 A、B、C 中有一个为 **0** 时，则串联的所有 NMOS 管子都不导通，F 为 **1**，因此 $F=\overline{ABC}$。

这种电路的特点是

（1）保证了静态功耗为 0，因为求值管和预充电管是轮流导通和截止的，故此电路是一种无比电路。

（2）所用晶体管数量为

$$\text{总晶体管数量}=\text{输入变量数}+2 \qquad (6\text{-}4\text{-}6)$$

比全互补电路少得多，比伪 NMOS 电路仅多一个。

（3）每个输入只接一个 NMOS 管，故输入电容比全互补电路少一倍。

综上所述，动态 CMOS 电路减少了元件数，功耗低，提高了集成度和工作速度。

3. 动态 CMOS 电路存在的问题

动态 CMOS 电路虽然解决了伪 NMOS 电路高功耗的问题，但又出现了新的矛盾，主要是

（1）输入变量只能在预充电期间变化（而且不能有从 **1** 到 **0** 的跳变），而在求值阶段必须保持稳定。

（2）因为有分布电容存在，故产生了电荷再分配问题，从而使输出高电平下降，容易造成逻辑混乱和错误。

如图 6-4-8 所示，该电路的输出为

$$F=\overline{AB} \qquad (6\text{-}4\text{-}7)$$

假设在预充电阶段，B 为 **1**，A 为 **0**，输出为 **1**，负载电容电压 $U_{CY}=U_{DD}$，而 C_X 已被放电至零电位。而在求值阶段，A 已由 **0** 变为 **1**，B 由 **1** 变为 **0**。同理，NMOS 逻辑块仍不导通，u_O 仍维持为 **1**。但是，该电路存在电荷重新分配问题，C_Y 存储的电荷向 C_X 放电，C_X

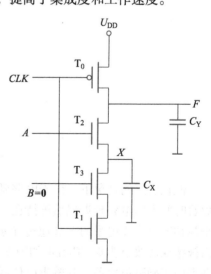

图 6-4-8　动态 CMOS 电路的电荷再分配问题

被充电，导致 u_0 下降，有

$$u_0 = \frac{C_Y}{C_Y + C_X} U_{DD} < U_{DD} \tag{6-4-8}$$

当 $C_X > C_Y$ 时，u_0 减小的比较多，有可能使 F 由正确的 **1** 变为错误的 **0**。

（3）多级不能直接级联。若将动态 CMOS 电路多级级联，则容易产生逻辑混乱。如图 6-4-9（a）所示，第一级的输出作为第二级 NMOS 逻辑块的输入。理想情况下正确的逻辑为：预充电阶段，X 为 **1**，Y 也为 **1**；求值期间，若 $A=1$，则 $X=0$，$Y=1$。波形如图 6-4-9（b）所示。

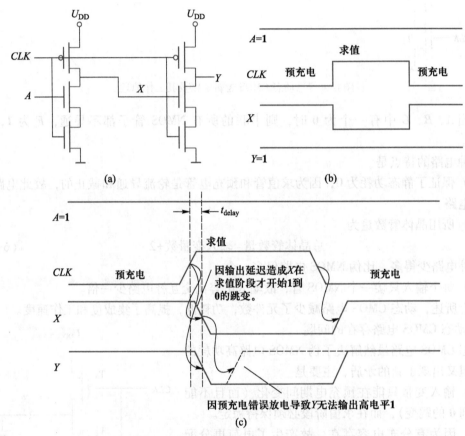

图 6-4-9　动态 CMOS 电路级联造成的逻辑错误
（a）电路　（b）理想逻辑波形　（c）错误的逻辑波形

但在实际的情况下，由于电路延迟的存在，求值阶段开始时，X 不能立即为 **0**，而是在短暂时间内因电路延迟仍然维持在 **1**，这样就导致第二级 NMOS 逻辑块中的求值管导通，本来被预充电为 **1** 电平的 Y 会通过导通的求值管放电，这就使得本应为 **1** 的 Y 不能保持在 U_{DD}，而被错误的放电为 **0**。其波形如图 6-4-9（c）所示。可见，由于延迟的存在，导致在第一级动态门正确赋值之前，其输出已使后一级电路预充电放电了，因而多级的级联会使前后级产生影响进而导致逻辑混乱。

6.4.3　多米诺逻辑（domino logic）

1. 多米诺逻辑电路——加反相器隔离

为了克服普通动态 CMOS 电路不能直接级联的问题，可以在第一级的输出和第二级的输入之间插入一级反相器作缓冲级，将两级隔离开，如图 6-4-10 所示。

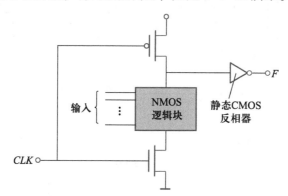

图 6-4-10　多米诺逻辑电路结构

典型反相器隔离的多米诺逻辑电路如图 6-4-11 所示。在图 6-4-11（a）所示电路中，虽然有延迟引起 W 不马上下降，但反相器输出 X 始终维持在 **0**，足以关闭下一级的 NMOS 逻辑块而使 Y=**1**。只有当第一级 NMOS 逻辑块完全开通，W=**0** 后，反相器输出 X 为 **1**，才去开通第二级的 NMOS 逻辑块，其工作波形如图 6-4-11（b）所示。加缓冲级后的电路可以如图 6-4-11（c）所示进行多级级联，而不会产生逻辑混乱。当时钟 CLK 为 **0** 时，所有预充电管导通；而当 CLK 为 **1** 时所有级联电路依次求值，就像多米诺骨牌一样，一级连一级地倒下，故该电路又称为多米诺逻辑电路。

动态 CMOS 电路和多米诺逻辑电路是由美国贝尔实验室提出来的。多米诺逻辑的优点引起人们的极大关注，并提出许多改进方案，使多米诺逻辑电路以最小的资源代价（芯片面积）获得 NMOS 电路的高速度和 CMOS 电路的低功耗。

2. NMOS 逻辑块和 PMOS 逻辑块交替的多米诺逻辑

插入反相器后的多米诺电路带来的新问题是增加了管子数和输入电容，而且使逻辑关系多取了一次"反"。为了改进这种电路，人们又提出了如图 6-4-12 所示的新的多米诺逻辑电路结构。新电路结构将动态 NMOS 逻辑块电路（求值时不允许输入端有 **1** 到 **0** 的跳变，输出只有 **1** 到 **0** 的跳变）与动态 PMOS 逻辑电路（求值时不允许输入端有 **0** 到 **1** 的跳变，输出只有 **0** 到 **1** 的跳变）交替级联，如图 6-4-12（a）所示。这样既省去了反相器，又保证了逻辑关系不混乱，如果还需连接相同的逻辑块电路，则再加反相器，如图 6-4-12（b）所示。

由此可得以下结论：

（1）NMOS 逻辑块和 PMOS 逻辑块求值管和预充电管所加的时钟是反相的。奇数级为 NMOS 逻辑块，偶数级为 PMOS 逻辑块，奇数级采用 CLK，偶数级采用 $\overline{CLK}$。

（2）奇数级逻辑函数由 NMOS 逻辑块完成，预充电由 PMOS 管完成；而偶数级逻辑函数由 PMOS 逻辑块完成，预充电由 NMOS 管完成，故输出函数从"底部"取出。

该电路的工作原理如下：

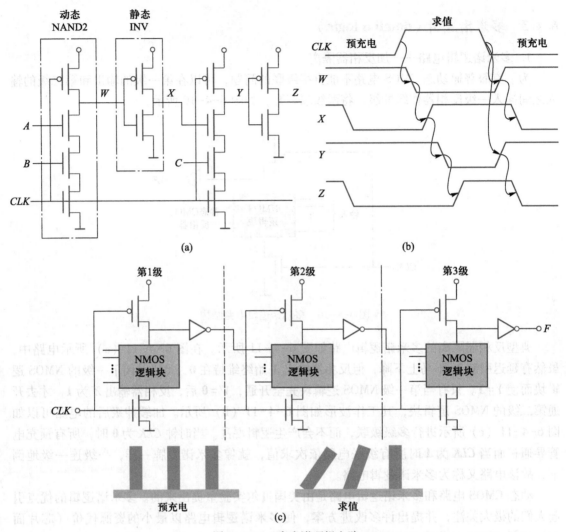

图 6-4-11　多米诺逻辑电路

（a）典型电路　（b）工作波形图　（c）多级级联结构

（1）当 $CLK=0$ 时，奇数级 PMOS 管预充电。此时 $\overline{CLK}=1$，偶数级 NMOS 管导通，也进行预充电，实质上是"预放电"到 1。奇数级 PMOS 管导通，输出为"高"，连接到偶数级 PMOS 逻辑块，将其"封住"（截止），而偶数级 NMOS 管导通，输出为"低"，将奇数级 NMOS 逻辑块"封住"（截止），因此，在预充电（放电）阶段，所有逻辑块均不工作，因而该电路省去了反相器但不会产生逻辑混乱。

（2）$CLK=1$ 时，第一级 NMOS 逻辑块进入求值期。但是只要第一级尚未完成求值并稳定下来，后级 PMOS 逻辑块就被"封住"，只有当第一级的输出变为 0 后，PMOS 逻辑块才有条件导通而获得最终的值。同理，第二级求值未完成，第三级也不可能进行求值，因此仍维持"多米诺"的次序，只有前级倒下，后级才跟着倒下。

N-P 交替式多米诺逻辑的出现，为更加"柔性"地设计逻辑子系统提供了一个很通用的设计方法。当然，事物都有两面性，由于用了 PMOS 逻辑块，因而其逻辑运算速度将受到一定影响。

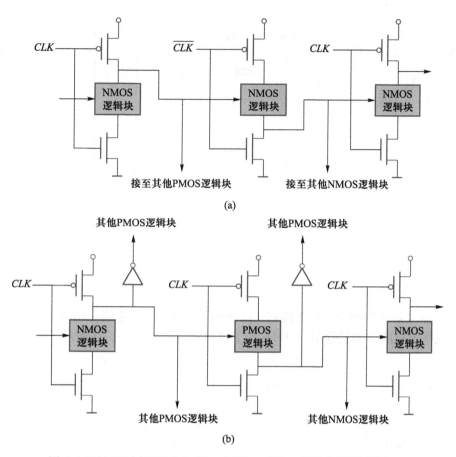

图 6-4-12　NMOS 逻辑块电路和 PMOS 逻辑块交替的多米诺逻辑电路
（a）仅 NMOS、PMOS 逻辑块电路交替级联
（b）NMOS、PMOS 逻辑块交替级联外，另加反相器与同类逻辑块级联

6.5　移位寄存器、锁存器、触发器、I/O 单元

6.5.1　动态 CMOS 移位寄存器

动态 CMOS 移位寄存器电路及工作波形如图 6-5-1 所示。

该电路用 CMOS 传输门作开关，用动态 CMOS 反相器作隔离，采用两相非重叠时钟，传输门轮流导通，使数据一级一级传下去。因为有反相器，信号极性经两级后才复原，所以经过两级才算移一位。因此，一个 N 位移寄存器实际上需要 $2N$ 个动态存储级，经 N 个时钟周期后才移出。另外，若时钟为非理想时钟，例如有偏移或有倾斜而产生重叠，那么所有传输门在一段时间内同时打开，则电路将失去存储和移位功能，因此应用范围非常有限。

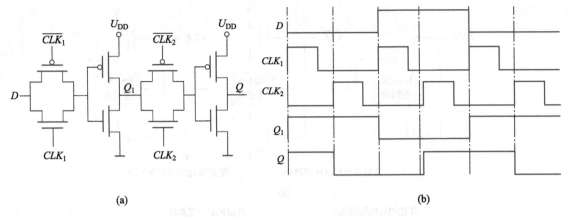

(a)　　　　　　　　　　　　　　　　　(b)

图 6-5-1　动态 CMOS 移位寄存器电路及工作波形

（a）电路　（b）工作波形图

6.5.2　锁存器

如图 6-5-2 所示的两个反相器构成正反馈闭环，并在这个电路中引入传输门控制开关，便构成了电平敏感的 D 型锁存器（D-latch），其具体电路如图 6-5-3 所示。

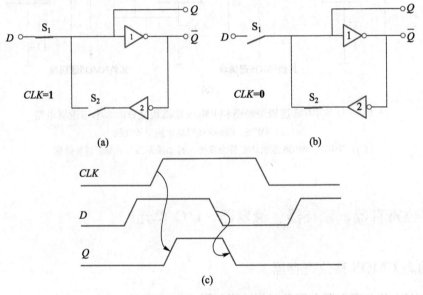

(c)

图 6-5-2　两个反相器构成正反馈闭环

（a）CLK 相电路状态　（b）$\overline{CLK}$ 相电路状态　（c）工作波形图

图 6-5-2 和图 6-5-3 中，时钟 CLK 与 $\overline{CLK}$ 是互补的。其锁存原理为：在 CLK 相时钟，传输门 S_1 导通，数据 D 进入环路，输出 Q，再经反相器 1 输出为 $\overline{Q}$。因为传输门 S_2 截止，所以没有构成闭环，信息只存在于反相器的栅极电容中，且可以随时更新数据。直到 $\overline{CLK}$ 相时钟时，传输门 S_2 导通，传输门 S_1 截止断开，电路经导通的 S_2 构成正反馈闭环，原来存放在反相器 1 栅极电容上的信息经过反相器 2 求反后又再次进入反相器 1，形成闭合锁存。与此同时，传输门 S_1 截止，新的数据不可能再进入环路，原有的数据被锁存，该电路工作时的波形图如图 6-5-2（c）所示。可见，这种电路状态为

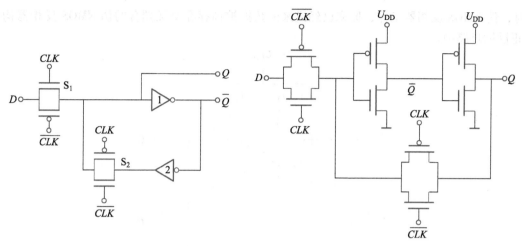

图 6-5-3　D 型锁存器电路

$Q(t)=D(t)$　　　*CLK* 相，传输门 1 导通，传输门 2 截止，更新数据

$Q(t+1)=Q(t)$　　$\overline{CLK}$ 相，传输门 1 断开，传输门 2 导通，锁存数据

这种电路在时钟控制下，开环是更新数据，闭环是锁存数据，故称为半静态锁存器。

锁存器的形式还有很多，图 6-5-4 给出了一个基于交叉耦合**与或非**门的锁存器。

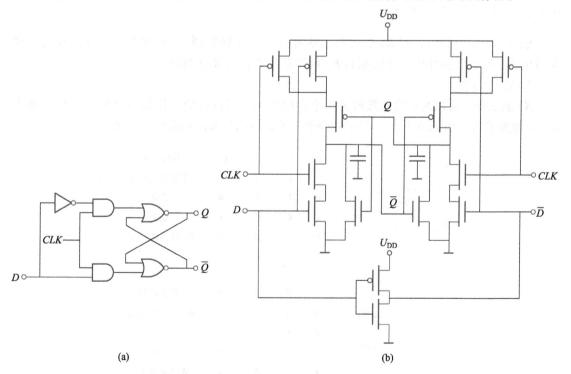

图 6-5-4　基于**与或非**逻辑门的 CMOS 锁存器及其电路

（a）锁存器逻辑图　（b）静态 CMOS 锁存器电路

图 6-5-5 给出一个伪 NMOS 双相锁存器电路。该电路当 *CLK* = **1** 时，*D* 数据进入环路，$Q(t)=D(t)$，为数据更新和传输阶段。而当 $\overline{CLK}$ = **0** 时，数据与环路断开，不能进来。$\overline{CLK}$ =

1 时，伪 NMOS 反相器工作，原来已经进来的数据被锁存在交叉耦合的伪 NMOS 反相器构成的正反馈环路中。

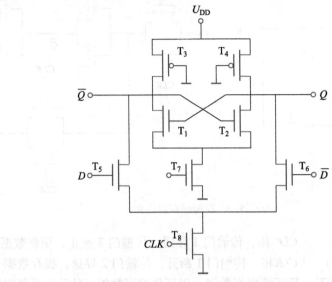

图 6-5-5　伪 NMOS 锁存器

6.5.3　触发器（flip-flops）

触发器的类型很多，有 *RS* 触发器、*JK* 触发器、*D* 触发器、*T* 触发器等。在高速大规模集成电路实际设计应用中，主要用到 *RS* 触发器和 *D* 触发器这两种。

1. *RS* 触发器

RS 触发器，可以简单将它理解为一个存储单元，可以存储一位数据（**0** 或者 **1**）。基本的 *RS* 触发器可以用如图 6-5-6 所示的两个交叉耦合的**与非门**或**或非门**实现。

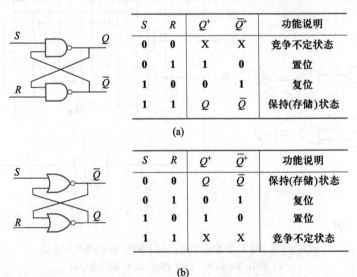

S	R	Q^+	$\bar{Q}^+$	功能说明
0	0	X	X	竞争不定状态
0	1	1	0	置位
1	0	0	1	复位
1	1	Q	$\bar{Q}$	保持(存储)状态

(a)

S	R	Q^+	$\bar{Q}^+$	功能说明
0	0	Q	$\bar{Q}$	保持(存储)状态
0	1	0	1	复位
1	0	1	0	置位
1	1	X	X	竞争不定状态

(b)

图 6-5-6　两种不同的 *RS* 电路结构

（a）NAND 型 *RS* 触发器及其状态转移表　（b）NOR 型 *RS* 触发器及其状态转移表

RS 触发器是最基础的时序电路，是构建其他时序电路的基础。但从图 6-5-6 的两种 RS 触发器的状态转移表（表中 Q^+ 表示为下一状态）中可见，它们都存在有竞争不定状态，因此单独应用的场合有限，主要应用在如计算机接口的中断信号优先级判决电路中。

2. D 触发器

（1）电路结构及工作原理

时钟边沿敏感的 D 触发器因其电路版图面积紧凑，工作状态稳定，是大规模集成电路中构建时序逻辑电路的最基本的电路单元（JK 及 T 触发器基本不被使用）。用两个 D 锁存器外加一个反相器，仅用 18 只 MOS 管就可以构建一个时钟上升沿触发的主-从 D 触发器，其电路结构及具体 CMOS 晶体管级电路如图 6-5-7 所示。

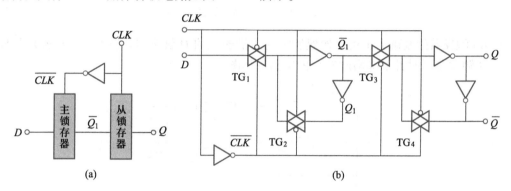

图 6-5-7　基于 D 锁存器的 CMOS 主-从 D 触发器

（a）电路结构　（b）CMOS 晶体管级电路

该电路工作过程的相关时序图如图 6-5-8 所示。当时钟 CLK 从 **1** 变为 **0** 时，传输门 1、4 导通，数据 D 进入环路。但因传输门 2、3 截止，数据 D 被阻隔在从触发器中。而当 CLK 从低到高时，传输门 1、4 截止，新的数据不能进入环路。此时传输门 2、3 导通，原先存储在主触发器中的数据被送入从触发器，并从 Q 端输出，所以

$$Q(t+1) = D(t)$$

输出 Q 维持原来的 D，一直到下一个时钟周期开始，新的数据 D 才进入环路。

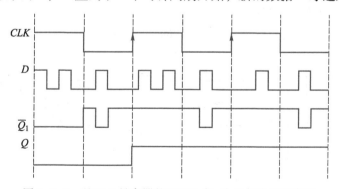

图 6-5-8　基于 D 锁存器的 CMOS 主-从 D 触发器时序图

由上面的分析可知该主-从 D 触发器工作的特点是，要么是主锁存器加载数据，要么是从触发器加载数据，但两者绝不会同时加载数据。至于触发器是时钟上升沿有效还是下降沿有效，则取决于主、从触发器加载数据的电平。

图 6-5-9 给出一个带置位（S）/复位（R）端的主-从 D 触发器。

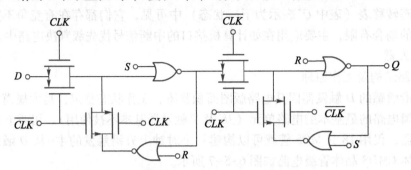

图 6-5-9 带置位（S）/复位（R）端的主-从 D 触发器

在 RS 触发器的基础上也可以构建所需的边沿触发的 D 触发器，图 6-5-10 就是几种功能不同 D 触发器（时钟下降沿触发）的电路原理图。

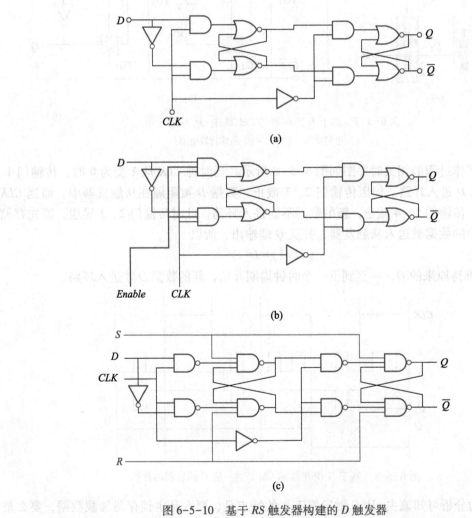

(a)

(b)

(c)

图 6-5-10 基于 RS 触发器构建的 D 触发器

(a) 下降沿触发 D 触发器 (b) 具有时钟使能的 D 触发器 (c) 具有复位/置位功能的 D 触发器

（2）D 触发器的时序特性

D 触发器是集成电路设计中最基础、最重要的时序电路单元，主要用于电路中各类数据的存储，其工作速度对整个系统的性能指标有重要的影响。

D 触发器的工作速度或延迟时间其实是由其主-从两级串联耦合结构所决定的。其中最主要的时序指标是 D 触发器的建立时间 t_{setup}、保持时间 t_{hold} 及其延迟时间 t_{pcq}。其中建立时间指的是主锁存器在时钟有效边沿到来前，将输入数据 D 稳定锁存在主锁存器所用的时间，保持时间则是指在新的数据锁存进主锁存器之前，旧数据在时钟有效边沿后必须维持的时间。这个时间其实就是主锁存器对时钟信号进行求反所用的时间（时钟反相器延迟时间）。另外，从时钟有效边沿到数据经从触发器输出的时间则是 D 触发器的延迟时间。其时序关系及定义如图 6-5-11 所示。

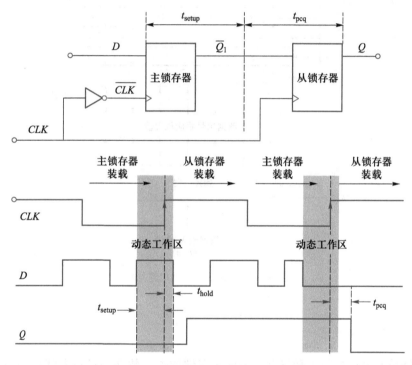

图 6-5-11 D 触发器时序关系与定义图

在进行高速数字集成电路系统设计时，确保满足 D 触发器的建立与保持时间是设计师需要考虑的关键时序约束之一，也是设计中最难解决的问题，有时甚至需要配合芯片的物理层设计才能解决。

6.5.4 存储单元

数据存储器是集成电路系统设计中非常重要的功能电路模块，主要用于存储系统所需的数据或程序。存储器实际上是时序逻辑电路的一种，根据其功能以及电路结构可以分成静态随机存取存储器（static random access memory，SRAM）、动态随机存取存储器（dynamic random access memory，DRAM）、只读存储器（read-only memory，ROM）以及电可擦除可编程只读存储器（electrically erasable programmable read only memory，EEPROM）等多种类型。但无论是何种类型的存储器，其总体电路结构基本相同，都由如图 6-5-12 所示的用于存储数据的存储单元阵列，用于选择存取目的存储单元的行、列地址译码器，用于控制数据写入或读出的读/写控制单元以及输入/输出数据接口总线这 4 部分电路构成，不同之处则主要体现在数据储存单元的电路结构和功能上，下面对几种常用的数据存储单元的电路进行介绍。

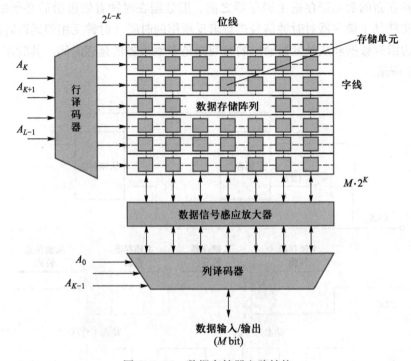

图 6-5-12　数据存储器电路结构

一、基本静态存储单元

静态存储单元采用类似于触发器的电路来存储数据，数据一旦写入到存储单元，只要存储器有电源供给，数据就会一直保存。图 6-5-13 是典型的 6-MOS 管静态存储单元的电路结构。

基本静态存储单元是一个由交叉耦合两个 CMOS 反相器构成的基本 RS 触发器，反相器的输出分别通过 2 个传输控制晶体管与 2 个相位相反的位线 BL 和 $\overline{BL}$ 相连，2 个传输管的栅极则与字线 WL 相连。

当要写入数据至存储单元时，先将要写入的数据置于位线 BL，数据则置于位线 $\overline{BL}$ 上，随后置字线 WL 有效，使传输控制晶体管 M_5 和 M_6 同时导通，位于位线上的数据通过导通的传输管进入 RS 触发器存储起来。

对该存储单元进行读操作时，先对位线 BL 和 $\overline{BL}$ 进行预充电，随后置字线 WL 为有效的高电平，此时位线 BL 和 $\overline{BL}$ 则通过导通的传输管并根据 Q 和 $\overline{Q}$ 的状态有条件地放电，其中之一将被放电至低电平，从而将正确的数据置于位线 BL 和 $\overline{BL}$ 上。

静态存储单元工作状态稳定，读写速度非常快，因此得到了非常广泛的应用，比如在微处理器的设计中，主要用于内部高速寄存器，L1、L2 和 L3 级高速缓存等，有统计表明，集成电路芯片内部 90% 的存储器为静态存储器。不过静态存储器所用电路资源较大，难以用于大容量的存储器的设计中。

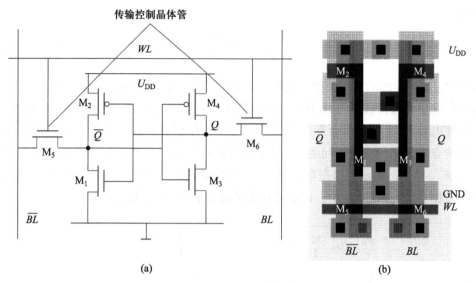

图 6-5-13　6-MOS 管静态存储单元电路（彩图见插页）

（a）电路原理图　（b）版图

二、基本动态存储单元

基本动态存储单元是以电荷的形式来存储二进制数据的。数据存储在 MOS 管栅极和漏极之间专门设计的极间电容中。目前应用最为广泛的动态存储单元是如图 6-5-14 所示的单个 NMOS 管动态存储单元电路，它由一个门控 NMOS 管和用于存储数据的电容 C_S 构成。

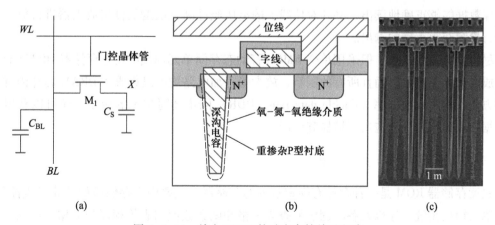

图 6-5-14　单个 NMOS 管动态存储单元电路

（a）动态存储单元电路　（b）物理结构剖面图　（c）深沟电容实拍照

动态存储单元在进行数据写入操作时，首先置字线 *WL* 为高电平，此时位于位线上的数据经由导通的门控晶体管被保存在存储电容 C_S 中。

在数据读出时，先将数据线预充电至 $U_{DD}/2$，然后使字选线有效，此时门控晶体管导通，使 C_S 和位线分布电容 C_{BL} 呈并联状态，于是 C_S 和 C_{BL} 的电荷会重新分配。假设原来 C_S 上的电压为 $u_S = U_{DD}$，位线即数据线分布电容 C_{BL} 上的电压 $u_{BL} = 0$，那么完成读操作后，数据线上的电压为

$$u_{BL} = u_S \frac{C_S P_{par}}{C_S + C_{BL}} \tag{6-5-1}$$

式中 P_{par} 是与生产工艺相关的比例系数，对于特定工艺，该系数是确定的。

动态存储单元进行读/写操作的波形图如图 6-5-15 所示。由图可知该电路在进行读/写操作时存储电容 C_S 上的电荷会有损失，即读操作对存储的数据是破坏性的，这是这一电路最明显的缺点。为了解决这一问题，需要在每次进行数据读出操作后对存储电路单元进行所谓的"刷新"操作，就是将原先存储在 C_S 上的数据先读到位线上，然后再执行写操作，将位线上的数据重新写回到 C_S 中，以此来补充读操作后 C_S 上的电荷损失。

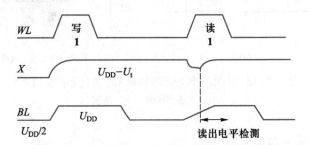

图 6-5-15　动态存储单元读/写操作波形图

此外，由于位线上的负载较重，因而 C_{BL} 比较大，而 C_S 因为工艺原因不可能做得很大，因此读出高电平数据 **1** 时，u_{BL} 值很小，即数据读出时位线 *BL* 上高、低电平的差值很小，为了确保数据能够正确地读出，必须对位线上的电压经过高灵敏度的读出放大器进行放大后才能进行检测获得正确的输出。

尽管存在以上缺点，但采用单个 NMOS 管动态存储单元构成的动态存储器 DRAM 有极高的集成度和存储容量，而且所有的刷新、放大等附加电路均可以集成在 DRAM 芯片内部，使用很方便，加之双数据率（double data rate, DDR）同步读写技术的应用，还可以获得很高的数据存取速率，因此应用领域极其广泛。

三、只读存储器和非易失存储器

只读存储器 ROM 是一种存储有固定数据的存储器，主要用于存储诸如计算机监控程序、基本输入输出系统程序以及各种固定的查表表格和函数数值列表等程序与数据。数据一经写入 ROM 就会长期保持不变，即便是切断电源数据也不会丢失。

ROM 分成两大类。一类是最基本的完全固化的 ROM，此类 ROM 在生产制造之初就将数

据固化在芯片内，数据永久保持不变；另一类是可编程的非易失性可读写（nonvolatile read-write memories，NVRW）存储器，这类存储器中的数据可以由用户通过特定的方式写入或擦除，而且单芯片中数据存储容量巨大，且断电后数据不会丢失，因此应用非常灵活，目前的应用领域极其广泛。

1. 固定式 ROM

典型固定式 ROM 的电路结构如图 6-5-16 所示，与 RAM 不同之处在于其存储单元阵列的构成方式，它是以在字线与位线交叉点上是否存在 MOS 管来表示数据状态，有晶体管表示为 **1**，反之为 **0**。

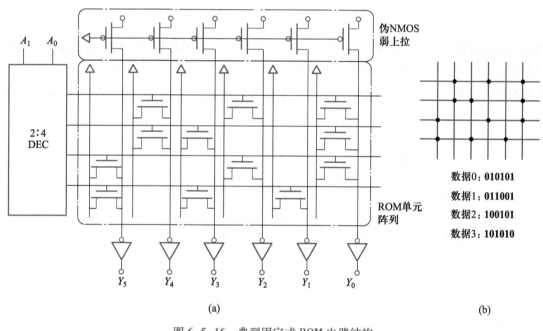

图 6-5-16　典型固定式 ROM 电路结构

（a）电路结构图　（b）点图及 ROM 中固化的数据

2. 非易失存储器

非易失存储器的电路结构与固定式 ROM 相同，不过存储阵列中所有字线和位线的交叉点上都连接有结构特殊的晶体管作为非易失存储单元，通过特殊的编程方式可以使某一存储单元有效或失效，从而实现 **1** 或 **0** 数据的写入。

（1）电可擦除可编程只读存储器——EEPROM

EEPROM 可以通过在芯片上的特殊引脚施加电脉冲进行数据擦除，而这一功能的实现是通过特殊的被称为浮栅隧道氧化层（floating gate tunnel oxide，FLOTOX）MOS 管来实现的，其物理结构和电路符号如图 6-5-17 所示。

由 FLOTOX 管构建的 EEPROM 存储单元的结构图及 MOS 晶体管级电路原理图如图 6-5-18 所示，它是由一个存储数据的 FLOTOX MOS 管和用来控制存/取的 NMOS 管组成。在对该存储单元进行编程时，置字线为高电平、位线为低电平，然后给 FLOTOX 管的擦写栅上施加 21 V 的正脉冲，这样，FLOTOX 管的浮动栅极与衬底之间极薄的二氧化硅绝缘层中出现隧道，

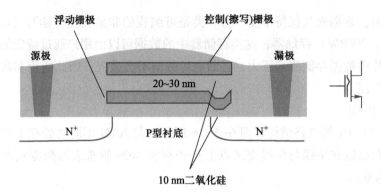

图 6-5-17　FLOTOX MOS 管物理结构及电路符号图

通过隧道效应使衬底中的电子注入浮动栅极，去除擦写栅上的编程电压后，这些电子会长时间存储在浮栅中。在擦除时，使擦写栅接地，字线与位线上施加 21 V 正脉冲，此时 FLOTOX 管的漏极电压约为 20 V，存储于浮栅上的电子通过隧道返回衬底，从而完成存储单元的擦除。

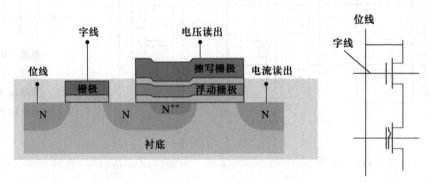

图 6-5-18　EEPROM 存储单元结构图与 MOS 晶体管级电路原理图

（2）快闪（flash）存储器

快闪存储器也是用 FLOTOX MOS 管作为基本的数据存储单元，有别于 EEPROM 的每一存储单元都可以进行写入和擦除操作，flash 存储单元的读写是以页和块为单位来进行的（一页包含若干字节，若干页则组成储存块），flash 存储器中存储块大小一般在 8~128 KB 之间，这种结构最大的优点在于容量大。一个存储单元只需要一只 FLOTOX 晶体管，因此存储密度高，芯片的存储容量可以做得很大。目前被广泛应用的各类大容量存储卡（SD/TF 卡等）和便携式的 U 盘，均采用 flsah 存储器来实现。

flash 存储器根据其基本存储单元连接方式的不同，分成 2 种不同的电路结构形式，分别是如图 6-5-19 所示的 NOR 型和 NAND 型。相较于 NOR 型，NAND 型 flash 存储器除了读取速度指标稍差，其在存储密度、写入和擦除速度等方面的指标都具有优势，因此在应用中处于主导地位。

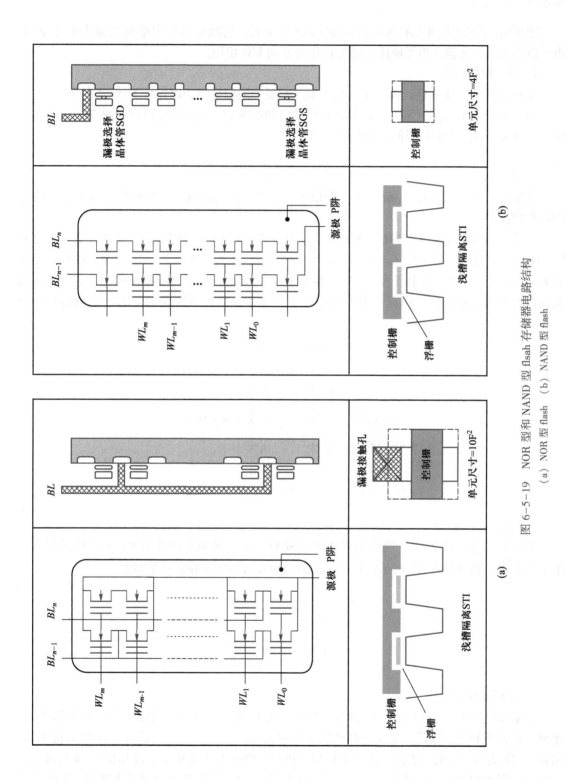

图 6-5-19　NOR 型和 NAND 型 flsah 存储器电路结构

(a) NOR 型 flash　(b) NAND 型 flash

6.5.5　通用 I/O 单元

通用输入/输出单元也称为可编程输入/输出单元，它既可以作为单纯的输入单元使用，也可以作为单纯的输出单元使用，还可以作为双向 I/O 使用。

1. 输入保护电路

MOS 管栅极不能悬空，而且正负最大电压都要加限幅措施，以保证 MOS 管安全。

MOS 管的栅氧化层（SiO_2）很薄，一旦感应到电荷 Q，就会产生很高的感应电压（electrostatic discharge，ESD），导致栅极击穿，有

$$U_{感应电压} = \frac{Q}{C_{ox}} \tag{6-5-2}$$

式中 C_{ox} 为栅极电容，一般很小，所以 $U_{感应电压}$ 很大，容易损坏 MOS 管，因此必须施加 ESD 保护措施。

一种常用的集成电路引脚的 ESD 输入保护电路如图 6-5-20 所示，保护电路由二极管 $D_1 \sim D_4$ 以及 R 组成。如果输入电压为正，且超过 U_{DD}，那么二极管 D_1、D_3 导通，栅极被限制在 U_{DD}。反之，如果输入电压为负，则二极管 D_2、D_4 导通，栅压被限制在 $-0.7\,V$ 左右，从而起到保护作用。通常 D_1、D_3 是在制造集成电路时由 PN 结自然形成的，D_2、D_4 则需要专门制作。

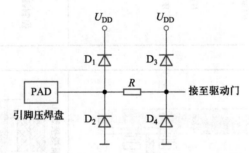

图 6-5-20　集成电路引脚 ESD 输入保护电路图

2. 驱动大电容负载

如果负载电容 C_L 很大，则输出缓冲级的 MOS 管尺寸必须设计得很大，而且应采取逐级增大的方式，如图 6-5-21 所示，其中 α 为每级驱动缓冲器面积增加的系数。

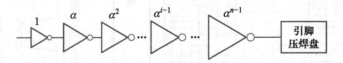

图 6-5-21　驱动大电容负载

3. 通用 I/O 单元

在集成电路中，一个引脚可以固定地作为信号输出端，也可以固定地作为信号输入端，还可以是编程的 I/O 单元，即在一种情况下作为输入端，而在另一种情况下又作为输出端。图 6-5-22 给出一个由三态门控制的 I/O 单元电路。图中 E 为使能端，反相器 1、4 是可控的三态门。当 $E=1$ 时，三态门 1 导通，三态门 4 截止，内部数据 D 通过反相器 1、2 输出到

压焊点去驱动负载。而当 $E=0$ 时，三态门 1 截止，三态门 4 导通，外部数据从压焊点输入，经保护电路到数据线。因此，同一引脚（PAD）既可以是输入端（I），又可以是输出端（O）。

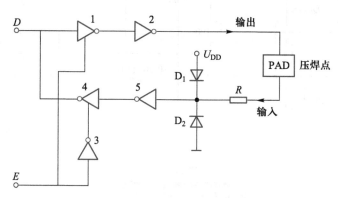

图 6-5-22 具有三态反相器的通用 I/O 单元

图 6-5-23 是经常用于标准单元设计中的实用型三态输出引脚的电路原理图及其真值表，在此基础上，可以设计出如图 6-5-24 所示的实用型通用 I/O 单元，该单元在输出允许信号 OE 为低电平时，可以用作输入单元，反之则为三态输出单元。图 6-5-25 则是该 I/O 单元在 $0.6\,\mu m$ 三层金属布线工艺下的 CMOS 电路原理及掩模版图，晶体管边上的数字是晶体管沟道长度尺寸，单位是 λ。

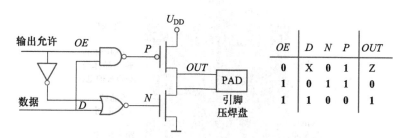

OE	D	N	P	OUT
0	X	0	1	Z
1	0	1	1	0
1	1	0	0	1

图 6-5-23 实用型三态输出引脚的电路原理图及其真值表

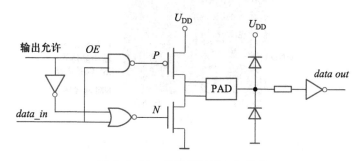

图 6-5-24 实用型通用 I/O 单元

需要说明的是，I/O 单元无论是输入还是输出都需要比较大的电流驱动能力，导致其输入/输出信号的延迟比较大。因此，对于时序要求严格的高速电路而言，I/O 接口的时序分析与测试是高速高性能集成电路设计中一项非常重要的任务。

本例不考虑触发。而当 En=0 时，三态缓冲驱动器呈现高阻态。在正常操作时，只有通过输入缓冲驱动器的输入端，经过多晶硅保护电阻（70Ω）接到大输入门 I 区，完成信号的输入（电平转换）。

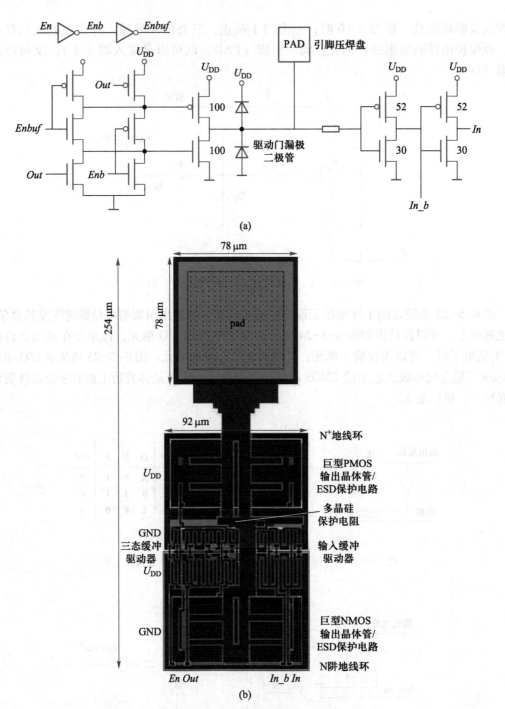

(a)

图 6-5-25 是现在许多集成芯片所采用的标准数字 I/O 单元的电路原理图及其掩模版图。实例取自西安电子科技大学图书馆 6-5-25。所示电路有 6 个基本门模块单元。它是基于一个0.6μm CMOS 门阵。在这里做实例介绍。图 6-5-25 所描述为 I/O 单元由于是0.6μm 工艺完成的工艺 I/O CMOS 设计，所有工艺尺寸都将 CMOS 封装等比例减小成可解决的。还很容易制作，即没有做。

图 6-5-25   0.6 μm 工艺 I/O PAD（彩图见插页）

(a) CMOS 电路原理图   (b) 掩模版图

思考题与习题

6-1   版图如图 P6-1 所示，试问有几个什么类型的管子？哪两个管子是串联的？哪两个管子是并联的?

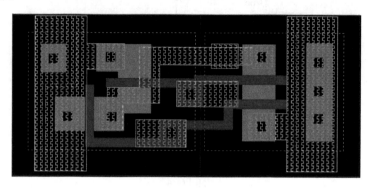

图 P6-1

6-2　CMOS 反相器电路如图 P6-2 所示, 试回答:

(1) 静态功耗 P_S 值为多少?

(2) 若已知负载电容 $C_L = 0.1\ \text{pF}$, 工作频率 $f_c = 100\ \text{MHz}$, 电源电压 $U_{DD} = 3.3\ \text{V}$, 则交流开关功耗 P_{D1} 值为多少?

6-3　版图如图 P6-3 所示, 试画出相应的电路图。

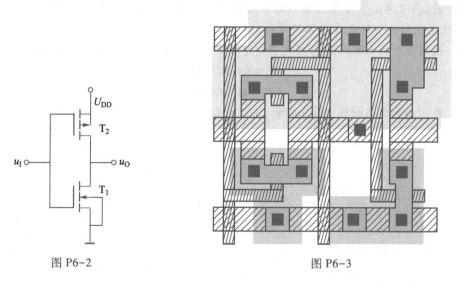

图 P6-2

图 P6-3

6-4　反相器电路及噪声容限定义分别如图 P6-4 (a)、(b) 所示。试问:

(1) 若要求 NMOS 管与 PMOS 管的导电因子相同, 即 $\beta_N = \beta_P$, 则 NMOS 管尺寸 $\left(\dfrac{W}{L}\right)_N$ 与 PMOS 管尺寸 $\left(\dfrac{W}{L}\right)_P$ 的比值为多少? 此时噪声容限 U_{iT} 值为多少?

(2) 若将 NMOS 管与 PMOS 管的尺寸设计成相等, 则噪声容限将偏向哪一边?

6-5　某 CMOS 反相器的电源电压 $U_{DD} = 3.3\ \text{V}$, NMOS 管等效电阻 $R_N = 6.8\ \text{k}\Omega$, PMOS 管等效电阻 $R_P = 25\ \text{k}\Omega$, 负载电容 $C_L = 5 \times 10^{-3}\ \text{pF}$, 输入理想脉冲情况下, 问 u_O 的上升时间 t_{rise} 和下降时间 t_{fall} 各为多少? 平均延迟时间 t_{delay} 值为多少?

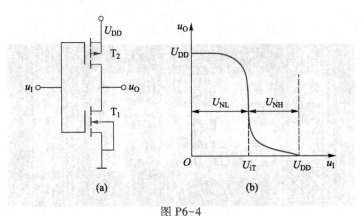

图 P6-4

（a）反相器电路 （b）噪声容限定义

6-6 已知 $\beta_N = 40\ \mu A/V^2$，$L_N = 2\ \mu m$，$W_N = 6\ \mu m$；$\beta_P = 20\ \mu A/V^2$，$W_P = 6\ \mu m$，$L_P = 6\ \mu m$ 的三输入全互补 CMOS **或非**门。

（1）试求最坏工作条件下的上升和下降时间。

（2）当要求对称驱动能力时，如何设计管子的尺寸？

（3）若以上条件是一个三输入全互补 CMOS **与非**门，结果又将如何？

6-7 若 $\mu_n = 2.4\ \mu_p$，要求二输入**与非**门和二输入**或非**门在最坏工作条件下，具有对称驱动能力，试问它们的管子尺寸应如何设计？

6-8 试用全互补 CMOS 逻辑实现下列逻辑方程，并指出所需的管子数目 N。

$$F_1 = AB + BC + AC$$

$$F_2 = ABC + \overline{ABC}$$

6-9 布尔函数电路如图 P6-9 所示。

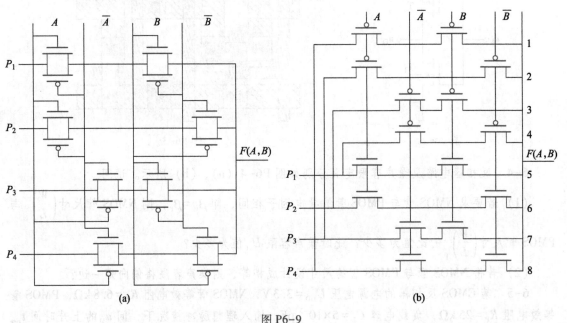

图 P6-9

（1）分别用（a）和（b）电路构成 $F=A\oplus B$，P_1、P_2、P_3、P_4 应如何？

（2）分别用（a）和（b）电路构成 4 选 1 数据选择器，当地址 $A=0$，$B=1$ 时，则输出将选中哪路信号？

6-10　请画出下列函数的逻辑图及伪 NMOS 电路图。

$$F_1 = \overline{A\overline{B}+BC}$$

$$F_2 = \overline{(A+B)(\overline{B}+C)+\overline{ABD}}$$

并指出它们所使用的管子数。

6-11　动态逻辑实现的 4 位超前进位电路如图 P6-11 所示，分别求出 C_0、C_1、C_2、C_3 的逻辑表达式。

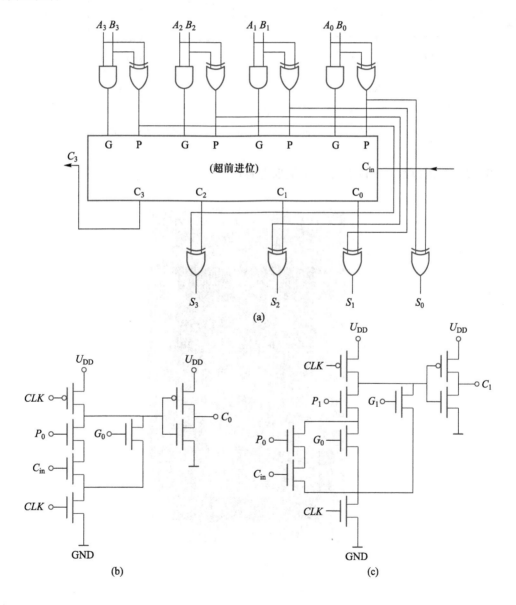

(a)

(b)　　　　　　(c)

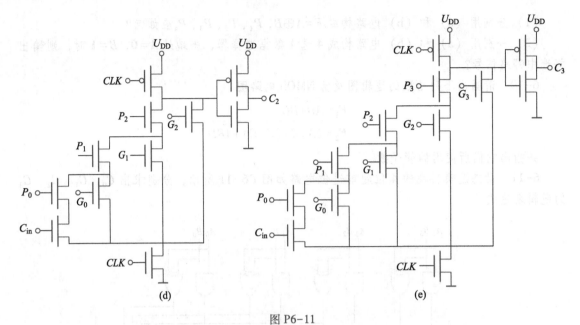

(d) (e)

图 P6-11

(a) 电路图　(b) 进位 C_0　(c) 进位 C_1　(d) 进位 C_2　(e) 进位 C_3

6-12　版图如图 P6-12 所示，请提取电路图。

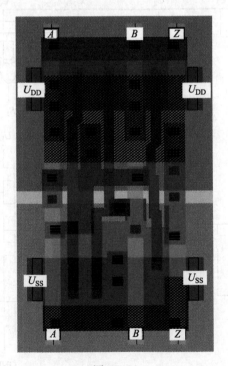

图 P6-12

6-13　电路如图 P6-13 所示，请指出版图中各层次的名字，并提取电路图。

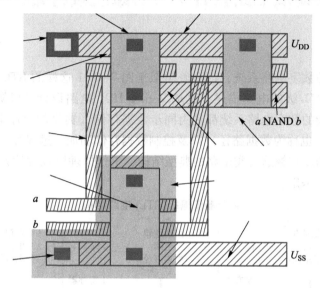

图 P6-13

第7章 数字集成电路设计 II——系统设计篇

对于任何复杂的数字电路系统，都有着类似于图 7-0-1 这样的 RTL 结构，或者是这样结构的嵌套，而且 RTL 级的电路描述，也是 Verilog HDL 电路设计可以被综合的前提之一。也就是说，任何复杂的数字电路系统都是由同步数据存储（典型的时序电路）、数据加工处理（组合逻辑电路，也称为数据路径）以及控制数据存储和加工过程等三大类电路组成。因此，学习、了解及初步掌握这三类电路的典型结构、工作原理以及设计方法是学习乃至掌握数字电路系统设计的基础。

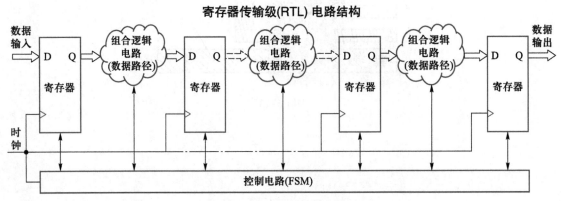

图 7-0-1 典型 RTL 级电路结构

7.1 基本数字运算电路设计

基本的数字运算电路主要包括数字加法器、数字移位器以及在此基础上设计的数字加/减法器和算数逻辑单元（arithmetic logic unit，ALU），它们是图 7-0-1 中数据路径电路的主要组成部分。从理论上讲，有了上述运算电路单元，就可以完成任何复杂的数学运算，因此它们是所有算数运算和数字信号处理电路的基础。

7.1.1 二进制数字加法器基本单元

二进制数字加法器的最小电路单元是一位半加器/全加器，其中半加器一般只在并行乘法部分积求和电路中使用，应用领域有限，而全加器则是大多数算数运算电路的基础。根据二进制的运算规则，一位半加器的真值表如表 7-1-1 所示。

表 7-1-1 一位半加器真值表

A	B	Sum	Carry
0	0	0	0
0	1	1	0
1	0	1	0
1	1	0	1

根据该真值表，可以得到一位半加器的逻辑运算表达式（7-1-1）。

$$Sum = A \oplus B$$
$$Carry = A \cdot B \tag{7-1-1}$$

由上式可见，对于任意两个一位二进制数相加，其结果除了本位的和 Sum 之外，还可能向上一位产生进位 $Carry$。这样一来，在多位加法运算中，高位数值相加时，不但要考虑本位的运算，还必须考虑下一位运算向本位产生的进位。全加器就是完成此功能的运算部件，其真值表如表 7-1-2 所示。

表 7-1-2　一位全加器真值表

A	B	C_{in}	Sum	C_{out}
0	**0**	**0**	**0**	**0**
0	1	0	1	0
1	0	0	1	0
1	**1**	**0**	**0**	**1**
0	**0**	**1**	**1**	**0**
0	1	1	0	1
1	0	1	0	1
1	**1**	**1**	**1**	**1**

逻辑运算表达式为

$$\begin{aligned}
Sum &= A \oplus B \oplus C_{\text{in}} \\
&= A\overline{B}\,\overline{C_{\text{in}}} + \overline{A}B\overline{C_{\text{in}}} + \overline{A}\,\overline{B}C_{\text{in}} + ABC_{\text{in}} \\
&= ABC_{\text{in}} + (A+B+C_{\text{in}})(\overline{A}B + \overline{A}\,C_{\text{in}} + \overline{B}\,C_{\text{in}}) \\
&= ABC_{\text{in}} + (A+B+C_{\text{in}})\overline{C_{\text{out}}}
\end{aligned} \tag{7-1-2a}$$

$$C_{\text{out}} = AB + BC_{\text{in}} + AC_{\text{in}} \tag{7-1-2b}$$

根据式（7-1-2）可以得到一位全加器的逻辑电路图如图 7-1-1 所示。注意，该全加器电路利用进位输出信号 C_{out} 来产生和 Sum，此时 Sum 信号相对于 C_{out} 会有一个延时。该特性对于多位并行加法器是合适的，因为在多位并行加法器中 C_{out} 信号是"逐级"通过各位的，所以进位延时应尽量得小。

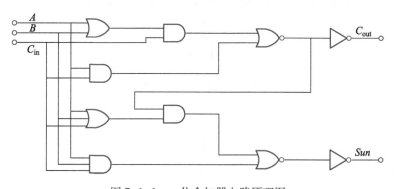

图 7-1-1　一位全加器电路原理图

　　图 7-1-2 是一位全加器电路的全互补静态 CMOS 电路原理图、集成电路版图和符号图，从图中可知，要实现上面的逻辑功能，共需 28 只 MOS 晶体管。

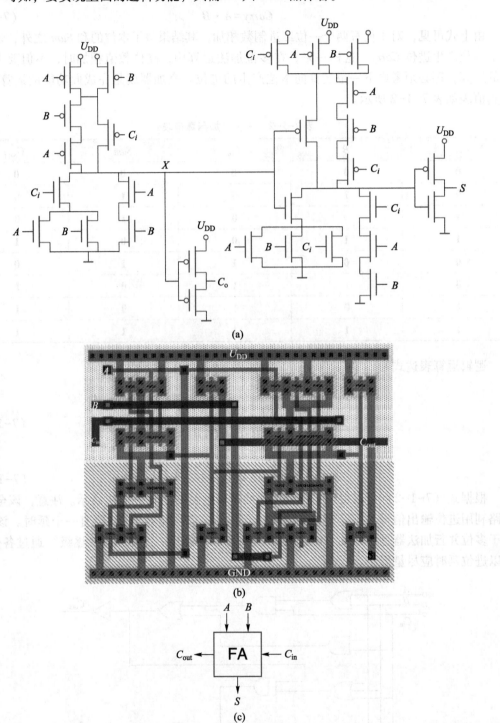

(a)

(b)

(c)

图 7-1-2　一位全加器电路的全互补静态 CMOS 电路原理图、集成电路版图和符号图（彩图见插页）
(a) 电路原理图　(b) 集成电路版图　(c) 符号图

从一位全加器的逻辑表达式中可以导出两个只和参与运算操作数相关的变量 G 和 P，其逻辑表达式如下：

$$G = A \cdot B$$
$$P = A + B \tag{7-1-3}$$

其中 G 称为进位产生函数，若 $G = 1$，无论该全加器的进位输入如何，都会有进位输出 C_{out} 产生。P 则称为进位传递函数，若 $P = 1$，则该全加器的进位输入才可以参与生成进位输出 C_{out}。

实际上，进位传递函数还通常定义为式（7-1-4），而不影响实际进位的产生，此时对 P 函数的解释是，若 $P = 1$，则本位全加器的进位输入可以直接送至其进位输出，这一点可以从表 7-1-2 的涂色部分清楚地看出。

$$P = A \oplus B \tag{7-1-4}$$

于是，一位全加器的逻辑运算表达式（7-1-2）也可以用下式表达：

$$Sum = P \oplus C_{in}$$
$$C_{out} = G + PC_{in} \tag{7-1-5}$$

7.1.2 N 位并行加法器

一位全加器是构成加法运算电路的基本单元。由于在实际的计算机算数运算或数字信号处理电路中，为了保证参与运算操作数的表示范围和运算精度，均是以多位二进制的形式来对操作数进行表征，典型的有 8 位、16 位、32 位或是 64 位。为了对多位二进制数进行加法运算，就要采用多位并行二进制加法器。所谓并行相加是指 N 位被加数中的每一位与 N 位加数中的各对应位同时相加，从而获得最终的和。N 位并行加法器由至少 N 个一位全加器相互连接构成，其连接方式特别是各位之间的进位处理方式决定了该并行加法器的运算速度和电路复杂程度。根据对进位的处理方式的不同，对应有多种并行二进制加法器的电路结构形式。

1. 行波进位加法器（ripple carry adder）

将 N 个一位全加器以图 7-1-3 所示连接在一起就构成了一个 N 位行波进位加法器，其加数和被加数分别是 $A[n-1:0]$ 和 $B[n-1:0]$，最低位的进位输入为 C_{in}。该并行加法器每一位的进位输入均来自相邻低位的进位输出，在最高位计算得到最后的进位输出 C_{out}，输出的和 Sum 则从各个相应位取得。

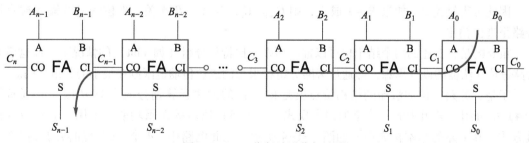

图 7-1-3　N 位行波进位加法器

利用以上电路所构成的 N 位并行加法器的主要优点是电路简单、规则，易于 IC 版图的设计与实现。但它有一个严重的缺陷，即每一位进行相加时必须等待低一位的进位结果，最高位完成相加必须等到其他所有位相加完毕后进行，也就是说其进位信号是从最低位向最高位逐级传递的（如图 7-1-3 中的箭头曲线所示），就像是水波的传递一样，这就是行波进位名称的由来。假设一位全加器的进位延迟时间为 t_{carry}，求和的时间为 t_{sum}，则整个 N 位并行加法器的总延迟时间 T_{adder} 为

$$T_{adder} = (N-1)t_{carry} + t_{sum} \tag{7-1-6}$$

由此可见这种电路结构形式进行加法运算的延迟时间比较大，且其延时大小与一位全加器的进位延时 t_{carry} 成正比。在参与运算操作数位数较大的情况下，此种加法器的运算速度比较慢，不能适应高速运算时的速度要求，因此它只适用于对运算速度要求不高或相加位数较少的场合。

从对行波进位加法器求和延时时间的分析中可以看出，N 位并行加法器的主要延迟来自于从操作数最低位至最高位的进位传递，为了进一步提升并行加法的运算速度，需要设法加快进位的传递速度。从该项思路出发，构造了多种并行加法器的结构形式，其中最为常见的是：旁路进位加法器（carry bypass adder，CBA）、选择进位加法器（carry skip adder，CSA）和超前进位加法器（carry lookahead adder，CLA）。下面分别介绍上述三种并行加法器的结构特点。

2. 旁路进位加法器（carry bypass adder/carry skip adder）

一般而言，并行加法运算中，计算第 i 位的和 S_i 及其向高位的进位 C_{i+1} 必须实现获得该位的进位输入 C_i，不过在某些情况下并非如此。

我们知道，对于任意参与运算的第 i 位，有如下的逻辑运算表达式

$$P_i = A_i \oplus B_i \tag{7-1-7a}$$
$$S_i = P_i \oplus C_i \tag{7-1-7b}$$
$$C_{i+1} = A_i B_i + P_i C_i \tag{7-1-7c}$$

于是有如下两种情况：

情况 1：$A_i = B_i$，此时 $P_i = 0$

若 $A_i = B_i = 0$，则根据式（7-1-7）可知，$C_{i+1} = 0$；

若 $A_i = B_i = 1$，则根据式（7-1-7）可知，$C_{i+1} = 1$。

因此可得结论 1：如果 $P_i = 0$ 成立，则 $C_{i+1} = A_i \cdot B_i$，与本位的进位输入 C_i 无关。

情况 2：$A_i \neq B_i$，此时 $P_i = 1$

于是：根据式（7-1-7）可知，$C_{i+1} = C_i$。

因此可得结论 2：如果 $P_i = 1$ 成立，则 $C_{i+1} = C_i$，与 A_i、B_i 无关，本位的进位输入被直接旁路至进位输出。

重要的是，上述的两个结论也可以推广至多个比特位分组（如 4 bit）的情况下。而这就是旁路进位加法器的设计思想，即通过旁路分组将很长的进位传输链限制在很小的分组之内。

于是，旁路进位加法器的结构特点就是将 N 位的加法运算划分成多个 M 位（M 通常等于 4）的分组，分组中的一位全加器实现式（7-1-5）所示的逻辑功能，采用行波进位的连接方式，其电路的基本构成单元如图 7-1-4 所示。在此电路中，4 个一位全加器的进位产生函数 G 和进位传递函数 P 可以根据相应位的加数和被加数同时进行运算。在此基础上，通过进位旁路选择逻辑将各个分组连接在一起，构成实际的 N 位旁路进位加法器。图 7-1-5 是16 bit 的旁路进位加法器的结构框图。

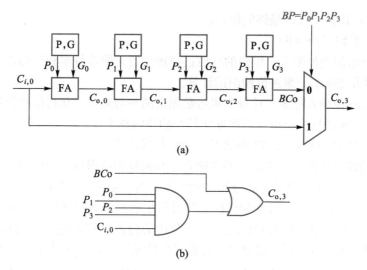

(a)

(b)

图 7-1-4 旁路进位加法器基本构成单元

（a）4 bit 旁路进位加法单元 （b）进位旁路选择逻辑电路

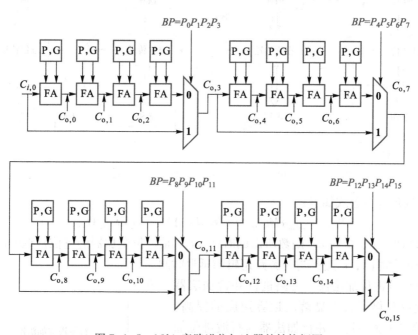

图 7-1-5 16 bit 旁路进位加法器的结构框图

该并行加法器的基本设计思想是：若某一分组的 $BP = P_0P_1P_2P_3 = 1$，则 $C_{o,3} = C_{i,0}$，即最低位的进位输入 $C_{i,0}$ 被直接旁路至下一组的进位输入。否则（$BP = 0$），分组会阻断比它低分组送来的位输入，只根据本分组的加数和被加数来计算本分组的进位输出。

对于加法器中的任意的一个分组，一旦加数和被加数在其输入端稳定下来，立即进行 P、G 和 BP 函数的计算，然后其进位与求和可以分成下面两种情况进行：

（1）进位旁路（$BP = 1$）

① 进位旁路选择逻辑选择将本组的进位输入直接旁路至本组的进位输出。

② 一旦本组进位输入稳定，行波进位加法器根据本组加数、被加数和进位输入，完成本

组各数据位的求和运算，获得最终的输出。

（2）非进位旁路（$BP=0$）

① 阻断本分组的进位输入，组内的行波进位加法器无须等待本分组的进位输入，只根据加数和被加数即可完成本分组进位输出的计算。

② 一旦本组进位输入稳定，计算本组各数据位的和与进位，获得最终的正确结果。

旁路进位并行加法器之所以运算速度比较快的原因在于：

① 各个分组的 P 和 G 以及 BP 函数可以同时并行计算。

② 在最坏的延迟条件下，进位需要在所有参与运算的数据位之间传递，由于事先已完成了 BP 函数的计算，进位也只需要在分组之间传递，而不是在分组之内传递。

通过以上的分析，可以获得 N 位旁路进位并行加法器的最长延时路径与运算速度计算公式。其最长延时路径为进位输入先经过第一级分组的行波进位传输链，随后在中间的第二、三级分组被旁路，再经过最后一级分组的行波进位传输链，如图 7-1-6 中涂色部分所示。

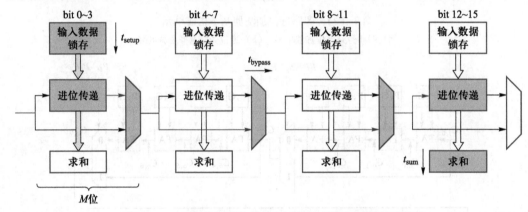

图 7-1-6　N 位旁路进位并行加法器的最长延时路经分析

其运算速度计算公式如下：

$$T_{\mathrm{adder}}=t_{\mathrm{setup}}+Mt_{\mathrm{carry}}+((N/M)-1)t_{\mathrm{bypass}}+Mt_{\mathrm{carry}}+t_{\mathrm{sum}} \tag{7-1-8}$$

式中：t_{setup} 是计算 P、G 和 BP 函数所需的时间；t_{carry} 是一位全加器的进位延迟时间；t_{sum} 是一位全加器的求和时间；t_{bypass} 是进位旁路逻辑的延迟时间。

相对于行波进位加法器，旁路进位并行加法器以较低的代价获得了较为显著的运算速度的提高。图 7-1-7 给出了旁路进位并行加法器与行波进位加法器的速度比较曲线。由该图可见，当参与运算操作数的位数大于 8 bit 时，采用旁路进位并行加法器可以获得更快的加法运算速度。

3. 选择进位加法器（carry select adder）

选择进位加法器的设计思想是：将需要相加的 N 位二进制数分成具有相同位数（M 位，通常为 4 位）的 K 个分组，每个分组的相加电路由两个 M 位的行波进位加法器和一个多路数据选择器（MUX）构成。电路中一组加法器的进位输入为 1，另一组的

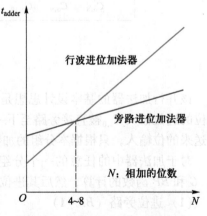

图 7-1-7　旁路进位并行加法器与
行波进位加法器的速度比较曲线

进位输入则为 **0**，多路数据选择器用于从两个加法器的"和"与"进位"中选择一个作为最终的输出。即预先计算出每一个分组进位输入分别是 **0** 和 **1** 这两种情况下的进位输出 C_{i+k} 及和 Sum，等上一分组的进位输出 C_i 计算完成后，控制多路数据选择器（MUX）从预先算好的两组数据中选择输出正确的结果。其分组电路的组成结构如图 7-1-8 所示。

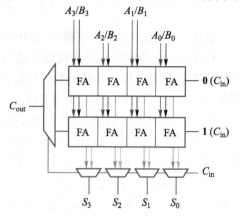

图 7-1-8　选择进位加法器
分组电路的组成结构

　　该电路允许各个分组之间的数据相加以并行的方式进行，而不需等待下一组送来的进位。而下一组的进位只用于控制多路数据选择器从两个加法器的"和"和"进位"中选择一个作为最终的输出结果。由多个分组电路构成的 16 位选择进位加法器的电路结构框图如 7-1-9。

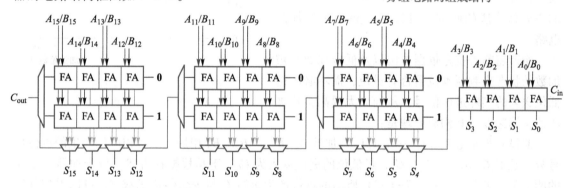

图 7-1-9　16 位选择进位加法器电路结构

　　选择进位加法器延时路径如图 7-1-10 所示，图中涂色部分表示的是该选择进位加法器的最长延时路径，从中可见，各分组数据的求和是同时进行的，因此其加法运算时间可以通过下式计算：

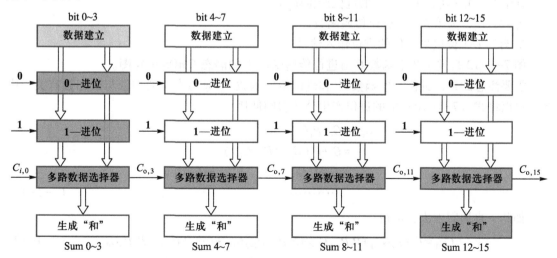

图 7-1-10　16 位选择进位加法器延迟路径

$$T_{add} = t_{setup} + \left(\frac{N}{M}\right) t_{carry} + M t_{mux} + t_{sum} \tag{7-1-9}$$

式中：t_{mux} 是多路数据选择器（MUX）的延迟时间。

图 7-1-11 给出了选择进位加法器与行波进位加法器的速度比较曲线。由图可见，选择进位加法器在当参与运算操作数的位数大于 6 bit 时，运算速度开始有了明显的提高，运算数据的位数越大，则速度的提高越明显。

4. 超前进位加法器（carry lookahead adder）

上述三种多位并行加法器电路其构成的基本单元都是行波进位加法器，只不过依据结构的不同行波进位的方式与位数有所不同而已。在进行计算时，三种电路所产生的最大延迟均为进位传递时间。为了进一步提高运算速度，必须找出有效的方法进一步降低进位传递时间。经过对多位加法运算算法的研究，设计出了超前进位加法电路。

所谓超前进位是依据本位以及低位加数和被加数的状态来判断本位是否有进位，而不必等待低位送来的实际进位信号，从而大大提高多位加法的运算速度。其构成原理是：

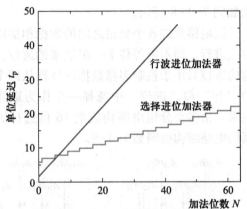

图 7-1-11　选择进位加法器与行波进位加法器的速度比较曲线

假设有被加数 $A_{n-1}A_{n-2}\cdots A_2A_1A_0$ 与加数 $B_{n-1}B_{n-2}\cdots B_2B_1B_0$ 相加，从各相应位产生的进位信号分别是 $C_nC_{n-1}C_{n-2}\cdots C_2C_1C_0$，最低位的进位输入为 C_0。于是根据在讲述一位全加器时定义的两个重要函数，即式（7-1-3）所示的进位产生函数 G 与进位传递函数 P，可以得到并行加法其中第 i 位的求和与产生进位的逻辑表达式如下：

$$S_i = A_i \oplus B_i \oplus C_i = P_i \oplus C_i$$
$$C_{i+1} = A_iB_i + A_iC_i + B_iC_i = G_i + P_iC_i \tag{7-1-10}$$

其中 $G_i = A_i \cdot B_i$，为第 i 位的进位产生函数；

$P_i = A_i + B_i$，为第 i 位的进位传递函数；

C_i 为第 $i-1$ 位送来本位的进位输入信号。

图 7-1-12 是进位产生函数 G 与进位传递函数 P 的静态 CMOS 电路图。

需要注意的是，进位产生函数 G_i 和进位传递函数 P_i 只与本位的加数与被加数有关。由此，可以将式（7-1-10）中的进位产生公式递归使用：

$$\begin{aligned}
C_{i+1} &= G_i + P_iC_i \\
&= G_i + P_i(G_{i-1} + P_{i-1}C_{i-1}) \\
&= G_i + P_iG_{i-1} + P_iP_{i-1}(G_{i-2} + P_{i-2}C_{i-2}) \\
&\quad\cdots\cdots\cdots\cdots
\end{aligned} \tag{7-1-11}$$

如此一直递归下去，可得

$$C_{i+1} = G_i + P_iG_{i-1} + P_iP_{i-1}G_{i-2} + P_iP_{i-1}P_{i-2}G_{i-3} + \cdots + P_iP_{i-1}\cdots P_1P_0C_0 \tag{7-1-12}$$

由式（7-1-12）可以看出，每一特定位的进位信号可以直接从本位以及比它低的各位加数、被加数以及最低位的进位输入 C_0 的状态来作出判断，而不需要等待低位实际送来的进位信号，这就是所谓的超前进位。而式（7-1-12）所表示的逻辑表达式就是超前进位产生电路。这样一来，任意一位所需的进位信号只要各个相关信号输入后经过两级门延迟即可获得（一级**与**门+一级**或**门），加法的运算速度与参与运算操作数的位数无关。

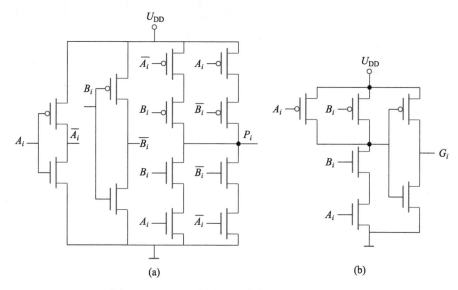

图 7-1-12　G 函数与 P 函数静态 CMOS 电路图
（a）P 函数产生 CMOS 电路图　（b）G 函数产生 CMOS 电路图

由式（7-1-12）还可以看出，每一位的进位信号都要包含所有比它低的所有位的 P 和 G 两个函数，当参与运算操作数的数据位数较多时，低位所产生的 P 和 G 函数所要驱动的负载会过重，而且整个超前进位形成逻辑电路会非常复杂难以实现，反而不利于多位并行加法电路的速度优化，因此一般超前进位形成逻辑电路均以四位为基础构成。下面就是四位超前进位形成逻辑电路的逻辑表达式：

$$C_1 = G_0 + P_0 C_0$$

$$C_2 = G_1 + G_0 P_1 + P_1 P_0 P C_0$$

$$C_3 = G_2 + G_1 P_2 + G_0 P_2 P_1 + P_2 P_1 P_0 C_0 C_4$$

$$= G_3 + G_2 P_3 + G_1 P_3 P_2 + G_0 P_3 P_2 P_1 + P_3 P_2 P_1 P_0 C_0$$

$$(7\text{-}1\text{-}13)$$

图 7-1-13 是实现式（7-1-13）的全互补静态 CMOS 电路图。图中 C_0 是最低位的进位输入信号，C_4 为最高位的进位输出。

图 7-1-14 是由四位超前进位形成逻辑电路为基础构成的四位超前进位加法器电路框图以及改进后的一位全加器求和的逻辑电路图。

为了构建更高位数的超前进位加法器电路，需要将超前进位形成逻辑以 4 位为一组递归使用。这样构成位数更高的加法器电路可以不过多地增加电路的复杂程度。为此，我们不是直接生成用于组间进位连接的 C_4，而是生成和传播适用于 4 位组的 P 和 G 函数。从 P 函数的定义可知，为了使组内进位输入 C_0 传递到 C_4，需要让所有四个传播函数都等于 **1**，于是组间的进位传递函数 $P_{0:3}$ 的产生函数如下：

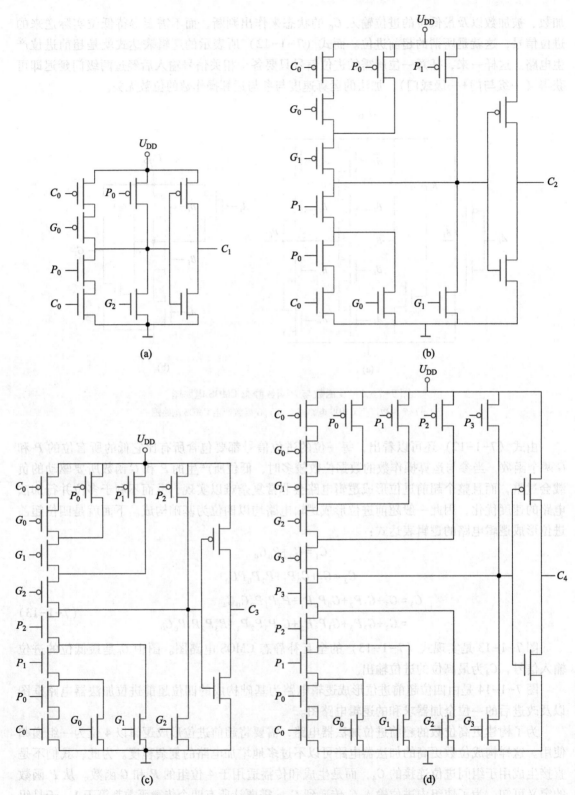

图 7-1-13　四位超前进位形成的全互补静态 CMOS 电路

（a）C_1 产生电路　（b）C_2 产生电路　（c）C_3 产生电路　（d）C_4 产生电路

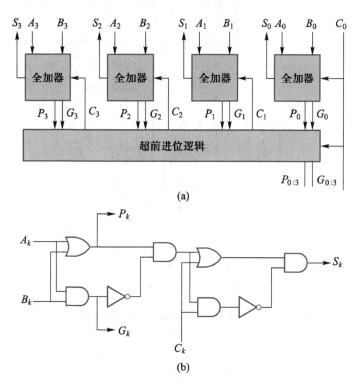

图 7-1-14　四位超前进位加法器电路框图及全加器逻辑电路

（a）四位超前进位加法器电路框图　（b）全加器逻辑电路

$$P_{0:3} = P_3 P_2 P_1 P_0 \tag{7-1-14}$$

同理，为了表示组内第 0、1、2 和 3 位上进位的产生及其向 C_4 的传播，需要考虑每个位上进位的产生函数 $G_0 \sim G_3$，以及这四个进位各自向最高位进位 C_4 的传播，这就得到了组进位产生函数 $G_{0:3}$：

$$G_{0:3} = G_3 + P_3 G_2 + P_3 P_2 G_1 + P_3 P_2 P_1 G_0 \tag{7-1-15}$$

有了组间进位传递函数和进位产生函数，就可以在组间递归调用完全相同的 4 位超前进位加法器及其超前进位产生电路，从而大大简化了多位超前进位加法器的电路设计，图 7-1-15 就是用此方法构成的 16 位超前进位加法器电路。

从图 7-1-14 （a）中可见，对于 4 位超前进位加法器（4 bit CLA），只需调用 $L=1$ 级的超前进位逻辑，其求和延迟为 $T_{4\text{bit}} = 6$ 级门延迟，而多位超前进位加法器的总延迟则取决于超前进位逻辑递归使用的级数 L，比如 17 bit CLA，其级数为 $L=2$，由此可以得出超前进位加法器的延迟计算公式如下：

$$T_{\text{Delay}} = 2 \times (2L-1) + 4 = 4L + 2 (门延迟级数) \tag{7-1-16}$$

图 7-1-16 是四种不同结构并行加法器在不同运算位宽下的运算速度及电路规模的比较，在实际的工程设计中，需要根据系统所要求的速度-功耗指标来合理地进行选择。

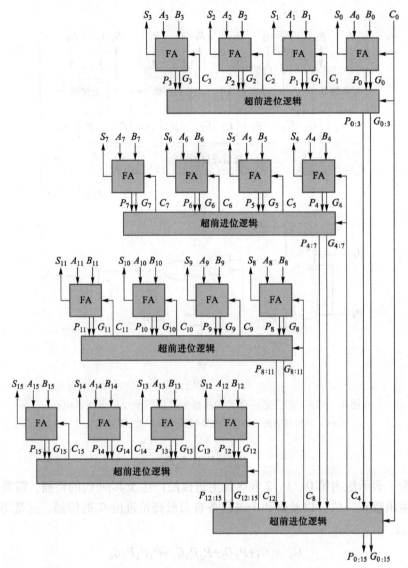

图 7-1-15　16 位超前进位加法器电路

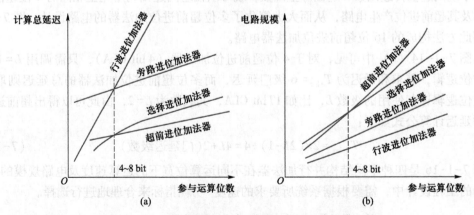

图 7-1-16　不同结构并行加法器速度及电路规模比较

（a）运算速度比较　（b）电路规模比较

7.1.3 移位操作和移位器（shifter）

1. 移位操作的类型

下面分别对移位操作的几种类型进行介绍。

（1）逻辑左移

整个数据的各个位进行左移操作，高位数据从左边移出，低位移出位补 0，如图 7-1-17 所示。需要注意的是，对于有符号数左移操作在数据不产生溢出的情况下相当于原数据乘以 2，而左移不溢出意味着移位后数据的最高有效位必须与原符号位相同。因此从这个角度而言，逻辑左移和算数左移的操作完全一样。

图 7-1-17 逻辑左移示意图

（2）循环左移

整个数据的各个位进行左移操作，从左边移出的高位数据返回至低位移入，如图 7-1-18 所示。

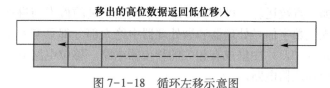

图 7-1-18 循环左移示意图

（3）逻辑右移

整个数据的各个位进行右移操作，低位数据从右边移出，高位移出位补 0，如图 7-1-19 所示。

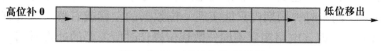

图 7-1-19 逻辑右移示意图

（4）算术右移

数据的最高位即符号位在移位过程中始终保持不变，其余各位进行右移操作，如图 7-1-20 所示。算术右移在有符号数的运算中也有明确的应用，每算术右移一位，相当于原数据除以 2。

图 7-1-20 算术右移示意图

（5）循环右移

整个数据的各个位进行右移操作，从右边移出的低位数据返回最高位移入，如图 7-1-21 所示。

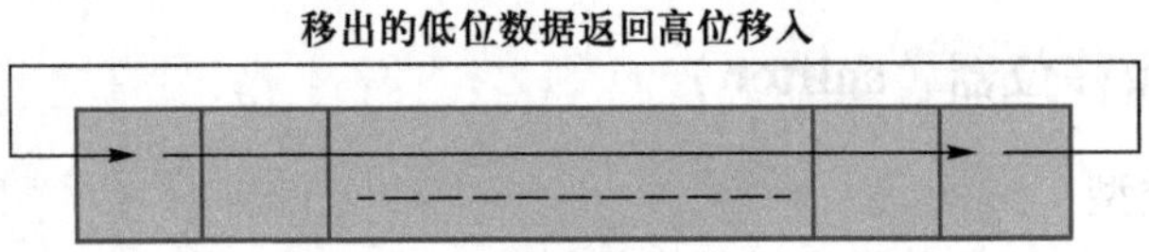

移出的低位数据返回高位移入

图 7-1-21 循环右移示意图

假设输入的 8 bit 移位操作数据为：$d_7 d_6 d_5 d_4 d_3 d_2 d_1 d_0$，要求移位的位数为 3，表 7-1-3 列出了进行上述 6 种移位操作后的结果。

表 7-1-3 移位操作实例

操作类型	运算结果
3 bit 逻辑左移	$d_4\, d_3\, d_2\, d_1 d_0\, \mathbf{0\,0\,0}$
3 bit 算术左移	$d_7 d_3\, d_2\, d_1\, d_0\, \mathbf{0\,0\,0}$
3 bit 循环左移	$d_4\, d_3\, d_2\, d_1\, d_0\, d_7\, d_6\, d_5$
3 bit 逻辑右移	$\mathbf{0\,0\,0}\, d_7\, d_6\, d_5\, d_4\, d_3$
3 bit 算术右移	$d_7\, d_7\, d_7\, d_7\, d_6\, d_5\, d_4\, d_3$
3 bit 循环右移	$d_2\, d_1\, d_0\, d_7\, d_6\, d_5\, d_4\, d_3$

移位运算在诸如浮点数运算、可变长度编码以及位矢量的检索与拼接等数字信号处理中有着广泛的应用。现代数字信号处理器和微处理器中绝大部分都具有专用的移位器单元，或是在其核心运算单元（ALU）中集成有相关的移位器电路。移位电路有多种结构形式，但应用最为普遍的是桶形移位器电路。

2. 用触发器构成的移位寄存器电路

采用触发器构成的移位寄存器电路可以实现移位的功能，图 7-1-22 所示为 4 bit 循环右移移位寄存器电路结构。这种形式的移位电路的优点是结构非常简单，可以实现高速的移位操作，但从图中可以看出，这是一种非常典型的数字时序电路，需要在时钟边沿的触发下才能工作，而且在每个同步时钟周期内只能实现一位数据的左移或右移。若要移动 N bit 数据，则需要 N 个时钟周期，即该电路实现不同位数移位操作时所需要的处理时间是不同的，与所需移动的位数成正比关系。

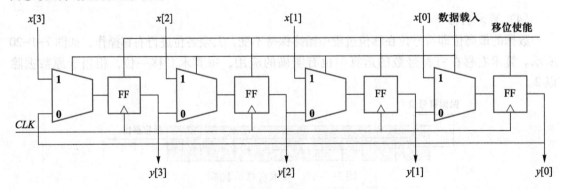

图 7-1-22 4 bit 右移移位寄存器电路结构

以移位寄存器为基础构成的移位电路只适合应用在某些结构和功能比较简单的运算处理任务中，这些处理任务中执行一次移位指令只能够实现一位数据的左移或是右移，因而移位操作的效率很低，而在诸如浮点数对阶或规格化处理中，往往需要快速完成多个数据位的移动，这样的移位器结构显然无法满足处理速度的要求。

3. 可编程二进制桶形移位器（barrel shifter）

采用受控的晶体管开关阵列，根据开关阵列上下级输入/输出数据的连接方式，可以实现可编程控制的二进制移位器电路（但一旦阵列连接方式确定，只能实现固定位数的移位），其工作原理如图 7-1-23 所示。从图 7-1-23 可见，若控制信号是空操作有效，则输入的 2 bit 数据 A 通过导通的晶体管开关 T_3、T_4 直接送至输出端 B；若控制信号是左移操作有效，则输入的 2 bit 数据中的 A_{i-1} 通过导通的晶体管开关 T_5 被输出至 B_i，A_i 则被移出，且输出的最低位 B_{i-1} 通过导通的 T_6 管补 0 输出，实现了逻辑左移功能；若控制信号是右移操作有效，则 T_1 和 T_2 开关管导通，输出信号高位 B_i 通过导通的 T_1 管补 0 后输出，低位 B_{i-1} 则通过导通的 T_2 管输出 A_i，从而实现了逻辑右移的功能。

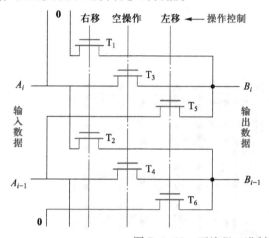

A_i	A_{i-1}	右移	空	左移	B_i	B_{i-1}
A_1	A_0	**0**	**1**	**0**	A_1	A_0
A_1	A_0	**1**	**0**	**0**	**0**	A_1
A_1	A_0	**0**	**0**	**1**	A_0	**0**

图 7-1-23　可编程二进制移位器工作原理图

在图 7-1-23 所示电路的基础上，通过扩展开关阵列的规模，可以方便地设计出各种输入/输出数据位宽可编程移位器，且该结构的移位器电路简单，易于在集成电路中实现。但该电路中的开关元件采用的是单管 NMOS 电路，存在高电平阈值损失，改进的方式可以是用 CMOS 传输门替代 NMOS 开关，但是为了能够尽量降低电路规模及版图面积，一般是在数据输出端加入专门的 CMOS 数据缓冲器，以恢复受损失的输出电平。图 7-1-24 是 4 bit 位宽的算术右移桶形移位器的电路原理图及集成电路版图，由图可见，该电路及其集成电路版图（包括读出缓冲器）简单规整，非常易于在集成电路中实现。

4. 对数桶形移位器

对数桶形移位器是由分级排列的多个数据选择器（2:1 MUX）电路构成的，每一级 MUX 电路完成的移位操作的位数是 2 的整数次幂或是不做移位而将本级的输入数据直接送入下一级的 MUX 电路的输入端。对于 n 位的输入数据，为了实现 $n-1$ 次移位，需要有 $k = \log_2 n$ 级数据选择器组，由 k 位数据组成的移位次数控制信号线 $B = b_{k-1}b_{k-2}\cdots b_2 b_1 b_0$ 控制每一级 MUX 组是否进行移位操作，若第 $m(m=0\sim k-1)$ 位控制信号线 $b_m = 1$，则该级的 MUX 组将其输入数据移位 2^m 位，否则不移位而将数据直接送入下一级。对数桶形移位器的电路结构示意图如图 7-1-25 所示，图 7-1-25（a）为右移电路结构。在设计同时具有左移与右移的桶形移位器电路时，为了能够复用 2 选 1 数据选择器来降低电路资源占用，左移是通过右移 $N-k$ bit 来

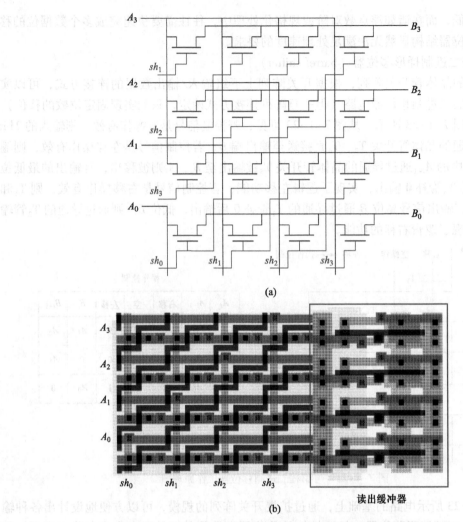

(a)

(b)

图 7-1-24 4 bit 位宽算术右移桶形移位器（彩图见插页）

（a）电路原理图 （b）集成电路版图

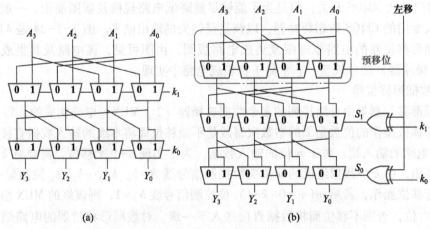

(a)   (b)

图 7-1-25 对数桶形移位器电路结构示意图

（a）右移电路结构 （b）左移/右移电路结构

实现的，其中 N 为数据位宽，k 为移动位数。$N-k$ bit 的移位电路则是通过图 7-1-25（b）中的预移位级和对移位次数求反来实现的。

对数右移桶形移位器可以用多级二进制桶形移位器来实现，如图 7-1-26 所示。

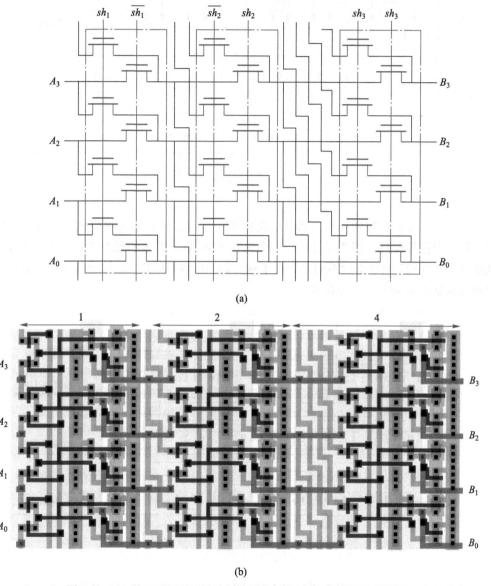

(a)

(b)

图 7-1-26 基于 NMOS 开关阵列的对数桶形移位器（彩图见插页）
(a) 电路原理图　(b) 集成电路版图

图 7-1-27 是采用 CMOS 2 选 1 数据选择器作为基本单元设计的 8 bit 数据输入的逻辑右移桶形移位器电路。

该电路由三级 MUX 组构成，从上至下每一级 MUX 组的移位位数分别是 4 bit，2 bit 和 1 bit。每一级是否进行移位操作由移位控制信号线 $b_2 b_1 b_0$ 控制。假设需要对输入数据逻辑右移 5 位，则 $b_2 b_1 b_0 = 101$，此时最上一级 MUX 组将输入数据逻辑右移 4 bit，中间级 MUX 组不移位而将本级的输入数据直接送入下一级的输入端。最低一级的 MUX 组将本级输入数据逻辑右移 1 bit 后将完成移位后的结果输出。

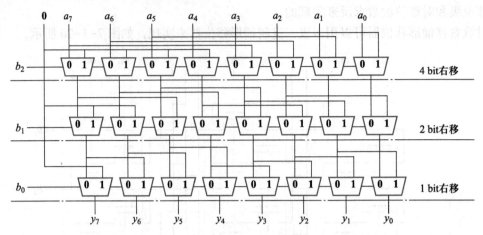

图 7-1-27　8 bit 数据输入逻辑右移桶形移位器电路

上面介绍了逻辑右移桶形移位器的电路构成，其他各种类型的移位操作均可以按照上述的结构和原则进行设计。图 7-1-28 是一个实现 8 bit 输入数据的循环右移桶形移位器电路，该电路与图 7-1-27 中电路的不同之处在于从其每一级 MUX 组中右移出的数据线被接至其高位的相应数据输入端上（原先接 0）。

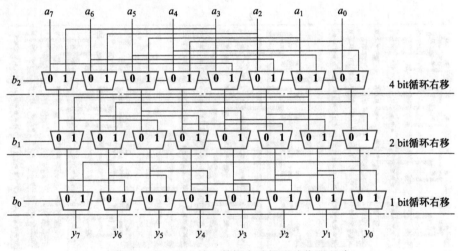

图 7-1-28　8 bit 输入数据右移桶形移位器电路

为了降低电路的规模，需要通过引入附加的控制用 2 选 1 数据选择器来将多种移位操作电路合并在同一个桶形移位电路中实现，这样一来，可以共用桶形移位电路中每一级的多路数据选择器（MUX）资源，图 7-1-29 所示是一个合并了逻辑/算术/循环右移功能的桶形移位器电路，功能更为复杂的移位运算电路可以参照此电路进行设计。

桶形移位器电路完全靠数据选择器组及其数据输入/输出端的连线方式来实现各种类型的移位操作，全部电路均由组合逻辑电路构成，其移位的速度取决于 MUX 组分级的层数，与移位操作的位数无关。由于桶形移位电路的上述优点，使其广泛应用于各种数字运算电路之中。

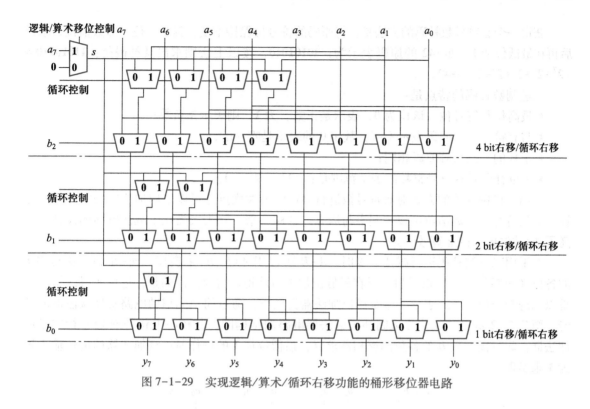

图 7-1-29 实现逻辑/算术/循环右移功能的桶形移位器电路

7.2 算术逻辑单元（arithematic logic unit，ALU）

算术逻辑单元是所有数字计算与数字信号处理设备必不可少的运算部件，同时也是应用最为灵活和使用频率最高的部件。ALU 主要完成两个输入操作数相加、相减这两种算术运算，求**与**、**或**、**异或**和非等逻辑运算以及各种移位运算等。ALU 中还设有运算结果的判定电路和相关的状态标志寄存器，可以对数据运算结果的性质与状态进行检测和保存，供进一步处理时使用。

7.2.1 运算数值编码和算术运算单元

二进制的算术运算主要针对有符号数进行，而算术运算单元主要实现对两个输入操作数进行相加与相减这两种类型的操作。实现加法操作可以依据运算器的性能、电路规模及功耗等要求，在上面所述的各种并行加法器结构中优化选择。而减法功能的实现也是建立在并行加法器结构之上的。在实际的运算处理中，为了尽可能简化加/减法运算电路的复杂程度，提高运算效率，一般采用补码的形式来表征有符号数，二进制补码的一般表示方式如图 7-2-1 所示。

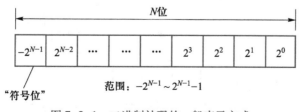

图 7-2-1 二进制补码的一般表示方式

获得一个有符号数补码的方法是：将原码的符号位保持不变，其余各位，即数值位，求反后再在最低位加 **1**。如 -42 的原码表示为：**10101010**，按以上法则求出其补码是：**11010110** = $-2^7+2^6+2^4+2^2+2^1=-42$。

二进制数补码的特点是：

- 最高位是符号位，该位为 **0**，表示是正数，为 **1**，则表示是负数；
- 与有符号数的原码表示不同，数字 **0** 的表示是唯一的；
- 正数的补码与其原码相同；
- N 位补码对有符号整数的表示范围是：$-2^{N-1} \sim 2^{N-1}-1$。

采用二进制补码的方式对有符号数进行表征的最大优点是可以采用加法器来完成减法运算，而且符号位与数值位可以一起参与运算。这样一来，就大大简化了减法电路的设计，提高了加/减法电路的运算效率。

在采用二进制补码进行减法运算时，$A-B$ 可以用 $A+(-B)$ 来实现，而 $-B$ 的求法是将 B 的各位（包括符号位）求反后，再在最低位加 **1** 后获得。需要注意的是，运算所得的结果仍是以二进制补码的形式表示。于是可以加法器为核心，通过简单的辅助电路实现减法器的功能。图 7-2-2 是实现 N 位二进制补码减法器电路的结构图，其核心电路是 N 位并行二进制加法器，此时操作数 B 的各位用反相器求反，最低位加 **1** 的操作通过将加法器的进位输入置为 **1** 来实现。

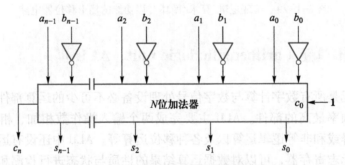

图 7-2-2 N 位二进制补码减法器电路结构图

在实际的 ALU 电路中，加/减法器电路是结合在一起的，通过一条控制信号线来确定所执行的运算是加法还是减法。在图 7-2-2 的基础上稍加改进，就可以得到实际的 N 位二进制补码加/减法器的运算电路，其电路结构框图如图 7-2-3 所示。在图中，用 $\overline{add}/sub$ 控制信

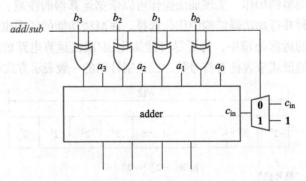

图 7-2-3 N 位二进制补码加/减法器的结构框图

号进行加/减法的选择，若 $\overline{add}/sub=1$，则执行减法操作，此时 B 操作数各位均被求反，并行加法器的进位输入置 **1**，实现减数 B 的求"负"操作。

7.2.2 逻辑和移位运算单元

逻辑运算单元主要实现 A 和 B 两个操作数各个位之间的**与**、**或**、**异或**以及单个操作数的按位"求反"、"置位"和"清零"等操作。这些操作实现起来比较容易，使用简单的组合逻辑门电路就可以实现。

移位运算电路主要完成单个操作数的逻辑/算术/循环左移或右移操作，这些操作一般均使用前面讲述的桶形移位器电路实现，但是为了确保算术移位的正确性，往往需要增加如图 7-2-4 点画线框中所示的符号位扩展以及溢出判别电路。而且为了尽可能地降低系统电路规模，在设计时还要考虑最大限度地复用桶形移位电路中的 2 选 1 电路单元。

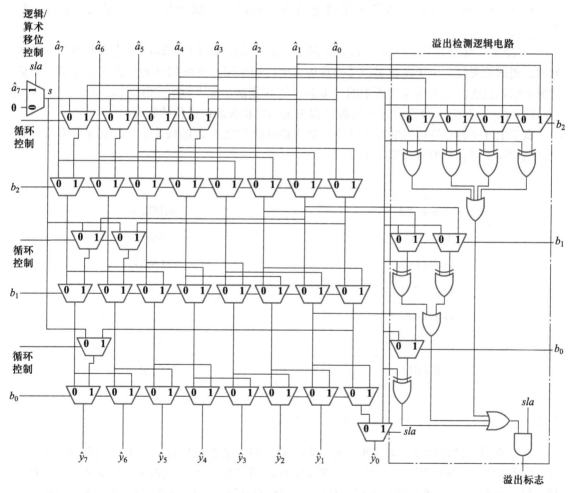

图 7-2-4　带有符号位扩展及溢出检测的逻辑/算术/循环右移桶形移位器电路

7.2.3 运算结果的状态检测

ALU 电路的一个非常重要的功能是提供运算结果数据的状态检测，并将所有的状态检测结果集合在一起统一送进一个专门的寄存器——状态寄存器中。该状态寄存器各个位的内容可以用在条件转移指令中，以此为依据决定程序执行的顺序（顺序执行或是有条件地转移至指定的程序地址上执行）。

ALU 运算结果状态检测电路需要完成以下 4 种最为根本的状态标志检测，并将其存入状态标志寄存器中，其余各种状态的判定均可以通过它们经逻辑运算后获得。这 4 种基本状态标志分别是（结果数据用 $R = r_{n-1}r_{n-2} \cdots r_2 r_1 r_0$ 表示）：

● "零"标志（Z）：若运算结果的各个位均为 **0**，则该位置位（置为 **1**）。该标志位通过将结果数据各个位相**或**后求反获得，即

$$Z = \overline{r_{n-1} + r_{n-2} + \cdots + r_2 + r_1 + r_0};$$

● "负"标志（N）：若运算结果为负数，则该位置位。该标志位的状态就等于结果数据的最高位，即 $N = r_{n-1}$；

● "进位"标志（C）：若算术运算过程中，最高位数据产生进位，则该位置位。即 $C = C_{o,n-1}$；

● "溢出"标志（V）：若算术运算过程中，运算结果超过了运算器电路所能表示的数据范围，则该位置位。由于在数字信号处理运算中，均采用二进制的补码形式进行运算，在此情况下结果是否溢出需要采用所谓的"双高位"判别法，即 $V = C_{o,n-1} \oplus C_{o,n-2}$。

注：$C_{o,n-1}$ 和 $C_{o,n-2}$ 分别是算术运算过程中最高位和次高位进位的状态。

有了上述 4 种运算结果的基本状态，就可以在执行完 $A-B$ 的操作后，判别 A 和 B 操作数之间的相互关系，其判别法则见表 7-2-1。

表 7-2-1   两操作数相互关系判别法则

A 和 B 的关系	判别法则
$A < B$（LT）	$N \oplus V$
$A \leqslant B$（LE）	$Z + (N \oplus V)$
$A = B$（EQ）	Z
$A \neq B$（NE）	$\overline{Z}$
$A \geqslant B$（GE）	$\overline{N \oplus V}$
$A > B$（GT）	$\overline{Z + (N \oplus V)}$

7.2.4   算术逻辑单元（ALU）的电路构成

将上面讲述的各种单元电路组合在一起，就构成了能够实现各种算术逻辑及移位运算功能的完整的算术逻辑部件——ALU，其典型结构框图及其电路符号如图 7-2-5 所示。由图可见，输入的操作数 X 和 Y 同时送至各个功能运算部件的输入端，利用指令译码器根据所需执行指令的要求，从各运算部件的输出端用数据选择器 MUX 选择所需的运算结果作为最终的输出。需要注意的是，对于加/减运算指令及移位/循环移位指令，由于这两种运算处理部件能够实现多种功能，指令译码器必须输出相应的控制信号线以控制相关功能部件执行所需的操作。

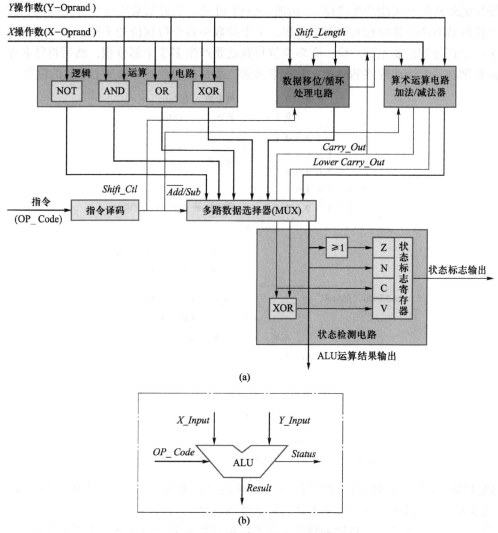

图 7-2-5　典型 ALU 的结构框图及其电路符号图

（a）结构框图　（b）电路符号

7.3　二进制乘法器

　　乘法是数学基本运算之一，也是数字信号处理中最为重要的运算，目前绝大多数数字信号处理算法经分解后都可以采用乘-加运算加以实现。为此，几乎所有的数字信号处理机（digital signal processor，DSP）中都集成有专门用于乘-加运算的电路——乘法-累加单元（multiply-accumulator unit，MAC）电路，是否具有 MAC 部件是区分 DSP 和普通 CPU 的标志之一。对乘法器最基本的要求就是实现乘法运算的速度要尽可能的快，所以乘法电路设计的全部思路均是围绕着这一要素展开的。

7.3.1　二进制乘法运算及点图

　　图 7-3-1 是二进制无符号数乘法运算过程的示意图及其一般表示形式（注意：部分积

相加结果的最高位有可能产生进位）。由图 7-3-1 可见，二进制乘法运算首先需要根据乘数中各个位的状态产生相应被乘数的部分积，由于乘数中各个位权值的不同，下一个部分积相对于上一个部分积需要左移一位，有多少位乘数就要产生多少个部分积，然后再将各个部分积两两相加在一起形成最终的乘积，乘积结果的位数是被乘数的位数加上乘数的位数。

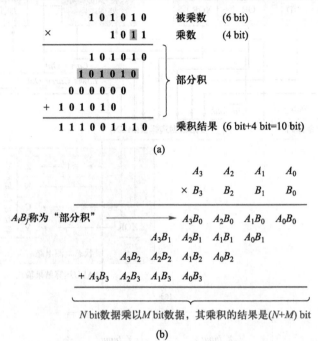

图 7-3-1　二进制无符号数乘法运算过程的示意图及其一般表示形式
（a）二进制无符号数乘法运算实例　（b）4 bit 二进制无符号数乘法运算过程的一般表示形式

该过程可以进一步划分成三个步骤，这三个步骤可以用图 7-3-2 中"点图（dot diagram）"的形式来表示，以此可以指导二进制并行乘法器的设计。

第一步：从输入数据中依照乘数的状态产生被乘数的部分积，下一个部分积相对于上一个部分积需要右移一位。部分积在"点图"中用排成一行的黑色圆点表示。如何产生部分积使乘法运算速度加快是设计乘法器电路的主要问题之一。

第二步：将各个部分积两两相加起来产生最终的结果。由图 7-3-2 的乘法点图可见，要完成这一步的操作，需要进行若干次（与参与运算数据的位数有关）费时的多位加法操作，为了减少多位加法的次数，在该步骤中一般需要采用某种运算策略，将所有的部分积最终合并（化简）成部分积之和（sum）与部分积进位（carry）两部分。由于该运算策略与电路的实现结构关系紧密，所以它也是乘法器电路研究的一个重要问题。

第三步：将上一步骤获得的部分积之和（sum）与部分积进位（carry）相加获得最终的乘积。如果需要，还要将结果转化为与乘数、被乘数相同的位数，这一过程称为舍入（rounding）。

根据上面乘法步骤"点图"以及其所表述的乘法运算步骤，可以设计出各种不同类型的乘法器电路。这些乘法器电路结构形式有的简单、有的复杂。简单的电路结构运算速度慢，复杂的电路结构则可以获得很高的运算速度。但从总体结构特点上看，有两种主要的乘法器电路结构——移位式乘法器电路和阵列式并行乘法器电路。

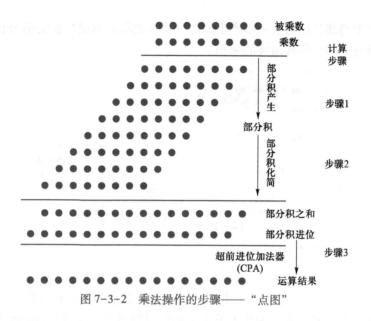

图 7-3-2 乘法操作的步骤——"点图"

7.3.2 移位式乘法器

1. 简单移位式乘法器

从上面乘法运算的点图可见，乘法运算可以通过多次移位-相加来实现，因此使用 ALU 内的移位器和加/减法器就可以通过编程来实现 2 个操作数相乘的功能，其运算编程流程图如图 7-3-3 所示。

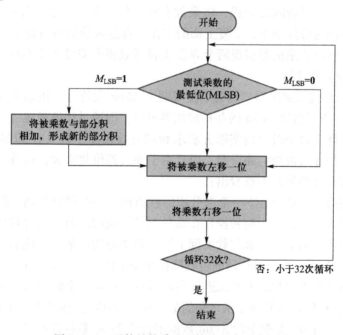

图 7-3-3 无符号数乘法运算编程实现流程图

根据图 7-3-3 所示的乘法运算编程实现流程图可以很直接地设计出组成结构如图 7-3-4 所示的移位式无符号数乘法器电路。该移位式乘法器按照时钟顺序产生部分积，在每一个时钟周期内将新产生的部分积与上一步产生的部分积累加起来形成当前的部分积之和,重复此过程直至产生所有的部分积和最终的乘积。

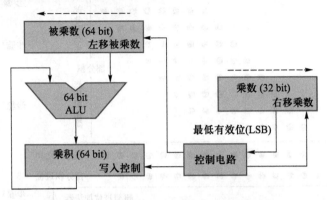

图 7-3-4 移位式无符号数乘法器电路结构

图 7-3-4 是一个 32 bit×32 bit 的移位式无符号数乘法器电路,它主要由乘数/被乘数移位寄存器、乘积结果寄存器、并行加法器及相关控制电路组成,所有电路在时钟信号(clock)的作用下同步工作。其实现乘法运算的工作过程为:首先完成乘数/被乘数锁存进相关移位寄存器和乘积结果寄存器清零的初始化工作。在第一个有效时钟边沿到来时,控制电路根据乘数最低位的状态,控制被乘数产生第一个部分积,若乘数最低位(least significant bit,LSB)为 1,则将被乘数与乘积结果寄存器相加的结果——即第一次部分积之和锁存进乘积结果寄存器。若乘数最低位为 0,则保持乘积结果寄存器的内容不变。与此同时,将被乘数左移一位,形成下一个可能的部分积,将乘数右移一位,为下一个部分积的选择提供条件。在下面的各个有效的时钟周期中,重复上面的工作,直至乘数的所有位均完成移位,并且获得最终的乘积。该移位式乘法器实现两个 N 位无符号数相乘需要 N 个时钟周期。

2. 实用型移位式乘法器

图 7-3-4 所示移位式乘法器电路为了实现两个 32 bit 无符号二进制数的相乘,需要采用 64 bit 的被乘数移位寄存器和 64 bit 的并行加法器电路,而通过仔细观察二进制乘法运算过程的示意图可知,实际上每个时钟周期部分积求和的有效相加位数只有 32 bit。所以该电路结构虽然简单明了,但非常浪费电路资源,而且由于加法器位数很大,运算速度也很慢。但是经过对上述运算过程仔细研究不难看出:

● 被乘数的左移主要是因为下一个部分积的权值比上一个部分积高,但此项操作可以通过右移部分积之和来实现,因为两种操作在数学上是等效的。而且通过观察相邻两个部分积求和的过程可以看出,有效的求和位数实际上等于被乘数的位数,因此通过右移部分积之和的方法可以将图 7-3-4 中并行加法器的位数降低至原来的一半,即 32 bit。

● 若采用右移部分积之和的方式来进行乘法运算,在第一个时钟周期内产生部分积之和的位数是 32 bit,右移后,当前部分积之和的最低位(LSB)被移出并需作为乘积的有效位保存,然后在高位需要补 0,与剩下的 31 bit 数据组合成 32 bit 数据参与下一步的求和。而第二个时钟周期及其后产生的部分积之和由于执行了累加操作,部分积求和加法器输出的位数包括进位在内共 33 bit,右移后最低位(LSB)移出并保存,剩下的 32 bit 数据直接进行下一步的求和。由此可见,当右移部分积之和时,右移操作必须包括求和加法器的进位输出位。

• 由于每个时钟周期部分积之和与乘数均需要右移一位，乘数每次右移后可以将移出位丢弃，而部分积之和的移出位由于是乘积的有效部分，则需要保存，因此可以将保存部分积之和的移位寄存器与乘数的移位寄存器合并。

基于以上的构想，可以设计出如图 7-3-5 所示的实用型移位式无符号数乘法器。与图 7-3-4 的电路结构相比，其完成（$N \times N$）bit 数相乘的乘法运算的时钟周期仍是 N，但电路资源的利用率却有了大幅度的提高，减少了移位寄存器的个数且并行加法器的位数也降低为原有的一半，因而运算速度也大大地加快。

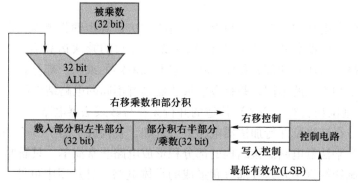

图 7-3-5　实用型移位式无符号数乘法器

实用型移位式无符号数乘法器电路的运算过程可以用图 7-3-6 的信号流程图表示。在设计时，可以根据移位式乘法器的电路结构图及信号流程图设计出实际的移位式乘法器电路，还可以根据该信号流程图在没有乘法器电路的微处理器（CPU）或微控制器（MCU）中，用软件编程的方法来实现两个无符号数的乘法运算。

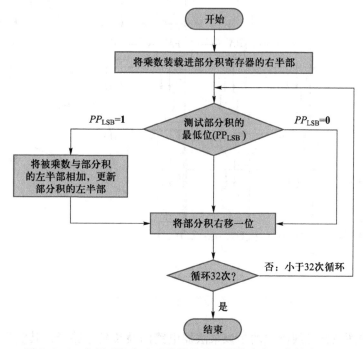

图 7-3-6　实用型移位式无符号数乘法器算法实现信号流程图

7.3.3　并行乘法器电路结构

移位式乘法器是典型的时序电路，需要有时钟信号来同步各个电路的操作，完成两个 N bit 无符号数的乘法运算除去电路初始化所需时间外，尚需 N 个时钟周期，因此运算速度不可能很快，只适用于中低速运算。但是由于其结构非常简洁，很利于在诸如 FPGA、CPLD 等可编程器件中实现，因此有着较为广泛的应用。为了进一步提高乘法的运算速度以适应高速实时数字信号处理的要求，需要采用完全以组合逻辑电路设计的并行数字乘法器电路。

并行数字乘法器电路的工作过程与上面所述的乘法运算步骤相类似，即：通过部分积产生电路同时产生所有的部分积，完成两个 N bit 无符号数的乘法运算需要产生 N 个部分积。运用某种运算策略，将所有的部分积相加在一起形成最终的乘积。部分积求和有多种实现策略，根据部分积求和方式的不同，并行数字乘法器具有不同的电路结构形式。

1. 采用行波进位加法器（CPA）构造的并行无符号数乘法器电路

将部分积通过行波进位并行加法器电路进行求和，就构成了图 7-3-7 所示的结构最为简单的并行无符号数乘法器电路。该结构的部分积形成电路非常简单，只需要用"与门"就可以实现，图中点画线线框中就是其部分积形成的具体电路。且从图中可见，下一部分积相对于上一部分积左移了一位。

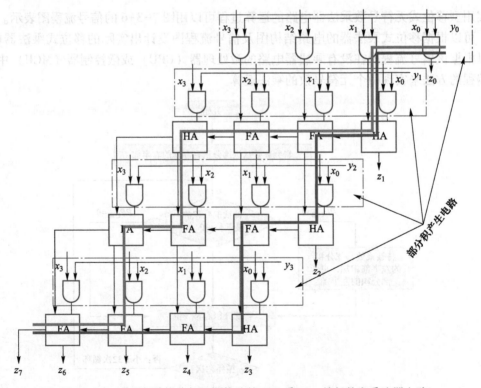

图 7-3-7　采用行波进位加法器构造的 4 bit 乘 4 bit 并行数字乘法器电路

图 7-3-7 中两条蓝色线画出的是该乘法器电路的最长延迟路径，其实现 4 bit×4 bit 的乘法运算需要 8 级加法器的进位延时。由此可见，决定该乘法器速度的主要因素是在部分积求

和过程中的行波进位传递时间，其完成 $M \times N$ bit 乘法运算所需要的时间为：

$$T_{\text{mult}} = [(M-1)+(N-2)]t_{\text{carry}} + (N-1)t_{\text{sum}} + (N-1)t_{\text{and}} \tag{7-3-1}$$

2. 并行有符号数乘法器

相对于并行无符号数乘法器，有符号数乘法器的设计需要对符号位进行特殊的处理。有符号二进制乘法运算最直接的方法是将有符号数的符号位提取并保存起来，将其绝对值转化成无符号二进制数进行二进制乘法运算，最后根据所保存的符号位确定乘积是正数还是负数，并将乘积的结果转换成相应的二进制补码形式。但是在实际的数字运算系统中一般均采用二进制补码的形式来表征有符号的二进制数，上述运算过程需要经过两次数值的转换，实现起来比较繁琐，因此需要设计出专门的电路来实现二进制补码形式的有符号二进制乘法运算。

有符号数的二进制补码相对于无符号二进制数，其最高位是符号-数值位，因此有符号二进制乘法器的实现结构与无符号数的基本相同，只不过需要对符号位进行特殊的处理。下面以图示的方式介绍其运算原理和电路结构。

假设两个以二进制补码形式表示的有符号二进制数 $X = x_3 x_2 x_1 x_0$ 和 $Y = y_3 y_2 y_1 y_0$，其进行乘法运算的实现过程如图 7-3-8 所示。

对于一位二进制数有：$\bar{n} = 1-n$，所以 $-x_j y_i = \overline{x_j y_i} - 1$，于是可以通过选择一组常数参与运算，从而避免图 7-3-8（a）算式中出现的减法运算。这样，图 7-3-8（a）可以变换成图（b）中所示的形式。进一步将图（b）中的减去补偿常数的运算用补码运算表示，可以获得如图（c）中所示参与运算的常数数值及其计算方法。

以上运算过程的正确性可以进一步用下面的理论公式推导加以验证。假设 X 与 Y 是两个 4 bit 的以二进制补码表征的有符号数，他们可以用下面的公式来表示：

$$X = -2^3 x_3 + \sum_{i=0}^{2} x_i 2^i \qquad Y = -2^3 y_3 + \sum_{i=0}^{2} y_i 2^i \tag{7-3-2}$$

于是可以得到 X 与 Y 乘积 P 的算术表达式：

$$P = XY = x_3 y_3 2^6 - \sum_{i=0}^{2} x_i y_3 2^{i+3} - \sum_{j=0}^{2} x_3 y_j 2^{j+3} + \sum_{i=0}^{2} \sum_{j=0}^{2} x_i y_j 2^{i+j} \tag{7-3-3}$$

而根据二进制补码的性质，即

$$-\sum_{i=0}^{3} x_i 2^i = -2^4 + \sum_{i=0}^{3} \bar{x}_i 2^i + 1 \tag{7-3-4}$$

将式（7-3-4）代入式（7-3-3），则可以得到如下所示的补码乘积算术表达式：

$$
\begin{aligned}
XY &= x_3 y_3 2^6 + \sum_{i=0}^{2} \overline{x_i y_3} 2^{i+3} + 2^3 - 2^6 + \sum_{j=0}^{2} \overline{x_3 y_j} 2^{j+3} + 2^3 - 2^6 + \sum_{i=0}^{2} \sum_{j=0}^{2} x_i y_j 2^{i+j} \\
&= x_3 y_3 2^6 + \sum_{i=0}^{2} \overline{x_i y_3} 2^{i+3} + \sum_{j=0}^{2} \overline{x_3 y_j} 2^{j+3} + \sum_{i=0}^{2} \sum_{j=0}^{2} x_i y_j 2^{i+j} + 2^4 - 2^7 \\
&= -2^7 + x_3 y_3 2^6 + (\overline{x_2 y_3} + \overline{x_3 y_2})2^5 + (\overline{x_1 y_3} + \overline{x_3 y_1} + x_2 y_2 + 1)2^4 + \\
&\quad (\overline{x_0 y_3} + \overline{x_3 y_0} + x_1 y_2 + x_2 y_1)2^3 + (x_0 y_2 + x_1 y_1 + x_2 y_0)2^2 + (x_0 y_1 + x_1 y_0)2^1 + \\
&\quad (x_0 y_0)2^0
\end{aligned}
$$

$$\tag{7-3-5}$$

从式（7-3-5）可以看出，式中的第一项为 -2^7，即是补偿用常数的最高位的 **1**，式中第四项中的 1×2^4 就是补偿用常数中第 4 bit 上的 **1**。其与各个需要求反的部分积的特定位，均可以从式（7-3-5）中得到确定。

	P_7	P_6	P_5	P_4	P_3	P_2	P_1	P_0
					x_3	x_2	x_1	x_0
×					y_3	y_2	y_1	y_0
					$-x_3y_0$	x_2y_0	x_1y_0	x_0y_0
				$-x_3y_1$	x_2y_1	x_1y_1	x_0y_1	
			$-x_3y_2$	x_2y_2	x_1y_2	x_0y_2		
		x_3y_3	$-x_2y_3$	$-x_1y_3$	$-x_0y_3$			
	P_7	P_6	P_5	P_4	P_3	P_2	P_1	P_0

(a)

	P_7	P_6	P_5	P_4	P_3	P_2	P_1	P_0
					x_3	x_2	x_1	x_0
×					y_3	y_2	y_1	y_0
					$\overline{x_3y_0}$	x_2y_0	x_1y_0	x_0y_0
				$\overline{x_3y_1}$	x_2y_1	x_1y_1	x_0y_1	
			$\overline{x_3y_2}$	x_2y_2	x_1y_2	x_0y_2		
		x_3y_3	$\overline{x_2y_3}$	$\overline{x_1y_3}$	$\overline{x_0y_3}$			
		-0	0	1	1			
		-0	0	1	1			
	P_7	P_6	P_5	P_4	P_3	P_2	P_1	P_0

$$\left.\begin{array}{c} \\ \\ \end{array}\right\} -C = \overline{C} + 1$$

(b)

	P_7	P_6	P_5	P_4	P_3	P_2	P_1	P_0
					x_3	x_2	x_1	x_0
×					y_3	y_2	y_1	y_0
					$\overline{x_3y_0}$	x_2y_0	x_1y_0	x_0y_0
				$\overline{x_3y_1}$	x_2y_1	x_1y_1	x_0y_1	
			$\overline{x_3y_2}$	x_2y_2	x_1y_2	x_0y_2		
		x_3y_3	$\overline{x_2y_3}$	$\overline{x_1y_3}$	$\overline{x_0y_3}$			
	$+1$	0	0	1	0			
	P_7	P_6	P_5	P_4	P_3	P_2	P_1	P_0

(c)

图 7-3-8　乘法运算实现过程示意图
（a）步骤 1　（b）步骤 2　（c）步骤 3

　　有了上面运算过程和算法公式的推导，就可以得到如图 7-3-9 所示的 4 bit 乘 4 bit 二进制补码乘法运算电路结构图。从图中可以看出，此种电路结构与图 7-3-7 所示的普通无符号数乘法器大致相同，其不同之处如图中深色部分。

　　该电路结构在只增加了非常有限的电路资源（一个半加器）和少量更改的情况下实现了有符号数的乘法运算，因此在实际的应用中被广泛采用。由于该乘法器结构由鲍（Baugh）和伍利（Wooley）在 1973 年首次提出，所以称为 Baugh Wooley 有符号数乘法器。

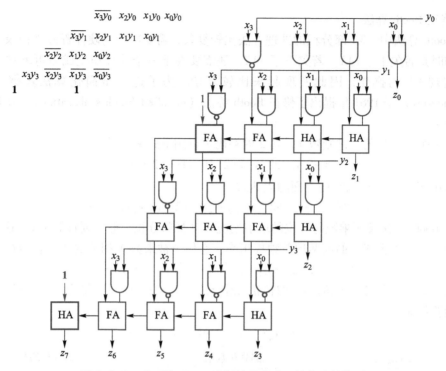

图 7-3-9 4 bit 乘 4 bit 二进制补码乘法运算电路结构图

7.3.4 部分积的产生方法

乘法运算中的第一步就是以一定的方式产生部分积。上述的各种类型的乘法器产生部分积的方法非常直接，与手工计算完全一致，用于生成部分积的电路也非常简单，如图 7-3-7 点画线框中的电路。但该方法的缺点是显而易见的，即：对于任意一位的乘数，都要产生相应的部分积，若参与运算操作数的位数为 Nbit，就要产生 N 个部分积。要将所有的部分积全都加起来需要使用数量很大（与部分积个数成正比）的加法器电路，而且部分积级数越多，其求和速度越慢。如果能够减少计算中生成部分积的个数，就能够有效地提高乘法的运算速度并降低电路规模。

1. Booth 算法的基本思路

Booth 算法（Booth's algorithm）由布思（A. D. Booth）于 1950 年提出。其基本思路是按照乘数每 2 位的取值情况，一次求出对应于该 2 位乘数的部分积，以此来减少非零部分积的个数。在运算中，每 2 位乘数有四种可能的组合，每种组合所对应的操作如下：

- **00**—部分积相当于 $0X$，同时左移 2 位；
- **01**—部分积相当于 $1X$，同时左移 2 位；
- **10**—部分积相当于 $2X$（被乘数左移 1 位即可获得），同时左移 2 位；
- **11**—部分积相当于 $3X$，同时左移 2 位。

该算法中 $3X$ 的计算比较复杂，解决方法是用 $4X-X$ 来替代。通常的做法是本次运算中只执行 $-X$ 操作，而 $+4X$ 则归并到下一个部分积生成时执行。因为下一个部分积已经左移了 2 位，所以上次欠下的 $+4X$ 在本级变成了 $+X$，与本级移位后的部分积正好对齐。

2. 修正 Booth 算法

在 Booth 算法中，3X 部分积的处理方法比较复杂，需要额外的硬件资源来记录上一个部分积求和时是否欠下了+4X，若欠下了+4X，还需要在下一个部分积生成后再增加一级加法器电路实现 +X 的操作，因此实现起来比较复杂。为了进一步简化算法步骤，迈克雷（O. L. Macorley）于 1961 年提出了修正 Booth 称法（modified Booth's algorithm），其基本称法及思路如下。

对于一个有符号的二进制数 Y，其 2 的补码可以用下式来表示：

$$Y = -2^n y_n + 2^{n-1} y_{n-1} + 2^{n-2} y_{n-2} + \cdots + 2 \cdot y_1 + y_0 \tag{7-3-6}$$

可以用 $2^n = 2^{n+1} - 2^1$ 来重构上面的表达式：

$$Y = 2^n(y_{n-1} - y_n) + 2^{n-1}(y_{n-2} - y_{n-1}) + 2^{n-2}(y_{n-3} - y_{n-2}) + \cdots \tag{7-3-7}$$

由于 Booth 算法按照乘数每 2 位的取值情况来计算部分积，假设要计算 $y_n y_{n-1}$ 这两位乘数的部分积，那么把上式中的前两项单独提出来，它们与被乘数 X 相乘的运算表达式为

$$Y_{\text{partial}} \times X = 2^n(y_{n-1} - y_n) \cdot X + 2^{n-1}(y_{n-2} - y_{n-1}) \cdot X \tag{7-3-8}$$

通过将 y_n、y_{n-1} 和 y_{n-2} 各个位的各种取值情况带入式（7-3-8）可以得到如表 7-3-1 所示的部分积运算结果。

表 7-3-1 $y_n y_{n-1}$ 两位乘数的部分积运算结果

$y_n y_{n-1} y_{n-2}$			部分积数值	部分积增量
0	**0**	**0**	**0**	**0**
0	**0**	**1**	$2^{n-1} \cdot X$	X
0	**1**	**0**	$2^{n-1} \cdot X$	X
0	**1**	**1**	$2^n \cdot X$	$2X$
1	**0**	**0**	$-2^n \cdot X$	$-2X$
1	**0**	**1**	$-2^{n-1} \cdot X$	$-X$
1	**1**	**0**	$-2^{n-1} \cdot X$	$-X$
1	**1**	**1**	**0**	**0**

由表 7-3-1 可知，为了求得 $y_n y_{n-1}$ 这两位乘数的部分积，只需要对 y_n、y_{n-1} 和 y_{n-2} 这 3 个相邻位进行译码就可以得到，而且只需要计算 X、2X、$-X$ 和 -2X 的数值，而不需要计算 -3X。而 2X 的计算非常简单，只需要将被乘数左移一位就可以获得，减法的计算可以通过将被减数求反后加 **1** 再与减数相加即可实现。

该算法实际上是对 Booth 算法中 2X 的编码方式进行了修改，将 2X 改为 4X-2X，与 Booth 算法中 4X 的处理方法一样，这里的 4X 被归并至下一级部分积中进行求和，到下一级时，变成 X 进行运算。该编码处理方式可以通过图 7-3-10 来清楚地加以理解。

采用修正 Booth 算法可以将部分积的个数降到 $(N+2)/2$ 个，有效地减少了部分积求和所需加法器的个数与求和的级数，提高了运算速度。图 7-3-11 是采用修正 Booth 算法进行两个有符号数相乘的实例，需要注意的是，为了保证运算结果的正确性，每个部分积的符号位在求和时都需要进行符号位扩展。

修正 Booth 算法也可以应用于无符号数的乘法运算中，此时，为了保证运算的正确性，需要在乘数和被乘数的最高位之前补充符号位 **0**，即将无符号数转换为有符号的正数进行运

算，然后对结果作截断处理即可。图 7-3-12 是采用修正 Booth 算法进行两个无符号数相乘的实例。

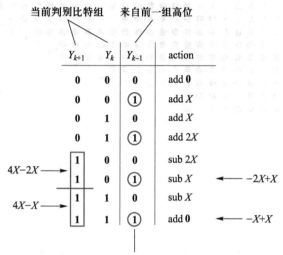

图 7-3-10　修正 Booth 算法编码示意图

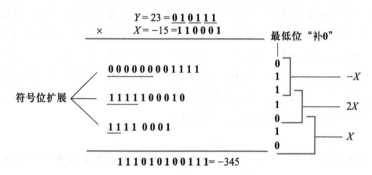

图 7-3-11　修正 Booth 算法实例——两个有符号数相乘

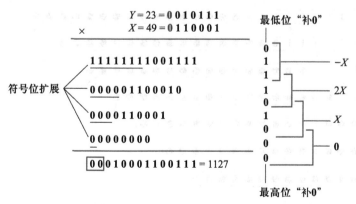

图 7-3-12　修正 Booth 算法实例——两个无符号数相乘

3. 修正 Booth 算法乘法器电路结构

采用修正 Booth 算法构建并行有符号数乘法器的电路结构与前面所述的并行乘法器电路基本相同，只是部分积形成和符号处理电路部分有所不同。图 7-3-13 给出了 16 bit 修正

Booth 算法有符号数并行乘法器的算法结构点图，其中 S 为本级部分积的符号位。

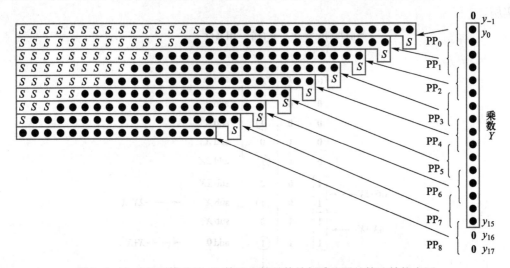

图 7-3-13　16 bit 修正 Booth 算法有符号数并行乘法器的算法结构点图

由图 7-3-13 可见，该结构中有大量部分积的扩展符号位需要参与相加，这会增加该结构乘法器的电路规模并降低其运算速度（符号位的扇出系数很大）。通过观察可知，同一行中扩展的符号位 S 要么全是 **0** 要么全是 **1**，而且同行中所有的 **0** 都可以通过将其转换成全 **1** 并在最低位加 **1** 获得，因此可以将图 7-3-13 改为如图 7-3-14 的形式，从图 7-3-13 中可见，若本级部分积符号位为 $S=1$，$\bar{S}=0$，如 PP$_3$，$\bar{S}$ 在最低位与全为 **1** 的扩展符号位相加后，该行扩展的符号位依然全部 **1**。若其符号位为 $S=0$，则 $\bar{S}=1$，$\bar{S}$ 在最低位与全为 **1** 的扩展符号位相加后，该行的扩展符号位与 S 相同，全部为 **0**。

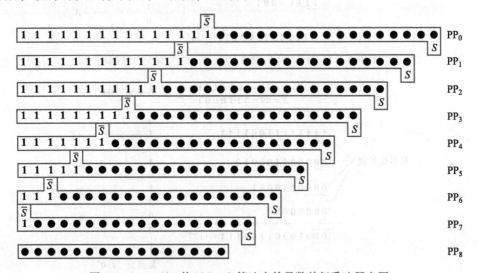

图 7-3-14　16 bit 修正 Booth 算法有符号数并行乘法器点图

改进后点图中的 **1** 既然是已知的，就可以事先将它们都先计算出结果，而不必在硬件电路中一个个地相加，经过这样的处理，可以得到图 7-3-15 用于电路设计实际的 16 bit 修正 Booth 算法有符号数并行乘法器点图，根据此点图可以进行乘法器实际的工程电路设计。

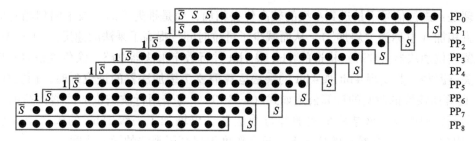

图 7-3-15　修正 Booth 算法移位式有符号数并行乘法器点图

在图 7-3-5 所示实用型移位式无符号数乘法器的基础上进行改进，可以得到修正 Booth 算法移位式有符号数并行乘法器点图，其电路结构如图 7-3-16 所示。

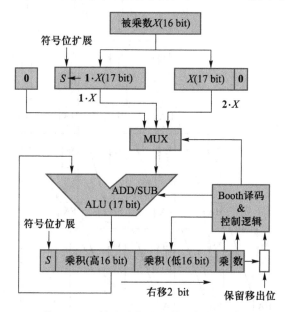

图 7-3-16　修正 Booth 算法移位式有符号数并行乘法器电路结构

该乘法器电路的工作过程与图 7-3-5 中实用型移位式无符号数乘法器基本相同，不过其在每一个时钟周期内要完成右移 2 bit，而且乘积/乘数寄存器的低 2 bit 要和保留移出位一起按照表 7-3-1 中的算法进行修正 Booth 译码，译码的结果用于在 $0, 1 \cdot X, 2 \cdot X$ 这三种部分积中进行选择，并选择进行加法或减法运算，经过 $(N+2)/2$ 个时钟周期即可获得正确的乘积结果，相对于图 7-3-5 中的电路，该电路结构大大加快了移位乘法的运算速度，所以应用领域非常广泛。

7.3.5　部分积的高效求和

1. 保留进位加法器（CSA）部分积求和电路

图 7-3-7 中电路进行乘法运算时对速度的主要制约因素是部分积求和时的行波进位传输延迟。减小延迟的直接方法是采用超前进位加法器，但如此一来电路规模会大幅度增加，功耗也会很大。解决上述矛盾的方法是改变一下全加器进位端的连接方式——即采用保留进位加法器（CSA）互连方式的部分积求和方法，这样就可以将进位传输延迟减少将近一半。其

基本原理是：进位信号不是送到本级的较高位去相加，而是推迟到后一级中同列相对应的较高位上去相加（也称为"斜加"），从而减少了进位时间，提高了乘法的速度。图 7-3-17 是采用保留进位加法器（CSA）构造的 4 bit 乘 4 bit 并行数字乘法器电路，涂色线条表示出了该电路的关键路径，其实现 4 bit 乘 4 bit 的乘法运算需要 7 级加法器的进位延时，而完成 $M \times N$ bit 乘法运算所需要的时间的计算公式如式（7-3-9），与采用行波进位加法器构造的并行数字乘法器电路相比较，该结构形式的并行乘法器在仅增加了一级 N bit 的矢量合并加法器（可以采用超前进位加法器）的情况下，较大幅度地提高了乘法的运算速度。

$$T_{\text{mult}} = (N-1)t_{\text{carry}} + (N-1)t_{\text{and}} + t_{\text{merge}} \tag{7-3-9}$$

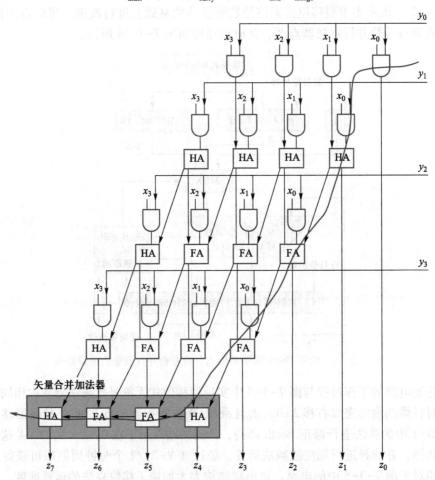

图 7-3-17　采用保留进位加法器构造的 4×4 bit 并行数字乘法器电路

2. 华莱士树（Wallace tree）型部分积求和结构

在使用保留进位加法器时，若同时采用 Wallace 树型结构，则还能进一步提高乘法的速度并降低求和电路规模。该结构定义了一种保留进位加法单元 CSA 的互连方式，可以将 N 个部分积化简到部分积之和（sum of partial product）与部分积进位（carry of partial product）两个操作数，再使用超前进位加法器将其加起来以获得最终的乘积。

其原理是用一个 CSA 将三个权值相等的比特位减少到两个，其中一个是和，一个是进位。在 $N \times N$ bit 的乘法中，共生成 N 个部分积，这些部分积在列方向可以视作是一些相邻等权重的比特位列，一列的最大高度是 N 比特，可以将每 2 或 3 位一组将它们分成若干组，然后用 CSA 将每一组减少为 1 或 2 bit。结果生成新的列，再重新划分为 2 或 3 bit 一组的若干组，再用 CSA 将每一组减少为 1 或 2 bit。该过程一直重复到将所有的部分积化简成部分积之和（sum）与部分积进位（carry）两个操作数为止。

图 7-3-18 所示是采用加法器电路将部分积化简为部分积之和与部分积进位两个操作数的运算过程，其中图（b）是将部分积进行重新排列，排列成规则形状（倒三角形）供进一步处理。图（b）、（c）是采用加法器电路对分组进行化简，直到减少为部分积之和与部分积进位两个操作数。图（d）是采用超前进位加法器（CLA）电路求得最终的乘积。

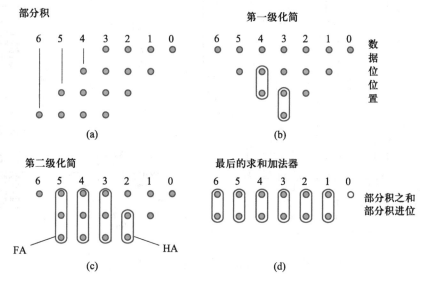

图 7-3-18　采用加法器电路进行部分积化简的运算过程
（a）步骤 1　（b）步骤 2　（c）步骤 3　（d）步骤 4

图 7-3-19 是采用 Wallace Tree 乘法器结构对部分积进行化简和求和时 CSA 的互连结构，其中最终的并行加法器为提高运算速度均采用超前进位加法器电路。图 7-3-20 是 6 bit 乘 6 bit Wallace Tree 乘法器的详细电路结构图（此图中的 S_{ij} 即为图 7-3-19 的 $x_i y_j$）。可以根据图 7-3-18 所述的设计方法对其进行研究与验证。

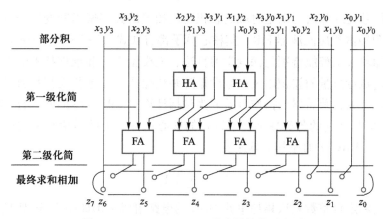

图 7-3-19　Wallace Tree 乘法器结构示意图

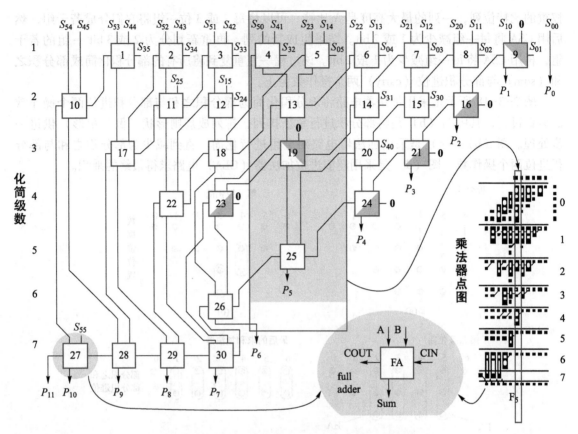

图 7-3-20   6×6 bit Wallace Tree 乘法器详细电路结构图

在实际的二进制并行乘法器的设计中，一般要综合运用部分积生成与求和方法，一种可行的设计方案是，采用图 7-3-15 所示的修正 Booth 算法生成所有的部分积，再采用如图 7-3-18 的华莱士树型结构来对部分积进行化简，最后用超前进位减法器完成最终部分积进位与部分积之和的相加，进而获得最终的乘积。

7.3.6   乘法-累加单元（multiply-accumulator unit，MAC）

经典数字信号处理算法无论是时域的卷积还是频域的数字傅里叶变换 DFT、快速傅里叶变换 FFT 及有限冲击相应滤波器 FIR，其核心算子都有如式（7-3-10）所示的相乘后再累加运算形式，且随着人工智能特别是深度学习算法、大模型学习和推理技术的发展，需要在尽可能短的时间内执行海量的卷积以及高维度矩阵乘法操作，而这些也都是通过乘后累加来加以实现的，由此可见，乘后累加操作日益成为包括计算机 CPU、图形处理器 GPU、数字信号处理机 DSP 及 NPU 在内的各类数字处理设备的核心运算。为此需要在上述设备中设置专门的乘法-累加单元 MAC 来加速其运算速度。

$$R_i = \sum_{j=0}^{n} X_i Y_j \qquad (7\text{-}3\text{-}10)$$

典型的二进制定点整数乘法累加单元 MAC 的电路组成结构如图 7-3-21 所示，它是由乘法器、加法器和累加寄存器 ACC 三个部分组成的。因为在计算过程中需要经过多次乘法-累加运算，因此 MAC 运算结果的数据动态范围极大，所以就要求其中的加法器和累加寄存器 ACC 要有更大的位宽。如图 7-3-21 所示，输入数据 X 和 Y 的位宽为 16 bit，乘法的输出结果为 32 bit，而加/减法器和累加寄存器 ACC 的位宽扩展至 40 bit，其中高 8 bit 被用作溢出保护，以确保在计算过程中数据不会因溢出而出现错误，待全部计算完成后，再截断至所需的位宽。

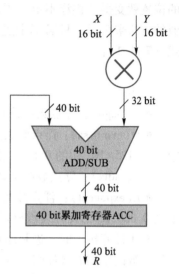

解决上述 MAC 中加/减法器和 ACC 位宽过大的问题有两种解决方案。

一是限制输入数据 X、Y 的动态范围（如输入数据线位宽是 16 bit，但限制输入数据大小在 8 bit 范围内），并在每个单元的输出端设置溢出和截断处理电路，将其结果限制在与输入数据线位宽相同的范围内。常用的溢出处理方法是饱和处理，其方法是一旦输出数据发生溢出，则根据溢出的方向将结果强制设置成该数据位宽所能表示的最大的正数（上溢）或最小的负数（下溢）。该方法的应用存在诸多的限制，而且对结果的精度有较大的影响，应用领域有限，一般只在低端的定点数 DSP 或嵌入式处理器中使用。

图 7-3-21 二进制定点整数乘法累加单元结构图

另一种方法是在系统中采用如 1.7、1.15 或 1.31 等的定点小数数制，其所表示的数据范围在 +1 到 -1 之间，基本上是纯小数，相乘后的结果不会产生溢出，且可以直接将低位部分截去，仅会影响数据的精度。采用此方式设计的 MAC，所有运算单元的数据位宽都可以与输入操作数的数据位宽相同，可以大幅降低 MAC 电路的规模并提高其运算速度。该方法目前在各类数字处理电路与系统中被广泛地应用。

7.4 浮点数运算单元

在现实世界中，大多数物理量都具有极大的动态范围。为了能够对其进行数字化处理，要求数字处理设备具有足够大的数值表示范围。数值表示范围的大小与数据位宽和编码方式密切相关，对于以补码表征的二进制定点正数，其编码方式与数值的表示范围如图 7-2-1 所示。目前数字处理设备的最大位宽普遍达 64 位，但在采用二进制定点数时，其数值范围在进行科学计算及人工智能大模型训练时依然无法满足需求。为此需要采用浮点数的表示方法以求在相同数据位宽的条件下，获得更大的数值表示范围。

7.4.1 浮点数表示方法与 IEEE 标准化浮点数

二进制浮点数表示法实际上就是十进制数中常用的科学记数法在计算机领域的扩展。例如对于十进制数 0.008125，采用科学记数法进行表示后有以下不同形式：

$$
\begin{aligned}
0.008125 &= 0.008125 \times 10^{0} \\
&= 0.08125 \times 10^{-1} \\
&= 0.8125 \times 10^{-2} \\
&= 8.125 \times 10^{-3} \\
&= \cdots
\end{aligned}
$$

由上可见，对于同一数据，用科学记数法的方式表示小数时，相较于定点数，其小数点的位置就变得"漂浮不定"了，这就是浮点数名称的由来。对于二进制数，同样可以使用类似的方法来表示，只需把十进制的基数 10 换成二进制中的 2 即可，其通用的表示方法如式（7-4-1）：

$$N=(-1)^{M_s}\times M\times R^{E} \tag{7-4-1}$$

式中：

- M_s（sign）：浮点数的符号位，**0** 表示正，**1** 则表示负；
- M（mantissa）：浮点数的尾数，以小数的形式表示。在上文 0.008125 的几种表示形式中，0.8125×10^{-2} 中的 0.8125 就是尾数；
- R（radix）：浮点数的基数，对于十进制数，R 取 10，对于二进制数，R 取 2；
- E（exponent）：浮点数的阶码，以整数的形式表示，它表示小数点在尾数中的位置，在上文 0.008125 的几种表示形式中，0.8125×10^{-2} 中的 -2 就是阶码。

对于计算机中的二进制浮点数而言，其基数固定为 2，在编码时不必考虑，因此计算机中浮点数的编码方式如图 7-4-1 所示，其中 M 是纯小数原码，E 是以移码形式表征的整数阶码。所谓移码，实际就是将其补码的符号位取反，使用移码的作用是要确保浮点数的机器零为全 **0**。机器零是指机器数所表示的零的形式。机器零与真值零的区别是：机器零在数轴上表示为 0 点及其附近的一段区域，即在计算机中小到机器数的精度达不到的数均视为"机器零"，而真值零则表示 0 这一个点。

符号位M_s (1 bit)	阶码E (M bit)	尾数M (N bit)

图 7-4-1　浮点数编码格式

为了统一浮点数的表示与运算方法，美国电气电子工程师学会（Institute of Electrical and Electronics Engineers，IEEE）对浮点数的表示方法规定了一个标准格式，IEEE-754 标准中三种浮点数的表示方法如表 7-4-1 所示。需要特别注意的是，IEEE 规格化浮点数要求尾数 M 的最高位必须是 **1**。

表 7-4-1　IEEE-754 标准浮点数表示

格式	总位宽	符号位 M_s	阶码 E	尾数 M	最大范围	最小范围
双精度	64 bit	1 bit	11 bit	52 bit	1.8×10^{308}	2.2×10^{-308}
单精度	32 bit	1 bit	8 bit	23 bit	3.4×10^{38}	1.2×10^{-38}
半精度	16 bit	1 bit	5 bit	10 bit	6.55×10^{4}	6.1×10^{-5}

7.4.2　浮点数加/减法器电路结构

1. 浮点数加/减法运算规则

浮点数加/减法的运算规则是在保证参与运算两个操作数的阶码大小一致的情况下，进行尾数的相加或相减操作。由此可知，浮点数加/减法运算的步骤如下：

阶码相减（exponent subtraction，ES）：计算两个数阶码之差的绝对值 $|E_X-E_Y|=d$。

对阶操作（alignment）：将较小操作数的尾数右移 d 位，并将较大操作数的阶码记为 E_F，以此来确保两个操作数的阶码大小一致。

尾数相加/减（sub or add，SA）：依据符号位，对两个操作数的尾数进行加法或减法操作。

数据转换（conversion）：若尾数相加/减的结果为负数，需将结果转换成符号-数值表示方式。

尾数首位"1"检测（leading one detection，LOD）：计算规格化时尾数需要左/右移动的位数，并标记其为 E_N。若 E_N 为正，则为右移（仅右移 1 位，对应于尾数结果溢出的情况），否则为左移。

规格化处理（normalization）：尾数移位 E_N 位，同时将 E_N 加到阶码 E_F 上。

舍入操作（rounding）：执行 IEEE 舍入操作，即在需要时在尾数 S 的最低位加 1 进行"四舍五入"处理，但这可能导致溢出，此时需将尾数右移 1 位，同时阶码 E_F 加 1。

2. 浮点数加/减法电路结构

根据上面浮点数的运算步骤，可以设计出如图 7-4-2 所示的浮点数加/减法器电路结构。

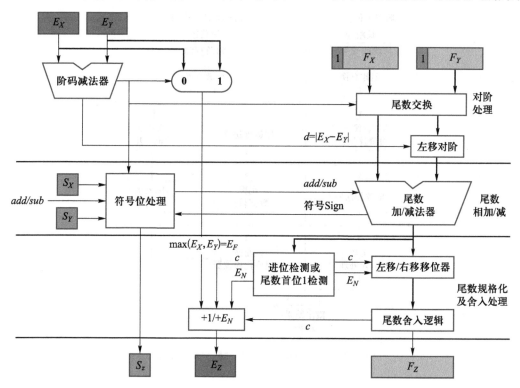

图 7-4-2　浮点数加/减法器电路结构

3. 双路径浮点数加/减法电路结构

从图 7-4-2 可见，浮点数加/减法器的电路结构非常复杂，具体表现在以下几点：

（1）对阶操作和计算结果规格化处理时需要两个全长度的移位器；

（2）阶码求差、尾数运算、数据转换和舍入操作时需要三个加/减法器。

通过对计算过程进行深入的研究，可以得出以下结论：

（1）数据转换操作仅在尾数操作的结果为负值（实际上是在做减法）时才需要，而且此操作可以通过交换尾数相减时的减数和被减数来得以避免（阶码相等时除外，但此时不需要进行舍入操作）。于是在有尾数交换的算法中，舍入和数据转换操作是相互排斥的。

（2）在仅有加法的情况下，尾数操作结束后只可能使结果增加，于是只有全长度的对阶移位器是必需的。

（3）对于减法操作，分成两种情况：一种情况是阶码的差值 $d>1$（记为 FAR），此时需要一个全长度的对阶移位器，但所得结果规格化时，最多只需要进行 1 位左移操作。另一种情况是 $d\leqslant1$（记为 CLOSE），这时不需要全长度的对阶移位器，但是必须要有全长度的规格化移位器。由此可见，全长度的对阶移位器和规格化移位器是互斥的。

（4）通过对尾数操作结果中高位打头 0 的个数的预测，在操作数输入后就进行 LOD 操作，此时的操作称为尾数首位 **1** 位置预测（leading one prediction，LOP）。

据此可以设计出运算速度更快的电路结构——双路径浮点数加/减法器电路，具体的电路结构如图 7-4-3 所示。

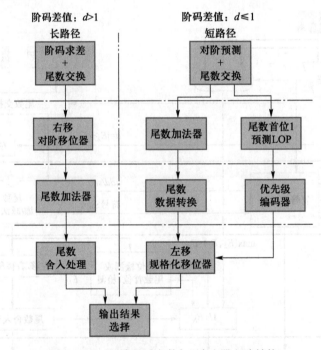

图 7-4-3   双路径浮点数加/减法器电路结构

7.4.3   浮点数乘法及其电路结构

相对于浮点数的加/减法，浮点数乘法的运算规则要简单很多，具体是：两个浮点数相乘，其乘积的阶码为相乘两操作数的阶码之和；其乘积的尾数为相乘两操作数的尾数之积。由此，可以设计出浮点数乘法器的电路结构如图 7-4-4 所示。

由图可见，浮点数乘法器的电路结构与浮点数加/减法器相比较，由于少了对阶、尾数转换电路，而且尾数规格化电路也只要按需左移 1 bit，因此浮点数乘法器电路简单了许多。但浮点数运算电路特别是浮点数加/减法器电路，无论其采用何种电路结构，电路的复杂程度都非常高，设计难度也很大，相较于同等位宽的定点数电路，其电路规模要大3~5倍，运算速度要慢4~5倍，因此在进行专用集成电路设计时，要尽量避免使用浮点数运算单元。

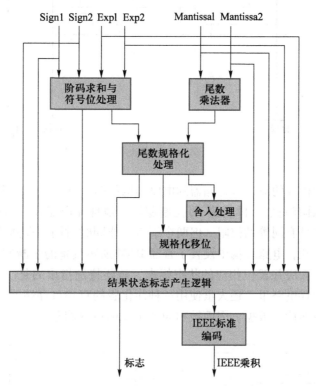

图 7-4-4　浮点数乘法器电路结构

7.5　数据缓存电路

在复杂的数字集成电路系统设计中，除了要用到存储大量数据的普通随机存取存储器外（random access memory，RAM），还需要使用一些功能和结构特殊的存储器来实现高速的数据缓存和数据交换等功能，其中最重要的有双端口存储器（dual-ported RAM，DPRAM）和先进-先出（first-in first-out，FIFO）存储器等。

7.5.1　双端口存储器（DPRAM）

与普通 RAM 在同一时刻只能写入或只能读出不同，双端口存储器允许其左/右端口对其存储单元矩阵同时写入、同时读出或同时读写，因此应用非常灵活，尤其在高速数据缓冲存储中被广泛应用。双端口存储单元的电路原理图如图 7-5-1 所示，从图中可见其每一存储单元具有 2 条字线和位线，因此可以实现上述的功能，同时也可从中看出其运用时的约束条件，即**不允许两个端口同时对同一存储单元进行操作**。以与图 7-5-1 类似的方式还可以构建更多端口的存储器，从而获得更大的数据读/写带宽。

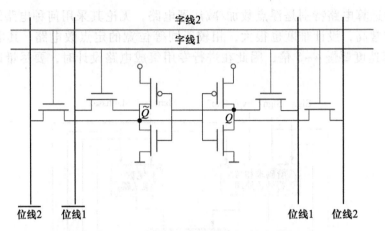

图 7-5-1　双端口存储单元电路原理图

　　由上述存储单元构成的双端口存储器的电路结构如图 7-5-2 所示，从图中可见，该存储器的左/右两个端口具有完全一样的读/写控制逻辑、地址译码器及数据输入/输出总线，对存储单元进行操作时具有同等的权限，但两个端口不能同时对同一存储单元进行操作，否则会产生数据冲突。为此，电路结构中设置了普通 RAM 所不具备的中断仲裁和信号标志逻辑，用来对操作冲突进行裁决并置位相应的状态标志。需要特别指出的是，在实际电路设计中，尤其是在数据高速缓存电路里，还大量使用一种简化版的双端口存储器，它们的左端口只能写入数据，右端口只能读出数据，因而被称为"准双端口存储器"。

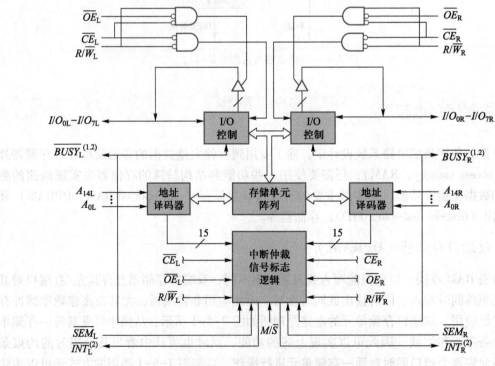

图 7-5-2　双端口存储器电路结构图

相对于普通存储器，双端口存储器提供了更高的并行性和灵活性。它可以支持多个设备同时读写数据，适用于多处理器系统、通信系统和图形处理等需要高速数据交换和共享存储的应用场合。图 7-5-3 是使用双端口存储器构建的共享存储器紧耦合双机并行处理系统结构简图，之所以称之为紧耦合是因为图中两台计算机中的 CPU 通过共享双端口存储器以并行全带宽数据交换方式紧密地连接在一起，可以获得最高的并行执行效率。目前主流的多核处理器基本上是通过这种方式来实现并行系统构建的。

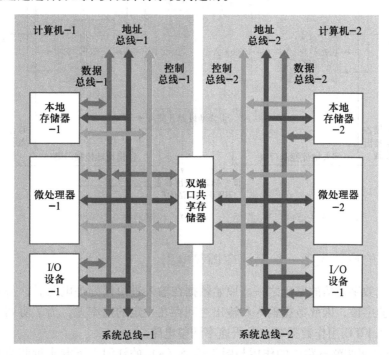

图 7-5-3　共享存储器紧耦合双机并行处理系统结构简图

7.5.2　先进先出存储器（FIFO）

FIFO 即先进–先出存储器，是对数据队列进行按序缓存及操作的重要元件。与普通存储器需要根据外部地址来进行存取操作不同，FIFO 内部具有地址产生器，且其地址是按固定的增量顺序产生的。FIFO 的这种特性，使其广泛应用于计算机数据尤其是指令队列的顺序操作中。同时，由于 FIFO 可以用来匹配具有不同传输速率的电路与系统，它还是数据通信中必不可少的核心电路单元。毫不夸张地说，现代数字通信系统中最主要与最关键的协议处理电路，都是围绕着 FIFO 来进行设计的。

典型的 FIFO 存储器电路是在准双端口 RAM 的基础上构建的，其电路结构如图 7-5-4 所示。其中写入和读出地址产生电路分别在左/右时钟的同步下，按固定增量循环产生数据存储体的写/读地址，写/读地址差计算电路负责计算当前左/右、写/读地址差并根据条件产生FIFO 的写溢出或读空标志信号。

FIFO 在数字通信系统中最关键的作用是协调/调整电路系统中分属两个时钟域数据的速率和相位差。其最主要的应用领域是通信协议处理和码速率调整电路。下面以码速率调整电路来介绍 FIFO 的典型设计与应用方式。

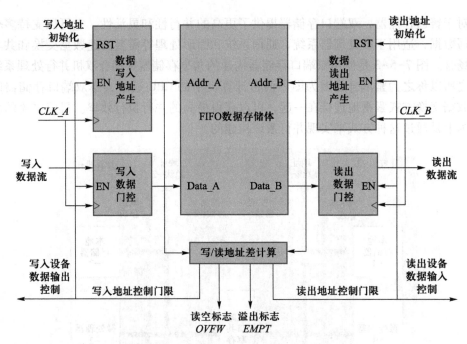

图 7-5-4　先进-先出（FIFO）存储器电路结构框图

7.5.3　FIFO 的典型应用——码速率调整电路

协议是现代数字通信的基础之一。原始数据在输入进协议处理电路后，需要添加诸如地址、控制及校验字段，因此数据输入和输出之间存在一定的速率差，为了协调该速率差，必须在电路中加入 FIFO 用作数据缓存及码速率调整电路。

FIFO 在码速率调整电路中的作用与图 7-5-5（a）的江河上下游水量调节水库类似，先要将水库中注水至一标准水位线，然后通过水库的库容量在一定的时刻内容纳上下游水流量差的波动，并在适当的时刻（高/低水位调节区间）通过调节入水或出水闸门的开度大小来使水库的水位维持在合理的范围内。如果调整不及时，则要么水满溢出，要么水库干涸而失去水库的调节作用。

对于 FIFO 码速率调整电路而言，通过计算 FIFO 左-右端口的地址差来判断写入和读出的速率差。若写/读地址差在标准差的一定范围内，如图 7-5-5（b）中蓝色区域所示，则暂时不必调节，一旦写/读地址差小于设定的阈值，则说明写入速率低于读出速率，需要进行"+"调整，应适当地增加写入速率（或降低读出速率），若调整不及时，则 FIFO 中的数据将被"读空"（相当于水库干涸）；若写/读地址差大于设定的阈值，则说明写入速率高于读出速率，需要进行"-"调整，应适当地降低写入速率（或提高读出速率），若调整不及时，则 FIFO 中的数据将会"写溢出"（相当于水库溢出）。

由此可见，为了进行码速率调节，必须具备以下三个条件：

（1）FIFO 写入数据要超前于读出数据（这相当于水库要事先蓄水至标准水位），一般的做法是 FIFO 左端口的写入地址在初始化时被置于标准差值，而右端口的读出地址则被初始化为 0。

（2）在数据帧附加的开销字段中具有 2 bit 的调节指示位来指明本数据帧内是否进行了码

速率调整，若有调整，是"+"调整还是"-"调整，编码方案一般是：**00/11** 对应无调整，**01** 对应"+"调整，**10** 对应"-"调整。

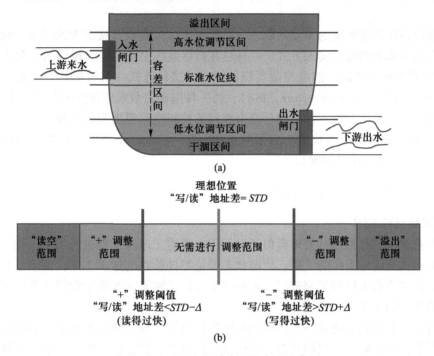

图 7-5-5　FIFO 码速率调整方法示意图

（a）水库水位调节示意图　（b）FIFO 码速率调整范围

（3）在数据帧的信息传输字段中设置调整机会字节——"+"调整机会字节，在"+"调整时传送数据，相当于提高写入速率，否则为空闲；"-"调整机会字节，在调整时空闲，不传送数据，相当于降低了写入速率，否则正常传送数据。

图 7-5-6 是同步光传输 SDH/SONET 网络 STM-1 数据帧的码速率调节相关字段的设置情况，其他的数据帧与其类似。

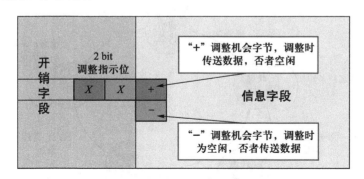

图 7-5-6　SDH/SONET 网络 STM-1 数据帧中码速率调节字段设置

基于 FIFO 的码速率调节电路实际上是一个全数字的反馈调节系统，其中 FIFO 容量大小非常关键，而这需要根据写入和读出的速率差范围、单位时间的调整量大小、调整反应时间等因素经过综合考虑和精确计算才能最终确定。

7.6　算法流程控制电路——状态转移图与有限状态机

数字系统设计需要解决的重要问题之一是电路工作过程或算法流程的控制。数字系统的流程控制有两种典型的设计实现方式，一种是在数字系统中嵌入专门设计的控制用 CPU，通过对 CPU 编程来输出相应信号控制系统的执行，这种方式一般被称作基于指令集的电路体系结构（instruction set architecture，ISA）；另一种则是完全采用硬件电路的设计实现方式，即系统执行过程中所需的所有控制信号都由专门的控制电路根据当前的输入信号和电路的状态来产生，而这个控制电路被称为有限状态机（finite state machine，FSM）或算法状态机（algorithmic state machine，ASM）。

7.6.1　有限状态机和状态转移图

1. 有限状态机 FSM

数字电路系统对数据进行处理类似于工厂用一道道工序对工件进行加工，相对应的，当前输入即是输入至此道工序的工件、当前状态即是零件所在的加工工序，而下一状态的产生就相当于工件在当前工序加工完成后，要根据工件加工情况（如质量检测结果）来决定该进入哪一道后续的加工工序。

由此可见，有限状态机是一个典型的时序逻辑电路，要完成对数据加工的控制，其设计包括四个要素：当前输入、当前状态、当前处理以及下一状态的产生。其中下一状态的产生是状态机设计中要着重解决的问题，而当前处理实则是根据当前状态和输入信号，来产生本状态（工序）所需的处理电路控制信号，这一般通过专门设计的译码器电路来实现。

2. 状态转移图

有限状态机中状态的有条件转移，可以用如图 7-6-1 所示的状态转移图（state transition diagram）来清楚地表示。从图中可见，完整的状态转移图包括对有限状态机作如下设计要素的描述：

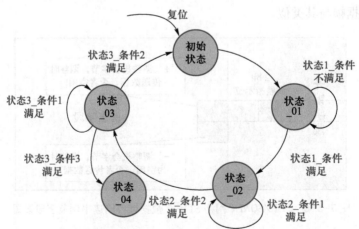

图 7-6-1　典型状态转移图

（1）状态机的初始状态，在系统工作之初，必须使用复位信号将 FSM 复位至初始状态；
（2）无条件的状态转移，如从初始状态转移至状态_01；

（3）状态有条件的转移，如状态_03在其他状态之间的转换；

（4）状态驻留，如状态_01条件不满足时，此时该状态必定要进行多时钟周期的处理，也意味着该状态实际上是一个嵌套在主状态机中的一个子状态机；

（5）非转移状态，如状态_04，这种状态比较少见，比较恰当的例子是计算机硬件错误导致的蓝屏；

（6）状态转移条件，如图7-6-1中蓝色字体所示。

状态转移图是FSM结构与电路设计的基础，它决定了整个系统设计的成败。

7.6.2　Moore和Mealy状态机

根据有限状态机的以上几个设计要素可以设计出以下两种典型的有限状态机组成结构。

1. Moore状态机

Moore状态机的典型电路结构如图7-6-2所示，它主要是根据当前输入和当前状态，有条件产生下一个转移状态的**下一状态产生电路**、用时钟将所产生状态进行锁存的**状态寄存器**和**状态译码输出电路**组成。新的状态产生后经过时钟同步的状态寄存器锁存，就转换为当前状态，该状态经过译码器译码，即可产生该状态下所需的控制信号。

Moore状态机的特点是其状态输出控制信号仅是当前状态的函数，且输出的变化与状态的变化是同步的，与当前的输入无关。

2. Mealy状态机

Mealy状态机的典型电路结构如图7-6-3所示，其组成结构与Moore状态机基本一致，唯一不同的是其状态译码输出电路的输入不仅有当前的状态量，还有当前的输入信号。

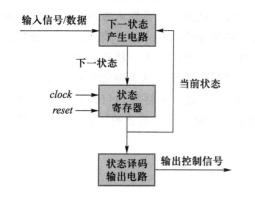

图7-6-2　Moore状态机电路结构

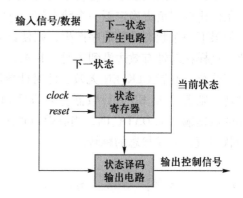

图7-6-3　Mealy状态机电路结构

Mealy状态机的特点是其输出不仅取决于当前的状态，还取决于当前的输入信号，输入的变化会导致输出控制信号随之改变，因此其输出是与状态变化异步的。

相较于Moore状态机，Mealy状态机的特点是当前状态的输出不仅取决于当前的状态，还取决于当前的输入信号。这使其在同样的设计中，使用的状态量会更少，原因在于Moore状态机中输入信号对状态输出的影响只能通过状态的产生来获得。然而Mealy状态机输出异步的性质使其设计相对困难，设计中需要考虑的问题会更多。但是无论使用哪一种结构形式，有经验的设计师都能够设计出满足功能需求的电路。

7.6.3 有限状态机的电路设计

　　根据上述状态机的设计要素及 Moore 和 Mealy 状态机的电路结构，并在设计时以二进制编码来表示设计中不同的状态变量，有限状态机的电路可以归纳成状态条件产生与寄存电路和状态译码电路这两大部分。其中状态的产生与寄存在实际电路中往往是采用二进制计数器（可以使用不同的编码技术形式）来实现的，由此可以得到下图 7-6-4 的有限状态机典型电路。

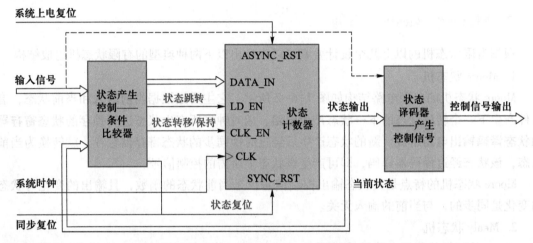

图 7-6-4 有限状态机典型电路

　　图中，异步的系统上电复位信号完成全系统的初始化，同步复位则将 FSM 置于初始状态；条件比较器负责确定下一个状态值，这需要通过与状态计数器输入控制信号的配合来完成。如果下一个状态是按顺序产生，则使计数器时钟使能信号 CLK_EN 有效，其余控制信号无效，这样在时钟有效边沿到来时，状态计数器加 1，顺序产生下一状态；如需在某一状态长时间驻留，则置 CLK_EN 无效，此时计数器保持计数值不变，状态继续维持；如要完成状态跳转，则置 CLK_EN 和计数器置数信号 LD_EN 同时有效，并将跳转目的状态值放置于计数器的数据输入端 DATA_IN，当有效时钟边沿到来时，则状态计数器的计数输出即为其所输入的状态值，完成状态的跳转。

7.7 片上系统（SoC）的设计

　　随着半导体工艺技术的不断进步，集成电路的特征尺寸早已进入纳米范围，先进工艺更是低于 3 纳米，芯片的集成度和性能指标有了极大的提高，在单个集成电路芯片上就可以实现一个完整、复杂的电子系统，诸如手机芯片、智能数字电视芯片、AI 加速芯片、毫米波雷达芯片等。事实上，高达百亿只晶体管的智能手机芯片早已采用片上系统（system on chip, SoC）的设计实现方式，并且已经在各种档次的手机上被普及应用。在汽车电子、可穿戴设备以及物联网应用中，采用片上系统进行设计也是行业的主流技术。由此可见，片上系统芯片设计技术已经逐渐成为集成电路芯片设计的主流技术，而这将对集成电路的设计和电子系统的制造带来巨大冲击。

片上系统按字面意思理解就是将能够实现特定功能的复杂电子系统全部集成在同一片 IC 芯片上。集成在芯片上的电子系统是各个功能模块及相关子系统的集合，它们包括微处理器/数字信号处理机模块、存储器模块、数字电路/模拟电路子系统、接口电路/人机交互子系统等。所有这些模块和子系统通过片内数据/信号总线连接在一起，并在嵌入式操作系统及各类应用软件的控制下协调工作。总的来说，一个集成电路芯片如果具备如下特性的话，那么就可以称之为 SoC。

- 多功能集成：SoC 芯片在单个芯片上集成多种功能，如处理器核心（CPU）、图形处理器（GPU）、内存管理单元、输入/输出控制器等，而这些集成功能原本可能需要多个独立的芯片来实现；
- 定制化设计：SoC 通常是为特定应用或市场需求而设计的，能够针对特定的性能或功耗需求进行优化，例如，智能手机 SoC 和汽车 SoC 会有不同的设计重点和功能集；
- 高效的电源管理：由于集成了多种功能不同的电路子系统，SoC 芯片设计需要高效的电源管理系统，以保持低功耗，特别是在移动设备等采用电池供电的设备中；
- 先进的制造工艺：SoC 芯片通常使用先进的制造工艺（如 7 纳米、5 纳米或更小的工艺节点），这有助于提升集成度和性能，同时降低功耗；
- 支持多种通信协议：现代 SoC 芯片往往包括支持多种无线和有线通信标准的模块，如 Wi-Fi、蓝牙、LTE、5G 等，使其能够适应多样化的连接需求；
- 内嵌安全功能：随着安全性的日益重要，许多 SoC 芯片都设计有专门的安全硬件模块，如加密处理器和安全启动等功能，以提高设备的数据安全性和防篡改能力；
- 可扩展性和接口支持：尽管 SoC 芯片高度集成，但它们通常也提供一些扩展接口，支持外部存储、外设连接等，以增强芯片的灵活性和功能性；
- 可编程：SoC 芯片的主要功能通过应用程序实现，因此必须具备外部对芯片进行编程控制的能力。

采用片上系统进行电子产品的设计，可以使产品中 IC 芯片的数目降到最低，还可以使它们的相互之间的信号连接的数目大大减少，由此可以获得如下的优点：

- 成本大大降低；
- 执行效能增强；
- 体积小、功耗低；
- 可靠性增强。

鉴于以上诸多优势，采用片上系统进行电子产品特别是消费类产品的设计已经成为 IC 行业的主流趋势。

7.7.1　片上系统（SoC）的结构形式

前面介绍了片上系统（SoC）的概念及其基本构成要素，一般而言，其基本结构形式如图 7-7-1 所示。

从图 7-7-1 中可以看出，片上系统芯片与普通 IC 芯片的最大区别在于其在片内集成了嵌入式微处理器和数字信号处理机，有些还具有专用的图形处理器 GPU 甚至是神经网络处理器 NPU。SoC 具有强大计算能力和功能适应能力，可以在嵌入式实时操作系统的支撑下，运行各种应用软件来实现各种不同的功能。而且其部分硬件电路单元采用了可重配置（re-configurable）设计技术，可以根据不同的应用来更改硬件电路的功能配置，从而使其运行速度和效率得到提升，并使其应用领域进一步扩大。为了能够方便地安装应用软件和对硬件电路进行功能配置，片上集成有专用的 JTAG 接口和一定数量的存储器模块，所有这些电路单元或模块组件均由片内总线（on chip bus, OCB）连接在一起，形成一个完整紧凑的可编程信号/数据处理系统。另外，片上系统为了实现其应用领域中的各种功能，一般都是数字/模拟混合的电路系统，并且具有强大的人机交互功能。

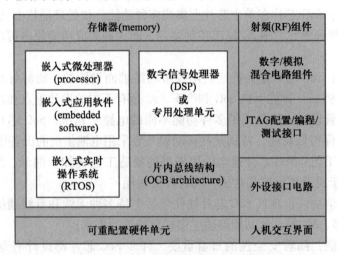

图 7-7-1　片上系统的基本组成结构

7.7.2　片上系统（SoC）的设计方法

传统的集成电路设计基本上属于硬件设计的范畴，少数的软件（主要是一些微码）也往往通过固化的方法在芯片中实现。而在 SoC 设计当中，设计者必须面对一个新的挑战，那就是他不仅要面对复杂的逻辑电路设计，而且要考虑软件，特别是那些可以改变芯片功能的外部应用软件的设计。尽管软件的加入在某种程度上加大了系统设计的工作量，但是软件的引入也会对系统设计代价的减少产生积极的作用。如何进行这类对实时性要求严格的应用软件的设计及如何在软件和硬件设计中取得平衡，获得最优的设计结果是 SoC 设计必须解决的课题之一。

另外，由于市场竞争的压力越来越大、新产品的开发周期越来越短，芯片的设计与制造成本也需要降至最低，因此 SoC 除了实现所需的功能外，总体成本的经济性也是设计中必须考虑的重要指标。如何缩短开发时间，降低设计复杂度和如何有效利用已有资源都是设计过程中的关键因素。

再者，目前片上系统（SoC）的主要应用集中在诸如智能手机、平板电脑、可穿戴及物联网设备等消费类电子产品领域，这一类应用要求产品体积小、重量轻，特别是其功耗应尽可能地降至最低。因此在进行相关 SoC 设计时必须将系统的功耗作为一项重要的设计指标来进行优化，要尽量地精简电路结构，采用全系统低功耗设计方法等。

一、SoC 芯片的基本设计方法

SoC 芯片设计是一项跨学科的工作，涉及电子信息工程、计算机科学、物理学等多个领域。SoC 设计还是一项复杂的工程任务，涉及硬件和软件的多个层面。其基本设计方法与流程从总体而言，与传统的集成电路设计并无太大区别。但是因为其系统的高度复杂性以及软硬件的深度融合，使其设计方法存在以下鲜明的特色。

1. 硬件/软件协同设计（hardware/software co-design）

由于 SoC 芯片的硬件电路只是作为功能实现的基本平台，在此基础上通过各种不同的应用软件来实现所需的各种功能。而对于应用软件的设计而言，其重点是良好的实时性和交互性，也就是说，其软件程序运行的速度必须是可预知的并且需要具备友好的人机交互界面。以上均与硬件设计密切相关，因此在 SoC 系统结构的设计中必须综合考虑硬件与软件的功能划分，进行软/硬件协同设计。

软/硬件协同设计是在系统设计目标的指导下，通过综合分析系统中硬/软件的功能及现有资源，最大限度地挖掘系统中软/硬件工作中的并发性，协调一致地设计系统中软/硬件的体系结构，以达到系统中的软/硬件均工作于最佳状态的目标。简单地说，就是让软件和硬件体系作为一个整体并行设计，找到软/硬件的最佳结合点，使它们能够以最有效的方式相互作用，互相结合，从而使系统工作在最佳状态，以避免由于独立设计软/硬件体系结构而带来的种种弊端。

采用软/硬件协同设计方法进行片上系统（SoC）设计从系统功能描述开始，将软/硬件完成的功能作全盘考虑并均衡，在设计空间搜索技术的支持下，设计出不同的软/硬件体系结构并进行评估，最终找到较理想目标系统的软/硬件体系结构，然后使用软/硬件划分理论进行软/硬件划分并设计实现。在设计实现时，始终保持软件和硬件设计的并行进行，并确保二者顺畅通信。在设计后期对整个系统进行验证，最终设计出满足约束条件限制的目标系统。具体而言，其设计过程主要分为 4 个阶段。

（1）系统功能描述阶段

该阶段的主要任务就是要全面描述系统功能和技术指标、明确系统输入/输出、相关中间状态之间的关系和相关的设计约束条件，从而建立起精确的系统模型，并深入挖掘系统软/硬件之间的协同性。系统描述应详细全面，尽可能地把所有的设计要素和约束条件精确地表述出来。系统功能描述一般采用系统描述语言的方式进行，该描述语言对系统中的硬件和软件是通用的，而且在系统的软/硬件划分后，能编译并映射成为硬件描述语言和软件实现语言，为目标系统的软/硬件协同工作提供强有力的保证。

（2）系统设计阶段

该阶段的工作是将抽象的系统描述转换成具体的、可实现的硬件和软件体系结构。主要包括系统硬件/软件功能分配和系统功能映射两部分工作。

系统硬件/软件功能分配就是要确定哪些系统功能要由硬件电路来实现，哪些系统功能要由软件程序来实现。这种功能的分配必须是经过优化的，为此需要采用设计空间搜索技术及性能优化评估的方法。设计空间搜索技术根据系统可能的多种不同软硬件体系结构，使用性能优化评估的方法来确定软/硬件的评价指标和实际性能，从而对不同设计的体系结构进行资源占用和性能评估，并进而选出最优化的设计。

系统功能映射就是根据系统描述和软/硬件功能分配选择并确定系统的体系结构。实际上就是要确定系统将采用哪些硬件模块和软件模块，以及各个模块之间的连接方式等。对于硬件模块来说，主要需要确定嵌入式微处理器和数字信号处理机的体系结构、存储器结构和容量、I/O 接口、辅助电路、模拟电路组件及系统时序关系和功耗控制策略等。对于软件模块，则要确定采用何种嵌入式实时操作系统、驱动程序和应用软件的设计等。而系统中各个模块的连接方式则要解决片内总线的结构、共享存储器结构及模块间的数据通信等问题。

以上工作完成后即可以进行硬件电路设计与软件程序的编写工作。硬件电路设计的主要手段是采用硬件描述语言（如 verilog HDL、VHDL 等）对整个硬件系统进行行为级或寄存器传输级（register transfer level，RTL）描述，并采用 EDA 工具对其进行仿真验证。软件程序的编写是在选定的实时操作系统的开发平台的支持下，编写系统中的应用软件和驱动程序，并进行初始的模拟验证。

（3）系统评价阶段

该阶段是检查确认系统设计的正确性的过程，即采用软/硬件协同仿真工具对设计结果进行正确性评估，以避免在系统实现过程中发现问题后再进行反复修改的弊端。目前，系统软/硬件协同仿真验证是系统评价的重要手段，但是由于仿真过程中所模拟的工作环境和实际使用时的工作环境差异很大，软硬件之间的相互作用方式及作用效果也就不同，这就难以保证系统在真实环境下工作时的可靠性。因此，系统模拟的有效性是有限的。

比较好的做法是，首先进行系统仿真验证，然后将所设计的硬件电路用现场可编程逻辑阵列（field programmable gate array，FPGA）实现，加载相关的软件程序，在各种调试工具和调试程序的支持下进行真实工作环境下的验证，以保证设计的正确性。采用 FPGA 进行系统验证可以避免专用集成芯片（application specific integrated circuit，ASIC）流片时高额的一次性工程（non-recurring engineering，NRE）费用，而且由于 FPGA 的可重复编程的特性，可以对其中的硬件电路和加载的软件程序进行修改，直至完全满足要求为止。这样，就可以最大限度地规避设计风险，提高设计成功率。

但是采用 FPGA 进行系统验证也有其局限性，其中最大的问题是使用 FPGA 只能对硬件电路的数字系统部分进行较为全面的验证，而绝大多数 SoC 是数字-模拟混合系统，模拟电路系统部分的验证只能使用外部的、具有相关功能的 IC 芯片来实现，因此其验证是不够完善的。另外，FPGA 内部的时序关系与最终的 ASIC 之间有一定的差异，所以即使是数字电路部分也只能够验证其设计在行为级或 RTL 级描述的正确性。

（4）系统综合实现阶段

该阶段是将系统功能映射阶段的工作转换成实际的 SoC 芯片。硬件综合是在厂家综合库的支持下，完成行为级/RTL 级系统描述向具体 ASIC 逻辑门电路级的映射过程，其最终结果是符合 ASIC 生产厂家工艺要求的电路网表和芯片的掩模版图。软件综合的主要任务是软件程序的编译及软件代码的优化。代码优化的目的是优化设计完成后的软件系统，主要分为与处理器相关的优化和与处理器无关的优化。与处理器相关的优化受不同的处理器类型影响很大，一般根据处理器进行代码选择，主要是指令的选择、指令的调度（并行、流水线等）、寄存器的分配策略等；与处理器无关的优化主要有常量优化、变量优化和代换、表达式优化、消除无用变量、控制流优化和循环内优化等。

目前正在研究发展的综合策略是软/硬件协同综合方法，采用此方法进行系统的综合，可以使软/硬件的各项性能指标达到最优。图 7-7-2 所示是软/硬件协同设计与综合的详细流程图。

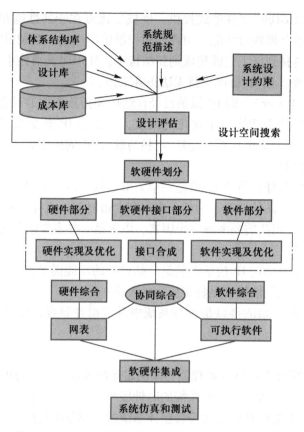

图 7-7-2　片上系统的软/硬件协同设计综合流程图

2. 设计"复用（re-use）"技术

SoC 的设计除了要考虑如何实现所需的功能，总体成本的经济性也是设计中必须考虑的重要指标。如何缩短开发时间，降低设计复杂度和如何有效利用已有资源都是设计过程中的关键因素。有效利用已有设计资源的主要技术手段是所谓的设计"复用"技术。设计"复用"指的是在设计新产品时采用已有的各种功能模块，即使进行修改也是非常有限的修改，这样，可以减少设计人力和风险，缩短设计周期，确保优良品质。

设计"复用"的根本是使用已有的各种功能模块，而这些已有的功能模块均是以所谓的电路知识产权核（intellectual property core，IP Core）的形式体现的。IP 核具备特定的功能，可以被集成到更加复杂的芯片设计中。它主要用于提高设计效率，缩短开发时间，降低开发风险，同时还可以优化成本和性能。

（1）IP 核的分类

IP 核按照其交付形式可以分成三大类：

● 软 IP 核（soft IP core）：软 IP 核通常以可综合的 HDL 语言 RTL 级电路描述的形式提供，它与电路的具体实现工艺无关，用户需要根据设计与实现中所采用的具体工艺进行综合才能在 SoC 芯片中加以应用。由于软 IP 核的工艺无关性和源代码的可更改性，因此在应用中具有较高的灵活性。其主要缺点是缺乏对时序、面积和功耗的预见性。

● 硬 IP 核（hard IP core）：硬 IP 核是针对特定制程已经物理实现的 IP，其布局和物理特性已经固定，通常以 GDSII 文件形式提供。硬核的优点在于其性能和功耗特性已经确定，可以直接用于生产，适合那些对性能、功耗和面积敏感的应用。但硬 IP 已是 IC 设计中最底层的描述，因而难以转移到新工艺或集成到新结构中，使用时灵活性小、可移植性差。一旦 IC 生产厂家的工艺改变，硬 IP 核可能就无法正常工作。

● 固 IP 核（firm IP core）：固 IP 核是已经在结构和拓扑方面通过布局/布线或者利用一个通用工艺库对其性能和面积进行了优化的网表，它比硬 IP 核更灵活，更具有可移植性，比软 IP 核在性能和面积上更可预测，是软 IP 核与硬 IP 核的折中。

（2）IP 核的"复用"

在集成电路设计中选择合适的 IP 核是一个关键过程，因为 IP 核的性能、可靠性和兼容性等会显著地影响最终产品的性能、功耗、成本和上市时间，直接影响到整个芯片项目的成功，选择 IP 核时，设计团队需要考虑多个因素，以下是一些主要的考虑因素。

● 功能性和兼容性

功能匹配：首先需要确定 IP 核是否满足产品设计的功能需求，包括对 IP 核提供的特性和功能的评估，以确保它们能够满足特定应用的要求；

接口兼容性：评估 IP 核的接口是否与系统中其他组件兼容，包括数据接口、控制信号接口等。

● 性能与成本要求

处理能力：IP 核需要有足够的处理能力来满足系统要求，包括速度、吞吐量等；

时序要求：确保 IP 核可以在整个系统的时钟频率下稳定工作；

功耗估算：评估 IP 核的功耗是否符合整体系统的能源效率目标；

硅片面积：IP 核占用的面积应该在可接受的范围内，以便优化成本和集成度；

许可费用：即 IP 核的成本，包括初次购买费用和可能的使用费；

开发成本：评估使用特定 IP 核可能带来的额外开发成本，包括集成和验证的工作量。

● 验证和可测试性

预先验证与集成测试：确保 IP 核在功能上符合其规格说明。通过模拟和仿真验证 IP 核的每个功能点，优先选择已经被广泛验证和应用的 IP 核，以减少设计错误和项目风险。另外还要在系统级环境中测试 IP 核，验证其与其他系统组件的互操作性和集成性；

测试和调试：评估 IP 核是否提供了足够的测试和调试功能，这对于系统级验证至关重要。要使用高覆盖率的测试案例来测试 IP 核，确保能够检测到潜在的设计错误。

● 技术兼容性和扩展性

技术节点兼容性：IP 核应该兼容当前和未来的制造技术节点；

系统扩展性：考虑系统未来的升级和扩展，选择能够支持这些需求的 IP 核。

● 标准遵循

遵守行业标准：确保 IP 核遵循相关的行业标准和最佳实践，这些标准不仅有助于提升设计的质量和效率，还确保了不同来源的 IP 核之间能够有效地集成和互操作。遵守这些行业标准是现代集成电路设计不可或缺的组成部分，常用标准举例如下：

——IEEE 1500：用于集成电路的内嵌核测试的标准；

——IEEE 1149.1（JTAG）：用于测试电路板连线的测试访问端口和边界扫描架构；

——Accellera 组织 SystemVerilog：用于硬件设计和验证的语言标准，广泛应用于 IP 核设计；

——Accellera 组织 IP-XACT：用于自动化集成电路设计流程中的 IP 元数据的标准描述；

——Si2 OpenAccess：这是一种数据库和 API 标准，用于集成电路设计数据的互操作性；

——Si2 OpenPDK：多种制程设计工具包（process design kit，PDK）的互操作性标准；

——JEDEC 存储器接口标准：如 DDR，LPDDR 等，这些标准定义了存储器接口的物理层和功能规范，广泛应用于存储器相关 IP 核；

——PCI-SIG PCI Express：这是一种高速串行计算机扩展总线标准，广泛用于设计通信和接口 IP 核；

——MIPI 规范：针对移动应用的接口标准，包括相机串行接口（camera serial interface，CSI）、显示串行接口（display serial interface，DSI）等；

——USB-IF USB 标准：定义 USB 接口的通信协议和物理接口，在 IP 核设计中广泛应用；

——ARM AMBA 总线标准：高级微控制器总线架构（advanced microcontroller bus architecture，AMBA），用于设计处理器与其他微控制器的通信接口 IP 核。

符合法规要求：确保 IP 核符合目标市场的法规要求，如电磁干扰（electromagnetic interference，EMI）标准和美国联邦通信委员会（federal communications commission，FCC）安全认证等。

● 文档和支持

完整的文档：确保 IP 核附带详尽的设计文档，包括设计规格、用户手册、实现指南和测试报告；

技术支持：选择提供良好技术支持的 IP 供应商，以便在集成和后续开发过程中遇到问题时能够获得帮助。

● 法律和许可

知识产权：确保 IP 核的使用不会侵犯任何第三方的知识产权；

许可条款：详细了解和评估 IP 核的许可条款，确保它们适合项目的商业模型和分销计划。

● 后续的监控和优化

性能监控：在 IP 核部署后继续监控其性能和可靠性，收集反馈用于未来的改进。

持续改进：鼓励供应商不断优化 IP 核，根据新的技术发展和客户反馈进行更新。

通过实施这些策略，可以有效地保证使用的 IP 核的质量，从而提升整个集成电路设计项目的成功率和可靠性。

（3）用于 SoC 设计 IP 核的实例——ARM V9 嵌入式处理系统

在 SoC 设计中，嵌入式微处理器 IP 核是最经常用到的电路模块。目前有多种体系结构形式的嵌入式微处理器 IP 可供设计者选用，其中最常见的有 MIPS 架构、ARM 公司的 ARM 架构、Intel 公司的 XScale 架构以及目前极为流行的开源 RISC-V 架构等。其中 ARM 架构的嵌入式微处理器 IP 核在消费类电子产品、网络通信类及汽车类电子产品的各种芯片设计中占据着主导的地位，大约占据了 32/64 bit RISC 处理器超过 75% 的市场份额。ARM 架构的 RISC 嵌入式微处理器至今共发展了 9 代产品，主要以软 IP 核的形式提供给用户使用，目前应用最多的是 ARM9 系列产品，其主要特点是

● 处理器内核——ARM V9 处理器内核是基于 ARMv9 A 架构设计，支持 64 位指令的执行；包括了全新的指令集架构，提供更高的性能和安全特性；支持动态 CPU 频率调节和功

耗优化，以适应不同工作负载下的需求。

● 内核主体使用精简指令集系统结构，大量使用内部寄存器作为数据寻址和暂存单元，加快了指令的执行速度；寻址方式简单灵活，能够方便地对数据进行存取操作；采用深度流水线结构，指令长度固定，指令执行效率高。

● 内存系统（memory system）——支持大容量内存和高速缓存，以提供更快的数据访问速度；采用先进的内存管理单元（memory management unit，MMU），支持虚拟内存、内存保护和内存隔离等功能；引入了 MemTag 技术，提高内存访问效率和安全性。

● 安全性（security）：通过 Realms 安全域、Shadow Walker 等技术提供了更高级别的安全性；实现了硬件级别的隔离和保护，防范各种攻击，包括侧信道攻击、内存溢出等；集成了安全处理单元（secure processing unit，SPU），用于高效的加密和解密操作，保护数据安全。

● 向量处理器（vector processor）：ARM V9 引入了第二代可伸缩矢量扩展（scalable vector extension 2，SVE2）技术，提供了更广泛的数据类型和更高的计算密度；支持矢量化指令，加速机器学习、图形处理等应用的执行速度。

● AI/ML 加速（AI/ML acceleration）：ARM V9 处理器提供了专用的 AI/ML 加速器，如 MatrixMultiply（MatMul）指令和神经网络加速器（neural network accelerator，NNA）等；这些加速器针对深度学习和神经网络等任务进行了优化，提供更高效的推理和训练能力。

● 扩展性和兼容性（scalability and compatibility）：ARM V9 处理器保持了与之前 ARMv8 架构的兼容性，并提供更大的灵活性和扩展性；支持多核处理器配置，以及与其他硬件组件和外设的接口标准，方便系统集成和开发。

● 总体计算（total compute）：ARM V9 处理器通过总体计算的方式优化能源利用效率，提供更高的性能表现和更低的功耗；集成了动态功耗管理和节能技术，使处理器在不同负载下能够平衡性能和能效。

● 先进微控制器总线结构 AMBA：采用先进微控制器总线结构能够方便地与各种类型的存储器及外部设备进行连接。

综合来看，ARM V9 处理器的系统架构设计围绕着提高处理性能、保障数据安全、优化 AI/ML 加速、提升能效和扩展性等方面展开，为各种应用场景提供了一流的处理能力和全面的功能支持。图 7-7-3 是基于 ARM V9 IP 核构建嵌入式微处理系统的实例。

ARM 公司提供的各类嵌入式微处理器的 IP 核全部符合国际上为 IP/SoC 制定的标准，具有完整详细的技术文档和使用说明，ARM 公司还为其在 SoC 中的应用提供了完整的开发工具，如 Integrator 硬件开发平台、ARM Developer Suite、ARM Applications Library、ARM Firm-ware Suite 等软件开发工具，因此得到了非常广泛的应用。

二、可重配置设计技术

由于绝大部分 SoC 设计应用于诸如移动电话、手持式多媒体终端等消费类电子产品领域，这一类应用要求产品体积小、重量轻，特别是其功耗应尽可能地降至最低。因此在进行相关 SoC 设计时必须将系统的功耗作为一项重要的设计指标来进行优化，除了使用低功耗设计技术，还必须对所设计的电路进行优化，尽量将与实现功能无关的电路降至最低。由于 SoC 芯片的设计需要采用可"复用"的设计手段，复用的基础是所谓的电路知识产权（IP）

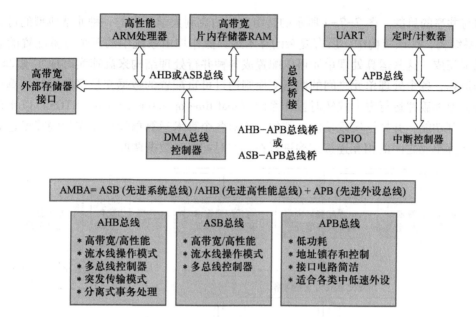

图 7-7-3　基于 ARM V9 IP 核的嵌入式微处理系统结构

核，而这些 IP 核一般均不是针对具体应用进行优化的，所以必须对其进行重新的配置或"剪裁"以达到所设计的电路均是为相关功能"量身定做"的目标。具体而言，采用可重配置设计技术的最主要的目的是：通过"重配置"或电路"剪裁"，仅保留 IP 核中与功能实现有关的电路，使其电路规模、版图面积以及电路功耗等指标达到最优，并以此获得电路运行中功能和性能指标的提高。

可重配置设计可以分成两个层次：系统级和电路级。对于系统级的可重配置设计最为重要的是系统功能的按需要"剪裁"和电路参数的重新配置。典型的例子是嵌入式微处理器 IP 核的可重配置设计，此时的设计包括：

● 根据功能需要，"剪裁"掉 IP 核中与实现功能无关的功能部件，如在智能手机 SoC 芯片中，ARM 处理器 IP 核一般用于键盘、显示、接口管理以及高层通信协议的处理，这些功能的实现对处理器算术运算部件要求不高，因此可以将 IP 核中占据较大规模的硬件乘法器电路部分"剪裁"掉；

● 根据功能要求，按照实际的需要重新配置嵌入式微处理器 IP 核中程序/数据存储器和 Cache 的容量及与其相关的地址总线的数目；

● 对片内通用/专用寄存器组的规模大小进行配置；

● 对中断、DMA 和数据/地址总线的位数进行按需配置；

● 对嵌入式微处理器 IP 核的指令集进行"剪裁"。

由于 ARM 微处理器的各种功能部件的连接均是通过 AMBA 总线，所以可以方便地通过 AMBA 总线来进行重新的配置。

对于电路级的可重配置特别是在线实时可重配置设计技术是目前 SoC 设计的研究重点之一，其重点之一在于根据具体的实现算法，在线实时配置各个算术运算单元先后连接的顺序和数据流的输入/输出与反馈路径，从而改变算术运算部件实现的算法功能，以达到高效运算的目标。另一个重点是在线实时配置系统中各个功能单元的数据交换路径，以达到数据高效传输与共享的目的。图 7-7-4 所示的是由美国伯克利大学开发的一种非常典型的可重配置 SoC 体系结构，在该结构中，所有复杂的算术运算操作均由系统中的多个可重配置的运算处理单元来完成，这些运算处理单元可以配置成各种并行处理结构来高速实时地实现算法所需的处理运算，各个处理单元之间的数据交换则通过可重配置的数据交换网路进行。算法控制微处理器上加载并运行嵌入式实时操作系统（real time operating system，RTOS）以实现复杂的系统管理功能，并根据实现功能所需的算法对各个算术运算单元所需实现的算术运算功能以及各运算单元之间的相互连接结构进行在线实时配置和数据调度。

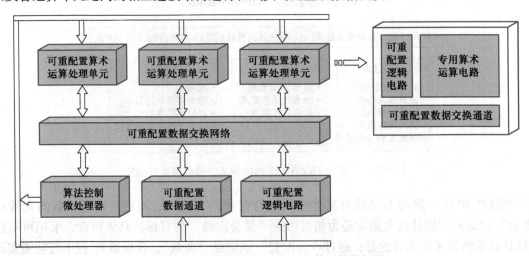

图 7-7-4 典型的可重配置 SoC 体系结构框图

可重配置设计技术在 SoC 的设计中的应用日益广泛，特别是在要求功耗低、算术运算复杂、处理实时性要求高的系统中。最典型的例子是在设计"软件无线电"SoC 系统时，就非常依赖该项技术的应用。图 7-7-5 就是采用可重配置设计技术实现的数字式软件无线电接收机的 SoC 系统结构框图，由该图可见，在系统中的多个模块采用了层次不同的可重配置设计技术。

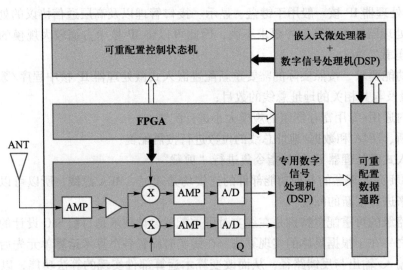

图 7-7-5 数字式软件无线电接收机 SoC 系统结构框图

7.7.3 片上系统（SoC）设计实例

片上系统 SoC 芯片的设计是一项非常复杂的系统工程，设计时要综合考虑和均衡系统架构、软件与硬件、模拟与数字、高频与低频、性能与功耗等各方面的因素。下面以华为海思公司设计并出产的麒麟 9000S 系列 SoC 为例进行说明。

麒麟 9000S 芯片是华为公司于 2023 年 8 月 29 日发布的一款旗舰级 SoC 芯片，用于满足高端智能手机在 5G 时代的需求。该芯片以其集成的 5G 调制解调器、高性能计算能力以及先进的 AI 功能而著称。它基于 7 nm 工艺制程打造，集成了超过 160 亿只晶体管，使得处理器在更小的尺寸内蕴藏了更大的能量，极大地提升了处理器的性能，也为其在功耗控制方面提供了基础，并且实现了完全自主的国产化规模生产能力。直到现在，该芯片仍是国内 SoC 芯片设计的巅峰之作，做到了名副其实的"遥遥领先"。

1. 架构设计

SoC 的设计从架构层面开始。在这个阶段，工程师们决定芯片的整体结构、各个功能模块的布局以及它们之间的互联方式。麒麟 9000S 芯片采用了典型的异构式计算机体系架构（heterogeneous system architecture，HSA），包括了多个 CPU 核心、图形处理器 GPU、神经网络处理单元 NPU 以及图像信号处理器（image signal processor，ISP）等功能模块。图 7-7-6 所示是该 SoC 芯片的系统结构。

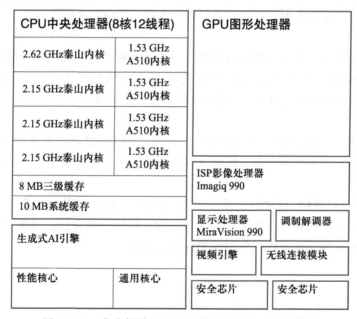

图 7-7-6 华为麒麟 9000S 5G 智能手机 SoC 芯片结构

2. 制造工艺的选择

SoC 的制造工艺直接影响了其性能、功耗和成本等方面。麒麟 9000S 芯片采用了 7 纳米制造工艺，结合诸如低温陶瓷共烧等先进封装工艺，使得它能够在相对较低的功耗下提供出色的性能，尤其是 5G 基带信号处理的能力。

3. 核心功能模块

嵌入式 CPU：麒麟 9000S 芯片的 CPU 内核为华为公司自主设计的支持超线程技术的新

一代泰山架构内核，采用 8 核心 12 线程，其中包括 1 颗 2.62 GHz 的泰山核心，三颗 2.15 GHz 的泰山核心和四颗 1.53 GHz 的 A510 核心。

GPU：作为图形处理器，GPU 在游戏和图形应用中发挥着重要作用。麒麟 9000S 芯片集成了功能强大的 Maleoon 910 GPU，它采用了四处理内核的设计，每个内核拥有两组 ALU 并行处理单元，每组处理单元又拥有 128 个专用处理单元 PE，总计有 $4 \times 2 \times 128 = 1024$ 个 PEs。可以提供流畅的游戏体验和高质量的图形渲染能力。

NPU：随着人工智能应用的普及，NPU 变得越来越重要。麒麟 9000S 芯片集成了华为公司的 HiAI 2.0 架构，并搭载了 3 个 NPU 模块，专门用于加速机器学习和深度学习任务，例如语音识别、图像识别等。

ISP：图像信号处理器负责处理摄像头传感器捕获的图像数据。该芯片的 ISP 模块具有强大的图像处理能力，支持高分辨率图像和视频拍摄，并且它和片内的 NPU 紧密耦合，可以提供更加强大的 AI 图像处理能力，使得拍摄体验更加优秀。

4. 5G 通信技术

麒麟 9000S 芯片支持最新的 5G 通信技术。它集成了 5G 调制解调器，能够实现高速的 5G 数据传输，为用户提供更快的互联网连接速度和更低的延迟。

5. 多媒体功能

麒麟 9000S 芯片还拥有丰富的多媒体功能，包括高清视频解码和编码、音频处理、3D 声场效果等。这些功能使得用户可以享受到更加丰富多彩的娱乐体验。

6. 功耗管理

高性能 SoC 通常会面临功耗管理的挑战。为了最大限度地延长电池续航时间并降低设备发热，麒麟 9000S 芯片采用了先进的功耗管理技术，包括动态电压频率调整（dynamic voltage and frequency scaling，DVFS）、智能休眠和任务调度等。

7. 安全性

安全性是智能设备设计中至关重要的一个方面。SoC 的设计需要考虑到安全防护机制，以保护用户的数据和设备不受攻击。麒麟 9000S 芯片集成了多种安全特性，包括硬件级别的加密和身份验证功能。

总结来说，麒麟 9000S 芯片的设计是一项复杂而全面的工程，涉及架构设计、制造工艺、功能模块设计、功耗管理和安全性等多个方面。通过这些设计，麒麟 9000S 芯片能够为华为的智能手机和其他设备提供出色的性能和用户体验。

7.8　数字集成电路系统设计要点总结

与采用分立式数字集成电路进行系统设计相比较，数字集成电路系统设计有着自身的特点，经归纳可以得到如下的设计要点。

1. CMOS 数字电路基本单元

（1）布尔单元：包括**与**、**或**、**非**和**异或**等各种逻辑门电路。

（2）开关单元，主要包括：

● 传输门，其在应用时输出的负载不能过重，否则会出现"电荷共享"现象，影响电路工作的可靠性；

• 多路数据选择器 MUX，它是在集成电路设计中最主要的可控数据交叉连接开关元件，数据路径的选择主要通过 MUX 实现；

• 三态缓冲器，主要在集成电路的输入/输出引脚电路设计中应用，实际设计中最好采用反向缓冲器驱动传输门的电路结构。

（3）存储单元：最基本的数据存储电路单元是边沿敏感的 D 触发器，以及各种同步数据存储器，如 SRAM、DPRAM 及 FIFO 等。

（4）控制单元：主要包括译码器和比较器，它们构成 IC 电路中的基本控制元件。

（5）数据调整单元：加法器、乘法器、桶形移位器和编码器等。它们都是典型的组合逻辑电路，不可避免地会存在数据竞争冒险现象，使电路输出很容易产生假信号和毛刺，使用时必须非常小心，其输出必须经过触发器的采样后才能使用。

2. 系统中信号的分类

同步电路中的信号可以分成三大类：时钟、控制信号和数据。

其中控制信号和数据一般均是组合逻辑电路处理后的输出，必须通过时钟边缘敏感的 D 触发器锁存后才能进行下一步的处理。

同步系统中，对控制信号和数据的采样与寄存全都要使用到有效的时钟边沿，因为时钟要接至该时钟域中所有 D 触发器的时钟输入端，导致其负载极重，时钟信号传输路径若不经过精心设计，很容易产生所谓的"时钟偏移（clock skew）"现象，即时钟信号输入至各个触发器延迟时间各不相同，且偏差较大。一般而言，系统最小时钟周期 $T_{C_{\min}}$（最高时钟频率）由式（7-8-1）进行计算，从中可知，时钟偏移时间会在很大程度上影响系统的工作速度和时钟频率，是影响系统性能指标的关键因素之一。

$$T_{C_{\min}} = t_{pcq} + t_{pd} + t_{setup} + t_{skew} \tag{7-8-1}$$

式中：

t_{pcq} 为触发器输出延迟时间；

t_{pd} 为组合逻辑路径延迟时间；

t_{setup} 为 D 触发器数据建立时间；

t_{skew} 为时钟最大偏移时间。

解决时钟偏移的最根本的方法是合理设计时钟在系统中的传输分配路径及其驱动方式。一般而言，集成电路设计时，时钟信号都会由特殊的驱动力很强的时钟输入引脚接入，在芯片内部采用特殊的时钟分配网络经过驱动后再接至各 D 触发器的时钟输入端。该时钟分配网络设计的要点是：树形驱动结构，负载均衡，如图 7-8-1 所示。采用该时钟分配网络，可以使时钟偏移降至最低。

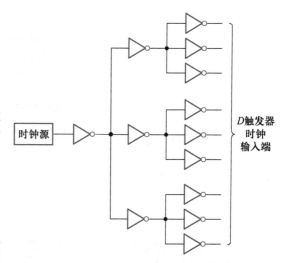

图 7-8-1 树形驱动时钟分配网络结构图

3. 数字集成电路设计中不宜采用的电路

下面是一些在 CMOS 数字集成电路设计中要尽可能避免使用的电路：

（1）RS 触发器：在输入的某些状态下，输出状态不稳定，且触发器为异步工作；对输入端上的信号毛刺很敏感（但在优先级仲裁电路中会被采用）；

（2）隐含触发器：组合电路在设计中若存在反馈回路就会形成隐含触发器，将会产生类似于 *RS* 触发器的各种问题；

（3）*JK* 触发器：占用面积比 *D* 触发器大，还存在模糊的电路状态；

（4）错误使用控制元件：如译码器输出接至触发器时钟或异步置位/复位端，其输出的毛刺会造成触发器状态错误地改变，正确的用法是将其输出接至触发器的时钟使能端或同步置位/复位端；

（5）用触发器的输出作为另一触发器的时钟：这样会破坏电路的同步性，从而造成系统时序错乱，正确的用法是将其输出接至另一触发器的时钟使能端；

（6）使用上升和下降两种边沿时钟：这会使可用的时钟周期减半，相当于将系统时钟频率提高一倍；

（7）异步复位：输出端会产生短复位脉冲，异步复位只在系统上电复位时使用。

4. 同步设计技术

高速数字集成电路的时序电路设计均采用同步设计技术，这就要求全系统都要确保由同一时钟有效边沿统一协调的设计原则，确保构成完全同步的系统。

（1）同步的定义：

● 每个边沿敏感部件（触发器、存储器、FIFO 等）的时钟输入都来自同一个时钟的相同边沿；

● 所有存储元件（包括计数器）都是边沿敏感的，在系统中没有电平敏感存储元件。

（2）基本的同步电路单元——边沿敏感 *D* 触发器

其使用约束条件主要是如图 7-8-2 所示的两点：建立-保持时间以及最小时钟宽度，必须在设计时得以满足，而这也是确保系统时序约束的重要因素之一。

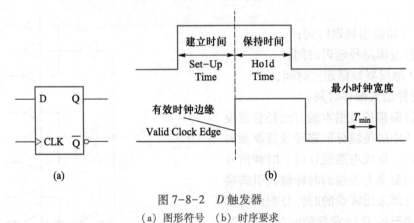

图 7-8-2 *D* 触发器
（a）图形符号 （b）时序要求

（3）同步状态机的设计——状态产生器+状态译码器

● 状态的产生与状态输出：电路中的状态一般均由同步二进制计数器（synchronous binary counter，SBC）产生，而电路的控制状态则全都由 SBC 计数的输出经过译码后产生。

● 状态的执行，分成无条件执行和有条件执行两种：

① 状态的无条件执行：通常用单状态译码器完成状态的无条件执行，该译码器直接连接在状态计数器 SBC 的计数输出；

② 状态的有条件执行：对电路的内部状态、电路中一项或几项数据之值以及原始的输入

数据进行比较，即可以有条件地改变电路的控制流程。

总结：对于数字集成电路的设计，无论是采用原理图输入方式还是 HDL 硬件描述的方式进行，其本质上是硬件电路的设计，与软件编程有着本质的不同。硬件电路在设计时需要综合考虑信号/数据的并发性及相关的时序关系，在设计时头脑中必须先要有电路明确具体的实现结构，然后再用 HDL 语言将其描述出来。

思考题与习题

7-1　设计一个 1 位半加器（HA）的逻辑电路图及其 CMOS 晶体管级电路原理图。

7-2　设计一个 12 bit 的旁路进位加法器（CBA）的电路原理图，并分析其关键延迟路径。

7-3　设计一个 12 bit 的超前进位加法器（CLA）的电路原理图，并分析其运算速度。

7-4　比较各种多位并行加法器电路结构的优缺点（包括电路规模、功耗、运算速度等），并根据自己的理解，指出各种结构形式的适用范围。

7-5　给定一个 16 bit 的操作数 Oprand = \$D297，计算出其分别经过逻辑左移、逻辑右移、算术左移、算术右移和循环左移、循环右移各 1 位后的结果。

7-6　设计一个 8 bit 输入能够实现循环右移 0~7 位的桶形移位器的电路。

7-7　采用 D 触发器设计一个能够实现逻辑、算术和循环右移的移位器电路。

7-8　普通处理器的 ALU 通常包括数据位检测指令：test-bit n，其功能是检测输入操作数 Oprand 的第 n 位是 0 还是 1。假设输入操作数为 8 bit，请设计出能够实现数据位检测功能的电路原理图。

7-9　假设乘数是 **11001101**，被乘数是 **00110101**，请写出两数相乘的详细运算步骤及计算结果。

7-10　请用 Verilog HDL 硬件描述语言，设计一个能够实现两个 8 bit 无符号数相乘的实用型移位乘法器电路。

7-11　采用保留进位加法器（CSA），设计一个 6 bit×6 bit 的并行无符号数乘法器电路。

7-12　画出两个 6 bit 操作数相乘运算的点图，并参照图 7-3-48，使用华莱士树的方法将部分积化简为部分积之和与部分积进位两个部分。

7-13　假设乘数是 **11001101**，被乘数是 **00110101**，两者均为有符号数。请采用修正 Booth 算法列式表示出两数相乘的详细运算步骤及计算结果。

7-14　请用 Verilog HDL 硬件描述语言，设计一个数据位宽位为 8 bit，存储容量为 1KB 的双端口存储器。

7-15　在题 7-14 设计的 DPRAM 的基础上，完成一个数据位宽为 8 bit，存储容量为 1024 单元先进-先出存储器 FIFO 的设计。

7-16　何为"SOC"？其结构特点是什么？设计方法和步骤如何？与普通 ASIC 在设计方法和手段上有何异同点？

7-17　"设计复用"的目的和意义何在？设计复用的主要技术手段是什么？能够实现设计复用的关键因素有哪些？

7-18　请给出三个应用在不同领域中 SoC 芯片的实际例子。

第8章 集成电路测试与封装技术基础

集成电路测试与封装是集成电路制造流程中至关重要的两个环节。测试确保集成电路产品符合设计规范和性能要求，而封装则为集成电路提供机械支持、环境保护和电性能连接。

在测试阶段，集成电路会经历一系列的测试流程，包括功能测试、性能测试和可靠性测试。功能测试验证芯片是否能够执行预定的操作，性能测试确保芯片在各种工作条件下满足性能标准，而可靠性测试则评估芯片在长期使用中的稳定性。这些测试可以通过自动化测试设备进行，如图8-0-1所示，以提高效率和准确性。

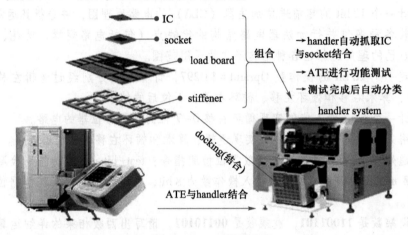

图 8-0-1 IC 测试流程

封装阶段则是将经过测试的裸芯片封装在保护性外壳中，以防止物理损害、化学腐蚀和环境因素的影响。封装也提供了电气连接，使芯片能够与外部电路相连。封装技术的选择取决于应用需求、成本和性能要求。常见的封装类型包括引脚阵列封装、球栅阵列封装和芯片尺寸封装等。

8.1 集成电路测试

微电子产品特别是集成电路的生产，要经过几十步甚至几百步的工艺，图8-1-1是集成电路生产的简化流程，其中任何一步的错误，都可能是最后导致器件失效的原因。同时版图设计是否合理，产品可靠性如何，这些都要通过集成电路的参数及功能测试才可以知道。以集成电路由设计开发到投入批量生产的不同阶段来分，相关的测试可以分为原型测试和生产测试两大类。

1. 原型测试（设计验证测试）

（1）前端设计验证

● **逻辑功能验证**：使用硬件描述语言（HDL，如 Verilog 或 VHDL）编写设计，并通过仿真工具模拟各种输入条件来验证电路的逻辑功能是否正确。这包括单元级（基本逻辑门和简单功能模块）、模块级（复杂的 IP 核或子系统）和系统级（整个芯片）的仿真。

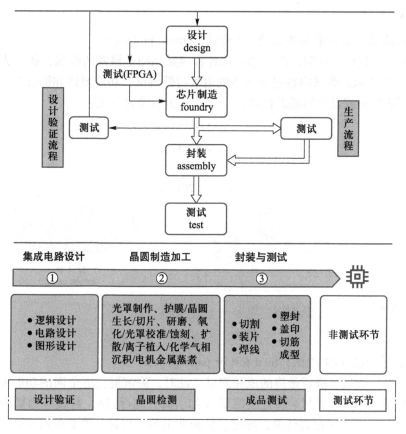

图 8-1-1　集成电路生产简化流程

● **形式验证**：采用数学方法严格证明设计在所有可能的输入条件下均满足指定的逻辑行为。这包括模型检查（model checking）、等价性检查（equivalence checking）、静态时序分析（static timing analysis）等技术。

● **架构探索与验证**：在高级抽象层次上对设计架构进行评估，如使用 transaction-level modeling（TLM）进行系统级性能验证、功耗分析等。

（2）物理设计验证

● **布局布线后验证**：在完成逻辑综合、布局布线后，对版图进行验证，确保电路逻辑与物理实现的一致性，包括设计规则检查（DRC）、layout versus schematic（LVS）检查、寄生参数提取（PEX）及后续的电路仿真（Post-layout Simulation）。

● **时序签核（timing signoff）**：通过动态时序分析（dynamic timing analysis）确保设计在指定工艺角、电压和温度（PVT）条件下的时序收敛，满足设定的时钟频率和信号传输延迟要求。

● **电源完整性（PI）与信号完整性（SI）分析**：评估电源分布网络的压降和噪声，以及信号路径的反射、串扰、抖动等问题，确保电路在高速运行时的稳定性和可靠性。

（3）原型芯片测试

● **原型芯片（prototype chip）制作与测试**：基于上述设计验证通过的版图，制作少量原型芯片。这些芯片用于实验室环境下进行实际硬件测试，验证设计在硅片上的实际性能，包括功能验证、电气特性测试、时序测试等，以及初步的可靠性评估。

2. 生产测试

（1）中间测试（又称晶圆测试或 CP 测试，circuit probing）

在晶圆制造完成后、封装之前，通过探针台接触晶圆上裸露的焊盘，执行大规模并行测试，如图 8-1-2 所示。测试内容包括基本的电气特性测试、功能测试和部分时序测试，目的是筛选出有制造缺陷或设计问题的裸片（Die），减少后续封装成本。

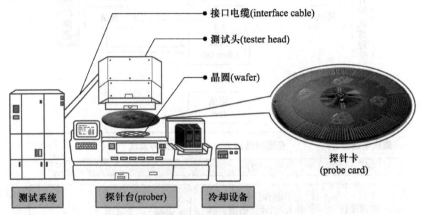

接口电缆(interface cable)
测试头(tester head)
晶圆(wafer)
探针卡 (probe card)
测试系统　　探针台(prober)　　冷却设备

图 8-1-2　晶圆测试

（2）封装后测试（FT 测试，final test or package test）

在芯片封装完成后，进行最终的成品测试。此时，测试覆盖更全面的功能测试、时序测试、电气特性测试以及针对封装特性的测试（如引脚开路/短路、封装应力影响等）。此外，还会进行环境应力测试（如高低温、湿度、机械冲击等）以评估产品的可靠性。

（3）系统级测试

- **板级测试**：将封装好的集成电路安装到电路板上，进行整板功能测试和系统集成测试，验证集成电路在实际应用环境中的性能和与其他元件的协同工作能力。
- **老化测试与可靠性试验**：对样品进行长时间运行测试（如高温老化、高负载运行等），以及加速寿命试验（如高温高湿、温度循环、机械振动、热冲击等），以评估产品的长期稳定性和使用寿命，图 8-1-3 是一款为芯片提供不同测试环境的系统级测试平台。

TERADYNE

Titan I 异步系统级测试平台
Titan SLT平台能为需要高水平系统性能测试的半导体测试环境提供极高的灵活性、可扩展性和密度。

图 8-1-3　系统级测试平台

通过以上原型测试和生产测试的层层把关，可以有效地发现并纠正设计阶段的错误，排查制造过程中的缺陷，确保集成电路在投入批量生产后具有良好的性能、可靠性和一致性。

8.1.1 集成电路测试组成

电学特性测试、可靠性测试、测试数据的统计分析和测试成本是集成电路（IC）测试与质量控制中的三个重要组成部分。它们分别关注不同的方面，并共同为确保 IC 产品的性能、稳定性和使用寿命提供关键信息。以下是这几个方面的具体描述。

1. 电学特性测试

电学特性测试是指对集成电路的各项电气性能指标进行精确测量和评估的过程。这些测试旨在确认 IC 在正常工作条件下以及极限工作条件下的电气行为是否符合设计规范和应用要求。常见的电学特性测试内容包括：

● **直流参数测试**：测量 IC 的静态电气参数，如电源电流（I_{CC}）、阈值电压（U_{th}）、漏电流（I_{leak}）、输入电阻（R_{in}）、输出电阻（R_{out}）等。

● **交流参数测试**：评估 IC 的动态电气性能，如增益（gain）、带宽（bandwidth）、相位裕度（phase margin）、压摆率（slew rate）、噪声系数（NF）等。

● **时序参数测试**：测定与信号传输速度相关的参数，如上升时间（T_r）、下降时间（T_f）、建立时间（T_s）、保持时间（T_h）、传播延迟（T_d）等。

● **电源电压、温度和工艺角（PVT）敏感性测试**：考察 IC 在不同电源电压、工作温度和工艺变化情况下的性能稳定性。

电学测试的执行通常需要一个测试系统平台，它由一个测试仪和一个处理机组成，如图 8-1-4 所示。这样的测试系统又常被称为自动测试装置（automatic test equipment，ATE）。

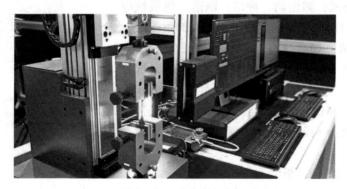

图 8-1-4　VLSI 自动测试装置

2. 可靠性测试

可靠性测试是评估集成电路在预期寿命内保持其功能完整性和性能稳定性的能力。常见的可靠性测试项目如图 8-1-5 所示。这类测试旨在揭示潜在的失效机制、预测产品寿命，并为改进设计和制造工艺提供依据，图 8-1-6 是一款芯片的可靠性测试台。

● **环境应力测试**：如高温工作寿命（HTOL）、低温工作寿命（LTOL）、温度循环（TC）、恒定功率加速寿命（CPAL）、高加速应力测试（HAST）、热冲击（TS）、湿度敏感度（MSL）测试等。

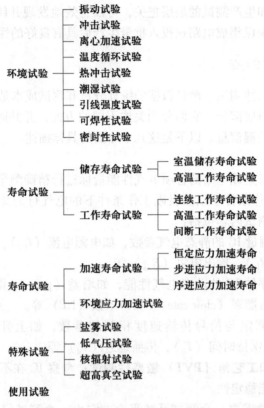

图 8-1-5　可靠性测试项目

- **机械应力测试**：如振动、冲击、跌落、热机械应力（THMS）等，评估 IC 对物理冲击和振动的耐受性。
- **电应力测试**：如电迁移（EM）、热载流子注入（HCI）、闩锁效应（latch up）、静电放电（ESD）抗扰度测试等，考察 IC 在极端电学条件下的可靠性。
- **长期稳定性测试**：如老化测试，让 IC 在正常工作条件下持续运行一段时间，监测性能衰退和潜在失效。

3. 测试数据的统计分析

测试数据的统计分析是对电学特性测试和可靠性测试所得到的数据进行数学处理和解读，以提取有价值的信息，指导产品质量控制、工艺改进

图 8-1-6　芯片可靠性测试台

和设计优化。统计分析包括但不限于以下内容：

- **故障率分析**：计算故障发生率（failure rate，如 DPPM, defects per million）和早期失效率（early fail rate，EFR），评估产品的整体质量水平。
- **故障模式与效应分析（FMEA）**：识别常见故障模式及其对系统性能的影响，量化故障风险。
- **参数分布分析**：通过直方图、箱线图等可视化工具展示测试参数的分布特征，如均值、标准差、偏斜度、峰度等，评估参数稳定性及是否存在异常值。

- **趋势分析与过程能力分析**：通过控制图、能力指数（如 Cp、Cpk）等方法监测测试数据随时间的变化趋势，评估制造过程的稳定性及对规格的符合程度。
- **可靠性建模与预测**：利用 Weibull 分布、Exponential 分布等统计模型拟合测试数据，预测产品的寿命分布、失效率曲线和 MTBF（mean time between failures）等可靠性指标。

4. 测试成本

集成电路的测试成本来源于测试设备与测试行为两个方面。测试设备方面的成本又可以具体分成硬件与软件两部分。测试行为带来的消耗来源于测试时间和测试人员费用。

（1）测试设备成本

测试设备的成本可分为硬件和软件两部分：

- **硬件成本**：这包括购买和维护测试机/台、探针台、环境模拟设备等硬件设施的费用。这些设备通常价格昂贵，且需要定期校准和维护以保证测试精度，这些都会产生额外的成本。
- **软件成本**：测试软件包括用于创建测试程序、分析测试结果和控制测试设备的软件。这些软件可能需要购买授权，而且随着技术的发展，可能需要定期升级或更换，以适应新的测试需求。

（2）测试行为成本

测试行为带来的消耗主要包括测试时间和测试人员费用：

- **测试时间**：集成电路的测试可能需要多个周期，包括功能测试、性能测试、可靠性测试等。每个测试周期都可能耗时较长，特别是在发现问题需要进行故障分析和修复时。测试时间的延长会导致设备使用成本的增加，同时也可能影响生产进度。
- **测试人员费用**：测试人员需要具备专业知识和技能，以设计测试方案、执行测试、分析结果并解决问题。他们的薪资和培训费用是测试成本中的一个重要组成部分。此外，随着测试技术的发展，可能需要对测试人员进行持续的培训，以保持其技能的先进性。

集成电路测试成本的控制是提高企业竞争力的关键。通过优化测试流程、采用自动化测试设备、提高测试效率、减少人为错误等措施，可以有效降低测试成本。同时，投资于先进的测试技术和设备，虽然短期内会增加成本，但从长远来看，可以提高测试质量，减少返修和退货，从而降低总体成本。

8.1.2 集成电路测试概念

1. 初始化

对测试设备的基本要求之一是需使集成电路初始化到一个已知状态，这是因为测试必须从全部结点的已知值开始。由于不可能使测试器与集成电路同步，必须用其他办法达到上述目的。这就是为什么在集成电路设计中要有全局复位的理由之一。此全局复位信号在第一个有效时钟边沿或几个时钟周期内使所有的节点到达一个已知状态。

2. 故障与故障模型

（1）错误（failure）：由于背离了特定行为而产生的现象。

（2）故障（fault）：电路中的物理缺陷，故障可能引起错误，也可能不引起错误。

故障一般可分为参数故障和逻辑故障，参数故障指电路参数的变化引起的故障。逻辑故障指使电路逻辑功能发生错误的故障。

（3）故障模型（fault model）：一个电路或元件的物理故障是多种多样的，故障的种类和故障的数目都有很大的差别。为了便于研究，按照故障的特点和影响将其归类，称为故障模型。故障模型应能准确反映某一类故障对电路或系统的影响，即模型化故障应具有典型性、准确性和全面性。另一方面，模型应尽可能简单，以便做各种运算和处理。

（4）滞留故障（stuck-at fault）：数字电路中最常用的故障模型是滞留故障，它假设故障在一个逻辑门上引起逻辑门的输入或输出固定在逻辑 1 或逻辑 0。滞留故障有两种滞留状态，即

滞留于 1：即使一个节点被驱动到低电平，它也始终处于高电平。

滞留于 0：即使一个节点被驱动到高电平，它也始终处于低电平。

对于一个有 n 个节点的电路，有单个滞留故障的不同电路总数为 $2n$。

（5）故障覆盖率：

$$故障覆盖率 = 能识别的有单个滞留故障的电路数目 / 2n$$

3. 可控制性与可观察性

可控制性与可观察性是可测试性的两个方面。对可控制性和可观察性有许多不同的定量度量方法，这里就不介绍了，只给出它们的定义。

（1）原始输入（primary input）：通过芯片引脚或板子连接器而加到电路的输入。

（2）原始输出（primary output）：通过芯片引脚或板子连接器而观察到的输出。

（3）可控制性（controllability）：通过电路的原始输入把测试矢量加到被测子电路的能力。

（4）可观察性（observability）：通过电路的原始输出或其他输出点能观察被测子电路的响应的能力。

增加可控制性与可观察性的办法是增加控制门、控制端口及增加输入、输出端口。

4. 可控制性对可观察性的影响

一般来说，增大了可控制性也就增大了可观察性。

8.1.3　测试码的生成

测试码生成是一个非常复杂的问题，如何迅速、准确地得到测试码，如何判断测试码的有效性，如何保证所求的测试码尽量简单，是计算机辅助设计领域的重要课题。

测试码生成的方法有许多种，下面分别进行介绍。

1. 穷举测试码（exhaustive test pattern）：根据电路的输入端个数，将所有可能的输入矢量组合作为测试集。对组合电路来说，穷举测试码是完备的测试集。对于规模不大的电路，穷举测试码可以根据真值表得到，再经过适当化简，可以形成相当不错的测试集。但如果电路规模较大，测试码的数目随输入端增加而呈指数级增加，往往是不可接受的。

2. 伪随机测试码（pseudo-random pattern）：对于 n 输入端电路产生一些 n 位二进制数作为测试输入矢量，这些二进制数近似于随机数，称为伪随机测试码。这种测试码容易产生，测试矢量数目也比较少。如果能达到一定的故障覆盖率，就不失为一个好的测试集。

3. 测试生成算法（test generation algorithm）：根据逻辑电路本身的结构用算法自动生成测试码，称为测试码自动生成（automatic test pattern generation，ATPG）。迄今为止，出现了很多测试生成算法，本节只介绍一种组合逻辑测试码自动生成算法——单路径敏化法。

下面介绍单路径敏化法。

对指定故障点的测试码生成算法的基本思想是通过输入端测试矢量把故障传播到输出端，使得故障情况电路的输出与正常电路的输出结果不同。

以图 8-1-7 为例，对指定的一个滞留故障 g，求其测试矢量。

为了把故障传播到外部输出端，要有两个条件：

（1）输入测试矢量应能够使得故障点 g 在故障情况下与正常情况下状态值不同。本例中因故障值为 **1**，要求正常值为 **0**。即要求输入矢量使 g 的状态值为 **0**，称为故障敏化。

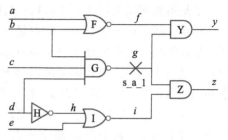

（2）有至少一个外部输出端的正常值与有故障时的值不同。为了能做到这一点，要求从故障点出发能找到一条或几条路径到达输出端，使该路径上

图 8-1-7　敏化路径法举例电路

每个节点的正常值与有故障时的值不同。这条路径称为敏化路径（sensitized path）。

通过寻找敏化路径来求测试集的方法称为敏化路径法。敏化路径法的一种最简单的方法是单路径敏化法。

我们把正常情况下为 **0**，故障情况下为 **1** 的信号线状态记为 **0/1**；同样把正常为 **1**，有故障时为 **0** 的信号线状态记为 **1/0**。在图 8-1-7 中，因为 g 点为滞留为 1 的故障，故该点的敏化值应为 **0/1**。

当与门的一个输入端的值为 **0/1**（或 **1/0**）时，要想使它传播到其输出端，只要把该与门的其他输入端置为 **1** 即可。类似地，各种门传播故障的条件为

非门：均可传播；

与门、**与非门**：其他各端置 1；

或门、**或非门**：其他各端置 0；

异或门：另一端置 1、置 0 均可。

这样，只要能满足这些条件，就可以依次对各个门进行敏化，直到到达外部输出端。从而形成了一条敏化路径。这个步骤称为正向操作。

由于在敏化路径时给路径上各门其他端加了一些限制，需要根据这些值向输入端倒推，最后决定输入端的值。这个步骤称为反向计算。

在正向操作和反向计算过程中，都会遇到矛盾，这时要进行回溯，选其他路径再进行计算。

在选择路径时，总是只选择一条敏化路径，故这种方法称为单路径敏化法。

现在看图 8-1-7 的例子。首先敏化故障点 g，其状态值为 **0/1**。该信号有两个负载元件 Y 和 Z。选 Y 作为敏化路径。因为 Y 是一个**与门**，应置另一输入端 f 为 **1**。这样其输出端 y 的状态值为 **0/1**。这是一个外部输出端，正向操作成功。

现在要求一个测试输入，使得在正常情况下，g 的正常值为 **0**，f 的正常值为 **1**。g 为三输入**与非门** G 的输出。g 的值为 **0**，要求 b、c、d 的值均为 **1**。但 b 为**或非门** F 的输入端，b 的值为 **1**，则 F 的输出端 f 值只能为 **0**。这与敏化路径 Y 所要求的 f 的值为 **1** 矛盾。反向计算失败。

现在回溯到正向操作。不选 Y 而选 Z 作为敏化路径。同样要求 Z 的另一输入端 i 的值为

1，Z 的输出状态值为 **0/1**。*i* 是**或非门** I 的输出端，要求其输入端 *h* 和 *e* 同时为 **0**。因 *d* 为 **1**，使 *h* 必为 **0**，故只要选 *e* 为 **0** 即可。再看其余的信号端。*b* 为 **1** 使 *f* 为 **0**，又使 Y 的输出 *y* 为 **0**。而对 F 的另一输入端 *a* 的值无要求，记为 X。这样所有信号线上的值都已确定，且无矛盾，反向计算成功。

于是得到测试矢量 $T = \{(X, 1, 1, 1, 0); (0, 0)\}$，其故障输出向量为 **(0, 1)**。

单路径敏化法方法简单，缺点是不能保证对任一非冗余故障都能找到测试矢量。典型的情况是故障处于再会聚路径（reconvergent path）中。图 8-1-8 所示电路中，信号节点 *f* 经过门 *i*、*j* 又会聚到 *m*，就是典型的再会聚路径结构。设节点 *f* 有故障 s-a-0。*f* 的无故障值 1 要求外部输入端 *a*、*d* 的值均为 1。按照单路径敏化法，当我们选择路径 *f—i—m* 时，节点 *b*、*h*、*j*、*k* 必须同时为 1。节点 *j* 为 1 要求 *c* 为 0，以保证不管节点 *f* 有没有故障都使节点 *j* 为 1。而 *c* 为 0 必然使 *g* 的值为 1。要使 *k* 为 1，必须使 *g* 和 *d* 的值至少有一个为 0，这与 *g* 和 *d* 的值均必须为 1 相矛盾，因而该路径敏化失败。从 *f* 到 *m* 还有一条路径 *f—j—m*，这条路径与前一条路径结构对称，同样不能找到测试矢量。可见，用单路径敏化法找不到故障 s_a_0 的测试矢量。而测试矢量确实存在。实际上只要同时使两条路径敏化，就能解决问题。也就是说，必须用多路径敏化法。

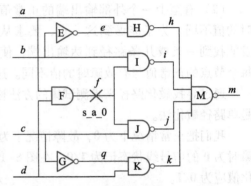

图 8-1-8　再会聚路径结构电路

8.1.4　故障模拟

故障模拟（fault simulation）是检验输入向量（或序列）是否成为有效测试码的手段。故障模拟的方法主要从逻辑模拟发展而来。对于指定的输入向量在无故障情况下进行模拟，得到无故障输出。如果插入故障，使某一故障信号线固定为故障值，用同样的输入向量能得到与无故障情况下不同的输出结果，则所用的输入向量就可以作为这个故障的一个测试输入。

指定输入向量这一点，故障模拟本身不能解决。为此需要按一定规则或一定的算法首先决定输入向量，例如，穷举法、随机数法以及上一节介绍的各种算法。在进行一系列模拟之后，计算测试码的故障覆盖率，识别哪些故障还不能检测。如果故障覆盖率达不到要求，则继续对未检测出的故障用测试码生成算法来生成测试码。如果达到了所要求的故障覆盖率，则将测试输入做成故障字典，以供测试时用。这样把故障模拟和测试生成算法结合起来，可以提高效率。

从模拟实现来看，故障模拟的主要问题是如何插入故障。根据不同的故障插入方法出现了串行故障模拟、并行故障模拟和并发故障模拟等故障模拟方法，本节分别介绍这三种方法。

1. 串行故障模拟

最简单的故障模拟方法就是简单改变一下电路，使它每次都包含一个滞留故障，重新模拟电路，看结果与无故障电路的模拟结果是否一致，如果不一致，则说明输入向量为检查该滞留故障的测试矢量。重复上述步骤直到包含电路的所有节点为止。由于单个滞留故障模型假设电路中每次只包含一个故障，所以这种故障模拟方法称为串行故障模拟（serial fault simulation）。由于一个节点需要模拟两次（滞留于 1 和滞留于 0），所以一个电路具有 n 个节点的电路需要进行 $2n$ 次的故障模拟。由于这种故障模拟方法需要进行电路节点数两倍次的故障模拟，再加上无故障时的一次模拟，既费时又费力，所以人们又提出了其他更有效的故障模拟方法。

2. 并行故障模拟

并行故障模拟（parallel fault simulation）是指对多个单故障同时进行模拟。它的特点是在一个 n 位的存储单元中表示一个门的 n 个不同的故障状态，以实现并行模拟故障。

对于每一个信号线，用一个单元来表示它的逻辑值，一般第 0 位表示无故障时的逻辑值，第 i 位表示电路中出现第 i 个故障时该信号的逻辑值。

为了能够在模拟过程中插入故障，将每个故障分别建立一个故障插入字。每个故障插入字包括两个单元：第一个单元第 i 位为 1，其余位为 0；第二个单元第 i 位为 0，其余位为 1。在需要插入第 i 个 s-a-1 故障时，就用第 i 个故障插入字的第一个单元和当前模拟得到的逻辑值进行**或**运算，使得逻辑值的第 i 位保持为 1。第二个单元是用来插入其 s-a-0 故障的，插入时进行逻辑**与**运算。

设 $a_1=x_1 \cdot x_2$ 是电路网络的一部分，故障为 x_1 的 s-a-1 故障，x_2 的 s-a-1 故障和 a_1 的 s-a-0 故障，如图 8-1-9 所示。插入故障的步骤如下：

① 根据 x_1 的故障号计算故障插入字 FAIL 的地址 i；
② 插入 x_1 的 s-a-1 故障：$\text{FAIL}(i,1)+x_1 \rightarrow x_1$；
③ 根据 x_2 的故障号计算故障插入字 FAIL 的地址 j；
④ 插入 x_2 的 s-a-1 故障：$\text{FAIL}(j,1)+x_2 \rightarrow x_2$；
⑤ 进行逻辑模拟，$x_1 \cdot x_2 \rightarrow a_1$；
⑥ 根据 a_1 的故障号计算故障插入字 FAIL 的地址 k；
⑦ 插入 a_1 的 s-a-0 故障：$\text{FAIL}(k,2) \cdot a_1 \rightarrow a_1$；

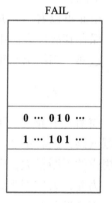

图 8-1-9　故障插入字

这里的"·"和"+"分别表示逻辑与、逻辑**或**运算。

并行故障模拟一次所能模拟的故障受到字长的限制。如果字长小于故障数，需要重复执行多次模拟。一种办法称为"长字节"处理，根据模拟的故障总数决定一个虚拟字长 n，即把几个单元当成一个单元存放逻辑状态值，可以大大提高效率，但在规模较大的电路中不如其他模拟方法，而且不能处理元件的延时特性。

3. 并发故障模拟

考虑到正常电路与故障电路对于相同的输入序列其操作基本相同，所以可以仅在与正常电路不同的时刻处理故障，这样可以在正常电路模拟的同时进行故障及其传播的计算。并发故障模拟（concurrent fault simulation）就是这样的模拟方法。

并发故障模拟是以故障表的传播为基础，在并发故障模拟的故障表中，除了故障标识符，还保存故障时该门的输入输出值。在模拟过程中，只需对有新作用的故障电路进行重新计算，因此新的故障表只在原来的故障表中作一些增删就可形成。另外，模拟过程中，对故障表的每个故障可以分别处理，因此有可能通过查找表的方法进一步加快计算速度。

以图 8-1-10 为例。图中各元件符号旁边的数值表示正常状态。D 和 E 下面标注相应的故障表。

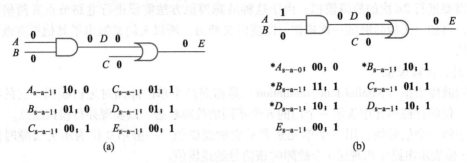

A_{s-a-1}；10，0　　C_{s-a-1}；01，1

B_{s-a-1}；01，0　　D_{s-a-1}；01，1

C_{s-a-1}；00，1　　E_{s-a-1}；00，1

(a)

$*A_{s-a-0}$；00，0　　$*B_{s-a-1}$；10，1

$*B_{s-a-1}$；11，1　　C_{s-a-1}；01，1

$*D_{s-a-1}$；10，1　　D_{s-a-1}；10，1

E_{s-a-1}；00，1

(b)

图 8-1-10　并发故障模拟的故障表

如图 8-1-10（a）所示，当 $A=B=C=0$ 时，故障 A_{s-a-1} 和 B_{s-a-1} 不影响 D 的值，不向后传播。只有 D 本身的 s-a-1 故障向后传播。C_{s-a-1} 也可以传播到 E，使其变为 1。如图 8-1-10（b）所示，当输入 $A=1$，$B=C=0$ 时，故障 B_{s-a-1} 可以传播到 E。图中"$*$"号表示与图（a）不同的情况。

由此可以看出，并发故障模拟中仅仅对各门的输入输出中与正常值不同的故障进行模拟，保存其故障表。由于故障表中的各元素（各故障）保存了其输入值，各自可以分别处理。这样，当结果与正常值相同时，可以去掉该故障，减少工作量。

8.1.5　可测性设计方法

前面各节介绍了不同的测试生成算法。但这些方法一般都有局限性，不能求出所有故障的测试码，或者虽然可以求出测试码，但其时间代价和存储代价令人难以忍受。随着集成电路规模的不断扩大，电路结构也越来越复杂，同时又受芯片引脚的限制，大量故障变得不可测。为此，人们把视线转向电路系统的设计过程。如果设计的电路容易测试，容易找到测试码，则测试和测试码生成问题将大大简化。这就是可测性设计问题。

可测性设计应考虑以下三方面的问题：

① 变不可测故障为可测故障；

② 测试数据生成的时间应尽量少；

③ 测试数据应尽量少。

可测性设计的目的是增加专用集成电路芯片（ASIC）电路节点的可控制性与可观察性。这就形成了一套可用于改善 ASIC 可测性的原则。但要实现这些可测性设计原则应考虑到它对设计成本、制造成本及性能的影响。

一、特设法

特设法是 DFT 技术之一，是分两步来实现的，首先判定电路中有困难的节点（难以观察或难以控制的节点），然后插入附加电路把它们直接连到原始输入或原始输出端。

一般用可测性分析器来判定这些节点，也有一些经验法用来添加测试点：

① 应沿着关键路径设置测试点；

② 在控制逻辑设置测试点，如：时钟信号、控制信号等；

③ 在逻辑功能块的结合部设置测试点，如计数器组、移位寄存器组、编译码器及多路选择器等处；

④ 测试点的设置应首先考虑可控制性，如用测试点把计数器链断开。如图 8-1-11 所示计数器链在数字系统中是很常见的，通常情况下第一个计数器为分频器，第二个为状态计数器。测试这种电路时第二个计数器要等到第一个计数器计满后才能增加一次，测试这种电路将很费时。如图 8-1-12 所示，如果在两个计数器之间插入一个测试点，则可大大减少测试时间；

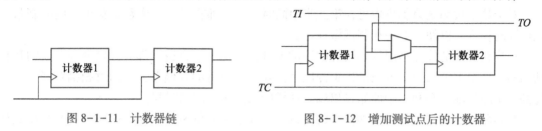

图 8-1-11　计数器链　　　　　　　　　　图 8-1-12　增加测试点后的计数器

⑤ 测试点的设置应考虑可观察性。

特设法的缺点是增加了测试脚。

二、扫描路径法

一个同步时序系统一般可看成由组合电路（下一个状态电路和输出电路）和时序电路两部分组成，如果能把这两部分分开测试将大大降低测试的复杂度。扫描路径法就是这样一种测试同步时序系统的方法。

扫描路径法的基本原理是：把系统中的所有寄存器连成一个移位寄存器链，如图 8-1-13 所示，这个移位寄存器有一个模式控制端 M，在正常工作模式时，$M=0$，多路选择器连接组合电路和寄存器完成同步时序系统正常的逻辑功能；在测试模式时，$M=1$，多路选择器使寄存器形成一个移位寄存器链。移位寄存器的输入为扫描数据输入端 SDI，输出为扫描数据输出端 SDO。

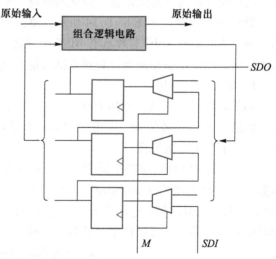

图 8-1-13　扫描路径法原理框图

如果组合电路中不存在冗余，则可产生一组测试矢量对这些组合电路进行测试，就像寄存器被隔离一样。测试矢量可通过原始输入端及系统中的寄存器（利用扫描路径把数据装入寄存器）加到组合电路的输入端，组合电路的响应也可通过原始输出端和扫描路径观察到。

扫描路径是通过以下步骤实现对时序电路测试的。

（1）使 $M=1$，测试移位寄存器链中的触发器

如果给 SDI 端加上一串 0、1 序列，则经过 n 个（n 等于移位寄存器链中触发器的个数）时钟周期在 SDO 端将会出现相同的 0、1 序列。可用"**00110···**"序列作为输入序列，这样就可测试触发器状态是否反转、触发器是否稳定。

（2）测试组合逻辑

① 使 $M=1$，通过 SDI 把一个测试矢量加到 n 个触发器上。

② 使 $M=0$，加一个测试矢量在原始输入端，观察原始输出端的输出情况。在触发器的时钟端加一个时钟把组合电路的部分输出（通过多路选择器与触发器相连的那部分输出）装入触发器中。

③ 使 $M=1$，经过 $n-1$ 个时钟周期把触发器采集的数据通过 SDO 移出芯片。

对于第二次测试第①步也可在第三步中同时完成，即在触发器中数据移出的同时新数据也可同时移入，以便为下一次测试做准备。

扫描路径法的优点是用特别设计的测试矢量，把每个组合逻辑部分分别处理。反馈环自动切断、计数器链断开，电路的逻辑深度大大降低。所有的存储单元，通过扫描路径，直接连到一个原始输入端和一个原始输出端。这样能大大减少测试时间。

扫描路径法的缺点是要增加额外的测试引脚 M、SDI 和 SDO（SDI 和 SDO 可与系统其他引脚共用），增加用于实现扫描路径的多路选择器，这样就造成芯片面积的增加、功耗的增加及系统性能的下降。

扫描路径法还有一些改进形式：如多扫描路径和部分扫描路径。

三、内设自测试法（BIST：built-in-self-test）

内设自测试法是指在 ASIC 中包含测试矢量的产生与电路响应判别电路的测试方法，这种方法不仅可以简化测试设备、降低测试设备的成本，而且允许对器件进行现场测试。

BIST 的基本原理如图 8-1-14 所示，测试矢量的产生和响应判决与被测电路集成在一个芯片中，所以要使 ASIC 芯片具有 BIST 功能就必须解决两个问题，即如何产生测试矢量及怎样检查电路对测试矢量的响应。

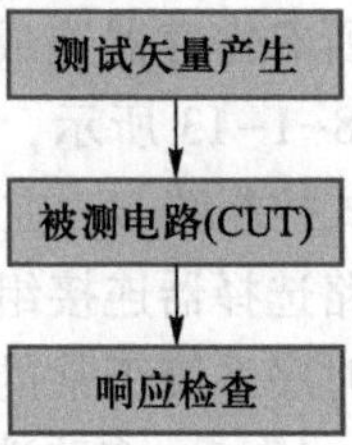

1. 测试矢量产生

如果采用完全测试，则所有的测试矢量可用一个二进制计数器产生，但这样电路比较复杂，一般在 BIST 中采用线性反馈移位寄存器（LFSR）来产生测试矢量。

一个 n 级的 LFSR 能产生周期为 2^n-1 的伪随机序列，序列的生成函数称为原始多项式（primitive polynomial）。图 8-1-15（a）给出了 LFSR 电路的一般结构。电路中 $a_{n-1}\cdots a_0$ 是 n 位移位寄存器的 n 个触发器的输出，a_n 是移位寄存器的输入，等于所有反馈信号的**异或**，即

$$a_n=a_0c_0\oplus a_1c_1\oplus \cdots \oplus a_{n-1}c_{n-1}$$

系数 $c_{n-1}\cdots c_0$ 选择生成原始多项式 $P(x)$，如果 $c_i=1$，触发器 a_i 的输出则通过**异或**门电路反馈到移位寄存器的输入；如果 $c_i=0$，触发器 a_i 的输出则没有连到反馈电路。

图 8-1-15（b）给出了一个基于如下原始多项式的 4 位 LFSR 电路

$$P(x)=x^4+x+1$$

输出 a_0 是 a_1 在一个时钟周期后的值，a_2 在两个周期后的值，依此类推。输出序列通常用多项式的形式表达，如

$$F(x)=a_4x^4+a_3x^3+a_2x^2+a_1x+a_0$$

式中 x^k 代表 k 个时钟周期的延时。其中 $a_4=a_1\oplus a_0$ 且 $a_4\oplus a_1\oplus a_0=0$，相应于原始多项式

测试矢量产生

$\downarrow$

被测电路(CUT)

$\downarrow$

响应检查

图 8-1-14 BIST 的基本原理框图

$$P(x) = x^4 + x^1 + x^0$$
$$= x^4 + x + 1$$

如果移位寄存器被初始化成起始状态 **1000**，那么它的序列如表 8-1-1 所示。

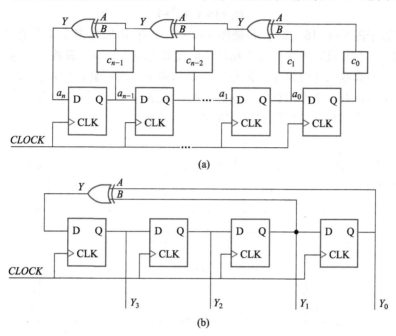

(a)

(b)

图 8-1-15 LFSR 结构 1

（a）一般结构 （b）$P(x) = x^4 + x + 1$ 的 LFSR 电路图

表 8-1-1 原始多项式为 $P(x) = x^4 + x + 1$ 的 LFSR 电路产生的序列

CLOCK	a_3	a_2	a_1	a_0
1	1	0	0	0
2	0	1	0	0
3	0	0	1	0
4	1	0	0	1
5	1	1	0	0
6	0	1	1	0
7	1	0	1	1
8	0	1	0	1
9	1	0	1	0
10	1	1	0	1
11	1	1	1	0
12	1	1	1	1
13	0	1	1	1
14	0	0	1	1
15	0	0	0	1
16	1	0	0	0

第二类 LFSR 电路结构如图 8-1-16（a）所示，这类 LFSR 通常有两个或更多个反馈分支。与第一类结构一样，c_i 代表是否存在相对应的分支。使用这类结构的 4 位 LFSR 电路如图 8-1-16（b）所示，产生的计算序列如表 8-1-2 所示。它的原始多项式为

$$P(x) = x^4 + x^3 + 1$$

这个多项式来源于图 8-1-16（b），是把图 8-1-16（b）的原始多项式中的 x^j 用 x^{n-j} 代替所得。这种结构中，在有反馈连接的输入和每个触发器之间放置一个**异或**门。这样，在一个周期内最多只有一个**异或**门延时发生。但在第一类结构中，所有**异或**门都包含在反馈路径中，结果是 k 根反馈线就有 $k-1$ 个门延时。注意，第一类结构可以在标准的移位寄存器上外加**异或**门构成；而第二类结构要求把**异或**门放置在触发器之间。

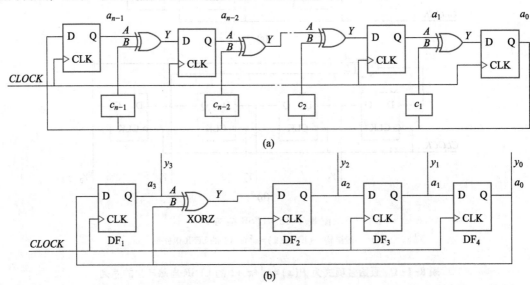

图 8-1-16　LFSR 电路结构 2

（a）一般结构　（b）$P(x) = x^4 + x^3 + 1$ 的 LFSR 电路图

表 8-1-2　原始多项式为 $P(x) = x^4 + x^3 + 1$ 的 LFSR 电路产生的序列

CLOCK	a_3	a_2	a_1	a_0
1	1	0	0	0
2	0	1	0	0
3	0	0	1	0
4	0	0	0	1
5	1	1	0	0
6	0	1	1	0
7	0	1	1	1
8	1	1	0	1
9	1	0	1	0
10	0	1	0	1
11	1	1	1	0
12	0	1	1	1

续表

CLOCK	a_3	a_2	a_1	a_0
13	1	1	1	1
14	1	0	1	1
15	1	0	0	1
16	1	0	0	0

2. 签字分析

捕获与分析电路对每个测试矢量的响应通常是不实际的，尤其是在测试电路嵌入到电路模块中时。在这种情况下，通常把全部测试序列的响应数据压缩成一个单一数据，叫作签字（signature）。如果对于给定的测试矢量所获得的电路签字不正确，则可以判定电路有故障；如果签字是正确的，那么电路很可能是正确的。然而，由于在测试结果的压缩过程中有些信息被丢失了，检测不到某些故障也是可能的。也就是说，有些有故障电路的签字与正确电路的签字一样，从而导致它们不可检测。这些情况归类于"混叠（Aliasing）"。由于混叠造成的不可检测故障的百分比是所用的电路设计和数据压缩的函数。一般来说，绝大部分签字分析算法可以检测出几乎所有的可能故障，因此正确的签字表明电路正确的概率是很高的。

许多数据压缩方法相对于应用来说是简单的。例如，计算输出序列中 1 的个数的方法，计算输出线中从 0 到 1 和从 1 到 0 数据转换的个数的方法，以及计算输出序列奇偶性的方法等。计算输出序列中 1 的个数的方法可以用来检测所有的奇数故障和某些偶数故障；计算输出序列奇偶性的方法可以检测所有单个故障和所有奇数故障。以上方法都是易于实现的，尽管混叠使得许多输出故障图样可能不可测。

通过使用故障检测编码方法可以获得更高的故障覆盖率。这种方法通常用 LFSR 实现。假设在输出信号上的测试响应序列可以用多项式 $Z(x)$ 表示如下：

$$Z(x) = z_n x^n + z_{n-1} x^{n-1} + \cdots + z_1 x^1 + z_0$$

式中 x^k 代表 k 个时钟周期的延时，z^k 代表在第 k 个时钟周期时的数值，由第 k 个测试矢量生成。如前所述，一个 k 位的 LFSR 代表一个 k 次多项式发生器。用 LFSR 发生器的多项式 $P(x)$ 去除数据序列多项式 $Z(x)$，得到商 $Q(x)$ 和余数 $R(x)$，即

$$Z(x) = Q(x)P(x) + R(x)$$

随着响应序列的到达，多项式除法由 LFSR 串行地执行。当除法操作完成时，$n-k$ 位的商被移出 LFSR，k 位的余数 $R(x)$ 留在了 LFSR 中。

如果一个错误电路导致输出序列出现一个或多个错误，错误的输出序列用 $Z^*(x)$ 表示，则有

$$Z^*(x) = Z(x) \oplus E(x)$$

上式中多项式 $E(x)$ 代表错误序列：

$$E(x) = e_n x^n + e_{n-1} x^{n-1} + \cdots + e_1 x^1 + e_0$$

其中，如果 z_k 是个错误数据，则 $e_k = 1$；如果 z_k 是正确的，则 $e_k = 0$。因此，如果 z_k 是错误的，则有

$$\bar{z}_k \oplus e_k = z_k$$

否则

$$z_k \oplus e_k = z_k$$

输出序列 $Z^*(x)$ 可以表示如下：

$$Z^*(x) = Z(x) \oplus E(x)$$
$$= (e_n \oplus z_n)x^n + (e_{n-1} \oplus z_{n-1})x^{n-1} + \cdots +$$
$$(e_1 \oplus z_1)x^1 + (e_0 \oplus z_0)$$

在 LFSR 生成 $Z^*(x)$ 的过程中，多项式除法也就完成了。得到下式：

$$Z^*(x) = Q^*(x)P(x) + R^*(x)$$

式中余数 $R^*(x)$ 是电路的签字。如果 $R^*(x) = R(x)$，可以认为电路是正确的。

注意，具有相同 k 位余数 $R(x)$ 的 2^n 个可能的响应序列，存在 2^{n-k} 个不同的 $n-k$ 位的商。在这些测试序列和商中，只有一个是与正确电路的操作相对应的。因此故障被掩盖（丢失）的概率，即对于一个错误序列 $Z^*(x)$ 存在 $R^*(x) = R(x)$ 的概率可以用下式表示：

$$P_M = \frac{2^{n-k} - 1}{2^n - 1}$$

如果 n 的值比较大，则上式可简化为

$$P_M \approx \frac{2^{n-k}}{2^n} = 2^{-k}$$

上式只是 LFSR 长度的函数。因此，假设响应序列很长，那么丢失故障的概率随着 LFSR 级数的增加而减少。

图 8-1-17（a）给出了单输入的 LFSR 电路，这种结构叫作单输入签字寄存器（single input signature register, SISR），SISR 产生函数的实现方法与前面描述的 LFSR 单元是一样的。

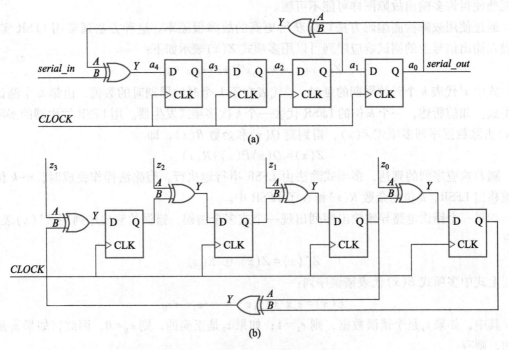

图 8-1-17　签字寄存器电路

（a）单输入签字寄存器　（b）多输入签字寄存器

图 8-1-17（a）中 SISR 的产生函数是

$$P(x) = x^4 + x + 1$$

反馈抽头在寄存器的第 1 和第 0 级。

如果 SISR 的输入序列 $Z(x) = 010001101110$，则上述 SISR 的操作如表 8-1-3 所示；如果输入序列有一位改变，即输入一个错误序列，其响应如表 8-1-4 所示，可见，响应是错误的，且余数 $R^*(x)$ 与期望的 $R(x)$ 不一样。

表 8-1-3　SISR 对正确输入序列的响应

$Z(x)$	a_3	a_2	a_1	a_0
0	0	0	0	0
1	0	0	0	0
0	1	0	0	0
0	0	1	0	0
0	0	0	1	0
1	1	0	0	1
1	0	1	0	0
0	1	0	1	0
1	1	1	0	1
1	0	1	1	0
1	0	0	1	1
0	1	0	0	1
$R(x)$	1	1	0	0

表 8-1-4　SISR 对错误输入序列的响应

$Z(x)$	a_3	a_2	a_1	a_0
0	0	0	0	0
1	0	0	0	0
0	1	0	0	0
0	0	1	0	0
1*	0	0	1	0
1	0	0	0	1
1	0	0	0	0
0	1	0	0	0
1	0	1	0	0
1	1	0	1	0
1	0	1	0	1
0	0	0	1	0
$R^*(x)$	1	0	0	1

当逻辑电路有 m 个并行输出 $z_1 \cdots z_m$ 时，可以用 m 个 SISR 单元分别计算出每个输出的签字。然而，这是一种浪费的方法。一种高效的方法是使用多输入签字寄存器（multiple input signature register，MISR），MISR 可以在单一的 LFSR 电路中计算并行输入序列的签字。

图 8-1-17（b）给出了一个 4 位 MISR 电路，它与图 8-1-17（a）所示的 SISR 有相同的产生函数。

对于 m 个 n 位并行响应序列，丢失一个故障的概率是

$$P_M = \frac{2^{nm-k}-1}{2^{nm}-1}$$

与 SISR 的情况一样，对于长序列，也就是大的 nm 值时，有

$$P_M \approx \frac{2^{nm-k}}{2^{nm}} = 2^{-k}$$

因此，对于长序列丢失故障的概率主要是 MISR 级数的函数。注意，MISR 电路的并行输入数 m 可能小于 MISR 的级数 k，这种情况下，输入序列与 k 个触发器中的 m 个相连。

一般情况下，只要 SISR 或 MISR 的级数 k 大于或等于 2，就能检测出所有一位故障。如果 LFSR 产生器的多项式 $P(x)$ 有偶数项，即当 $P(x)$ 可以被 $(x+1)$ 整除时，所有的奇数个故障就能被检测。另外任何突发故障，也就是一组连续的故障，只要长度达到 k 就能被检测。更详细的有关故障覆盖率的签字分析可参考有关文献。

3. 内建逻辑模块观察器

在电路中用额外的 LFSR 单元来完成测试模式的产生和特征分析增加了电路模块的复杂度和成本，有一个减少电路中触发器总数的方法，那就是把测试模式产生和特征分析功能与电路正常的状态寄存器组合在一起，这种方法形成的寄存器结构称为内建逻辑模块观察器（built-in logic block observer，BILBO）。

一个 4 位的 BILBO 寄存器电路如图 8-1-18 所示。这个 BILBO 有两根用来选择操作模式的控制线 B_1 和 B_2，选择方式如表 8-1-5 所示。当 $B_1B_2 = 00$ 时，触发器从并行输入线加载，因此 I_1 到 I_4 与正常的并行加载寄存器一样操作；当 $B_1B_2 = 01$ 时，第一个触发器的输入 $D_1 = $ scan-in，BILBO 配置用作扫描路径的串行移位寄存器；当 $B_1B_2 = 11$ 时，D_1 与反馈信号相连，BILBO 配置成 LFSR；当 $B_1B_2 = 10$ 时，每个触发器的输入为

$$D_i = I_i \oplus F_{i-1}$$

假定 I_1 至 I_4 是其他电路的输出，则 BILBO 配置成 MISR。

表 8-1-5　BILBO 操作模式

B_1	B_2	选择输入	D_i	功　能	测试功能
0	**0**	scan-in	I_i	并行加载	正常模式
0	**1**	scan-in	F_{i-1}	线性移位	扫描路径模式
1	**0**	feedback	$I_i \oplus F_{i-1}$	MISR	特征分析
1	**1**	feedback	F_{i-1}	LFSR	测试模式产生

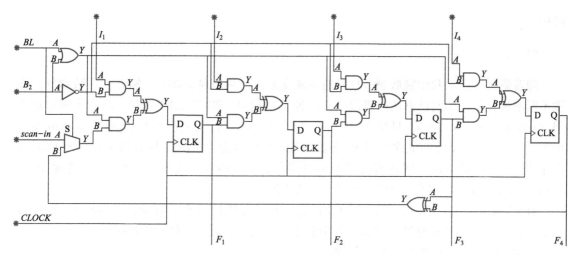

图 8-1-18　4 位 BILBO 电路图

在正常电路操作时，正常（并行加载）模式被选择；当进行测试操作时，BILBO 设置成用来扫描输入输出值的移位寄存器模式；当 BILBO 设置成 LFSR 模式时，可以完成测试矢量产生和特征分析；当 BILBO 设置成 MISR 模式时，可以捕获测试结果并完成特征分析。

当使用 BILBO 时，电路的典型划分模块如图 8-1-19 所示。在测试中被选中的 BILBO 可以用作 LFSR 或 MISR 等单元。对于图 8-1-19 的电路，测试过程如下：

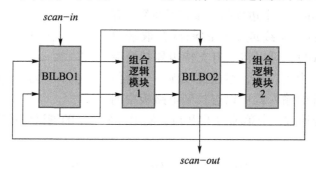

图 8-1-19　用 BILBO 测试时的电路划分

第一步：把 BILBO1 当作 LFSR，BILBO2 当作 MISR，对组合模块 1 进行测试：

① 把 BILBO1 和 BILBO2 设置为扫描路径模式，通过寄存器移位的方式把 BILBO1 初始化为 LFSR 的初始值，BILBO2 初始化为全 **0**；

② 把 BILBO1 设置为 LFSR 模式，BILBO2 设置为 MISR 模式；

③ 按指定的测试周期测试电路。BILBO1 产生的测试矢量输入到"组合逻辑模块 1"，BILBO2 完成对"组合逻辑模块 1"输出的特征分析；

④ 把 BILBO1 和 BILBO2 设置为扫描路径模式，从 BILBO2 移出最终的特征值，同时把 BILBO2 初始化为下一次测试的起始值。

第二步：把 BILBO2 当作 LFSR，BILBO1 当作 MISR，测试"组合逻辑模块 2"。交换两个 BILBO 的角色，重复上面第一步中的②到④。

在测试完成之后，BILBO 回到并行加载模式，当作正常的状态变量触发器参与电路操作。

四、边界扫描法

随着微封装技术和印制版制造技术的不断发展，印制版越来越小，密度、层数和复杂程度不断增加，传统的测试方法已难以适应这种发展趋势。20 世纪 80 年代，联合测试行动小组（joint test action group，JTAG）开发了 IEEE 1149.1 边界扫描测试（boundary scan test，BST）标准，该测试标准也称为 JTAG 测试标准。该标准提供了测试 PCB 板上连接及 PCB 板上集成电路的有效方法。现在有许多类型的器件，如：FPGA、CPLD、DSP 等都遵循 IEEE 1149.1 标准，即他们都具有 JTAG 接口，以便于测试。

JTAG 测试是一种使用软件技术减少设计、测试与维护成本的标准，器件有了 JTAG 接口，设计人员使用 BST 标准来测试器件引脚连接情况时再也不必使用物理探针了。

1. IEEE 1149.1 边界扫描测试的原理

边界扫描测试的原理是允许每个集成电路的输出引脚是可控制的，而输入是可观察的，如图 8-1-20 所示。左边集成电路的输出用来产生测试矢量，而右边集成电路的输入用来观察响应，通过比较正确的响应与测到的数据可判断 PCB 板上的连接是否正确。

2. 边界扫描测试的结构

如图 8-1-21 所示，每个边界扫描兼容器件都具有相同的测试结构，通过 4 线或 5 线的测试存取端口（test access port，TAP），可以将所有支持边界扫描测试标准的器件连成一个菊花链，通过比较前一个器件的输出和下一个器件的输入就可以查找到电路板中的

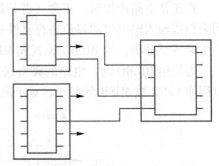

图 8-1-20   边界扫描测试的原理

短路或断路点。这样通过一个单独的 TAP 口，使用一个单个的测试矢量集就可以测试整个电路板的好坏。

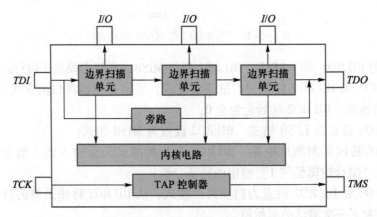

图 8-1-21   边界扫描测试的结构

每个支持边界扫描的器件均由一个 4 线或 5 线的 TAP 口、边界扫描单元、一个 TAP 控制器和一些寄存器组成。下面分别介绍各部分的结构。

（1）测试存取端口 TAP

测试存取端口 TAP 由 4 个引脚和一个可选的引脚组成，它们分别为

● 测试时钟（test clock，TCK）：用来同步内部边界扫描状态机（TAP 控制器）操作的时钟信号。

● 测试模式选择（test mode select，TMS）：内部状态机的模式选择信号，在 *TCK* 信号上升沿到来时其电平高低决定了下一个状态机状态。

● 测试数据输入（test data in，TDI）：指令和测试编程数据的串行输入引脚，数据在 TCK 上升沿时刻移入。

● 测试数据输出（test data out，TDO）：测试编程数据的串行输出引脚，当内部状态机处于正确的状态时，数据在 *TCK* 的下降沿移出。如果数据不是正在移出时，该引脚处于三态。

● 测试复位输入（test reset，TRST）：异步复位端口，当为低电平时内部状态机立即跳至复位状态。由于此脚为可选引脚，而多一个引脚将增加成本，同时也由于内部状态机的同步复位机制较好，因此有些器件中无此引脚。

（2）TAP 控制器

TAP 控制器是 16 状态的状态机，这个状态机的输入是 *TCK* 和 *TMS*，它的输出是其他寄存器的控制信号，状态机的状态图可用图 8-1-22 表示，图中每个状态转换边的数值标明的是在 *TCK* 上升沿时 *TMS* 信号的取值。

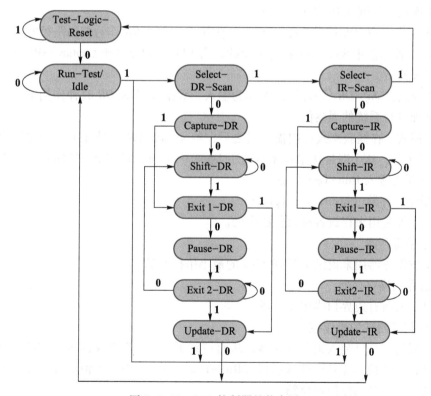

图 8-1-22　TAP 控制器的状态图

在 TAP 控制器处于复位（Test-Logic-Reset）状态时，边界扫描电路无效，器件处于正常工作状态，这时指令寄存器已完成了初始化。如果器件支持 IDCODE，则初始化的指令为

IDCODE，否则为 BYPASS。器件上电时，TAP 控制器开始处于复位状态。如果 *TMS* 信号保持至少 5 个 *TCK* 时钟周期的高电平或保持 *TRST* 引脚为低电平，也可迫使 TAP 控制器处于复位状态。

（3）边界扫描单元（boundary scan cell）

图 8-1-23 为一个典型的边界扫描单元的电路图，它可用于输入或输出引脚。对于输入引脚，*IN* 连接到引脚上，*OUT* 连接到内部核心逻辑。对于输出引脚，*IN* 连接到内部核心逻辑，*OUT* 连接到引脚上。

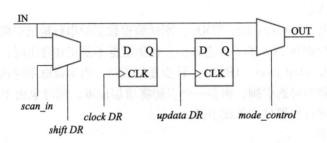

图 8-1-23　边界扫描单元电路

边界扫描单元有以下四种工作模式：

● 正常模式：数据从 *IN* 传到 *OUT*；

● 扫描模式：*shift DR* 信号选择 *scan_in* 作为输入，*clock DR* 作为扫描路径的时钟。*shift DR* 信号是由 TAP 控制器中 Shift-DR 状态驱动的。当 TAP 控制器处于 Capture-DR 或 Shift-DR 状态时 *clock DR* 有效。

● 捕获模式：*Shift DR* 信号选择 *IN* 作为输入，数据在 *clock DR* 时钟作用下移入扫描路径寄存器，从而获得系统的观察值。

● 更新模式：在捕获模式或扫描模式之后，给 *updata DR* 信号加上一个时钟边沿就可把数据送到 *OUT* 上，这个时钟边沿是来自处于 Updata-DR 状态的 TAP 控制器。在更新模式之后 TAP 控制器将进入 Run-Test 状态。

（4）指令寄存器（instruction register）

指令寄存器是用来存放各种操作指令的。

（5）旁路寄存器

这个 1 位寄存器用来提供 *TDI* 到 *TDO* 的最小串行通道。

（6）边界扫描寄存器

由引脚上的所有边界扫描单元组成。

3. 边界扫描测试的操作控制

许多不同的指令可装入指令寄存器，从而控制 JTAG 电路完成许多特定的测试操作。在执行测试时，TAP 控制器处于测试运行（Run-Test）状态。有三种测试操作是强制性的，其余为可选的，下面分别作简单介绍。

（1）采样/预加载（SAMPLE/PRELOAD）指令模式

这种指令模式为强制性的。在这种指令模式下，可以在不中断芯片正常工作的情况下捕获芯片内部的数据。

（2）旁路（BYPASS）指令模式

这个指令使扫描路径短路，数据从 *TDI* 进入旁路寄存器，从 *TDO* 输出。

（3）外测试（EXTEST）指令模式

通过在输出引脚加外测试矢量和在输入引脚捕获测试结果，从而测试器件与其他 JTAG 兼容器件在 PCB 板上的连接情况。

（4）执行 BIST（RUNBIST）指令模式

运行器件上的内建自测试。

（5）ID 码（IDCODE）指令模式

这种指令模式用于实现对 JTAG 链中器件的隐蔽访问。当选用 IDCODE 模式时，标志寄存器装入 32 位由厂商定义的标志码，并连接到 *TDI* 和 *TDO* 之间。通过使用 IDCODE 指令模式，可以判别连接到 JTAG 口上的器件名，还可以对链中的 FPGA/CPLD 器件有选择地进行配置。

（6）用户码（USRCODE）指令模式

用来检查用户器件周围连接的电气特征。当选用这种指令时，USR 寄存器连接到 *TDI* 和 *TDO* 之间。

4. 边界扫描描述语言

为了使不同厂家生产的边界扫描兼容部件能一起工作，人们规定了一个标准的描述语言——边界扫描描述语言（boundary scan description language，BSDL），它是 VHDL 的一个子集。BSDL 并不是用来仿真的，也不包含任何边界扫描部件的模型。BSDL 提供了一种标准方法用来描述包含 IEEE 1149.1 边界扫描测试的 ASIC 的特性和行为，同时也提供了向测试产生软件传递信息的标准方法。利用 BSDL 测试软件可以检查器件的 BST 特性是否正确。

8.1.6　其他集成电路测试

1. 模拟集成电路的测试

模拟电路的失效情况大致可以概括为以下几类：

① 参数值偏离正常值；

② 参数值严重偏离正常范围，如开路、短路、击穿等；

③ 一种失效引发其他的参数错误；

④ 某些环境条件的变化引发电路失效（如温度、湿度等）；

⑤ 偶然错误，这种情况下通常都是严重失效，如连接错误等。

在测试前先要依据生产商提供的电路参数进行仿真，得到被测电路的特性参数期待值和偏差允许范围。以运放为例，生产方应提供的参数包括诸如高/低电平输出、小信号差异输出增益、单位增益带宽、单位增益转换速率、失调电压、电源功耗、负载能力、相位容限典型值等。得到了测试所需的输入信号和预期的输出响应，我们就可以准备相应的测试条件了。确定需要的测试测量仪器，搭建外围测试电路，这也是与数字电路测试的不同之处，模拟电路的特性参数可能会因为外围条件的微小差异而有很大的不同，所以诸如测试板上的漏电等因素都必须加以考虑，如图 8-1-24 所示。

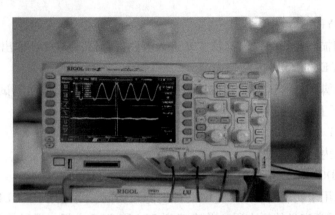

图 8-1-24　模拟集成电路测试

　　传统的模拟电路测试方法很难得到精确、重复的输入信号和输出响应，对电路的输入端也很难做到完全同步。同时，靠机械动作切换的测量仪器，响应速度也难以达到输出测量的要求。DSP 技术的出现和发展，正为高速、精确的模拟电路测试提供了有效的解决方法。

　　2. 混合集成电路的测试

　　对于混合集成电路的测试，通常没有什么简单的方法，只有在电路设计中将其分为可以单独测试的模拟、数字模块，在测试时，对模拟部分与数字部分分别进行测试。对于数字、模拟部分有效隔开的混合电路，测试的步骤通常依照以下的顺序进行：模拟测试→数字测试→整体功能测试。需注意的是即使模拟测试与数字测试的结果完全合格，也并不表示电路没有故障，因为两者间的连接部分出现一点错误，同样会导致电路失效，所以无论整体功能与模块化的测试结果间有怎样确定的关系，在测试项目中，保留一些整体功能测试都是必需的。

8.2　集成电路封装

　　集成电路封装（integrated circuit packaging）是半导体制造过程中的一个重要环节，它涉及将完成设计和制造的集成电路（IC）芯片，即包含大量微型电子元件、互连线路以及功能电路的硅片（die），通过特定的工艺和材料，将其封装在一个保护性的外壳内，并提供与外部电路连接的接口。封装的主要目标是：

　　① 保护：为脆弱的芯片提供物理保护，防止其受到机械损伤、环境污染物（如湿气、尘埃、化学物质等）、电磁干扰（EMI）的影响，以及温度变化导致的应力。

　　② 电气互联：通过导线（wire bonding）、焊球（flip chip）、硅通孔（through silicon via，TSV）等技术将芯片内部的电路节点连接到封装外部的引脚或焊盘上，以便与印刷电路板（PCB）或其他电子组件进行有效且可靠的电气连接。

　　③ 散热管理：提供有效的散热途径，确保芯片在工作过程中产生的热量能够及时散发，防止因过热导致性能下降或损坏。这可能涉及封装材料的选择（如热导率高的基板或导热填充材料）、散热片或热界面材料的应用。

　　④ 机械支持与装配便利：提供标准化的形状和尺寸，使得封装后的 IC 易于在自动化生产线中进行装配、测试和最终产品的安装。封装应具有足够的机械强度以承受生产和使用过

程中的各种应力。

⑤ 系统集成与功能扩展：随着技术发展，封装还承担起系统层级的集成任务，如多芯片模块（MCM）、系统级封装（SiP）、三维堆叠封装（3D Packaging）等，这些技术将多个芯片、无源元件、MEMS 传感器等集成在同一封装体内，实现更高的功能密度和异构集成。

从封装技术的发展历史看，一般可分为三个主要阶段。

第一阶段：传统封装阶段（20 世纪 70 年代前）

特征与技术：

● 通孔插装型封装为主：这一时期的封装以通孔插装（through-hole mounting）为主要形式，如金属圆形封装（TO 型）、陶瓷双列直插封装（CDIP）等。

● 材料与结构：封装材料主要是陶瓷，具有良好的热稳定性和电气绝缘性，引线通常采用金属线材料，通过玻璃浆料固定在陶瓷基板上。

● 封装尺寸较大：封装体积相对较大，引脚间距较宽，适应当时电子设备的组装工艺和电路板设计。

第二阶段：过渡与多样化阶段（20 世纪 70 年代至 90 年代末）

特征与技术：

● 封装形式多样化：随着集成电路集成度提高和电子设备小型化的加速，封装形式开始多样化，出现了双列直插式封装（DIP）、小外形封装（SOP）、四边扁平封装（QFP）、表面贴装技术（SMT）等新型封装形式。

● 塑料封装兴起：塑料封装因其成本低、工艺简单、适合大规模生产而逐渐取代部分陶瓷封装，尤其是在消费电子领域得到广泛应用。

● 引脚数量增加与间距减小：封装引脚数量显著增加以适应复杂芯片的引出需求，同时引脚间距逐渐减小，促进了电路板密度的提升和设备的小型化。

● 新型封装技术出现：如引脚网格阵列（PGA）、芯片载体（LCC）、球栅阵列封装（BGA）等，这些封装形式提供了更高的引脚密度和更好的散热性能。

第三阶段：先进封装阶段（20 世纪末至今）

特征与技术：

● 芯片尺寸封装（CSP）与晶圆级封装（WLP）：CSP 将封装尺寸进一步缩小至接近裸芯片大小，而 WLP 则在晶圆层面进行封装，极大地减少了封装体积，提高了集成度。

● 三维封装（3D packaging）：通过堆叠多层芯片、使用硅通孔（TSV）技术进行垂直互连，实现了更高的集成度、更短的信号传输路径和更好的散热效果。

● 系统级封装（SiP）与异构集成：将多个不同功能的芯片、无源元件甚至完整的子系统集成在一个封装内，形成一个功能完整的系统，大大简化了电子设备的设计与制造流程。

● 扇出型封装（fan-out）与嵌入式封装：通过扩展芯片边缘的布线区域或直接将芯片嵌入到基板内部，实现更灵活的布线和更高的封装密度。

● 封装与芯片协同设计：封装不再仅作为芯片的被动保护和互联手段，而是与芯片设计、制造紧密耦合，共同优化系统的整体性能。

集成电路封装技术的发展历程反映了从大型、简单的通孔插装封装，经过多样化和小型化的过渡阶段，再到高度集成、多功能、三维化的先进封装阶段的演变。这一过程始终伴随着材料科学、微细加工技术、散热管理技术、互连技术等领域的创新与发展，以满足不断提升的芯片性能需求和电子设备小型化、智能化的趋势。

8.2.1 集成电路封装层次与分类

一、封装层次

集成电路芯片的封装技术是一个涉及广泛技术领域的复杂系统工程。这项技术涵盖了多个学科领域，包括物理学、化学、材料科学、机械工程、电子学以及自动化技术，并且需要使用金属、陶瓷、玻璃和高分子材料等多种材料。因此，封装技术是一门跨学科的科学，它将产品的电气性能、热传导能力、可靠性、材料与制造工艺以及成本效益等因素综合考虑。封装工艺始于集成电路芯片制造完成后，涵盖集成电路芯片的固定、互连、密封保护、与电路板的连接、系统的整合，直至最终产品成型的各个阶段。通常可从以下三个主要阶段来概述这一封装流程。

1. 第一级封装

粘贴集成电路芯片至封装基板或引脚架，实施电路连接与封装保护的工艺，旨在形成便于搬运并可在后续组装连接的模块。在半导体晶圆切割完成后，通过恰当的封装技术将单个或多个集成电路芯片封装，实现芯片焊点与封装外壳引脚之间的电气连接，这可以通过引线键合（wire bonding，WB）、载带自动焊接（tape automated bonding，TAB）或倒装芯片键合（Flip Chip Bonding，FCB）来完成，从而形成一个具备实际应用价值的模块或组件。一级封装工艺分为单芯片模块（single chip module，SCM）和多芯片模块（multi chip module，MCM）两大类，包含了从晶圆切割到电路测试的整个制造流程，以及单芯片模块和多芯片模块的设计和制造工作，因此也被称为芯片级封装。

2. 第二级封装

在完成一级封装的基础上，将多个封装好的集成电路与其他电子元件组装到电路板卡上，形成更完整的电路系统的工艺。这个过程被称为二级封装，它包括将一级封装后的集成电路产品和电子元件一起安装到印刷电路板（printed circuit board，PCB）或其他类型的基板上，进而构成一个部件或子系统。在二级封装中，可能会使用到多种安装技术，例如通孔安装技术（through hole technology，THT）、表面安装技术（surface mount technology，SMT）以及芯片直接安装技术（direct chip attach，DCA）。因此，二级封装也被称作板级封装。

3. 第三级封装

在二级封装的基础上，进一步将多个电路板卡组装到一个主电路板上，实现整个系统的集成。三级封装工艺指的是将二级封装后的电路板卡通过选层、互连插座或柔性电路板与主板相连，构建起一个三维的立体封装结构，从而形成一个完整的系统。这一级封装过程也被称作系统级封装。

在集成电路领域，元器件间的连线技术有时被称作零级封装工艺。

集成电路封装是一个全面的概念，它囊括了从一级到三级封装的所有阶段。在全球范围内，集成电路封装的范畴广泛，涵盖了单芯片封装的设计和生产、多芯片模块的设计和制造、各种封装基板的设计和制作、芯片的互连与组装技术、封装的电气性能、机械性能、热性能及可靠性设计，以及封装材料、工模具、夹具和环保封装等多个方面。

二、封装分类

近年来，集成电路封装发展极为迅速，封装的种类繁多，结构多样，发展变化大。图 8-2-1 到图 8-2-6 是一些常见的分类方式及其对应的封装类型。

名称	缩写含义	用途	名称	缩写含义	用途
chip	chip	片式元件：阻、容、感	**Xtal**	crystal	二引脚晶振
MLD	molded body	模制本体元件：钽电容，二极管	**OSC**	oscillator	晶振
CAE	aluminum electrolytic capacitor	有极性：铝电解电容	**SOD**	small outline diode	二极管
Melf	metal electrode face	圆柱形玻璃二极管，电阻	**DIP**	dual in-line package	双列直插式封装：变压器，开关
SON	small outline no-lead	双列小型无引脚	**QFN**	quad flat no-lead	四边扁平无引脚
BGA	ball grid array	球形栅格阵列，CPU等	**QFP**	quad flat package	四边扁平封装
SOIC	small outline IC	小型集成芯片	**PLCC**	plastic leaded chip carriers	塑料有引线封装载体
SOJ	small outline j-lead	J型引脚的小芯片	**SOP**	small outline package	小型封装，也称SO、SOIC
TO	transistor outline	晶体管外形的贴片元件：电源模块	**SOT**	small outline transistor	小型晶体管；三极管,场效应管

图 8-2-1 部分封装器件

1. 按封装形式（结构）

（1）通孔插装（through-hole）

● 双列直插式封装（dual in-line package，DIP）

● 四列直插式封装（quadruple in-line package，QDIP）

● 多列直插式封装（plastic dual in-line package，PDIP）

● 陶瓷双列直插封装（ceramic dual in-line package，CDIP）

● 穿孔陶瓷封装（pin grid array，PGA）

（2）表面贴装（surface mount technology，SMT）

● 小外形封装（small outline package，SOP）

- 超小外形封装（shrink small outline package，SSOP）
- 阵列封装
  ○ 四边扁平封装（quad flat package，QFP）
  ○ 微型四边扁平封装（thin qfp，TQFP）
  ○ 薄型小尺寸封装（thin small outline package，TSOP）
  ○ 超薄型小尺寸封装（very small outline package，VSOP）
- 球栅阵列封装（ball grid array，BGA）
  ○ 标准 BGA
  ○ 微型 BGA（μBGA）
  ○ 小球栅阵列（chip scale package，CSP）
  ○ 细间距 BGA（fine-pitch BGA，FBGA）
  ○ 全球阵列球栅阵列（global ball grid array，GBGA）
- 倒装芯片封装（flip chip，FC）
  ○ 控制塌陷芯片连接（controlled collapse chip connection，C4）
- 封装基板类（flip chip ball grid array，FC-BGA）
- 扇出型封装（fan-out wafer level packaging，FOWLP）
- 晶圆级封装（wafer-level packaging，WLP）
- 三维封装（3D Packaging）
  ○ 堆叠封装（stacked die）
  ○ 硅通孔（through silicon via，TSV）封装
  ○ 引线框封装（leadframe-based packages）

2. 按封装材料
- 金属封装
- 陶瓷封装
- 塑料封装（塑封料封装）

3. 按封装层次
- 单芯片封装（single chip package）
- 多芯片封装（multi-chip package，MCP）
- 系统级封装（system-in-package，SiP）
  ○ 异构集成封装（heterogeneous integration packaging）

4. 按散热方式
- 自然散热封装
- 散热片封装
- 热管/液冷封装
- 直接芯片散热（direct chip attach，DCA）封装

5. 按引脚类型
- 引线式封装
- 引脚网格阵列（pin grid array，PGA）封装
- 球栅阵列（ball grid array，BGA）封装

- 倒装焊球（flip chip）封装
- 无引脚封装（如 CSP）

6. 按封装工艺

- 载带自动键合（tape automated bonding，TAB）封装
- 倒装芯片（flip chip）封装
- 焊线键合（wire bonding）封装
- 压焊（press fit）封装
- 黏结（adhesive bonding）封装

以上分类并非完全独立，许多封装类型可能同时属于多个类别。例如，一个封装既可以是表面贴装的，又是塑料材质的，并且采用球栅阵列形式。随着技术的发展，新的封装技术和设计理念不断涌现，这些分类也会相应地更新和发展。集成电路封装的分类有助于工程师根据应用需求、电路板设计、生产成本、散热要求等因素选择最适合的封装形式，图 8-2-2 至图 8-2-6 展示了部分封装类型的产品模型、显微结构以及封装工序。

图 8-2-2　小形封装和四边扁平封装

图 8-2-3　塑料有引线封装载体（plastic leaded chip carrier，PLCC）和
无引线陶瓷封装载体（leadless ceramic chip carrier，LCCC）

图 8-2-4　功率四边扁平无引脚封装（power quad flat no-lead，PQFN）和
球栅阵列封装（ball grid array package，BGA）

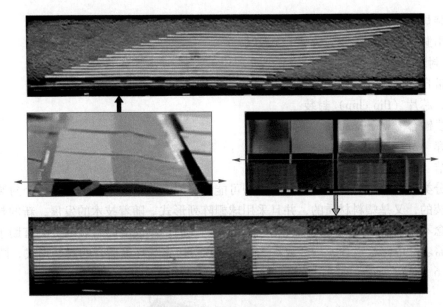

图 8-2-5　三维封装中多芯片堆叠的芯片贴合位置

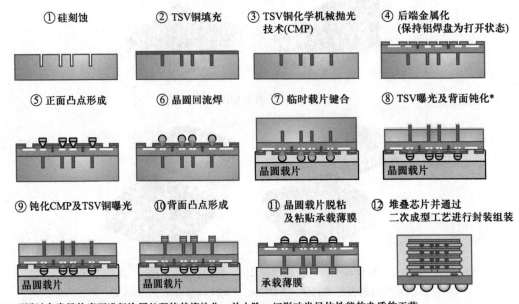

*一项通过在半导体表面进行涂层处理使其惰性化，并去除一切影响半导体性能的杂质的工艺。

图 8-2-6　三维封装中硅通孔封装工艺（彩图见插页）

8.2.2　芯片封装工艺流程

一、传统封装的三种封装形式

金属封装技术是半导体器件封装的最原始形式。这种技术将分立元件或集成电路置于金属容器内，使用镍作为封盖材料，并在其表面镀金。金属外壳通常由可伐合金材料制成，通过冲压工艺形成底座。在氮气环境中，利用封接玻璃，将可伐合金引线按照设计好的布线方式熔接在金属底座上。引线端头经过切割、磨光，并镀上镍、金等保护性惰性金属，芯片安装在底座中心，引线端头与铝硅丝进行键合。组装完成后，使用由 10 号钢带制成的镀镍封帽进行封装，形成气密且坚固的结构。金属封装的优势在于其优异的密封性能，能够抵御外部环境的影响。然而，金属封装的缺点包括成本较高、外形设计不够灵活，难以适应半导体器件快速发展的需求。目前，金属封装在市场上的份额已经显著减少，几乎已没有商品化的产品。仅有少数产品因特殊性能需求而被应用于军事或航空航天领域。

继金属封装之后，陶瓷封装技术应运而生，它同样具备良好的气密性，但相较于金属封装，其成本更低。经过几十年的技术革新，陶瓷封装的性能得到了显著提升，尤其是随着陶瓷流延技术的进步，陶瓷封装在形状和功能上的灵活性有了显著增强。目前，IBM 的陶瓷基板技术已经实现了超过 100 层的布线能力，能够将无源元件如电阻、电容、电感等集成于陶瓷基板上，实现高密度的封装。陶瓷封装因其卓越的性能，在航空航天、军事以及大型计算机等领域得到了广泛应用，并占据了大约 10% 的封装市场份额（按器件数量计算）。陶瓷封装不仅气密性优异，还能实现多信号、地线和电源层的结构设计，并具备对复杂器件进行一体化封装的能力，同时具有良好的散热性能。不过，陶瓷封装在烧结装配过程中存在尺寸精度不足、介电常数较高（不适合高频电路应用）以及成本较高的缺点，因此主要应用于一些高端产品中。

自 1970 年代起，塑料封装技术发展迅速，目前占据了超过 90%（封装数量）的市场份额，并且随着材料和工艺的不断改进，这一比例仍在上升。塑料封装的主要优势在于其成本低廉，性能与价格比非常高。随着芯片钝化层技术的进步以及塑料封装技术的持续发展，特别是自 1980 年代以来，半导体行业经历了革命性的变化，芯片钝化层的质量有了显著提升。这使得塑料封装虽然不是气密性的，但其防潮能力得到了极大增强，有效提高了电子器件的可靠性。因此，许多原本使用金属或陶瓷封装的应用场景，现在也逐渐转向使用塑料封装。

通常所说的塑料封装，如果没有特别指出，指的是转移成型封装（transfer molding）。封装过程大致分为两个阶段：塑封前的工艺步骤称为装配（assembly）或前道操作（front end operation），成型后的工艺步骤称为后道操作（back end ope ration）。在前道工序中，净化室的等级通常在 100 到 1000 级之间。一些成型工序也在净化室内进行，但由于机械水压机和预成型产品中可能产生的粉尘，很难达到 10000 级以上的净化室标准。随着硅芯片的复杂性和微型化趋势，预计会有更多的装配和成型工序在受控的粉尘环境中进行。

转移成型工艺通常包括以下步骤：晶圆减薄（wafer ground）、晶圆切割（wafer dicing or wafer saw）、芯片贴装（die attach or chip bonding）、引线键合（wire bon ding）、转移成型（transfer molding）、后固化（post cure）、去飞边毛刺（deflash）、上焊锡（solder plating）、切筋打弯（trim and form）、打码（marking）等。接下来，将对这些工序进行简要介绍。

晶圆减薄是在专业设备上通过背面研磨技术进行的，目的是将晶圆研磨至适合封装的薄度。随着晶圆尺寸的增加（从 4 英寸、5 英寸、6 英寸发展到 8 英寸，甚至 12 英寸），为了提高晶圆的机械强度和防止加工过程中的变形或裂纹，晶圆的厚度也在逐步增加。然而，随着电子产品向更轻薄的方向发展，芯片封装后的模块厚度需求越来越薄，因此在封装前必须将晶圆减薄到一个可接受的程度。例如，6 英寸晶圆的原始厚度约为 675 微米，减薄后通常达到 150 微米左右。在减薄过程中，保持均匀受力至关重要，以避免晶圆的变形或裂纹。

晶圆减薄之后，接下来进行的是划片工序（sawing or dicing）。早期的划片机需要手动操作，而现代的划片机已经实现了自动化。这些机器通常配备有脉冲激光、钻石尖的划片工具或是包金刚石的锯刀，这些工具能够提供整齐的切割边缘，减少碎屑和裂纹的产生。切割后的硅芯片通常被称为 die（die 的原意是骰子，即小块的方形物，划开后的芯片一般是很小的方形体，很像散落一地的骰子）。切割后的芯片需要被精确地贴装到框架的中间焊盘（die-paddle）上，焊盘的尺寸必须与芯片大小相匹配，以避免引线跨度太大，在转移成型过程中会因流动产生的应力而导致引线弯曲及芯片位移现象。贴装芯片方式可以使用软焊料（指 Pb-Sn 合金，尤其是含 Sn 的合金）、Au-Si 低共熔合金等焊接到基板上，而在塑料封装中，最常用的方法是使用聚合物黏结剂（polymer die adhesive）将芯片粘贴到金属框架上。常用的聚合物包括环氧树脂（epoxy）或聚酰亚胺（polyimide），通常会添加 Ag（颗粒或薄片）或 Al_2O_3 作为填充料（filler），填充量在 75% 到 80% 之间，目的是提高黏结剂的导热性能。在塑料封装中，大部分由电路运行产生的热量需要通过芯片黏结剂传递到框架并散发掉。

使用芯片黏结剂的贴装工艺包括以下步骤：首先，使用针筒或注射器将黏结剂均匀地涂布到芯片焊盘上，确保黏结剂具有适当的厚度和轮廓；然后，利用自动拾片机将芯片精确地放置在涂有黏结剂的焊盘上。对于较小的芯片，内圆角形的黏结剂可以提供足够的黏合强度，但需要避免黏结剂太靠近芯片表面，以防 Ag 迁移现象的发生。

二、传统封装技术

此处以使用最广泛的塑料封装为例介绍用到的关键技术。

1. 引线键合技术

在塑料封装领域，引线键合技术是主要的互连方法，尽管有 TAB（tape automated bonding）和 FC（flip chip）等其他互连技术的出现，但引线键合技术仍然占据主导地位。在塑料封装中，金线是首选的引线材料，其直径范围通常为 0.025 mm 至 0.032 mm（1.00 mil 到 1.25 mil），引线长度一般介于 1.5 mm 至 3 mm（60 mil 到 120 mil），而弧圈高度可以达到 0.75 mm（30 mil）。键合技术包括热压焊（thermocompression）和热超声焊（thermosonic）等，这些方法能够形成球形焊点（即球焊技术，ball bonding）并防止金线氧化。为了降低成本，研究人员也在探索使用铝、铜、银、钯等其他金属丝作为替代材料。

热压焊的工作原理是使两种金属表面紧密接触，通过控制时间、温度和压力来实现金属间的连接。表面粗糙、氧化层、化学污染或吸湿等因素都可能影响键合效果和强度。热压焊的温度通常在 300℃ 至 400℃ 之间，键合时间约为 40 ms（通常，加上寻找键合位置等程序，键合速度是每秒二线）。热超声焊则利用 20 至 60 kHz 的超声振动提供能量，避免了高温的影响，焊接温度可以相应降低。热超声焊采用的是楔焊（wedge bonding）而非球焊技术（ball bonding），在引线与焊盘连接后切断引线（clamp tear or table tear）。楔焊的缺点在于需要旋转芯片和基座以保持正确的焊接方向，这会降低焊接速度。楔焊的优点是焊接面积与引线面积相近，适用于微细间距（fine pitch）的键合。热超声焊结合了热能和超声能量，相比热压焊，其最大的优势是将键合温度从 350℃ 降至约 250℃（也有人认为可以用 100℃ 到 150℃ 的条件），从而减少铝焊盘上形成 Au-Al 金属间化合物的风险，延长器件寿命并减少电路参数的漂移。

随着封装向更薄的方向发展，引线键合技术也在不断改进，图 8-2-7 展示了引线键合的结构。例如，有些超薄封装的厚度可能仅有 0.4 毫米，引线环（loop）的高度从 8 至 12 mil

（200 到 300 μm）减小到 4 至 5 mil（100 到 125μm），这样可以增大引线张力，使得引线绷紧。楔焊技术的优点在于，可以适用微细间距焊盘，适合高密度封装，甚至可以用于焊盘间距小于 75μm 的键合。相比之下，球焊技术在 1 mil（25 μm）的金丝上形成的焊点直径较大，在 2.5 到 4 mil（63 至 102 μm）之间，不适合用于微细间距的键合。

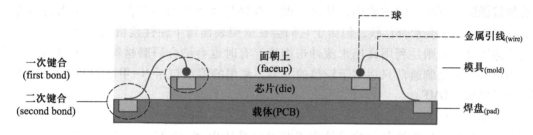

图 8-2-7　引线键合的结构（彩图见插页）

2. 成型技术

塑料封装工艺中，存在多种成型技术，如转移成型技术（transfer molding）、喷射成型技术（inject molding）和预成型技术（premolding）等，其中转移成型技术是最为常用的。转移成型技术主要采用热固性聚合物（thermosetting polymer）作为材料，这类聚合物在低温时保持塑性或流动性，但在加热至一定温度后，会发生交联反应（cross-linking），转变成刚性固体。一旦固化，即使再次加热也不会熔化或流动。

典型的塑料封装成型工艺流程如下：首先，将贴装好芯片并完成引线键合的框架放置于模具中。接着，将塑封料的预成型块在预热炉中加热至 90℃ 至 95℃，然后送入转移成型机的转移罐内。在活塞的压力作用下，塑封料被推入浇道并注入模腔（模具温度维持在 170℃ 至 175℃）。塑封料在模具中迅速固化，经过一段时间的保压以确保模块达到所需硬度，随后由顶杆推出，完成成型。转移成型技术具有多项优势，包括技术设备成熟、工艺周期短、成本低，几乎无须后处理（finish），非常适合大规模生产。然而，它也存在一些缺点，如塑封料的利用率较低（20% 至 40% 的材料在转移罐、壁和浇道中无法回收利用）；使用标准框架材料，可能不利于向更先进的封装技术（如 TAB）扩展；对高密度封装存在一定限制。对于大多数塑封料，模块在模具中保压几分钟后即可达到足够的硬度以供推出，但聚合物的固化（聚合）过程尚未完全结束。材料的固化程度（聚合度）对玻璃化转变温度和热应力有显著影响，因此，促使材料完全固化以实现稳定状态对于提升器件的可靠性至关重要。后固化工艺，就是为了提高塑封料的聚合度而必需的工艺步骤，即在 170℃ 至 175℃ 下保持 2 至 4 小时。目前，市场上也出现了一些快速固化（fast cure molding compound）的塑封料，使用这些材料可以省去后固化步骤，从而提高生产效率。

在封装成型过程中，塑封料有时会从模具接缝处溢出，流到模块外部的框架材料上。如果塑封料仅在模块外部框架上形成一层薄薄的覆盖，且面积较小，这种情况通常称为树脂溢出（resin bleed）。而如果溢出部分较多且较厚，则称之为毛刺（flash）或飞边毛刺（flash and strain）。溢料或毛刺的产生通常与模具设计、注塑条件和塑封料的特性有关。毛刺通常厚度不超过 10 μm，它会对后续的工艺如切筋打弯造成干扰，甚至可能损坏设备。因此，在进行切筋打弯之前，需要执行去飞边毛刺（deflash）的工艺。随着模具设计的进步和对注塑条件的严格控制，毛刺问题已经变得不那么严重，在一些先进的封装工艺中，去飞边毛刺的步骤已经不再必要。去飞边毛刺的工艺主要包括介质去飞边毛刺（media deflash）、溶剂去飞边毛刺（solvent deflash）和水去飞边毛刺（water deflash）。另外，如果溢料发生在框架堤坝（dam bar）背后，可以采用树脂清除工艺（dejunk）。其中，介质和水去飞边毛刺方法最为常用。介质去飞边毛刺是使用研磨材料，如塑料球，结合高压空气一起冲洗模块。这一过程会使介质轻微磨损框架引脚的表面，从而有助于焊料与金属框架的黏合。过去曾使用天然介质，如粉碎的胡桃壳和杏仁核，但由于它们会在框架表面留下油性残留物，因此不再使用。水去飞边毛刺工艺则是利用高压水流冲击模块，有时也会结合研磨材料和高压水流一起使用。溶剂去飞边毛刺通常只适用于较薄的毛刺，常用的溶剂包括 N-甲基吡咯烷酮（NMP）或双甲基呋喃（DMF）。

3. 处理引脚

封装完成后，框架外引脚的后处理工艺可以采用电镀（solder plating）或浸锡（solder dipping）技术，这些工艺旨在为框架引脚添加保护层，以提高其耐腐蚀性和可焊性。电镀过程通常在自动化的电镀线上进行，涉及清洗、在不同浓度的电镀液中电镀、冲洗、吹干以及烘干等步骤。浸锡工艺同样包含清洗，随后将引脚浸入助焊剂中，再浸入熔融的焊锡中，最后用热水冲淋。焊锡通常是 63Sn/37Pb，由 63% 的锡和 37% 的铅组成，这是一种低共熔合金，熔点在 183~184℃。也有使用更高比例的锡含量的焊料，如 85Sn/15Pb、90Sn/10Pb、95Sn/5Pb，一些公司甚至使用 98Sn/2Pb 焊料，这是考虑到铅对环境的潜在影响，减少铅的使用。为了减少环境污染，特别是铅对环境的影响，镀钯工艺被提出作为一种替代方案。这项工艺能够避免铅的污染问题，还能承受封装过程中的高温。但是，通常钯的黏结性并不太好，因此在钯层之前，需要先镀一层较厚的、致密的、富镍的阻挡层以增强附着力。钯层的厚度大约为 76 μm（3 mil）。由于钯层的耐高温特性，可以在封装成型之前完成框架的上焊锡工艺。此外，钯层适用于芯片黏结和引线键合，可以避免在这些步骤前需要对芯片焊盘和框架内引脚进行选择性镀银，以增加其黏结性，因为选择性镀银过程中使用的电镀液含有氰化物，这也给安全生产和废物处理带来了挑战。

4. 切筋打弯

切筋打弯实际上是两个连续的工艺步骤，它们通常一起执行。切筋，或称为切断工序，指的是切除框架外引脚之间的连接部分，即堤坝（dam bar）以及在框架带上连在一起的地方；打弯则涉及将引脚弯曲成特定形状，以满足装配（assembly）需求。在打弯过程中，主要的挑战是控制引脚的变形。对于通孔技术（PTH）装配，由于引脚数量较少且较粗，变形问题通常不大。然而，对于表面贴装技术（SMT）装配，特别是在高引脚计数和微间距框架器件的情况下，引脚的非共面性（lead non coplanarity）成了一个显著问题。非共面性主要由两个因素引起：首先是生产过程中的不当操作，但随着自动化水平的提高，人为因素产生的错误已经大幅减少；其次是成型过程中产生的热收缩应力。在成型后冷却时，由于塑封料的固化和收缩，以及塑封料与框架材料之间热膨胀系数的不匹配，可能导致框架带的翘曲，进而引起非共面性问题。鉴于封装模块趋于更薄、框架引脚趋于更细，需要对框架带进行重新设计，包括材料选择、框架带的长度和形状等方面，以解决上述挑战。

5. 打码

在封装模块的顶面进行打码，是为了印上持久且清晰的字母和标识，如制造商信息、国家代码和器件编号等，这主要是为了便于识别和追踪，如图 8-2-8 所示。打码技术有多种，其中最普遍的是印码（print）方法，它包括油墨印码（ink marking）和激光印码（laser marking）两种方式。油墨印码类似于盖章过程，通常使用橡胶制成的印章来刻制所需的标识。所用的油墨一般是高分子化合物，如基于环氧或酚醛的聚合物，需要通过热固化或紫外光固化。油墨印码对模块表面的清洁度要求较高，表面污染可能会影响油墨的附着，而且油墨容易脱落。有时为了节省时间和简化操作，会在模块成型后立即进行打印，然后再进行后固化，这样可以同时固化塑封料和油墨。在后续工序中，需要特别注意避免触碰模块表面，以防损坏打印的编码。表面越粗糙，油墨的黏附性越好。激光印码则利用激光技术

图 8-2-8　印码成品

在模块表面刻写标识，常用的激光源包括二氧化碳（CO_2）激光和掺钕的钇铝石榴石（Nd：YAG）激光。与油墨印码相比，激光印码的优点在于标识不易被擦除，且不涉及油墨质量，对模块表面的要求较低，也无须后固化工序。激光印码的缺点是打印出的字迹相对较淡，与未打印的背底之间衬度区域的对比度不如油墨印码明显。不过，通过改进塑封料的着色剂可以解决这个问题。总体来说，在现代封装工艺中，越来越多的制造商倾向于使用激光印码技术，特别是在生产高性能产品时。

6. 器件装配

设备装配主要有两种技术：波峰焊（wave soldering）和回流焊（reflow soldering）。波峰焊通常应用于通孔技术（PTH）封装类型的器件装配，而表面贴装技术（SMT）及混合装配则倾向于使用回流焊。波峰焊是一种较早发展的 PCB 组装技术，目前使用较少。波峰焊的过程包括涂布助焊剂、预热，然后将 PCB 通过一个焊料峰（solder wave），利用表面张力和毛细作用将焊料带到 PCB 和器件引脚上，形成焊点。

相比之下，回流焊工艺已成为目前器件装配中最常用的方法，尤其适用于 SMT 器件，并且也适用于插孔式器件与表面贴装器件混合装配的电路板。由于许多现代器件装配采用混合技术，回流焊的应用更为广泛。回流焊过程虽然看起来简单，但实际上包括多个阶段：蒸发焊膏（solder paste）中的溶剂；激活助焊剂（flux）；预热器件和 PCB 板；熔化焊料并使其润湿所有焊点；以控制的速率冷却整个系统至特定温度。在回流焊中，器件和 PCB 板需承受高达 210℃ 至 230℃ 的高温，同时，助焊剂等化学物质可能对器件有腐蚀作用，如果装配工艺处理不当，可能会引发一系列可靠性问题。

7. 测试

封装模块完成打码后，所有组件需经过 100% 的全面测试，并且在模块安装到 PCB 板上之后，还需对整个板卡执行功能测试。这些测试包括目检、老化测试（burn-in test）以及最终产品测试（final testing）。老化测试旨在评估封装电路的可靠性，主要目标是识别并剔除早期可能失效的组件，这一现象被称为早期失效（infant mortality）。通常，早期失效的组件是由于硅片制造过程中的缺陷导致的，这些缺陷在片上测试阶段可能未被发现。在老化测试中，电路板被插入测试装置，施加电压，并置于高温环境中。测试的具体条件，如温度、电压和持续时间，会根据不同的器件而有所变化，即使是同一类型的器件，不同供应商也可能采用不同的测试条件。比较通用的测试条件是在 125℃ 至 150℃ 的温度下，施加比正常工作电压高出 20% 至 40% 的电压，持续测试 24 至 48 小时。

封装质量必须是设计和制造过程中的首要考量。劣质的封装可能会削弱集成电路组件的其他优势,如速度、低成本和尺寸小等。封装质量问题往往是由于过分强调成本控制而牺牲了封装质量。实际上,塑料封装的质量与组件的性能和可靠性紧密相关,但封装的性能主要取决于设计和材料选择,而可靠性则与生产过程紧密相连。

8.2.3 系统级封装工艺

集成电路系统级封装也称为板级封装或模组组装,要求将一个或多个封装件装配到基板上形成一个功能模块。

系统级封装技术是伴随着器件封装的发展而不断演变的,同时,它又决定了器件封装的可能形式和发展方向。在 20 世纪 70 年代前,插装为模组组装的主要形式,模组组装采用的是通孔插装,即在印刷板上钻插装孔,将封装件插入以后用波峰焊进行焊接固定。20 世纪 80 年代是表面贴装技术(SMT)飞速发展时期,大大促进了电子装备的小型化和高密度化,SMT 将传统的电子元器件压缩成为原体积的 1/10 左右,从而实现了电子产品组装的高密度、高可靠、小型化、低成本,成为电子信息化产业的基础。总体来说 SMT 由 SMD、贴装技术、贴装设备三个部分组成。由于 SMD 的组装密度高,使现有的电子产品、系统在体积上缩小 40%~60%,重量上减轻 60%~80%,成本上降低 30%~50%,同时加之 SMD 的可靠性高和高频特性好等特点,SMT 表面贴装工艺技术及其设备的选择和配置成为电子产品、系统质量保证的关键。

SMT 是用自动组装设备将片式化、微型化的无引线、短引线表面贴装元器件直接贴、焊到印刷电路板等布线基板表面特定位置的一种电子组装技术,是将分散的元器件集成为部件、组件的重要技术环节。与传统的 THT(通孔插装技术)技术不同,SMT 无须在印刷电路板上钻插装孔,只需将表面贴装元器件贴、焊到印刷电路板表面设计位置上,采用包括点胶、焊膏印刷、贴片、焊接、清洗和在线功能测试在内的一整套完整工艺联装技术,具体地说,就是用一定的工具将黏结剂或焊膏印涂到基板焊盘上,然后把表面贴装元器件引脚对准焊盘贴装,经过焊接工艺,建立机械和电气连接。

1. SMT 工艺流程

典型的双面混合 SMT 组装工艺过程包含如下 8 个方面。

(1)丝印

其作用是将焊膏或贴片胶漏印到 PCB 的焊盘上,为元器件的焊接做准备。所用设备为丝网印刷机,位于 SMT 生产线的最前端。

(2)点胶

它是将胶水滴到 PCB 的指定位置上,其主要作用是将元器件固定到 PCB 板上,所用设备为点胶机,位于 SMT 生产线的最前端或检测设备的后面。

(3)贴装

其作用是将表面组装元器件准确安装到 PCB 的指定位置上,所用设备为贴片机,位于 SMT 生产线中丝印机的后面。

(4)固化

其作用是将贴片胶融化,从而使表面组装元器件与 PCB 板牢固黏结在一起,所用设备为固化炉,位于 SMT 生产线中贴片机的后面。

（5）回流焊接

其作用是将焊膏融化，使表面组装元器件与 PCB 板牢固黏结在一起。所用设备为回流焊炉，位于 SMT 生产线中贴片机的后面。

（6）清洗

其作用是将组装好的 PCB 板上面的对人体有害的焊接残留物如助焊剂等除去，所用设备为清洗机，位置可以不固定，可以在线，也可以不在线。

（7）检测

其作用是对组装好的 PCB 板进行焊接质量和装配质量的检测，所用设备有放大镜、显微镜、在线测试仪（ICT）、飞针测试仪、自动光学检测（AOI）、X-RAY 检测系统功能测试仪等。根据检测的需要，可以配置在生产线合适的地方。

（8）返修

其作用是对检测出现故障的 PCB 板进行返工，所用工具为烙铁、返修工作站等，配置在生产线中的任意位置。

2. 多芯片组件（MCM）

为了适应目前电路组装高密度要求，芯片封装技术的发展正日新月异，各种新技术、新工艺层出不穷。人们在应用中发现，无论采用何种封装技术后的裸芯片，在封装后裸芯片的性能总是比未封装的要差一些。于是人们对传统的混合集成电路进行彻底的改变，提出了多芯片组件（multi-chip module，MCM）这种先进的封装模式，即将多块半导体裸芯片组装在一块布线基板上。

根据基板材料可分为 MCM-L、MCM-C 和 MCM-D 三大类。

（1）MCM-L（MCM laminate）是使用通常的玻璃环氧树脂多层印刷基板的组件。制造工艺较成熟，生产成本较低，但因芯片的安装方式和基板的结构所限，高密度布线困难，因此电性能较差，主要用于 30 MHz 以下的产品。

（2）MCM-C（MCM ceramic）是用厚膜技术形成多层布线，以陶瓷（氧化铝或玻璃陶瓷）作为基板的组件，与使用多层陶瓷基板的厚膜混合 IC 类似，两者无明显差别。其优点是布线层数多，布线密度、封装效率和性能均较高，主要用于工作频率为 30~50 MHz 的高可靠性产品，它的制造过程可分为高温共烧陶瓷法 HTCC 和低温共烧陶瓷法 LTCC。由于低温下可采用 Ag、Au、Cu 等金属和一些特殊的非传导性的材料，因此近年来低温共烧法占主导地位。

（3）MCM-D（MCM deposited）是用薄膜技术形成多层布线，以陶瓷（氧化铝或氮化铝）或 Si、Al 作为基板的组件。布线密度在三种组件中是最高的，但成本也高，主要用于高性能产品。

MCM 在组装密度、封装效率、信号传输速度、电性能以及可靠性等方面独具优势，是目前能最大限度提高集成度，制作高速电子系统，实现整机小型化、多功能化、高可靠性、高性能的最有效途径。MCM 早在 20 世纪 80 年代初期就曾以多种形式存在，但由于成本昂贵，大都只用于军事、航天及大型计算机上，随着技术的进步及成本的降低，MCM 在计算机、通信、雷达、数据处理、汽车行业、工业设备、仪器与医疗等电子系统产品上得到越来越广泛的应用，已成为最有发展前途的高级微组装技术，例如利用 MCM 制成的微波和毫米波 SOP，为集成不同材料系统的部件提供了一项新技术，使得将数字专用集成电路、射频集成电路和微机电器件封装在一起成为可能，3D-MCM 是为适应军事宇航、卫星、计算机、通信的迫切需求而迅速发展的高新技术，具有降低功耗、减轻重量、缩小体积、减弱噪声、降低成本等优点．电子整机系统向小型化、高性能化、多功能化、高可靠和低成本发展，已成为目前的主要趋势，从而对系统集成的要求也越来越迫切。

通常所说的多芯片组件都是指二维的（2D-MCM），它的所有元器件都布置在一个平面上，不过它的基板内互连线的布置已是三维，随着微电子技术的进一步发展，芯片的集成度大幅度提高，对封装的要求也越严格，2D-MCM 的缺点也逐渐暴露出来。目前，2D-MCM 组装效率最高可达 85%，接近二维组装所能达到的最大理论极限，已成为混合集成电路持续发展的障碍，为了改变这种状况，三维多芯片组件（3D-MCM）应运而生，其最高组装密度可达 200%。3D-MCM 是指元器件除了在 y 平面上展开以外，还在垂直方向（z 方向）上排列。互连带宽是电子产品的一个主要性能指标，特别是存储器带宽往往是影响计算机和通信系统性能的重要因素。降低延迟时间和增大总线宽度是增大信号宽度的重要方法，3D-MCM 正好具有实现此特性的突出优点。3D-MCM 虽然具有以上所述的优点，但仍然有一些困难需要克服。封装密度的增加，必然导致单位基板面积上的发热量增大，因此散热是关键问题。一般采用如金刚石或化学气样淀积金刚石薄膜、水冷或强制空冷、导热黏胶或散热通孔等方法，另外，作为一项新技术，3D-MCM 还需进一步完善，更新设备，开发新的软件。

8.2.4　先进封装技术

从半导体发展趋势和微电子产品系统层面来看，先进封测环节将扮演越来越重要的角色。如何把环环相扣的芯片技术链系统整合到一起，才是未来发展的重心。有了先进封装技术，与芯片设计和制造紧密配合，半导体世界将会开创一片新天地。随着摩尔定律发展趋缓，通过先进封装技术来满足系统微型化、多功能化成为集成电路产业发展的新的引擎。人工智能、自动驾驶、5G 网络、物联网等新兴产业的加持，使得三维（3D）集成先进封装的需求越来越强烈，发展迅猛。封装技术伴随集成电路发明应运而生，主要功能是完成电源分配、信号分配、散热和保护。伴随着芯片技术的发展，封装技术不断革新。封装互连密度不断提高，封装厚度不断减小，三维封装、系统封装手段不断演进。随着集成电路应用多元化，智能手机、物联网、汽车电子、高性能计算、5G、人工智能等新兴领域对先进封装提出更高要求，封装技术发展迅速，创新技术不断出现。

之前由于集成电路技术按照摩尔定律飞速发展，封装技术跟随发展。高性能芯片需要高性能封装技术。进入 2010 年后，更多先进封装技术出现，例如晶圆级封装（wafer level package，WLP）、硅通孔技术（through silicon via，TSV）、2.5D interposer、3DIC、fan-out 等技术的产业化，极大地提升了先进封装技术水平。当前，随着摩尔定律趋缓，封装技术重要性凸显，成为电子产品小型化、多功能化、降低功耗、提高带宽的重要手段。先进封装向着系统集成、高速、高频、三维方向发展，其发展历程如图 8-2-9 所示。

在我们国家，常常用"集成芯片（integrated chips）"这一概念替代"先进封装""芯粒"等称谓，用于表达其在体系结构、设计方法学、数理基础理论、工程材料制造等领域中更丰富的含义。传统集成电路是通过将大量晶体管集成制造在一个硅衬底的二维平面上形成的芯片。集成芯片是指先将晶体管集成制造为特定功能的芯粒（chiplet），再按照应用需求将芯粒通过半导体技术集成制造为芯片。其中，芯粒（chiplet）是指预先制造好、具有特定

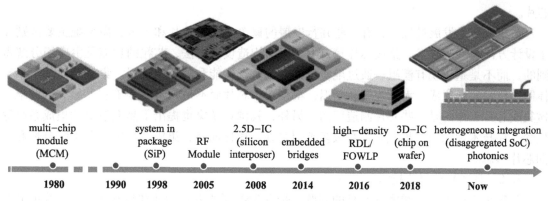

图 8-2-9 先进封装技术发展历程

功能、可组合集成的晶片（die），有时也称为"小芯片"，其功能包括通用处理器、存储器、图形处理器、加密引擎、网络接口等，如图 8-2-10 所示。硅基板（silicon interposer），是指在集成芯片中位于芯粒和封装基板（substrate）之间连接多个芯粒且基于硅工艺制造的载体，有的也称为"硅转接板""中介层"。硅基板通常包含多层、高密度互连线网络、硅通孔（through silicon via，TSV）和微凸点（micro bump），保证了电源、数据信号在芯粒之间和封装内外的传输，而且可以集成电容、电感等无源元件和晶体管等有源电路。

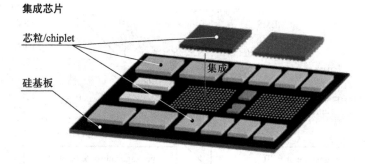

图 8-2-10 集成芯片与芯粒的定义（彩图见插页）

集成芯片设计对比传统的集成电路单芯片设计实现了如下突破：首先，它可实现更大的芯片尺寸，突破目前的制造面积局限，推动芯片集成度和算力持续提升；其次，它通过引入半导体制造工艺技术，突破传统封装的互连带宽、封装瓶颈；最后，它通过芯粒级的 IP 复用/芯粒预制组合，突破规模爆炸下的设计周期制约，实现芯片的敏捷设计。

除了上述技术突破外，集成芯片还能获得成本上的收益。传统的单一芯片制造尺寸越大，制造过程中的缺陷率和成本越高。而芯粒技术允许将一个大尺寸的芯片拆分为多个小尺寸的芯粒，每个芯粒独立进行制造。由于芯粒尺寸相对较小，可以更好地控制制造过程，减少制造缺陷率和成本。另外，不同芯粒可用不同的工艺制程完成，突破单一工艺的局限。例如，可以将传统的电子芯片与光电子器件集成在同一芯片上，实现光电混合芯片。这种光电混合芯片结合了电子和光子的优势，可以在高速数据传输、光通信、光计算等领域发挥重要作用。上述技术也能够实现更多种类的新型芯片。例如，集成传感器、处理器、无线通信模块和人工智能加速器等多种功能，可以构建出集感知-存储-计算-通信-控制一体的智能芯片。

在集成芯片发展过程中，有一些并行发展的概念。集成芯片和封装、微系统主要区别在于设计方法与制造技术。集成芯片是自上而下的构造设计方法，芯粒的功能是由应用分解得到的，而不是基于现有模组、通过堆叠设计方法实现性能和功能的扩展。集成芯片基于半导体制造技术实现集成，无论连接和延迟，都接近于芯片而不是 PCB 或者有机基板，因此最早做集成芯片工作的是一些芯片制造厂商。另外，我国科学家也提出了晶上系统和集成系统等概念，在技术理念上与集成芯片有很多类似之处，相比而言，集成芯片更侧重于综合性和面向芯片形态。

1. 2.5D/3D IC 封装技术

为解决有机基板布线密度不足的问题，带有 TSV 垂直互连通孔和高密度金属布线的硅基板应运而生。连接硅晶圆两面并与硅基体和其他通孔绝缘的电互连结构，采用 TSV 集成，可以提高系统集成密度，方便实现系统级的异质集成。

带有 TSV 的硅基无源平台被称作 TSV 转接板（interposer），应用 TSV 转接板的封装结构称为 2.5D interposer。如图 8-2-11（a）所示，在 2.5D interposer 封装中，若干个芯片并排排列在 interposer 上，通过 interposer 上的 TSV 结构、再分布层（redistribution layer，RDL）、微凸点（bump）等，实现芯片与芯片、芯片与封装基板间更高密度的互连。其特征是正面有多层细节距再布线层、细节距微凸点，主流 TSV 深宽比达到 10:1，厚度约为 100 μm。

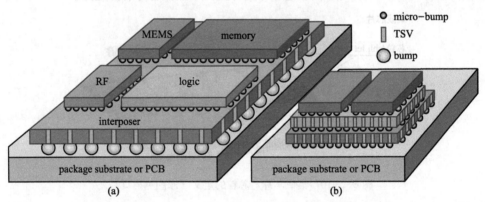

图 8-2-11   2.5D/3D IC 封装技术（彩图见插页）

(a) 2.5D IC 封装   (b) 3D IC 封装

2.5D IC 封装是传统 2D IC 封装的一个渐进式步骤。与将芯片并排放置在基板上的 2D IC 封装不同，2.5D IC 封装涉及将两个或更多的活动半导体芯片并排放置在硅中介层上，如图 8-2-11 所示。这个硅中介层（interposer）在芯片之间提供连通性，实现了极高的裸晶间互连密度。与2D IC 封装相比，2.5D IC 允许更细的线条和间距。因此，2D IC 封装将芯片分散在单一平面上，2.5D IC 封装开始向上构建。这提供了 2D 和 3D IC 封装之间的中间地带。图 8-2-11 提供了 2.5D IC 封装与 3D IC 封装的对比图。

我们可以将 2.5D IC 封装想象成一个城市，其中所有建筑的高度相同，并通过桥梁连接。每个"建筑"是一个执行特定功能的芯片。"桥梁"是硅中介层，允许建筑之间进行更快、更高效的通信。2.5D IC 封装技术中最典型的一项封装技术叫 CoWoS（chip-on-wafer-on-substrate）技术，如图 8-2-12 所示。

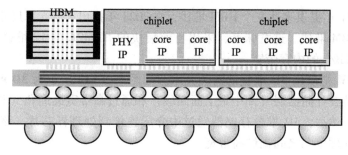

图 8-2-12　CoWoS 封装示意图（彩图见插页）

CoWoS 是一种先进的封装技术，主要用于高性能计算和特定的集成电路应用中。这项技术旨在解决传统封装技术在高带宽、低延迟互连方面面临的挑战，特别是在需要大量数据交换的应用场景中，如图形处理单元（GPU）、现场可编程门阵列（FPGA）和高性能计算芯片等。

在 CoWoS 技术中，首先，多个芯片（如计算芯片、内存芯片等）不是直接放置在传统的印刷电路板上，而是被连接到一个中介层（或称作 interposer）上。这个中介层通常由高质量的硅材料制成，具有高密度的重分布层（redistribution layer，RDL），能够提供大量的输入/输出（I/O）连接点。中介层上的这些密集连线能够实现芯片间快速、低延迟的数据传输，远远超过了传统封装技术的能力。接着，这个带有芯片的中介层会被封装到一个基板上，这个基板提供了与外部系统的接口。因此，"chip-on-wafer-on-substrate" 这个名称形象地描述了这一过程：芯片位于中介层上，中介层又位于最终的封装基板之上。

CoWoS 技术的关键优势在于它能够支持更高的互连密度、更大的带宽以及更短的信号传输延迟，这对于那些需要极高数据处理速度和效率的应用至关重要。此外，该技术还支持异构集成，即不同功能和制程技术的芯片可以在同一个封装内集成，促进了系统级芯片（SoC）以外的系统级封装（SiP）解决方案的发展。随着技术的进步，CoWoS 技术也在不断演进，比如出现了 CoWoS-R 和 CoWoS-L 等增强版本，以适应更复杂的集成需求和更高的性能目标。

高密度 TSV 的第二个重要应用产品是高带宽存储器（HBM）。TSV 技术在解决存储器容量和带宽方面具有决定性作用，通过高密度 TSV 技术垂直互连方式，将多个 DDR 芯片堆叠在一起后和 GPU 封装在一起，形成大容量，高位宽的 DDR 组合阵列提升存储器容量和性能。

以硅基板（silicon interposer，又翻译为硅中介层）为代表的 2.5D 集成技术，引入了大马士革铜互连工艺实现芯粒间的连接，缩小了互连凸点的尺寸/间距，增加互连线密度和通信带宽，并降低延时。通过硅通孔（TSV）实现芯片与外部信号的连接，缩小互连凸点的尺寸/间距，增加互连线密度和通信带宽，并降低延时。通过硅通孔（TSV）实现芯片与外部信号的连接，硅基板制造工艺上，通过多次曝光缝合（stitch）技术实现面积不断增加。近年来，高性能计算芯片设计已将超高端封装技术推向极限。满足行业极端带宽要求的解决方案是转向集成到硅中介层中的大型设计，直接连接到高带宽内存（HBM）堆栈。CoWoS-S 封装技术，使设计人员能够使用更大的逻辑芯片和越来越多的 HBM 堆栈创建更大、更强大的设计。这种复杂设计的限制之一是光刻工具的光罩尺寸限制（曝光最大面积限制为 26 mm× 33 mm = 858 mm^2）。人们一直在提高中介层尺寸限制，从 1.5 倍增加到 2 倍，甚至预计 3 倍光罩尺寸，并在2021年提供多达8个HBM堆栈，在2023年推出4倍光罩尺寸的中介层，总共容纳多达12个HBM堆栈。这意味着，采用目前最快的HBM2E的12堆栈实现将至少代表4.92 TB/s至5.5 TB/s的内存带宽。

上述中的HBM则采用3D堆叠的封装技术。如图8-2-13所示为3D堆叠DRAM示例。高带宽存储器由堆叠存储器层（图中最上面四层）和通过高带宽硅通孔（TSV）和微凸块连接的逻辑层组成。然后，3D堆叠存储器通过中介层连接到处理器芯片，该中介层为逻辑层和封装基板上的处理单元之间提供高带宽。

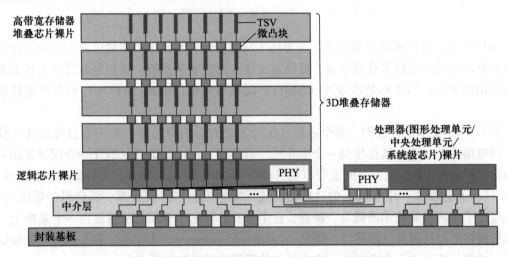

图8-2-13　3D堆叠DRAM示例（彩图见插页）

HBM堆叠没有以物理方式与CPU或GPU集成，而是通过细节距高密度TSV转接板互连，HBM具备的特性几乎和芯片集成的RAM一样，因此，具有更高速，更高带宽。适用于高存储器带宽需求的应用场合。HBM与CPU/GPU通过2.5D TSV转接板技术的完美结合，从芯片设计、制造、系统封装呈现了迄今为止人类先进的电子产品系统。当前，TSV开孔约10 μm，深宽比约10∶1，微凸点互连节距为40~50 μm。在有源芯片中，由于TSV本身占据面积较大，且有应力影响区，因此，亟待进一步小型化，降低成本。从技术发展来看，TSV开口向着5 μm以下，深宽比向着10以上方向发展，微凸点互连向着10 μm节距、无凸点方向发展。

3D集成通过堆叠多个芯粒，实现芯片三维化，提升投影面积上的晶体管密度。为实现堆叠界面的极高密度连接，铜-铜直接键合技术正取代传统微凸点工艺。考虑到散热因素，3D集成多用于存储芯粒，除了HBM（DRAM）外，最典型的还有3D NAND flash，如图8-2-14所示。3D NAND是一项革命性的新技术，首先重新构建了存储单元的结构，并将存储单元堆叠起来。3D NAND带来的变化有：① 总体容量大幅提升；② 单位面积容量提高。对于特定容量的芯片，3D NAND所需制程比2D NAND要低得多（更大线宽），因而可以有效抑制干扰，保存更多的电量，稳定性增强，例如同为TLC的3D NAND寿命较2D NAND延长。从2014年到2020年，各家厂商3D NAND堆叠层数从32层增长至128层，大致每3年层数翻一倍，而工艺制程在2D NAND时期就达到19 nm，转换成3D NAND工艺制程倒退至20~40 nm，而后又逐步往更高制程演进，制程演进相对逻辑芯片较慢。从制程上看，主流厂商的

3D NAND 芯片使用 20～19 nm 的制程，从技术上看，20 nm 左右的制程最适合 3D NAND，制程节点小了之后，每个存储单元能容纳的电子数量就会变少，发展到一定阶段之后，闪存就很容易因为电子流失而丢失其中保存的数据。国内某公司也推出了 232 层 3D QLC 的 NAND flash 存储芯片，打破了国外的技术封锁。

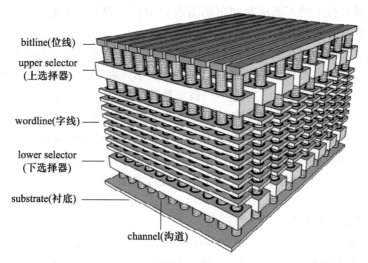

图 8-2-14　3D NAND flash 具有垂直通道的通用 3D 阵列的横截面

2. 扇出（fan-out）封装技术

扇出封装技术相比扇入（fan-in）封装技术，对于芯片 I/O 数目、封装尺寸没有限制，可以进行多芯片的系统封装；同时晶圆级扇出技术取消了基板和凸点，不需倒装工艺，具有更薄的封装尺寸、优异的电性能、易于多芯片系统集成等优点。eWLB（embedded wafer-level ball grid array）是一种先进的扇出型晶圆级封装（fan-out wafer-level packaging，FO-WLP）技术。它是第五代封装技术之一，代表了目前最为先进的封装解决方案之一。该技术通过以下步骤实现对芯片的封装：

● 芯片重组：首先，裸芯片被重新排列并安置在一个承载基板上，这个过程有时还包括在基板上直接制作或植入有源或无源元件。

● 扇出重布线：之后，从芯片边缘向四周"扇出"进行重布线，形成密集的互连线网络，以增加 I/O 数量并减小封装尺寸。

● 植球：在这个互连线层上进行植球，形成球栅阵列（BGA），这些球形接触点用于后续的电路板安装。

● 封装：最后，整个结构通过模塑料进行封装保护，确保芯片免受物理损坏和环境影响。

eWLB 技术的优势包括：

● 小型化与轻量化：由于扇出设计，可以在更小的封装尺寸内集成更多的 I/O，适合移动设备和可穿戴设备等空间受限应用。

● 高性能：减少信号传输距离和提高信号完整性，有助于提升整体系统性能。

● 成本效益：尽管初期投入可能较高，但通过晶圆级加工可以实现高产量，降低单个封装的成本。

- 热管理：较好的散热性能，有助于提高芯片运行的稳定性和可靠性。
- 灵活性：支持多种芯片尺寸和复杂度，适用于不同类型的芯片，包括高性能处理器、存储器、射频和传感器等。
- eWLB 技术已经广泛应用于高端智能手机的主处理器、高性能计算芯片以及汽车电子、物联网等领域。随着技术的不断成熟和市场需求的增长，eWLB 及其后续发展技术预计将持续推动半导体封装行业的创新。

应用模塑料扇出的 eWLB 封装技术最主要的难点是由于热膨胀系数不匹配带来的翘曲问题，这导致对准精度差，圆片拿持困难。另外芯片在贴片和塑封过程中以及塑封后翘曲导致的位置偏移，对于高密度多芯片互连是一个巨大挑战。随着扇出封装工艺技术逐渐成熟，成本不断降低，同时加上芯片工艺的不断提升，扇出封装将出现爆发性增长。

某公司开发了埋入硅基板扇出型封装技术 eSiFO（embedded silicon fan-out），该技术使用硅基板为载体，通过在硅基板上刻蚀凹槽，将芯片正面向上放置且固定于凹槽内，芯片表面和硅圆片表面构成了一个扇出面，在这个面上进行多层布线，并制作引出端焊球，最后切割、分离、封装。

eSiFO 技术具有如下优点：

（1）可以实现多芯片系统集成 SiP（system-in-package），易于实现芯片异质集成；

（2）满足超薄和超小芯片封装要求，细节距焊盘芯片集成（<60 μm），埋入芯片的距离可小于 30 μm；

（3）与标准晶圆级封装兼容性好；

（4）良好的散热性和电性；

（5）可以在有源晶圆上集成；

（6）工艺简单，翘曲小，无塑封/临时键合/拆键合；

（7）封装灵活：WLP/BGA/LGA/QFP 等；

（8）与 TSV 技术结合可实现高密度三维集成。

3. 三维玻璃通孔封装

玻璃通孔（through glass via, TGV）技术是一种应用于圆片级三维封装互连技术，可以应用于 2.5D 转接板集成、MEMS 器件三维封装等领域。由于玻璃具有介电常数低、损耗角小等特性，所以 TGV 在射频传输方面有更大的优势。TGV 具有优良高频电学特性，工艺流程简单，不需沉积绝缘层；机械稳定性强、翘曲小且成本低，大尺寸玻璃易于获取；在射频组件、光电集成、MEMS 等方面得到广泛运用。

某公司的领先的 TGV 技术如图 8-2-15 所示，其具有低成本通孔加工技术和电镀填充技术。

4. 3D WLCSP 技术

3D WLCSP（wafer level chip scale packaging）是一种结合了传统 WLCSP 技术和 3D 封装技术的先进封装方法。WLCSP 本身是一种晶圆级封装技术，意味着封装过程在完整的晶圆上进行，而非单个芯片，这样可以显著减小封装尺寸，接近芯片本身的尺寸，同时保持低成本和高产量。

在 3D WLCSP 中，除了常规的晶圆级封装步骤，还融入了三维集成的特性，如硅通孔（through silicon vias, TSVs）或者微凸点（microbumps）等技术，来实现芯片与芯片之间或者

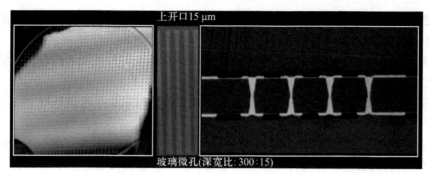

图 8-2-15　厦门云天 eGFO 技术

芯片与中介层之间的垂直互连。这使得多个芯片能够在 Z 轴方向上堆叠，从而在极小的空间内实现更高的功能密度和更复杂的系统集成。

3D WLCSP 技术的关键优势包括：

（1）**小型化与高性能**：通过垂直集成，可以在更小的体积内实现更多功能，提高单位体积内的计算能力和存储容量。

（2）**高速互联**：TSVs 和其他 3D 互连技术减少了信号传输的距离，降低了延迟，提高了数据传输速率。

（3）**低功耗**：缩短的互连路径降低了电容和电阻，从而减少了能耗。

（4）**成本效益**：虽然 3D 集成增加了工艺复杂度，但晶圆级封装的批量处理能力仍然能保持相对较低的成本。

3D WLCSP 技术特别适用于需要高密度集成、高速数据处理和低功耗应用的领域，如移动通信、高性能计算、数据中心以及某些特定的消费电子和医疗设备等。随着摩尔定律逼近物理极限，3D 集成成为延续半导体行业发展的关键技术之一。

通过晶圆级封装（wafer level package）技术可以实现芯片封装后面积尺寸和芯片本身面积尺寸保持一致，不额外增加面积；其次拥有极短的电性传输距离，使芯片运行速度加快，功率降低；同时还大大降低了传感器芯片的封装成本。

国内某公司在基于 TSV 的 3D WLCSP 量产图像传感器的基础上，于 2016 年开始研发应用于指纹传感器的 3D WLCSP，并于 10 月顺利量产，并批量投入使用。目前，通信已经进入5G 时代，RF、滤波（Filter）和 SAW 等器件数量大幅增加，如何保持最优化的芯片面积，将推动 WLP、SiP 技术获得更广泛应用。

国内某半导体公司可实现 4/6 英寸（1 英寸＝2.54 厘米）晶圆级芯片尺寸封装，采用薄膜制作空腔，具有超薄超小封装尺寸，目前已完成多款晶圆级三维集成工艺开发。

该公司还率先开发了基于玻璃基板的 IPD 集成技术（WL-IPD），开展了高 Q 值电感、微带滤波器、天线、变压器等一系列射频器件研发，具有低成本、高性能、易于三维集成等突出优点；研发了应用于毫米波封装的嵌入式玻璃扇出技术（eGFO）。这项独特的技术有可能满足下一代毫米波芯片对高线性度、低噪声、低损耗封装互连和更高板级可靠性的需求。目前该公司已经为客户提供了 77 GHz＋天线和 94 GHz 雷达芯片的封装解决方案。

5. InFO 封装技术

InFO（integrated fan-out）封装是一种先进的晶圆级封装技术。该技术主要针对移动设备和高性能计算应用中的芯片，旨在提供更小的封装尺寸、更好的散热性能以及更高的芯片间连接密度。

InFO 技术的核心在于它取消了传统的封装载板，直接在芯片晶圆上构建封装结构。具体来说，该技术涉及以下几个关键步骤：

（1）芯片制备：首先，完成前道工艺的芯片裸片被暂时贴装在承载基板上，准备进行后续封装步骤。

（2）扇出重布线：在晶圆级上进行重布线，从芯片边缘向外"扇出"，形成新的互连层，增加 I/O 引脚的数量，并允许更密集的布线，这一步骤直接在芯片下方的有机材料层上进行。

（3）封装体成型：使用模塑料等材料对整个结构进行封装，保护芯片并提供机械支撑。

（4）去除承载基板：完成封装后，原始的承载基板被移除，留下一个更薄、更轻、更紧凑的封装体。

InFO 封装的优势包括：

（1）尺寸减小：没有传统封装基板，使整个封装更加轻薄，符合移动设备对小型化的需求。

（2）热性能提升：更好的热传导路径，有助于热量从芯片快速散发，提高系统稳定性。

（3）信号完整性：缩短的互连长度和优化的布线减少了信号延迟，提升了高频应用的性能。

（4）成本效益：尽管初期投资和技术难度较高，但批量生产时的效率和小型化可以带来成本优势。

InFO 技术有多个变种，如 InFO_LSI 用于高性能多芯片整合；InFO_AiP 针对 5G 毫米波天线封装；InFO_B 等分别针对不同应用场景进行了优化。这些技术进一步推动了半导体封装技术的创新和发展。

6. 总结

先进封装技术越来越依赖于先进制造工艺，越来越依赖于设计与制造企业之间的紧密合作，因此，具有前道工艺的代工厂或 IDM 企业在先进封装技术研发与产业化方面具有技术、人才和资源优势，利用前道技术的封装技术逐渐显现。

从 CoWoS 到 InFO，实际上是一个从 2.5D、3D 封装，到真正三维集成电路，即 3D IC 的过程，代表了技术产品封装技术需求和发展趋势。

随着集成电路应用多元化，智能手机、物联网、汽车电子、高性能计算、5G、人工智能等新兴领域对先进封装提出更高要求，封装技术发展迅速，创新特别活跃，竞争特别激烈。

先进封装向着系统集成、高速、高频、三维、超细节距互连方向发展；晶圆级三维封装成为多方争夺焦点。

高密度 TSV 技术/FO 扇出技术成为新时代先进封装的核心技术。技术本身不断创新发展，以应对更加复杂的三维集成需求。其中针对高性能 CPU/GPU 应用，2.5D TSV 转接板作为平台型技术日益重要。存储器，特别是 HBM 产品，得益于 TSV 技术，带宽得到大幅度提升。

扇出型封装由于适应了多芯片三维系统集成需求，得到了快速发展。多种多样的扇出技术不断涌现，以满足高性能、低成本要求。一些扇出技术的研发是为了取代 2.5D 高成本方案，但三维扇出的垂直互连密度不高。

玻璃通孔集成技术由于创新性的低成本通孔加工技术开发成功，在射频领域的应用将会得到大规模应用。晶圆级三维封装在 RF 射频模块领域具有巨大应用潜力。

思考题与习题

8-1　扫描路径法的基本原理是什么？

8-2　什么是内设自测试法？

8-3　并行故障模拟和并发故障模拟的区别是什么？

8-4　一个包含 50 个 D 触发器的电路，工作在 1MHz 的时钟频率下，如果采用穷举测试码的方法进行测试，大约需要多长时间？如果该电路用扫描路径法进行测试，假设其中的组合电路可用 200 个测试矢量完全测试，那么测试该电路大约需要多长时间？

8-5　IEEE 1149.1 边界扫描的主要硬件部件有哪些？

8-6　封装工艺的三个主要阶段是什么？

8-7　传统封装的封装形式包括哪些？

8-8　塑料封装技术包含哪些关键技术？

8-9　SMT 的工艺流程是什么？

8-10　先进封装技术的发展趋势是什么？

第 9 章　集成电路设计流程及 EDA 技术

9.1　EDA 概念及发展简况

在集成电路技术发展的直接驱动下，随着电路集成度和复杂度的大幅提升，数字系统的规模也在不断扩大，集成电路的设计方法正在由原来的通用芯片集成实现，逐渐向定制化和智能化方向发展，演变为集成电路电子设计自动化（electronic design automation，EDA）技术。EDA技术融合了电子科学与技术、计算机科学与技术、人工智能等多个学科，为数字系统的设计提供了方便、快捷的工具与环境，可以辅助集成电路设计人员实现芯片设计的全自动化。设计人员可以从大量繁杂的重复性辅助设计工作中解脱出来，集中精力在系统设计和功能描述上，从事创造性的方案与概念构思，从而极大地提高了设计效率，缩短了产品的研制周期。

本章从集成电路设计 EDA 工具概念、EDA 技术的起源和发展现状入手，着重介绍数字/模拟集成电路设计流程及其各阶段所需的 EDA 支持工具，最后简单介绍人工智能等技术融合带来的 EDA 技术发展新趋势。

9.1.1　EDA 起源及产生必要性

EDA 是随着集成电路和计算机技术的飞速发展应运而生的一种高级、有效的电子设计自动化工具。EDA 工具是以计算机的硬件和软件为基本工作平台，集数据库、图形学、图论与拓扑逻辑、计算数学和优化理论等多学科最新成果研制而成的计算机辅助设计通用软件包。EDA 是数字设计技术的发展趋势，利用 EDA 工具可以代替设计者完成电子系统设计中的大部分工作。EDA 技术伴随着计算机、集成电路、电子系统设计的发展，经历了计算机辅助设计（computer aided design，CAD）、计算机辅助工程（computer aided engineering，CAE）、电子设计自动化（electronic design automation，EDA）和集成电路设计自动化等四个发展阶段。

根据功能和涉及的关键技术，全球 EDA 产业的发展基本可以分为以下四个阶段，如图 9-1-1 所示。

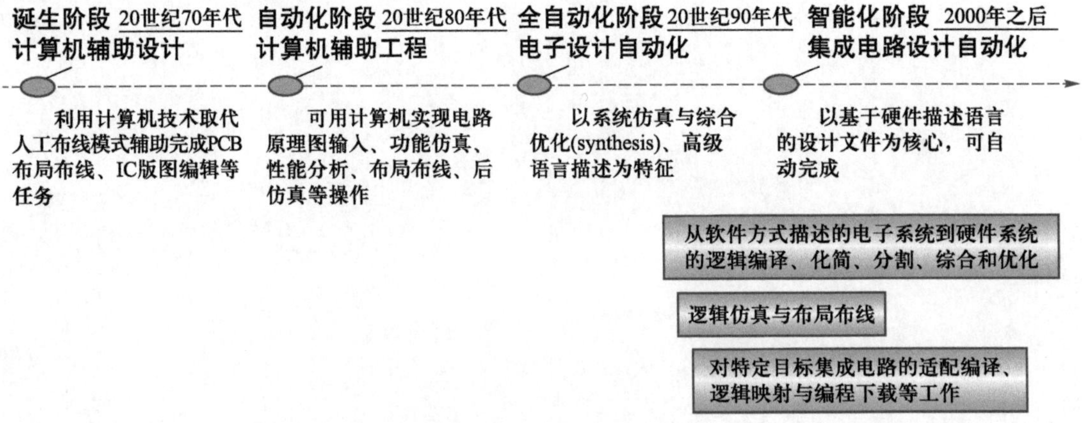

图 9-1-1　EDA 产业的出现及演化

下面具体介绍 EDA 产生的出现和演化的几个阶段。

（1）诞生阶段

在集成电路发展的初级阶段，设计主要采用人工布线的方式进行，工程师根据系统的功能，选用适合功能和性能要求的通用电路芯片，将这些器件焊接在电路板上，经过调试形成电路产品。随着大规模商用计算机的不断升级，集成电路规模的大幅提升对人工布线模式形成了巨大的冲击。20 世纪 70 年代，CAD 软件进入高速发展的时期，EDA 技术由此诞生。受当时计算机工作平台的制约，第一代 EDA 工具能支持的设计工作非常有限，而且性能比较差。

（2）自动化阶段

到了 20 世纪 80 年代，工程化设计的实现使得集成电路的设计更加便捷，由此进入计算机辅助工程阶段，软件开发人员将多种 CAD 工具聚合在同一套系统中，通过电气连接网络将电路的功能和结构设计结合在一起。此时出现了以计算机环境为支撑的以逻辑模拟、定时分析、故障仿真、自动布局和自动布线为核心的第二代 EDA 技术，具有自动综合能力的 CAE 工具代替了设计师的一部分设计工作。虽然第二代 EDA 工具为电子系统的设计提供了有效的支持，但是设计工作的大部分是从原理图出发，只能解决设计过程本身的劳动效率问题。这种 EDA 工具不能适应复杂电子系统设计的要求，而且具体化的元件图形制约着优化设计。

（3）全自动化阶段

进入 20 世纪 90 年代，计算机的迅猛发展使得研究人员对芯片设计提出了更高的要求，出现以高级语言描述辅助电路设计人员进行系统级仿真与综合为特点的 EDA 工具。这些 EDA 工具以系统级设计为核心，包括系统行为级描述与结构级综合、系统仿真与测试验证、系统划分与指标分配、系统决策与文件生成等一整套的电子系统设计自动化工具，极大地提高了系统设计的效率，缩短了产品的研制周期。

（4）智能化阶段

21 世纪以来，超大规模集成电路、电子系统设计和计算机技术的快速发展促使现在 EDA 技术的形成。该技术能大大缩短集成电路的开发周期，而且能实现性能的日益完善和性价比的快速提升。设计者只需完成对设计系统的功能描述，就可以由计算机自动地完成逻辑编译、化简、分割、综合及优化，逻辑仿真和布局布线，直至对于特定目标芯片的适配编译、逻辑映射和编程下载等工作，进一步提高了设计的效率。

这一阶段的主要标志是基于 IP 核的 SoC 设计方法及相应 EDA 技术的应用和发展。同时，由于芯片的设计已不再局限于芯片本身，而更多地与上下游即芯片制造、封装测试以及应用相融合，出现了设计工艺协同优化（design technology cooptimization，DTCO）、系统级协同设计等设计概念和设计方法。因此，当代 EDA 工具必须具备支持这些设计方法的能力。

目前，EDA 技术已经在多种涉及国计民生的产业中得到广泛应用：从电路与系统设计、功能验证、性能分析到产品模拟等，都可以完全利用 EDA 工具进行开发和验证。EDA 技术已经随着电子产品的普及，在各大产业中起着中流砥柱的作用，同时也进入人们日常生活的各个领域，从新兴的人工智能、生物科技、智慧医疗，到传统的电子、电力、通信、航空科技、化工、军事等领域，都在利用 EDA 技术加速产品的开发与应用。

9.1.2　EDA 技术的发展现状

　　在整个集成电路产业链中，EDA 技术的市场规模占比较小，但作用却至关重要。在 EDA 技术出现的早期（20 世纪 80~90 年代），市场上曾涌现出一大批从事 EDA 技术开发的公司。经过残酷的市场竞争，EDA 行业中的大多数企业已被淘汰出局，从早期的"群雄逐鹿"发展到了如今"三分天下"的局面，成为一个高度垄断的行业。如图 9-1-2 所示，2018~2020 年三家主要的 EDA 公司 Synopsys、Cadence 和 Siemens EDA（前身为 Mentor Graphics）稳居全球 EDA 行业前 3 名，占据超过 70% 的市场份额。表 9-1-1 列出了这三家 EDA 工具提供商的主要情况和产品列表。

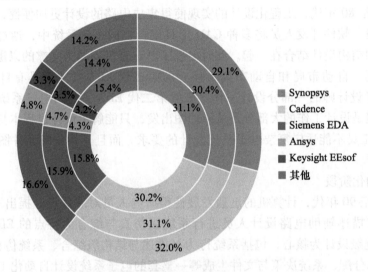

图 9-1-2　2018~2020 年全球 EDA 工具市场竞争格局，内圈至外圈分别为
2018~2020 年数据（来源：赛迪智库）

表 9-1-1　全球主流 EDA 工具提供商简况

全球主流 EDA 工具提供商	公 司 概 况	主 要 产 品
Cadence	创立于 1988 年，总部位于美国加利福尼亚州的圣何塞	Virtuoso、Genus、Conformal、Joules、Innovus、Tempus、Voltus、Modus、Xcelium、Allegro、OrCAD/PSpice 等
Synopsys	创立于 1986 年，总部位于美国加利福尼亚州的山景城	Design Compiler、Formality、PrimeTime、Verdi、VCS、HAPS Prototyping 等
Siemens EDA	创立于 1981 年，总部位于美国俄勒冈州的威尔逊维尔，前身为 Mentor Graphics	ModelSim/QuestaSim、Nucleus RTOS、EDGE Developer Suite、Calibre 系列等

　　全球 EDA 市场处于长期稳定增长的状态，年平均增长率约为 6%，2018 年市场规模超过 600 亿元。三大 EDA 公司已经建立了完整的集成电路设计工具链，包括 Synopsys 的逻辑仿真、逻辑综合、物理布局布线、时序分析、形式验证、参数提取、版图检查、签核（sign off）和可测性设计（design for test, DFT）工具等；Cadence 的原理图设计、功能仿真、版图设计、布局布线和版图验证等；Siemens EDA 的 DFT、电路版图设计、布局布线和物理验证

等。相对来说，Synopsys 的优势在于数字前端/后端和 sign off 工具，而 Cadence 的优势在于模拟/混合信号的定制化电路与版图设计，另外 Siemens EDA 在 DFT、布局布线和版图验证方面比较强。这三大 EDA 供应商的软件可高效地辅助完成模拟/数字电路全流程设计，因此被大多数集成电路设计公司和研究机构所采用。

国内 EDA 产业起步较晚且发展较为曲折，但借助国家政策和产业发展等优势，国内芯片制造商及 EDA 产业迅猛发展。

随着 2018 年以来中美贸易摩擦的加剧，以及逆全球化的潜在风险不断增加，美国对中国高新技术产业的限制逐步加深，这在集成电路和 EDA 工具领域体现得尤为明显，因此国内 EDA 产业也要走自主可控的道路。近年来，国内陆续出台了大批鼓励性、支持性政策，以加速 EDA 工具的国产替代，加快攻克重要集成电路领域的"卡脖子"技术，有效突破产业瓶颈，牢牢把握创新发展主动权。此外，资本市场也看到了 EDA 行业的商机，开始积极投入支持国产 EDA 技术产品的开发。

在国家政策与资本的双重支持下，国产 EDA 厂商数量不断增加，国产 EDA 行业逐渐壮大，星火已现燎原之势。2008 年以来，国内 EDA 领域涌现出了华大九天、概伦电子、广立微电子、国微集团、芯和半导体、高云半导体等多家 EDA 软件公司。随着这些国产 EDA 厂商从各个细分领域进行技术突破，中国 EDA 产业已经进入快速发展期，至此中国大陆 EDA 工具企业开始进入市场的主流视野。

集成电路技术的发展不断对 EDA 技术提出新的要求，促进了 EDA 技术的发展。但是总的来说，EDA 系统的设计能力一直难以满足集成电路技术的要求。综观 EDA 发展历史 EDA 工具在经历了两个大的阶段，即物理工具和逻辑工具阶段以后，现在的 EDA 和系统设计工具正在逐渐向高层次综合工具发展，以形成一个设计自动化整体系统。物理工具用来完成设计中的实际物理问题，如芯片布局、印刷电路板布线等。另外它还能提供一些设计的电气性能分析，如设计规则检查，这些工作现在主要由集成电路厂家来完成。逻辑工具是基于网表、布尔逻辑、传输时序等概念的。首先由原理图编辑器或硬件描述语言进行设计输入，然后利用 EDA 系统完成逻辑综合、仿真、优化等过程，最后生成物理工具可以接受的网表或 HDL 结构化描述。现在工程师们已开发了大量的工具来辅助集成电路的设计，常见的 EDA 工具有 HDL 及设计工具、仿真工具、逻辑综合工具、物理设计工具等。

9.2　数字集成电路设计流程

VLSI 集成电路设计包括计算机科学、数学及电路与系统等在内的多领域交叉，是一个庞大而复杂的工程。数字集成电路集成度正在不断提高，单片晶体管数量已突破 100 亿个，在日益增长的功能以及性能的驱动下，其设计自动化技术也在不断进步。

集成电路经历了 SSI、MSI、LSI、VLSL 到目前 ULSI 及 SoC 的发展过程，设计流程也经历了通用集成电路—专用集成电路—系统芯片的发展过程。早期的数字系统规模不大，一般采用自底向上（bottom-up）的方法进行设计。设计人员根据系统的功能要求，凭借着自己的设计经验，将系统分成若干个相对独立的功能模块，选择合适的标准功能部件。在一定的实现技巧和方法的指导下，确定功能模块的连接结构，以电路结构图的形式拼接这些模块，从而构建成一个完整的数字系统。这种方法具有设计过程简单、逻辑关系清晰、电路调试方便、性能稳定可靠等特点，被广泛应用于早期的数字系统设计中。目前对于规模不大、功能不太复杂的数字系统，仍可采用此方法。

随着集成电路技术的发展，集成度不断提高，数字电路系统的规模逐渐扩大，系统复杂度也就相应地增大了。同时，计算机辅助设计技术也在不断地发展，为数字系统设计方法的改进提供了技术支持。近年来，数字系统的设计方法在发生变化，自底向上的设计方法被自顶向下（top-down）的设计方法所替代。**自顶向下设计方法的主导思想是建立在系统的层次化思想基础上**，在设计上按照对数字系统的认识，将系统的设计过程划分成若干层次，遵守人类对世界的认识过程，由高层到低层，逐步深入地认识和描述被设计的数字系统。**在设计中，自顶向下设计方法是一种由抽象的定义到具体的实现、由高层次到低层次的转换逐步求精的设计方法。**由于自顶向下设计方法符合人类对事物的认识规律，比较容易进行设计自动化。因此，在自顶向下设计方法的指导下，EDA 技术和相应工具有了长足的发展。进入 20世纪 90 年代以来，EDA 技术逐渐以高级描述语言、系统仿真（system simulation）和综合优化（synthesis）为特征，成为数字系统设计的主要支撑环境。

数字集成电路自动化设计的流程可以分为两部分：**前端设计和后端设计**。图 9-2-1 给出了一个常见的设计流程。前端设计主要包括芯片的规格和需求描述、核心功能设计、寄存器传输级（register transfer level，RTL）电路设计及功能仿真、逻辑综合及门级仿真、静态时序/功耗分析；后端设计主要包括物理设计、寄生参数提取、时序/功耗分析及版图级仿真、设计规则及版图一致性检查。这些步骤相互独立又相互作用，作为一个整体流程实现 VLSI 电路的计算机辅助设计。

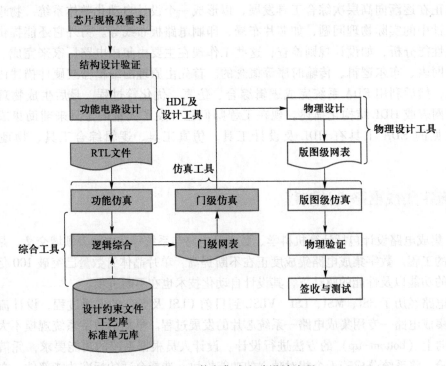

图 9-2-1　数字集成电路设计流程

　　整个集成电路设计流程从芯片规格及需求开始，根据芯片的功能选择所需的基础电路元器件，同时设计各电路元器件之间的逻辑关系和连接关系。然后根据集成电路的制造工艺等因素设计出电路原理图，并将电路的连接关系转化成版图形式，最终目标是生产一个封装好的芯片。**数字集成电路设计中使用最广泛的方法是层次化设计，包括行为域、结构域和几何域。** 行为域设计主要考虑电路功能的描述，明确电路的具体要求（如功能、功耗、频率等），但并不考虑实现细节，对应于设计流程中的 RTL 电路；结构域设计的目的是确定电路的具体结构，设计完成电路各个功能的电路形式，包括选择元器件并确定互连关系等，对应于设计流程中逻辑综合后的门级电路；几何域设计是将电路原理图转换成物理版图，为集成电路最终的生产制造提供掩模数据，对应于设计流程中最终的版图级电路。以下将详细叙述数字集成电路的设计方法与流程。

9.2.1　系统方案的设计

　　在系统功能需求描述阶段，芯片设计人员将根据市场要求制定芯片的整体目标以及系统的高层要求，包括芯片功能、功耗、物理维度和产品工艺。系统描述主要是做好总体设计方案，同时确定集成电路的设计规格，是集成电路系统抽象度最高的描述，其描述的内容主要包括系统功能、性能、制造工艺、设计模式等。在该阶段，设计人员通常会给出系统所有子模块之间的连接关系以及时序图，并通过文字对各子模块的功能及其相互依赖关系进行简洁的描述，有助于用户和设计人员理解集成电路的功能和内部结构。从系统应用角度看，系统描述阶段需要说明该设计对输入和输出的要求，以及系统的功能特性。根据系统功能需求，设计人员还需要设计一个满足系统需求的基础结构，如数字电路的集成、内存控制、功耗要求、软硬核的使用等。一旦系统结构确定下来，每一个模块（如处理器内核）的功能和连接关系就必须确定。

　　1. 芯片规格及需求分析

　　芯片规格及需求分析阶段是集成电路设计的基础步骤，工程师在芯片设计之初需要做好芯片的需求分析，完成产品规格定义，以确定设计的整体方向，具体工作包括如下 3 个方面。

　　（1）定义技术目标

　　明确定义集成电路的功能和性能等技术要求。

　　（2）市场调研分析并确定商业目标

　　明确市场需求，确定成本控制在什么水平。

　　（3）完成产品规格定义

　　芯片规格是指芯片在设计和生产过程中需要遵守的技术规范和参数要求，此时需要编写详细的规格书以确定产品最终形态，主要包括芯片的系统功能、性能、适用场景以及与其他组件的兼容性。规格书的核心要素包括输入输出功能引脚、供电形式、时钟、制造工艺、功耗、缓存以及性价比等，这些因素共同影响了芯片的整体性能和适用范围。

　　2. 系统结构设计与验证

　　基于前期的规格和需求分析，系统结构设计与验证阶段正式开启集成电路的工程化设计工作，明确芯片架构、业务模块等系统级设计，综合考量芯片的系统交互、安全及可维护、可测试等综合要素。该阶段有几个关键注意事项需要特别关注。

（1）算法芯片化

明确并验证集成电路所需实现的各相关算法，并将其进一步优化为易于集成电路高效实现的工程化算法。算法芯片化可以显著提高算法的运算速度，降低功耗，并增强数据处理的安全性，主要工作包括评估并确定浮点运算数制定点化与性能参数之间的平衡点、溢出处理方法、复杂函数的快速优化实现方法等。

（2）总体架构与软硬件协同设计

芯片是一个软硬件协同运行的系统，因此软件系统与芯片硬件需要协同设计以共同实现所有功能。此阶段开展总体架构设计和系统的硬/软件划分，明确系统各功能的实现方式。为了保证芯片功能正确，软件系统的设计、开发和验证工作需要与芯片设计验证工作同步展开。

（3）方案验证

为了确保芯片软硬件功能在真实应用场景中准确无误，需要搭建芯片与软件并行验证的环境，而且需要高效验证方法的支持。系统正确性的验证方法包含模拟验证和形式验证，前者从电路描述（语言描述或图形描述）中提取出电路模型，然后将外部激励信号或数据施加于该模型，进行计算并观察输出结果，判断该电路描述是否实现了预期的功能；后者是指从数学上完备地证明或验证电路的实现方案（简称实现）是否确实实现了电路设计描述（简称描述）的功能。这两种方法严重依赖于验证向量的选取，验证周期往往较长，因此很多情况下还需要考虑搭建 FPGA 验证原型。FPGA 原型验证技术是最适合芯片软硬件协同功能的验证技术之一，因为它能提供调试芯片软件必要的真实物理接口和硬件环境，这是模拟验证和形式验证无法提供的。FPGA 原型验证平台的软件运行速度快，在很大程度上缩短了运行时间和验证迭代的周期，优化接口逻辑运行频率可以使之对接真实设备，同时也使得软硬件开发验证并行成为可能。

（4）安全设计考虑

在设计芯片系统时，必须考虑安全问题。实施最小权限原则、多层安全策略、安全测试和验证，以及提供可信执行环境，这些都是确保芯片系统在部署后仍然安全可靠的关键措施。

（5）系统电源及功耗管理

根据应用功能和功耗指标要求制定合理的电源管理方案，并根据需要采用低电压单元库、低功耗关断等模式，以及针对功能特点进行特殊设计等措施进一步降低功耗。

（6）系统性能估算

在经过验证的系统结构方案基础上可以推算出系统中各个功能模块的最高和平均工作频率以及所需的电路规模，在此基础上可以估算出系统的功耗、速度、面积和可靠性等性能指标。

（7）确定制造工艺及代工厂

根据系统的速度、功耗等规格需求，综合考虑经济性指标要求，确定满足要求的集成电路制造工艺以及流片生产的厂家，建立联系并从厂家处取得设计所必需的各种资料，包括工艺说明、元器件库文件、综合库文件、版图工艺库文件，以及厂家专用 EDA 工具（主要用于版图设计规则检查、电学规则检查以及电路网表或最终版图的生成）。

综上，系统方案设计与验证决定着集成电路设计的成败，是数字集成电路设计流程中最关键的环节，需要具备坚实专业知识和丰富实践经验的工程师团队耗费大量时间，并进行多次迭代优化，以确保芯片设计的正确性、效率、质量和安全性。

9.2.2 功能电路设计与验证

在功能电路设计与验证阶段，设计人员要通过硬件描述语言在 RTL 级进行逻辑设计，进而在逻辑级定义芯片的功能与时序，并进行功能验证与时序分析。RTL 设计完成后，将进行功能仿真验证，保证逻辑设计的结果满足电路的功能要求。当前，VHDL、Verilog HDL 和 System Verilog 是最常用的硬件描述语言。

1. 功能电路设计

在设计系统中每一功能模块的具体电路时要遵循的设计原则主要有以下 4 个方面。

（1）自顶向下（top-down）和层次化的设计（hierarchical design）方法

区别于传统自底向上（bottom-up）的方法，自顶向下的设计方法是现代数字系统设计和数字集成电路设计的显著特点。一个完整的系统级设计任务首先由总设计师划分为若干个可操作的模块，编制出相应的行为或结构模型，再把这些模块分配给下一层的设计师，这就允许多个设计者同时设计一个硬件系统中的不同模块，其中每个设计者负责自己所承担的部分；而由上一层设计师对其下层设计者完成的设计进行验证并确认是否满足要求。自顶向下的设计方法充分发掘了每个设计者的专长，真正实现了设计团队的人员分工协作与顶层把关，有利于提升效率、缩短设计周期。同时层次化的设计方法体现了设计师对所要设计电路的具体结构进行深入细致分析和思考的过程，直到整体结构清晰、具体功能明确。图 9-2-2 展示了自顶向下及层次化设计方法。

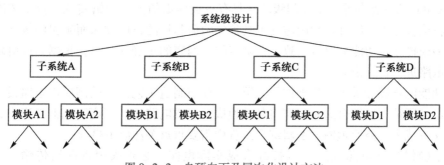

图 9-2-2 自顶向下及层次化设计方法

（2）尽量采用与工艺无关的设计输入方式

采用硬件描述语言的设计输入方式，可以很好地描述电路中的并发性，设计效率更高且与工艺无关，所设计的电路可以用不同工艺加以实现，方便设计电路的重复利用。

（3）同步设计原则与跨时钟域处理

复杂电路尤其是通信与传输电路里往往有多个异步时钟，每个时钟同步的电路为一个时钟域。为了确保复杂数字系统在高速运行情况下时序的稳定，同一个时钟域下的电路设计须采用全同步设计；跨时钟域之间若要进行数据交换，可采用先进先出（first in-first out，FIFO）或双端口（dual port）存储器进行中转。

（4）信号流及时序分析

分析信号在各个模块之间的传递路径以及信号的时序要求，包括时钟频率、数据传输速度等；对于影响处理速度的关键路径进行重点分析，在不影响功能的前提下通过插入流水寄存器等方法优化关键路径。

2. 设计仿真

为了对采用各种不同输入手段设计电路的正确性进行验证，必须采用计算机电路仿真验证的手段。在功能电路设计完成后，必须对电路的功能和性能进行仿真验证，此时主要关注电路功能的正确性，只考虑电路的逻辑关系和信号传输，不考虑物理因素如工艺、版图等对芯片性能的影响。此时的仿真只能验证电路所实现功能的正确性，而无法确认其性能，因此也称为功能仿真或网表级仿真。

在实体电路出现之前，需要对应一种模拟实际环境下输入激励和输出校验的"虚拟平台"，在这个平台上可以对被测设计（design under test，DUT）从软件层面上进行分析和校验，这就是测试床（testbench）的含义。仿真时必须要给 DUT 的输入端引入相应的信号，需要使用硬件描述或其他高级语言编制一个被称为测试激励向量的测试文件，然后对 DUT 的输出进行观测和正确性分析。高质量测试向量往往由专门的电路测试组编制或者由 EDA 工具生成，以确保仿真的覆盖率及完备性。

功能电路仿真 EDA 软件主要包括在台式机上运行的 ModelSim、VCS 及在服务器上运行的 NC-Verilog 等。

9.2.3 逻辑综合与验证

在给定 RTL 级描述及工艺库之后，逻辑综合工具可以将采用硬件描述语言定义的功能从布尔表达式转化为一系列信号线网或门级网表，并指定所对应的电路元器件，如标准单元（standard cell）或者寄存器。由于门级表述具有更加详细的内部逻辑实现以及工艺库的时序信息，逻辑综合完成之后可以利用仿真工具预先验证芯片的正确性从而确保门级网表表述与之前的行为级描述在功能上保持一致。在确定门级网表的正确性之后，根据集成电路工艺库的要求对电路进行物理设计。

由于功能电路设计采用的是硬件描述语言这样与制造工艺无关的高层次电路设计输入方式，必须经过所谓逻辑综合这一步骤将其转换成由集成电路生产厂商工艺器件库中元器件组成的网表文件或者电路原理图。逻辑综合过程中需要重点关注以下事项：

- 为了确保功能电路描述可以被综合成实际电路，必须采用寄存器传输级（register transfer level，RTL）的电路设计描述方式，并避免出现不可被综合的硬件描述语言要素；
- 综合时必须加载集成电路生产厂家提供的综合工艺库，并正确设置各项工艺参数和综合约束条件；
- 由时钟门控逻辑和复位生成的时钟逻辑，应保存在一个模块中且只被综合一次，这样有助于对时钟约束进行清晰的规范，并且可以使用理想的时钟规范来约束由时钟逻辑驱动的模块；
- 避免一个模块中涉及多个时钟，这样可以降低逻辑综合的难度，并且方便在后续的物理层面管理时钟偏差；
- 综合自底向上，采用分模块、分层次的方式进行，综合后要仔细查看综合器的各项提示信息、输出的电路原理图以及性能统计报告。

逻辑综合结束后，在正规的设计流程中需要做门级仿真，这一仿真被称为"准时序"或

"准性能"仿真。因为此时已经有了实际的网表文件，其中所有元器件的延迟和输出驱动负载量的准确数据已经获得。为了进行时序仿真，逻辑综合工具中的时序分析工具会采用专门的算法预估出一个连线延迟数据来进行仿真。这个预估的数据虽然与最终的实际数据不同，但误差不会很大，因此仿真结果具有很高的参考价值。一般而言，如果这次仿真结果的性能不达标，那么就表明系统结构方案或电路设计中存在隐患，必须及时解决。

9.2.4　物理设计与验证

物理设计也称为版图综合、版图设计，该阶段主要进行布图规划、布局、布线，同时也将执行供电网络分析、时钟树综合等操作。该阶段结束之后，前一阶段设计的电路元器件及互连关系将被反映到芯片的具体物理位置上，生成符合设计要求的版图，并利用相关软件进行寄生参数提取，然后重新反馈到 EDA 软件中，进行时序优化，直到电路时序满足要求。此时，EDA 软件可以导出包含精确寄生信息的标准延迟格式文件，结合布线过程生成的网表文件，进行更精确的时序分析。物理验证阶段将对版图进行设计规则检查，如果有违反设计规则的情况，必须修改电路版图。在经过反复的设计、修改与优化后，物理版图将被制作成标准的版图文件进行流片生产，制造完成并通过封装与测试之后交付用户使用。这一阶段的目标是把设计完成的电路原理图转化成实际集成电路生产加工图纸，即掩模版图。由于掩模版图其实就是集成电路芯片的物理结构，因此这一设计被称为物理层设计。

1. 版图设计

（1）前期准备

利用 EDA 工具对逻辑综合工具输出的网表文件开展版图设计工作，并进行必要的验证检查，检查通过后输出满足厂家要求的电路原理图。

（2）布图规划（Floorplan）

确定各模块大小、位置、形状，以及摆放随机存储单元 RAM、只读存储单元 ROM 和其他 IP 等宏单元。

（3）布局（Place）

确定功能模块中每个电路元件单元的具体位置。

（4）布线（Route）

连接电路中所有的信号连线。

（5）版图验证

用于检查设计完成的版图是否完全满足制造工艺的各种要求。

2. 时序仿真

时序仿真又被称为性能仿真或后仿真，用以模拟所设计集成电路在实际环境中的工作情况，它是验证集成电路设计正确性最重要的一个环节，同时也是最耗时的环节之一。时序仿真要进行的主要工作包含以下 3 个方面。

（1）版图参数提取

根据工艺参数对版图互连线及器件的寄生参数进行提取，从而得到含有寄生参数的电路网表，用于电路的各项性能分析和性能仿真。寄生参数通常包含寄生电阻、寄生电容和寄生电感，对延迟、功耗及电路信号完整性等有显著影响。由于工艺的不断发展，寄生参数已成为影响电路性能乃至决定电路能否正常工作的关键因素。在集成电路设计流程中，寄生参数提取已成为必不可少的一个环节。

（2）时序仿真

提取出电路中的寄生参数后，就可以精确计算出电路中所有元器件以及信号传输线等的精确延迟信息，从而进行模拟集成电路在实际工作环境下功能和性能的后仿真。这个阶段的仿真考虑物理因素如工艺、版图等对芯片性能的影响，因此仿真精度更高；也正因为需要考虑和计算物理因素对芯片性能的影响，因此仿真速度相对较慢。

（3）性能仿真结果分析

在整个集成电路设计过程中，除了时序仿真外，还有前面的功能仿真和准时序仿真。对于同样的测试激励文件，以上仿真的结果除了信号的延迟（一般以时钟有效边缘为基准）有所不同外，其在同一个时钟周期的信号输出结果应该完全相同。

9.2.5   签收与芯片测试

1. 设计签核（sign off）

芯片在物理层级所表现的时序性能和功耗指标是否能满足预期的目标，版图上的线条尺寸是否符合制造工艺的严格要求，都需要确认无误以后才能正式流片生产。这是集成电路设计流程中最后的一步，设计方和生产方通过文件的互签来确认双方所做的工作，该文一旦签署，设计方就必须向集成电路生产厂家交付一次性工程（non-recurring engineering，NRE）费用，而厂家则进入工程样片的生产流程。

2. 芯片测试

集成电路一旦生产出来，需要进行相关的测试来确定设计是否成功。芯片的测试主要包括两个方面。

（1）芯片成品率测试

晶圆生产制造完成后，首先采用专用的集成电路成品率测试仪器"探针台"配合以成品率测试向量对晶圆上的管芯进行测试，从而将生产过程中有工艺缺陷的管芯剔除，这一步测试也称为晶圆测试（chip probing，CP）；而没有工艺缺陷的管芯则通过晶圆减薄、划片、贴片和封装等工序，并进行封装后的最终测试（final test，FT），通过测试后便可得到集成电路芯片的成品。

（2）芯片实际测试

将集成电路芯片安置在实际应用电路系统中进行一系列成套测试，包括功能正确性、速度/功耗等性能及重力/温度/辐照等可靠性测试。若这些测试都能够顺利通过，则意味着集成电路芯片设计成功，即可转入批量生产阶段。

VLSI 电路设计流程涉及多次迭代，既有同一阶段内的迭代，也有不同阶段间的迭代。整个设计流程可以看作不同阶段间表达方式的传递。每一个阶段都会分析并产生一个新的表达方式，通过迭代的方式不断完善，进而达到系统的设计要求。下一节中我们将重点围绕数字集成电路设计过程中的设计、仿真、逻辑综合与物理设计等工具进行介绍。

9.3   数字集成电路设计 EDA 支持工具

EDA 设计工具选择方案随着工艺发展和设计规模的扩大而不断演进。目前，主要的 EDA

工具供应商 Cadence 和 Synopsys 提供的是基于高性能服务器的软件，这些软件能够支持从全定制到半定制的集成电路设计和验证，包括复杂的片上系统（SoC）。它们还提供一系列专门的单点工具和集成的全流程解决方案，以满足设计过程中的多样化需求。桌面级 EDA 软件，如 ModelSim、Synplify、Innoveda、Tanner 等，以及 FPGA 开发工具，主要用于集成电路系统中的功能模块设计和 FPGA 验证，提供了在个人计算机上进行设计和测试的能力。

绝大部分 EDA 工具都支持图形用户界面（graphical user interface，GUI）和命令行这两种操作方式，其中命令行操作大多采用工具命令语言（tool command language，TCL）实现。TCL 是一种通用的解释性脚本语言，在所有的平台上都可以解释运行，通常比 GUI 下操作更为高效方便。TCL 包含了少量的语法规则和核心命令集合，支持变量、过程和控制结构。TCL 脚本可以在 Linux/Unix、Windows 和 Apple Macintosh 等操作系统下运行，工程师通过 TCL 脚本可以创建工程、快速搭建原型，并且可对工程进行编译实现、批量执行测试任务等。

9.3.1 HDL 及设计工具

数字集成电路是由组合逻辑电路和时序逻辑电路组成的。RTL 设计指利用硬件描述语言对上述两种逻辑电路进行描述，因为这种描述是以数据在寄存器之间的传递为基础的，所以称为 RTL 设计。

硬件描述语言是具有特殊结构，能对硬件逻辑电路的功能进行描述的一种高级编程语言，可用文本形式描述数字系统的结构和行为。该语言起源于美国国防部提出的超高速集成电路研究计划，至今已成功应用于设计的各个阶段，包括建模、仿真、验证、综合等。VHDL 和 Verilog HDL 是当前最流行且成为 IEEE 标准的硬件描述语言。System Verilog 是在 Verilog HDL 语言基础上所进行的扩展增强，将硬件描述语言与高层级验证语言结合起来，并成为下一代硬件设计和验证的语言。

与电路原理图相比，硬件描述语言能形式化地抽象表示电路的行为和结构，与设计过程及实现工艺无关，具有很强的可移植性，有利于设计重用，且具有易于存储、阅读等优点。硬件描述语言可以通过 3 种建模方式完成电路的 RTL 设计：结构级建模、数据流建模和行为级建模。结构级建模是指根据电路原理图，实例引用内置的基本门级器件、用户定义的元器件或其他模块，来描述电路结构图中的元器件以及元器件之间的连接关系。数据流建模通常是指根据电路的逻辑表达式，通过持续赋值语句（assign）描述电路结构。行为级建模是指通过描述电路的逻辑行为对硬件电路进行建模。图 9-3-1 以 Verilog HDL 为例，展示了一位数值比较器的 3 种建模方法。

随着集成电路晶体管数量的持续增长，针对某些特定应用或需求，出现了对应的硬件加速器或者协处理器。与通用解决方案相比，这些加速器具有显著的性能和能耗优势，而且采用 Verilog HDL 和 VHDL 等寄存器传输级（RTL）语言来完成专用加速器的设计会导致设计周期过长且成本高昂。为了缩短设计时间，目前市面上出现了各种面向工业应用和学术研究的高层次综合工具（high-level synthesis，HLS）。HLS 的优势在于能够通过高级规范生成高质量的寄存器传输级（RTL）实现，硬件设计人员可以利用高层次综合工具实现从算法级行为描述到 RTL 硬件描述的转换。通过设计工程师和程序员不断迭代优化，HLS 可以消除许多设计错误的根源，并加速原有冗长的开发周期。高层次综合工具将行为描述文件编译成数据流

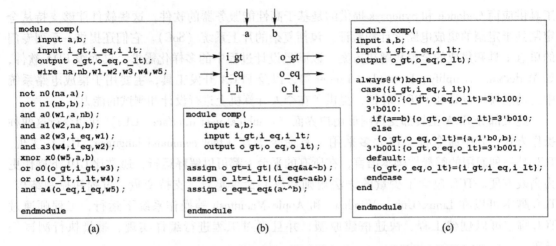

图 9-3-1   通过 Verilog HDL 设计电路的 3 种建模方法（以一位数值比较器为例）

（a）结构级建模   （b）数据流建模   （c）行为级建模

图（data flow graph，DFG），然后将 DFG 映射到从资源库中选择的功能单元，并满足设计目标（功耗面积和性能），最后根据目标工艺和微体系结构选择生成 RTL 描述。基于此可以大大缩短设计周期，并且在设计过程中尝试更多可替代的电路实现方法，从而为集成电路设计寻找更多的优化设计空间。

高层次综合通常由资源分配、时序规划、资源绑定、代码生成 4 个阶段组成。资源分配是分配硬件资源或功能单元以执行给定操作的过程，该过程会根据功能描述文件确定为电路分配多少加法器、乘法器、寄存器等，同时还定义了满足设计约束所需的硬件资源（如功能单元、寄存器和多路复用器）的类型和数量。硬件资源从 RTL 设计库中选择，同时设计库需要给定各个硬件资源的参数（如面积、延迟和功耗），以供后续其他综合过程使用。时序规划是为设计规范中所定义的操作规划正确的执行步骤的过程，在功能描述中定义的每一个操作都需要从寄存器中读取数据，并将数据传输到相应的功能单元，然后将结果保存在寄存器中。时序规划过程会定义所有操作的执行步骤。在资源绑定过程中，高层次综合工具将所分配的硬件资源与每一个逻辑操作进行绑定。例如，将 3 个乘法操作与 1 个乘法器绑定（3 个乘法串行执行），乘法操作数与若干寄存器进行绑定。理想情况下，高层次综合会尽早估计连接延迟和面积，以便后续步骤能够进行更好地优化设计。在资源分配、时序规划和资源绑定确定之后，高层次综合工具便可以生成 RTL 代码。

9.3.2   仿真工具

仿真也称为模拟，是指从电路的描述（语言描述或图形描述）中抽象出模型，然后将外部激励信号或数据施加于此模型，通过观察该模型在外部激励信号作用下的反应来判断该电路系统是否实现了预期的功能。仿真工具是在电路系统设计过程中用来对设计者的硬件描述和设计结果进行查错、验证的工具。

根据不同的电路级别，仿真工具也有不同的呈现形式。

（1）电路级仿真

电路仿真的对象是用晶体管及电阻、电容等组成的电路网络。电路模型是阻容等效电路。仿真的方法就是用解方程法求解阻容等效电路对应的电路方程。表示电路信号的数据是电压和电流。

（2）逻辑仿真

逻辑仿真的对象是以门和功能块为描述电路的元件，也称为门和功能块级仿真。仿真的目的就是检查电路是否具有规定的功能，包括逻辑功能、延迟特性以及负载特性等。仿真的方法一般是在电路的外部输入端加入激励信号，通过信号沿着元件和线网向输出传播，在输出端上得到响应波形，通过观察和分析波形关系判断其功能和时序关系是否正确。

（3）开关级仿真

开关级仿真介于电路级仿真和逻辑级仿真之间。它与电路级仿真的相同之处是都用晶体管表示电路结构，但电阻和电容不作为电路元件而作为晶体管和节点的参数描述，对电路的描述有所简化。

（4）寄存器传输级仿真

基本元件是寄存器、存储器、总线、运算单元等，并描述数据在这些元件中流动的条件和过程。仿真通过控制数据和信号按照描述的条件和过程，来观察描述是否正确。这个级别的仿真主要通过数据在寄存器元件之间的流动来仿真系统的行为，也隐含表达了电路的大致结构。

（5）高层次仿真

以行为算法和结构的混合描述为对象。高层次描述一般用硬件描述语言描述。主要着眼于系统功能和内部运行过程。其基本元素是操作和过程。各操作之间主要考虑其数据传输、时序配合、操作流程和状态转换。仿真时观察作为运行结果的输出数据及其时间配合关系或状态转移关系，来判断描述的正确性。

仿真工具贯穿了集成电路设计流程，可以说每进行一步必要的设计后都需要进行对应的仿真验证。根据业界工程师的习惯，一般将仿真分为两个阶段：前仿真和后仿真。**前仿真又称功能仿真，指逻辑综合之前的仿真，仿真的时候不带延迟信息；后仿真是指逻辑综合和布局布线之后的仿真，后仿真通常需要添加标准延迟文件**（standard delay format，SDF），SDF 中带有器件和路径的延迟信息，仿真的时候更接近真实的电路工作状态。在后仿真中需要将延迟信息反标（back annotation）到功能模型中，从而模拟芯片在真实工作时的状态。图 9-3-2 给出了前仿真和后仿真的简化示意图，可以看出：前仿真关心的是器件参数，不考虑电路门延迟与线延迟，没有器件内部逻辑单元和连线的实际延时信息，只是初步验证系统的逻辑功能；后仿真除了器件参数之外还需要考虑连线的寄生问题和信号完整性，保证电路的时序正确性。如果在后仿真时发现时序违例造成芯片功能错误，需要设计工程师对仿真过程中记录下来的运行状态、性能数据、错误信息等关键信息进行捕获和分析，对物理设计甚至 RTL 电路设计进行重新修正后，再通过前仿真和后仿真来保证功能和时序的正确。

由于芯片制造上的工艺（process）存在偏差（掺杂浓度、扩散深度和刻蚀程度等），掩模或晶圆上每个载流子的漂移速度是不一致的，为保证器件的性能和较高的成品率，工艺工程师们需要将器件波动的范围控制在一定范围内，根据晶体管的波动速度，定义了对应的工艺角（process corners）。另外芯片在实际运行中，处理延迟、建立时间和保持时间也受电压（voltage）和温度（temperature）影响，这三个因素合起来称为 PVT 参数，并且 PVT 参数会体现在 SDF 文件中。

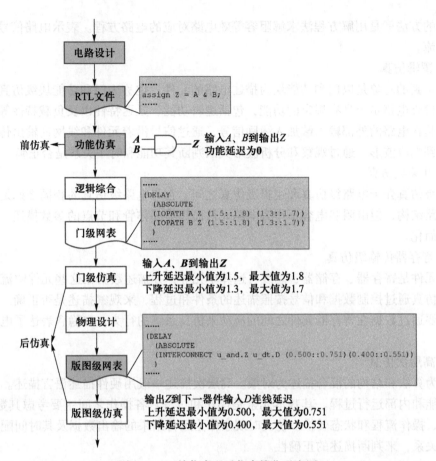

图 9-3-2 前仿真和后仿真简化示意图

为了能够充分模拟外部环境对数字电路性能的影响并且降低芯片的使用风险,一般至少要进行三种工艺角的性能仿真,以确定在不同 PVT 条件,即应用场景(scenarios)下,电路的性能都能够位于矩形范围内。这三种应用场景主要有:TC(typical case)、WC(worst case)、BC(best case)。TC:标准角,标准电压、常温(0℃或25℃),主要用来做常规检查;WC:慢角,低电压、高温度,此时延迟最大,触发器建立时间(setup time)条件差;BC:快角,高电压、低温度,此时延迟最小,触发器保持时间(hold time)条件差。充足的后仿真一般都会在这三种场景下分别运行尽可能多的测试用例,确保制造出来的芯片尽可能适应多种工作场景,表 9-3-1 简单示意了工艺角与后仿真时序的对应关系。

表 9-3-1 工艺角与后仿真时序对应关系

工艺角	描述	时序情况
最差情况 worst case	低电压、高温度、慢工艺	通常延迟最大,建立时间最差
最佳情况 best case	高电压、低温度、快工艺	通常延迟最小,保持时间最差
典型情况 typical case	普通电压、普通温度、普通工艺	典型

常用的芯片仿真工具包括 Siemens EDA 公司推出的 ModelSim 和 Synopsys 公司开发的 VCS(verilog compiled simulator)。ModelSim 支持 VHDL、Verilog HDL 和 System Verilog 等混合仿

真，VCS 基于 Linux 操作系统并支持多种调用方式。

9.3.3 逻辑综合工具

逻辑综合是数字集成电路前端设计流程中的关键环节，通常是指将 RTL 代码所描述的逻辑功能和用户所要求的性能，基于一个完备的逻辑单元库，转换成满足相关约束条件的门级网表的过程。逻辑综合过程通常包含 3 个输入。

1. RTL 代码描述的逻辑功能或程序模块。

2. 逻辑综合的约束条件，用于决定综合过程中的优化函数。约束条件中一般包含芯片面积、工作频率、芯片功耗、负载要求、设计规则等。**逻辑综合过程中优化输出和工艺映射要求相应的约束条件，采用多种约束条件（延迟、功耗、面积、可测性等）**。在进行逻辑综合优化时，所产生的电路首先要满足设计规则的要求，然后满足延迟（时序）约束的要求，在满足时序性能要求的基础上，先进行总功耗的优化，再进行动态功耗的优化和漏电功耗的优化，最后对面积进行优化。

（1）延迟约束条件

时间延迟约束条件最常用的描述方法是指定输入/输出的最大延迟时间。用延迟约束条件引导优化和映射对设计电路来说是一个相当困难的任务。有时为了对所设计的每个节点进行延迟计算，还应进行动态分析。也就是根据网表中每个元件的延迟模型，对节点进行定时分析，给出最好和最坏的延迟情况。然后检查电路，看所有的延迟限制是否满足，如果满足则进行优化和工艺映射，进而完成器件实现，否则需要改变设计的优化方案。

（2）功耗约束条件

功耗约束条件是通过对门级电路的静态功耗、动态功耗和总功耗进行优化降低。功耗的减少通常以时序路径的正时间冗余作为交换，即设计中正的时间冗余越多，就越有潜力降低功耗。设计者可以设置多阈值电压环境从目标库选择合适的单元，在满足时序约束的前提下优化静态功耗，接下来根据电路的开关行为和各节点翻转率来优化电路的动态功耗。总功耗优化可以通过对静态功耗优化和动态功耗优化设置不同的努力级别（effort levels）和权重（weights），同时结合电源门控等约束，不断迭代进行优化。

（3）面积约束条件

在将设计转换成门级电路时通常要加面积约束条件。对面积进行约束是设计目标，也是逻辑综合过程进行优化的依据之一。多数的逻辑综合工具允许设计者按工艺库中门级宏单元所用的单位来指定面积的约束条件。一旦确定了面积约束条件，在逻辑综合时就应将该条件通知给逻辑综合工具，逻辑综合工具利用各种可能的算法和规则尽可能地减少该设计的面积。

3. 综合工具支持的工艺库，如 TTL 工艺库、MOS 工艺库、CMOS 工艺库。根据约束条件进行逻辑综合时，工艺库将包含综合工具所必需的全部信息，即工艺库不仅含有 ASIC 单元的逻辑功能，而且还有该单元的面积、输入到输出的定时关系、输出的扇出限制和对单元的定时检查。

根据用户要求设计不同的约束，综合结果可以在速度、功耗与面积之间实现权衡，生成不同性能（包括速度、面积、功耗）的网表。逻辑综合由 3 个过程组成，分别是转译（translation）、优化（optimization）、映射（mapping）。图 9-3-3 描述了逻辑综合工具的一般过程。

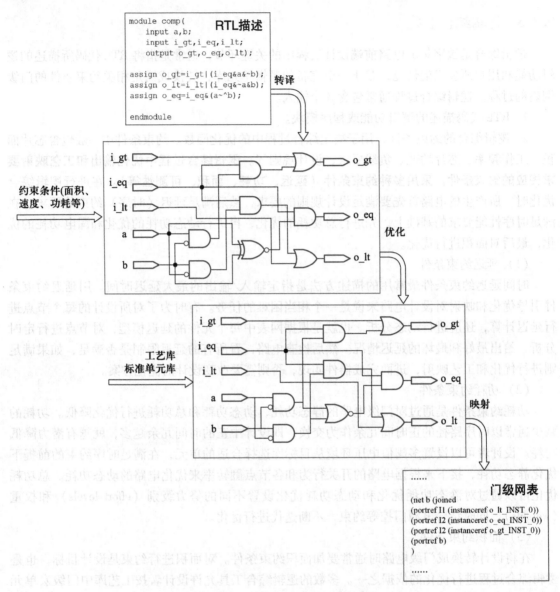

图 9-3-3　逻辑综合工具流程示意图

（1）转译过程中，逻辑综合工具以电路的 RTL 描述为输入，并将 RTL 描述转译成所对应的功能块及功能块之间的连接关系。转译过程将生成电路的布尔函数的表达，但该过程不做任何的逻辑重组和优化。该过程不受用户限制，其结果是一种中间结果，格式因综合工具不同而各异，且对用户是不透明的。按照转换的规则语法，将 RTL 描述的 IF、CASE、LOOP语句以及条件信号代入和选择信号代入等语句转换成中间布尔表达式，装配组成或由推论形成寄存器。

（2）优化过程中，逻辑综合工具将基于所给定的时序约束和面积约束等条件，通过相应算法对转译结果进行逻辑电路的重组和优化。主要采用的优化方法有：公因子提取、资源分配、交换律和结合律的运用、公共子表达式、死代码消除及常量合并、代码移位等。在该过程中，逻辑综合器的优化算法不会考虑实际所采用的制造工艺，因此也称为工艺无关的综合。

（3）映射过程中，逻辑综合工具根据所给定的时序约束和面积约束等条件，从目标工艺库（target technology）中选择符合条件的逻辑门单元来构成实际电路，基于优化后的布尔描述，利用从工艺库中得到的逻辑和延迟的信息生成等价的门级网表，并确保得到的门级网表能达到设计所要求的功耗、速度和面积等指标。这一步也称为工艺相关的综合。

Design Compiler 是 Synopsys 公司开发的用于逻辑综合的常用工具，简称 DC。在 EDA 市场的综合领域，DC 一直处于领导地位。几乎所有的大型半导体厂商和集成电路设计公司都使用 DC 来设计集成电路。DC 提供约束驱动时序最优化，支持多种设计类型，将 RTL 综合成工艺相关的门级网表，能够从速度、面积和功耗等方面来优化电路设计，并支持平直或层次化设计。

设计工程师将工艺库、标准单元库，速度、面积和功耗等约束条件添加到设计约束文件（synopsys design constraints，SDC）中。这里我们通过 SDC 中寄存器–寄存器路径来实现对时钟的约束。

如图 9-3-4 所示，寄存器之间存在组合逻辑 X，寄存器 FF_2 的建立时间为 0.3 ns，可通过下面这条命令

dc_shell>create_clock –period 2 –name MCLK [get_ports CLK]

将一个周期为 2 ns 所示时钟施加在端口 CLK 上，并取名为 MCLK（命令中的 2 表示 2 个时间单位，时间单位在技术库中定义，此例中时间单位为 1 ns，后文中的命令也类似）。

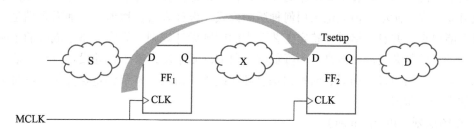

图 9-3-4　寄存器–寄存器时序路径

通过这条约束命令，DC 可以计算出 X 逻辑的最大延迟为 2 ns−0.3 ns=1.7 ns。如果 X 逻辑延迟超过 1.7 ns，则寄存器 FF_2 采到的值为亚稳态，所以 DC 会尽力综合将 X 逻辑的延迟限制在 1.7 ns 以内，在满足时序约束的前提下，DC 会保证电路的功耗和面积尽可能小。

寄存器时钟端的时钟由于经过了前级时钟树和各种器件的作用，波形已经不再是理想时钟（ideal clock），没有那么规则。所以在考虑时钟约束的时候要考虑到它的 uncertainty、latency 和 transition。

uncertainty 描述的是时钟跳变时间的不确定性，这种不确定性来源于 3 个方面，分别是 jitter、skew 和 margin。jitter 指的是时钟源的抖动，skew 是指不同寄存器时钟端口之间的时钟偏差，margin 指的是工程余量。时钟的 uncertainty 可以通过 set_clock_uncertainty 命令设置，下例接着对图 9-3-4 进行说明。

```
dc_shell>create_clock -period 2 -name MCLK [get_ports CLK]
dc_shell>set_clock_uncertainty 0.25 MCLK
```

由于时钟存在不确定性，所以对 X 逻辑的约束较为苛刻，即允许 X 逻辑的最大延迟为 2 ns-0.25 ns-0.3 ns=1.45 ns。

latency 指的是时钟沿到来的延迟。为了平衡时钟到达不同寄存器之间的延迟在时钟树上要加入缓冲器（buffer），这些 buffer 延迟加上线延迟就产生了 latency。latency 分为两种：一种是时钟源到被综合模块时钟端口之间的延迟，叫作 source latency；另一种是被综合模块时钟树上的延迟，叫作 network latency。set_clock_latency 命令默认设置是 network latency，如要设置 source latency 可加选项-source。时钟的跳变沿在实际电路中并不是瞬时变化的，而是有一定的坡度，transition 描述的就是这个坡度的持续时间。

9.3.4　物理设计工具

物理设计阶段是 VLSI 电路设计流程中最耗时的一个阶段，也是集成电路设计流程中与芯片的生产制造直接相关的一个设计阶段。物理设计连接着集成电路设计过程与制造过程，直接影响到集成电路的设计与生产成本、芯片质量和上市周期。物理设计的输入是门级网表以及电路和元器件的描述，根据工艺要求，物理设计将每个元器件的电路以及元器件之间的互连线网转换成几何图形，其最终输出是电路的版图。根据布局模块和布线位置的不同，版图有多种模式，常用的模式有积木块（building block layout，BBL）模式、门阵列（gate array）模式、门海（sea of gates）模式和标准单元（standard cell）模式等。标准单元模式是一种具有高度灵活性的半定制设计方法，由于其设计效率高、设计周期短、自动化程度高，因而得到了广泛应用。随着集成电路的发展，物理设计依次经历了人工设计、计算机辅助设计以及自动化设计阶段。但无论采用何种版图模式、设计方法，物理设计都需要满足电路的功能及性能要求，并且严格遵守特定工艺要求的版图设计规则。集成电路集成度的不断提高使得物理设计的复杂度越来越高。为降低问题研究的复杂度，整个物理设计过程一般分成布图规划、电源网络设计、布局、时钟树综合和布线等子阶段。本节将重点介绍布图规划、布局和布线 3 个子阶段。

1. 布图规划（floorplanner）

布图规划的主要目的是为整个芯片和各个子模块设计一个高质量的布图方案。布图规划过程决定了每个子模块的具体形状和位置坐标，同时也决定了外部 I/O 端口、IP 核以及宏模块的摆放位置。

传统的布图规划输入为

① 电路划分过程之后的 N 个电路子模块，即 $M=\{m_1, m_2, \cdots, m_N\}$；

② 子模块间的互连网表（Netlist）；

③ 各子模块的尺寸；

④ 各线网引脚在模块上的相对位置。

布图规划输出为：N 个子模块在芯片上的位置坐标以及取向（镜像或翻转）。布图规划的目标为

① 确保芯片面积：最小化所有模块外包矩形边框的面积；

② 确保时序收敛：布图规划工具需要对芯片的延迟进行预估，确保其满足设计的标准时

序约束要求，实现时序收敛；

③ 保证芯片稳定：确保芯片 I/O 单元的静电保护等；

④ 满足布线要求：布图规划工具要优化设计的总线长，实现方便走线，在保证布线畅通的同时，尽量缩短走线的长度来减小互连线的延迟，从而有效提高芯片性能。

布图规划的约束条件为：模块之间必须满足不重叠的约束。根据结构的不同，布图规划可以分为两类：切分结构（slicing structure）布图和非切分结构（non-slicing structure）布图。如图 9-3-5（a）所示，切分结构布图通过在横向或纵向上对布图区域进行迭代划分，获得布图结果；而非切分结构布图则无法通过迭代算法获得布图结果，如图 9-3-5（b）所示。通常来讲，切分结构布图相对简单，在早期研究中多被采用，但是该结构对布图的形状有限制；而非切分结构布图更具有一般性，当前越来越多的布图工具采用该结构。

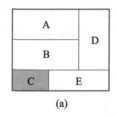 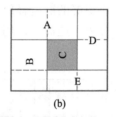

(a)　　　　　(b)

图 9-3-5　两种布图规划结构示意图

(a) 切分结构布图　(b) 非切分结构布图

布图规划算法可以大体分为随机优化算法和确定性算法两类。随机优化算法通常利用迭代的方法寻找最优解。在每一轮迭代中，该算法会根据上一轮结果随机产生新解，并基于布图目标对新解进行评估，根据评估结果判断是否接受最新解。随机优化算法可以在理论上找到最优解，能够对解空间进行完全搜索，具有跳出局部最优解的能力。同时，由于算法的框架较为固定，在更改或增加优化目标时，模型修改较为容易，因而具有较好的兼容性和通用性。随机优化算法通常迭代次数较多，导致运行时间长，且每次运行结果不同。遗传算法（genetic algorithm，GA）和模拟退火算法（simulated annealing，SA）是两种最具有代表性的随机优化算法。与随机优化算法的不可重复性不同，确定性算法返回的结果是唯一确定的。确定性算法又可分为启发式算法和解析式算法两个子类。启发式算法通常是基于贪婪策略，求解过程中没有迭代，算法运行速度快。在算法设计中，研究人员通常会将一些已有的设计经验加入到算法设计当中，作为启发式策略应用到搜索过程当中，用于简化解空间。在解析式算法中，研究人员通常会通过一定的假设对原问题进行一定的简化建模。这是由于布图规划问题本身是 NP 难问题，很难直接用解析模型进行建模。

在单元库中，每一个标准单元或者 IO 单元都有其电源、地端口，设计中需要指定其电源、地端口如何连接。假设 power 和 ground 为芯片上电源、地网络的名称；U_{DD} 和 GND 为单元上的端口名称。电源网络设计的作用就是在芯片中创立名称为 power 的电源网络和 ground 的地网络，并将所有单元上的 U_{DD} 端连到 power 上，所有的 GND 连到 ground 上，要注意的是该操作的连接只是在逻辑层面，物理层面上没有任何变化。该命令不但需要在读入网表后进行，在随后进行每一次优化操作后都要重新运行一次该命令，并在最终 LVS 检查前的网表导出时再进行一次，只不过在后续操作时不会重复创建 power 和 ground 网络，只是将新出现的单元连接到电源和地网络上。这样操作看上去似乎没有太大必要，特别对于单电源芯片，由于只有一组电源、地，而且所有 IO 上的电源、地端口都会连接成环，所有的标准单元也会排在 side row 上，后续会有专门的命令将其铺上电源、地轨道，从物理版图上看似乎不会有电源连接的问题，没有必要在逻辑层面上连接一次。

如图 9-3-6 所示，在开始创建布图规划前首先要指定 IO 的排布，如果网表中没有例化数字电源、地、IO 单元和 corner 单元等，需要在 IO 排布之前将其添加到设计中去。由于 IO 相关的命令数较多，通常会将其放入一个专门的脚本文件。IO 单元一般放置在整个芯片的周围，接下来便可以创建芯片布局空间，其中芯片核心部分 core area 可以分别直接指定宽度和高度，也可以采用利用率等其他指标来确定。创建完布图规划空间后可以看到 IO 单元已经放置在了整个芯片的周围，不过通常情况下会有一些空隙，这个时候需要插入 IO 单元的填充单元（filler），以保证 IO 单元的供电网络成型，如果 IO 之间的距离较大，推荐使用 IO 供电单元来填充，这样可以提供更好的静电释放（electro-static discharge，ESD）保护；另外如果有数字 IO 与模拟 IO 的交接处，还需要使用 IO 隔离单元，具体特殊 IO 使用方法需参考 IO 单元库的使用指南。

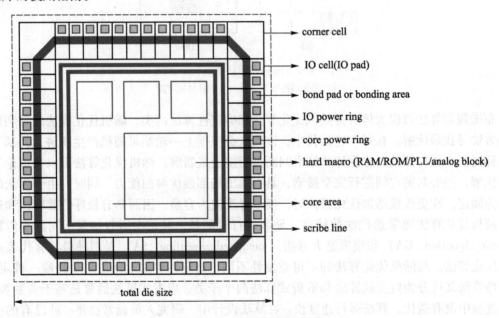

图 9-3-6 布图规划示意图

接下来首先要放置宏单元的位置，其大致流程如下：① 设置宏单元摆放相关参数；② 进行初步布局；③ 通过布线拥塞来判断宏单元的布局是否合理；④ 通过多次布局来挑选最优化的宏单元布局方式。从实际应用中来看，虽然布图规划工具提供的自动放置宏单元的方式能够实现不错的设计效果，但与设计人员手动摆放还是有差距。设计人员应当根据整个芯片的形状大小、供电端口位置、各个宏单元所在模块的大小、功耗情况来合理规划宏单元摆放位置，在保证宏单元供电需求的前提下，让逻辑相近的单元尽量靠近，使后续的综合更容易满足时序约束。当然设计人员也可以采用先自动布局命令，然后手动修改的方式来进行。在完成后将所有宏单元的位置导出成一个单独的脚本，下次再布局时直接运行该脚本即可。

在完成了宏单元的布局后便可以进行全芯片的电源、地网络排布，目的是让所有的单元都能有正常的供电。随着半导体工艺的进步，器件的供电电压也随之降低，对电源网络上压降的要求也进一步提高。接下来连接宏单元和标准单元，将宏单元和标准单元的电源、地端口连接到已有的电源、地网络。

布图规划工具完成以上工作后，在下一步流程中将由布局工具依据布图规划中的物理约束信息及 SDC 中的时序约束信息进行布局。

2. 布局（placer）

布局阶段的输入是布图规划之后生成的网表，以及一些相应的工艺库，其任务是为所有标准单元实例（instance）确定其在各子模块中的具体位置和摆放方向，其目标是最小化芯片面积，同时考虑芯片的可布行、拥挤度、延迟等其他条件。在 VLSI 电路设计中，布局过程由总体布局、详细布局两个子过程组成。总体布局确定所有标准单元的大致分布位置，是布局中最为关键的步骤，对整个布局结果起到决定性作用。总体布局完成后，标准单元实例之间还存在部分的重叠。详细布线阶段会将标准单元实例放置到行（row）上，同时消除所有单元之间的重叠。详细布局过程由于需要调整标准单元实例的位置，会不可避免地增加芯片面积和线长，并在一定程度上破坏总体布局阶段的其他优化目标。所以，详细布局阶段还将对单元位置进行进一步的调整，进行局部的问题修复和优化。

布局问题是一个组合优化问题，其求解算法复杂度为 NP 难。每一个子模块的电路通常被抽象为一个超图，记为 $G=(V, E)$。其中 V 是节点的集合，每个标准单元实例表示为一个节点；E 是超边的集合，每个连接关系对应一条超边。每条超边实际上是一个节点子集。布局算法可分为构造型算法和迭代型算法 2 类。基于给定的摆放规则，构造型算法是依据电路的结构直接计算得到各个单元的摆放位置。这类算法运行速度快，但是布局结果质量较差。迭代型算法中，布局工具首先有一个初始布局结果（如位置相同、位置随机给定），然后在初始解的接触式上不断迭代与优化，直到满足布局算法的迭代终止条件。这类算法迭代次数多、运行时间长，但是通常可以取得高质量的布局结果。行之有效的迭代型算法中比较典型的算法包括基于划分策略的布局算法、基于模拟退火的布局算法以及解析式布局算法和力驱动布局算法。

在完成以上布局工作后，确保芯片的时序满足要求，没有大的拥塞违例，没有 DRC 的大范围违例，便可进行时钟树的综合（clock tree synthesis，CTS）与优化（clock tree optimization，CTO）。时钟树综合之所以在物理设计流程中进行而非在综合时进行是因为：在综合时，所有寄存器位置未知，所以时钟根节点到寄存器 CLK 端延时并不确定，也就无法控制时钟树综合后最终的时钟偏移（skew）值。也就是基于如上原因，时钟树综合这一步骤在数字物理设计流程中，并且一般在布局完成后进行。

3. 布线（router）

当集成电路工艺技术的特征尺寸缩小到深亚微米以后，集成电路集成度的提高将导致芯片功耗密度的提高，连线延迟超过门的延迟，同时连线效应严重影响电路的正常工作。这些问题的产生直接影响了集成电路设计流程，呈现出与传统的设计流程的不同特点。在深亚微米集成电路设计流程中，需要考虑系统电路规模大、功耗密度高、连线影响大等因素，进行芯片的功能模块的划分、功耗分布、全局信号的匹配等系统划分和布图规划工作。另外，在设计流程中，需要在布图工作前进行电路的时序分析，充分考虑到连线对时序的影响，及时对电路结构进行调整，使得在进行布局布线后能够得到正确的时序，保证系统功能的正确。总之，在深亚微米集成电路设计过程中，需要考虑连线带来的各种效应。在设计流程的各个步骤中，要比传统的设计过程更侧重考虑功耗、延迟等因素。

布线是物理设计的最后一个步骤，它根据网表文件给出的逻辑互连关系以及布局阶段提供的单元的具体位置确定线网互连方案，以保证芯片功能的正确性。该阶段的基本要求是在满足物理设计规则的前提下实现所有线网的百分百互连。在此基础上进一步考虑其他优化目标，如功耗、延迟、冗余通孔插入等。考虑到当前集成电路的复杂度布线一般会分为 2 个步骤完成。第一步是总体布线（global routing，GR），其任务是完成布线资源的合理分配，以提高布通率、降低拥挤度为目标，将布线资源合理地分配给各个线网。该阶段并不会考虑元器件的详细几何信息以及精确位置，只是为所有线网提供粗粒度的路径分配方案。第二步是详细布线（detailed routing，DR），其任务是将根据粗粒度的路径分配信息进行模块之间、点到点之间的连接，最终确定金属线和通孔的精确位置。该阶段在完成模块互连的过程中要考虑模块的几何信息，同时必须满足设计工艺给定的物理设计规则，比如线宽、线间距等。有些布线工具在总体布线和详细布线之间会加入轨道分配（track assignment，TA）。轨道分配是根据布线轨道信息，将总体布线线网分配到布线轨道上。轨道分配可以为详细布线提供点（cross point）信息，也可以考虑到区域内部线网对资源的占用信息，同时可以减少长线网之间的串扰（crosstalk）。采用这种 2 阶段或 3 阶段的布线方法可以更好地规划布线资源的分配、显著提高其成功率，同时降低布线问题的求解复杂度，减少布线耗时。

在布局完成之后，集成电路中所有的电路模块和引脚都有了固定的位置。网表也给出了相应的连接关系。布线则是完成所有线网的连接并确定线网几何版图的过程。对于一个布线问题，其输入一般是

① 网表，记录了所有的逻辑线网，以及每条逻辑线网的 IO 端；

② 布局信息，包括电路模块的位置、引脚的位置、芯片 IO 端口的位置；

③ 特殊线网的延迟信息，对于一些重要的线网，特殊的延迟约束可以保证芯片运行的稳定性；

④ 每层线网单位长度金属线的电容、电阻信息，以及每种通孔的电容、电阻信息；

⑤ 版图设计规则。

布线问题的输出一般是：通过几何版图完成所有线网的连接，同时满足设计规则要求并优化给定的目标参数。

广义来讲，布线问题是一个有约束的优化问题，根据芯片功能和用户要求的不同，其算法需要优化不同的目标。布线问题的优化目标一般包括以下 5 点。

（1）布通率

布线的首要任务是完成所有线网的连接，达到 100% 布通率。如果布线阶段线网没有全部布通，那么剩余的线网必须由电路设计人员手工完成。由于当前布线规模巨大，手工布线是一个非常费时的过程，即使是有经验的设计人员完成剩余线网的布线也需要很长时间，这将严重影响芯片的设计周期。

（2）布线总线长

通常情况下，线网越长，芯片制造的成本会越高，线网的延迟也会越大。在布线过程中，要尽可能避免发生绕线而缩短线网的长度。

（3）通孔数量

与金属走线相比，通孔占用更多的布线资源，同时具有更大的延迟，减少通孔数量将有

助于提高芯片布线的质量。同时，在纳米工艺下，芯片特征尺寸不断缩小，通孔失败的可能性越来越大，减少通孔数量也有助于提高芯片的良率、延长芯片的生命期。

（4）串扰和延迟

当不同的线网并行走线过长时，线网之间将产生串扰问题，布线算法要避免不同线网并行走线过长，进而避免产生串扰。在集成电路进入纳米时代后，由于线网之间的电容、电感等物理学现象变得越来越严重，线网的延迟不再由布线线长决定，布线算法要考虑如何处理延迟敏感线网以减小芯片延迟。延迟优化问题一般在总体布线阶段考虑。由于延迟在详细布线阶段可优化的空间不大，详细布线算法一般不考虑延迟问题。

（5）可制造性设计

纳米时代，芯片在制造阶段遇到很多困难，导致芯片生产的良率降低。为了有效解决芯片设计与制造之间的不协调性，工业界建议在芯片设计阶段考虑芯片的可制造性。而布线作为芯片设计的最后一个阶段，在布线算法中考虑芯片的可制造性如冗余通孔插入问题，将有利于提高芯片的可靠性和良率。

为了保证芯片的电学功能稳定，布线算法在根据布线目标完成布线任务的同时还需要满足设计人员或者制造工艺给定的约束。布线算法考虑的约束一般包含以下 3 点。

（1）线网连接的正确性

这里主要指布线过程中，不同的线网不能相互交叉，否则会导致芯片发生短路（short），进而影响芯片运行的稳定性和功能的正确性。

（2）布线障碍

在布线区域，可能存在某些布线资源被占用，布线算法要避免使用这些区域进行布线。布线问题中的障碍主要指标准单元中的障碍、为保证芯片功能的稳定性设置的布线障碍（routing blockage）以及已布线网（如电源地线网、时钟线网等）。

（3）版图设计规则

版图设计规则一般与芯片制造过程中的制造细节有关。为了提高芯片性能的稳定性和芯片的可制造性，线网的连接需要满足一些给定的设计规则。纳米工艺给定了很多设计规则，布线算法需要考虑的设计规则一般包括：金属线以及通孔的宽度，不同的布线层可能拥有不同的宽度；不同线网之间的线间距应该大于工艺文件给定的最小线间距值；金属线与布线障碍之间的距离也要大于给定的最小间距；在每一层布线层上，一条金属线的面积要大于给定的面积最小值。由于金属线宽度是固定的，这条设计规则也被称为最小长度约束。

完成布线操作后，如果前端设计人员发现了某个小 bug，或者遇到需求变更需要微调一下功能，此时如果推倒重来，是非常耗费时间的，就有可能导致芯片版图无法按时流片。这个时候就可以采用工程变更指令（engineering change order, ECO）技术，对已生成的网表文件进行修改，只对一些门或单元进行增删，而不影响现有的后端工作。ECO 流程通常用于修复设计中的功能或性能缺陷，而不会对原设计的布局布线结果进行大的改动。通过这种 pre-mask ECO，可以在保持原设计布局布线基本不变的前提下，对电路和标准单元布局进行小范围调整，进行时序、DRC 以及功耗等优化，以满足芯片的签核标准。

流片后的 ECO，也称为 post-mask ECO，是在芯片流片后进行的。如果芯片在测试中发现致命问题，可以通过 ECO 对设计进行少量修复来弥补缺陷。由于流片制版费用昂贵，不可能重新进行一次全新的流片，因此会利用布局、布线过程中插入的冗余单元（spare cell），通过改变少量金属层的方法来实现网表逻辑功能的少量改动，达到满足功能要求的目的。

9.3.5　其他工具

除了前面介绍的工具外，设计中经常用到的工具还包括静态时序分析工具 PrimeTime 和形式验证工具 Formality。下面结合实例对这两种工具的使用进行简要介绍。

1. 静态时序分析工具

在芯片设计的流程中，时序验证占有很重要的地位。通常采用的时序验证方法主要两种，动态时序仿真（dynamic timing simulation，DTS）和静态时序分析（static timing analysis，STA）。动态时序仿真比较精确，但分析速度较慢，而且不能保证分析的全面性。静态时序分析速度较快，而且会对所有的时序路径进行分析，因此现在许多厂家都要求引入静态时序分析。PrimeTime 是 Synopsys 公司开发的静态时序分析工具。

PrimeTime 提供图形（GUI）和命令行（TCL）两种用户界面。执行 pt_shell 命令可启动 PrimeTime 的命令行界面，执行 pt_shell>start_gui 命令即可启动相应的图形界面。PrimeTime 是基于时序路径进行检查的，在 PrimeTime 中可以检查 4 类路径，包括：① 输入路径，由输入端口到寄存器数据输入端；② 寄存器−寄存器路径，由寄存器时钟到下一寄存器数据输入端；③ 输出路径，由寄存器时钟到输出端口；④ 组合路径，由输入端口经过组合逻辑到达输出端口，具体如图 9-3-7 所示。

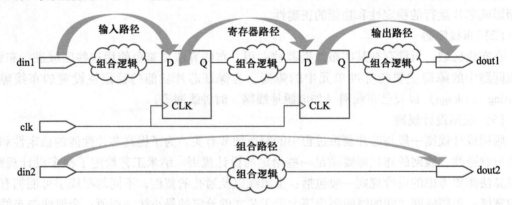

图 9-3-7　PrimeTime 工具进行 STA 时序检查

针对这 4 类路径，在 PrimeTime 中可以执行 pt_shell>report_global_timing 命令查看产生违例的时序路径，如图 9-3-8 所示。

从图中可见，执行 report_global_timing 命令后 PrimeTime 工具分别列出了这 4 类路径建立时间违例和保持时间违例的情况，WNS（worst negative slack）、TNS（total negative slack）和 NUM（number）分别表示最差负时序裕量、总的负时序裕量和分析的时序路径条数。

2. 形式验证工具

在数字集成电路设计中，随着芯片尺寸和集成度的提高，对设计进行相关验证的难度也增加。形式验证就是通过比较两个设计逻辑功能的等同性来对电路的功能进行验证。常用的形式验证工具有 Cadence 公司的 Conformal，以及 Synopsys 公司的 Formality（FM）。

由于形式验证工具在验证时不需要输入任何测试矢量，因此利用形式验证工具进行设计过程中的逆向验证，可以在更短的时间内得到较为完全的验证结果。任何一个电路设计进行

```
pt_shell> report_global_timing
```

```
Setup violations - All groups
----------------------------------------------------------------
       Total    reg->reg    reg->out    in->reg    in->out
WNS   -1.457     -1.457      -1.157       0.000      0.000
TNS  -15.859    -12.040      -3.819       0.000      0.000
NUM       28         19           9           0          0


Hold violations - All groups
----------------------------------------------------------------
       Total    reg->reg    reg->out    in->reg    in->out
WNS   -0.437     -0.429      -0.370      -0.236     -0.437
TNS  -43.266    -31.155      -3.636      -2.577     -5.898
NUM      196        148          14          18         16
```

图 9-3-8　PrimeTime 工具检查时序违例示意图

改动后都可以使用形式验证工具验证其逻辑功能是否改变。

形式验证工具用来比较一个修改后、逻辑功能尚待验证的设计（implementation design）和它原来的版本（即标准的、其逻辑功能符合要求的设计 reference design），或者一个 RTL 级的设计和它的门级网表在功能上是否一致。芯片设计工程师在 IC 设计中通常使用形式验证工具进行不同流程后网表文件 netlist 的比较，例如逻辑综合 netlist、布图规划后 netlist、布局后 netlist、时钟树综合后 netlist、布线后 netlist 等。在每一个流程后都有新的逻辑加入到 netlist 中，但是这些新逻辑的加入不能改变原 netlist 的逻辑功能。

9.4　模拟集成电路设计流程及 EDA 支持工具

模拟电路设计通常依托于 Cadence 软件平台完成。Cadence 是一个大型的 EDA 软件技术供应商，提供完成电子设计各步骤的软件，其中包括用于 ASIC 设计、FPGA 设计和 PCB 设计的 EDA 工具。Cadence 在电路原理图设计、功能仿真、版图设计与验证和布局、布线等方面占据绝对优势。另外，Siemens EDA 提供的 Calibre 是集成电路版图验证软件，所提供的图形模式可以单独启动或嵌入 Cadence Virtuoso 等软件中，使用比较便捷。

此外 Synopsys 公司也提供了工业级电路分析软件 HSpice。它可以对电路进行稳态、瞬态和频域分析、蒙特卡罗分析、最坏情况分析、参数扫描分析、数据表扫描分析等。模拟精度和速度都较好，且具备可靠的自动收敛能力，可运行在 SUN Ultra、SUN Blade、HPPA、IBM R S6000、DEC Alpha、PC 等计算机平台上，支持 UNIX、Windows、Linux 等操作系统。HSpice 兼容 Spice 的大部分功能，在模拟集成电路设计中得到广泛应用，并在下述特性方面有了补充和改进：

① 收敛性能；

② 层次化的节点命名和引用；

③ 精确的模型，包括许多代工厂的模型参数；

④ 模型或单元电路进行交流、直流瞬态分析和多参数优化；

⑤ 蒙特卡罗分析和最坏情况分析；

⑥ 模型校准功能；

⑦ 波形浏览分析工具 awanwaves。

值得注意的是，国内 EDA 供应商华大九天也输出了比较先进且完备的模拟及数模混合集成电路 EDA 软件系统，主要包括模拟电路设计全流程 EDA 系统、存储电路设计全流程 EDA 系统、射频电路设计全流程 EDA 系统、数字电路设计 EDA 系统、平板显示电路设计全流程 EDA 系统、晶圆制造 EDA 工具和先进封装设计 EDA 工具等。华大九天实现了上述功能模块的无缝集成，为用户提供一站式的完整解决方案。

限于篇幅，本书将以 Cadence 为主展开讨论。

9.4.1 设计流程概述

如图 9-4-1 所示，Cadence 的模拟集成电路全定制 EDA 设计工具包括：原理图设计工具（virtuoso schematic composer）、模拟信号设计环境（analog design environment, ADE）、仿真器（spectre/eldo）和版图设计工具（virtuoso layout editor）。Calibre 集成的版图验证工具包括：设计规则检查（design rule check, DRC）、版图与电路图一致性检查（layout versus schematic, LVS）和寄生参数提取（parasitic extraction, PEX）。

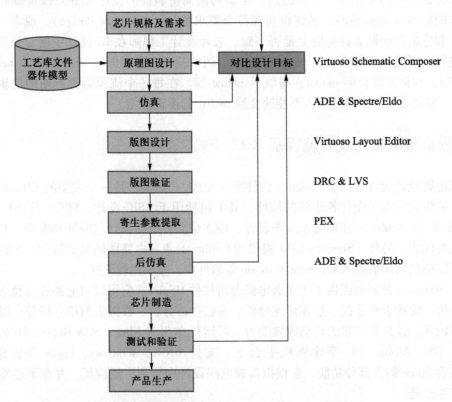

图 9-4-1 模拟集成电路设计流程及 EDA 支持工具

在图 9-4-1 中，集成化的模拟电路设计不以搭建电路板的方式进行。随着现在发展起来的 EDA 技术，以上的设计步骤都是通过计算机辅助进行的。通过计算机仿真，可在电路中的任何节点监测信号；可将反馈回路打开从而比较容易地修改电路。其中设计流程主要包括以下几个阶段。

（1）芯片规格及需求

这个阶段系统工程师把整个系统和其子系统看成是一个个只有输入输出关系的"黑盒子"，不仅要对其中每一个进行功能定义，而且还要提出时序、功耗、面积、信噪比等性能参数的范围要求。

（2）原理图设计

设计者根据设计要求，首先要选择合适的工艺库，然后合理地架构系统，由于 CMOS 模拟集成电路的复杂性和多样性，目前还没有 EDA 厂商能够提供完全解决 CMOS 模拟集成电路设计自动化的工具，因此所有的模拟电路基本上仍然通过手工设计来完成。

（3）电路仿真

设计工程师必须确认设计是正确的，为此要基于晶体管模型，借助 EDA 工具进行电路性能的评估和分析。在这个阶段要依据电路仿真结果来修改晶体管参数。依据工艺库中参数的变化来确定电路工作的区间和限制，验证环境因素的变化对电路性能的影响，最后还要通过仿真结果指导下一步的版图实现。

（4）版图设计

电路的设计及仿真决定电路的组成及相关参数，但并不能直接送往晶圆代工厂进行制作。设计工程师需提供集成电路的物理几何描述，即通常说的"版图"。这个环节就是要把设计的电路转换为图形描述格式。CMOS 模拟集成电路通常是以全定制方法进行手工的版图设计。在设计过程中需要考虑设计规则、匹配性、噪声串扰、寄生效应等对电路性能和可制造性的影响。虽然目前出现了许多高级的全定制辅助设计方法，但仍然无法保证手工设计对版图布局和各种效应的考虑的全面性。

（5）版图验证

版图的设计是否满足晶圆代工厂的制造可靠性需求？从电路转换到版图是否引入了新的错误？物理验证阶段将通过设计规则检查（design rule check，DRC）和版图网表与电路原理图的一致性比对（layout versus schematic，LVS）解决上述两类验证问题。几何规则检查用于保证版图在工艺上的可实现性。它以给定的设计规则为标准，对最小线宽、最小图形间距、孔尺寸、栅和源漏区的最小交叠面积等工艺限制进行检查。版图网表与电路原理图的比对用来保证版图的设计与其电路设计的匹配。LVS 工具从版图中提取包含电气连接属性和尺寸大小的电路网表，然后与原理图得到的电路网表进行比较，检查两者是否一致。

（6）寄生参数提取后仿真

在版图完成之前的电路仿真都是比较理想的仿真，不包含来自版图中的寄生参数，被称为"前仿真"；加入版图中的寄生信息进行的仿真被称为"后仿真"。CMOS 模拟集成电路相对数字集成电路来说对寄生参数更加敏感，前仿真的结果满足设计要求并不代表后仿真也能满足。在深亚微米阶段，寄生效应愈加明显，后仿真分析将显得尤为重要。与前仿真一样，当结果不满足要求时需要修改晶体管参数，甚至某些地方的结构。对于高性能的设计，这个过程是需要进行多次反复的，直至后仿真满足系统的设计要求为止。

（7）导出流片数据

通过后仿真后，设计的最后一步就是导出版图数据（GDSII）文件，将该文件提交给晶圆代工厂，就可以进行芯片的制造了。

（8）芯片制造

晶圆厂根据版图数据通过光刻、刻蚀、离子注入、热处理和氧化等多道工艺流程将设计好的集成电路制造成芯片。

(9) 测试和验证

需要对芯片进行多次测试（包括封装后的测试）才能将其作为产品进行销售。

9.4.2　设计工具

Cadence Virtuoso 是常用的模拟电路设计工具，主要用于在晶体管层面开发出性能最优的电路设计。在 Virtuoso 中，所有的设计都从新建设计库 Library 开始。Library 是 Virtuoso 的工作空间，包含整个设计的所有文件与数据，如子单元 Ceil 以及子单元中的多种视图 View。这里的视图 View 可以是电路图 Schematic，也可以是符号 symbol，还可以是版图 Layout、模型 VerilogA 等。

在新建设计库时，如果需要建立掩模版或者其他的物理数据（如 layout 等），可以选择连接到一个集成电路工艺厂商（如中芯国际）提供的工艺设计包（process design kit，PDK）。PDK 中包含器件的仿真模型（SPICE Model）、参数化单元（parameterized cell，Pcell）、标准单元库、工艺文件、物理验证规则文件等，是集成电路设计的必备工具，统称为工艺库。

自定义库是对新型器件进行电路设计所必需的，而器件的仿真模型（SPICE Model）是自定义库的基本元素。VerilogA 是 Cadence 提供的建模语言，同时也是一种常用的 View 名称。VerilogA 与大多数 SPICE 仿真器兼容，如 HSPICE、Spectre 等，也与大多数晶圆厂提供的工艺库兼容。优化的迭代方式可以加快仿真速度，从而提高电路设计的效率。用 VerilogA 语言对器件或功能单元进行电学行为的模块化描述，可以达到减少仿真时间、加快设计进度和有效提高仿真精度的目的。

VerilogA 是一种高层次硬件描述语言，它用模块化的方式对器件或系统的内部结构和电气行为进行描述。其中，结构描述是阐明不同子模块在系统中的用途以及子模块之间的连接关系，完整的结构描述需要包括对信号、端口和基本参数的定义。行为描述是指用一系列的数学表达式或者传输函数来描述器件或系统的行为，描述范围涵盖基本的电阻、电容、电感以及相对复杂的运算放大器或滤波器等模拟系统。

在电路设计的目标和方案确定以后，就可以用 Cadence 进行电路原理图设计了。此处需要用到的软件为 Virtuoso Schematic Composer，可实现电路原理图的编辑和修改。

工艺厂商提供的 PDK 包含 SPICE Model 和标准单元库，可以帮助使用者更高效地进行集成电路设计。SPICE Model 不但描述了器件的电学行为特性，而且集合了各种实际中存在的问题，如针对温度波动、工艺偏差等场景下的不同性能评估方法（最差情况分析、蒙特卡罗分析等），使用者可以在设计阶段考虑用所有效应来验证电路设计的可行性，从而节约大量不必要的流片成本，提高集成电路的流片成功率。在电路层面，标准单元库提供了常用的电路，且每种单元都对应多个不同器件尺寸和不同驱动能力的电路。种类丰富的标准单元库可以有效提高电路设计和版图设计的效率，也使得设计人员可以更加自由地在性能、面积、功耗和成本之间进行平衡。

另外，模块化设计能够增强电路的层次性，方便进行功能验证和性能提升。功能完整的模拟电路通常都比较复杂，如果全都放在一起进行设计和仿真，必然会引起组织混乱，在出现错误时无法快速找到错误根源，设计效率不高。为避免这种问题，在设计启动之前需要对照电路设计目标将总任务分为不同的模块。这些模块相互独立，但又配备必要的接口以实现互连。在电路设计的过程中，可以分别对各个子模块进行电路原理图设计和功能仿真，待功能和性能确认完好后，再将所有模块进行连接，做最后的测试。对于每个子模块，可以创建 Symbol 用于整体设计和仿真，这相当于用户给自己建立不同的单元库，最后将所有单元综合起来完成电路设计目标。

9.4.3　仿真工具

仿真设置主要包含 4 个部分：环境设置、工艺角设置、类型设置和输出信号设置。环境设置主要包括许多跟环境有关的参数设置，其中最常用的是温度和视图转换列表（Switch View List）。视图转换列表中罗列出所有工艺库和参考库所包含的视图名，基本的 Schematic、Symbol、Layout 和 Spectre 等一般都默认添加在内；如果有用户创建的模型，一般需要加入 VerilogA；如果是用于后仿真，则需要加入 Calibre。

工艺角设置是针对需要用到的工艺库添加相应的工艺角文件，同时为不同的仿真类型设定其中的特征值，如最差情况分析和蒙特卡罗分析等均需要修改相应元器件在工艺角文件里的特征值。仿真执行的过程中，软件通过调用工艺角文件中的元器件参数与电学特性进行整个电路的性能参数计算。

Cadence 提供了几十种仿真类型，其中有瞬态、直流扫描、温度、噪声等各种选项可供选择，使用者可以在设计阶段考虑到所有效应来验证电路设计的可行性。例如，瞬态仿真可用于验证电路的时序，温度仿真可用于研究电路在不同环境下的稳定性，而噪声仿真可用于研究电路的抗噪能力，这些指标对于射频和传感器相关的电路尤为重要。由于仿真的步长是根据不同的仿真目标随机设定，因此需要根据电路设计的要求进行设置。所有设置完成后，执行仿真操作。通过对仿真结果进行分析，调整电路原理图直至达到设计目标。

Cadence 提供了用网表进行仿真的功能。网表中可以用脚本语言描述电路元器件以及它们之间的相互连接关系、环境参数、仿真类型等，最终用指令完成仿真和输出结果。此外，Cadence 还提供了蒙特卡罗仿真功能，可对电路的情况进行全方位的评估，为电路原理图的修改提供有效的反馈，从而提高电路稳定性与可靠性。如果最差的结果也在可接受范围内，那么电路设计部分宣告完成；如果不符合设计预期，那么需要对电路原理图进行分析，对相关元器件及参数进行调整，然后继续仿真直至达到设计目标为止。如果设计结果显示各种性能参数均已达到目标，则可以进入下一环节，即版图设计与验证。

9.4.4　版图设计与验证工具

（1）版图的设计一般采用自顶向下（top-down）的方式。首先需要对照设计目标完成版图的整体规划布局，即根据电路的规模依次确定以下内容：主要单元的大小、形状以及位置安排，输入、输出引脚的放置，电源和地线的布局，严格确定每个模块的引脚属性与位置，统计整个芯片的引脚个数等。然后，与电路原理图设计相对应，分模块进行版图设计，每个模块除了确保符合设计规则外，还需要按照确定好的引脚位置引出之间的连线，保证可测性。最后，在完成子模块版图的设计和验证后，再进行整体版图的设计与验证。

（2）在版图设计中，布线是影响整个电路性能的重要环节，需要遵循特定的原则。首先，为了保证主信号通道不受干扰，连线需要进行优化，尽量减少长连线或拐弯带来的冗余电阻。其次，为使电源线的寄生电阻尽可能较小，避免各模块的电源电压不一致，不同模块的电源、地线要完全分开，以防止干扰。再次，金属线产生的寄生电阻会引起电压产生漂移，导致额外的噪声产生，寄生电容耦合会使信号之间互相干扰。可以通过将存在对称关系的信号连线也保持对称、加粗金属线等方式减小寄生电阻。最后，在保证版图功能与性能良好的情况下，尽可能用更细的金属线以得到最紧凑的版图面积。

（3）尽可能把电容、电阻和较大的晶体管放在周边，可有效提高电路的抗干扰能力。另外，对于电路中连接到电源和地的晶体管，周围需要加保护环来防止闩锁效应。接触孔周围的电流比较集中，更容易发生电迁移，因此需要根据电路在最坏情况下的电流值来确定金属线的宽度以及接触孔的排列方式和数量，以避免电迁移现象的出现。另外，可以通过插入金属跳线来消除天线效应或者把底层金属导线连接到扩散区来避免损害。

在版图设计中，添加元器件和布线都可以选择人工和自动两种方式。选择人工的方式需要根据电路原理图——找出对应的元器件、对元器件形状进行定制化设计、修改器件参数和进行连线；选择自动的方式，软件会根据电路原理图自动添加所有的元器件并完成连线。前者的优点是可以根据整体电路的情况设计元器件的形状、摆放位置和完成连线，缺点是比较耗时；后者则是软件根据预设的程序添加元器件和布线，因而速度较快，但方案未必最优。

自动布局布线是 EDA 软件的重要功能之一，也是设计标准单元的终极目标。为实现这一目标，标准单元库的版图需要遵循以下特殊规则。

（1）为防止非常规尺寸的元器件或模块影响整体布局，所有标准单元的高度均统一设置为基本高度的整数倍。

（2）为避免整体布局、布线时出现不匹配的问题，从而导致 DRC 错误，需使用统一模板进行所有版图的设计。

（3）经典布线工具采用基于网格的方法，可以有效地简化布线工具的算法和减少计算机占用的内存资源。因此，为提高布线工具的效率，所有单元的输入输出端口的位置、大小、形状都需要尽量满足网格间距的要求。

（4）为方便系统层面的互连，尽量缩小芯片的面积，所有标准单元的电源线和地线一般都放置于上下边界。

版图验证是衡量版图设计成功与否的重要环节，主要包含以下四个步骤：DRC、LVS、PEX 和后仿真。

（1）DRC 主要是检查版图中所有因违反设计规则而可能存在的短路、断路或不良效应（如天线效应等）的物理验证过程。由于设计规则是根据工艺水平而定，执行 DRC 可以确保所设计的版图是工艺可靠的，从而能够被顺利制造出来。

（2）LVS 主要验证的是元器件之间的电气连接关系。通过 DRC 验证并不代表版图就是正确的，电路对应位置的版图缺失并不会导致 DRC 报错，所以还需要将版图与电路原理图作对比，即用电路提取软件将版图的几何定义文件扩展为各层的几何图形与其布局的描述，经过对此描述的遍历可找出所有元器件和电路的连接，并提取成一个网表（网表是一组用来定义电路的元器件及其连接的语句）。而电路原理图本质上也是网表，将两种网表进行对比即可发现不同之处，反映在图形化界面所报出的错误中。

（3）PEX 可以提取电路连接的详细情况，用来计算版图面积和每个电路层上各个节点的参数。这些面积和参数可用于精确计算有效元器件的寄生电容和寄生电阻。基于所得到的寄生参数，可以进行精确的模拟以保证版图设计的准确性。寄生参数提取完成后，电路的库文件中会多出一个 Calibre 的视图，这就是寄生参数提取后的模型，可用于后仿真。

（4）后仿真。用版图生成的 Calibre 文件进行后仿真，更接近实际制造出的芯片性能。此时需要在仿真环境中添加 Calibre 的视图，进行包含寄生参数的仿真。分析后仿真与电路原理图仿真结果之间的差距，通过调整电路原理图设计或者版图设计方案，尽量缩小差距。当后仿真结果已经达到设计目标或在设计目标可接受的误差范围内，电路的设计工作就宣告完成，可以将设计的版图数据发给晶圆代工厂进行生产制造。

9.5 EDA 新技术及发展趋势

从集成电路设计方法的历史可以看到，工艺技术的进步总是领先于设计技术。随着工艺的进步到达 0.35 μm 以下，传统的面向逻辑的设计方法受到挑战，完全忽略连线的设计方法必须转为面向互连的设计方法。这也对 EDA 工具提出了要求，要求尽可能早地给出估计的物理限制或物理特征，使设计工程师能在设计的整个过程中对电路互联和延迟有更多的认识和适当的控制。

集成电路领域在新技术、新工艺、新材料、新器件、新应用等方面的发展对 EDA 工具提出了新的要求。未来 EDA 产业的主要发展趋势可以归结为以下 4 个方向。

1. 后摩尔时代技术演进驱动 EDA 技术延伸拓展

后摩尔时代的集成电路技术演进方向主要包括延续摩尔（more Moore）、扩展摩尔（more than Moore）和超越摩尔（beyond Moore）。其中，面向延续摩尔方向，单芯片的集成规模呈现爆发性增长，先进工艺（7 nm/5 nm/3 nm）对 EDA 工具的设计效率提出了更高的要求；面向扩展摩尔方向，伴随逻辑、模拟、存储等功能被叠加到同一芯片，EDA 工具需具备对更强、更复杂功能设计的支撑能力；面向超越摩尔方向，新材料（如宽禁带半导体）、新器件（如硅光器件）等的应用，要求 EDA 工具在仿真、验证等关键环节实现方法学的创新。

2. 新兴应用牵引 EDA 技术不断发展

随着人工智能、高性能计算、新一代通信技术、物联网、新能源技术等新兴应用的不断涌现，芯片的功能与复杂度不断提升。为了更好地应对这些多样化、复杂化的应用发展需求，EDA 呈现出平台化的演进趋势，出现了面向通信、计算、超低功耗、高可靠、高安全等应用的各种 EDA 平台。

3. 人工智能（artificial intelligence，AI）加持的 EDA 技术成为重要的突破方向

人工智能技术在 EDA 中的应用可以追溯到 20 世纪 90 年代，但由于缺乏足够的算力和高效的计算模型，该技术在 EDA 中并没有得到广泛应用。随着近几年技术的不断发展以及算力的大幅提升，基于人工智能的 EDA 技术取得了较大进展。人工智能算法可以通过大数据获得良好的学习能力，也可以吸收现有的设计经验，帮助硬件工程师达到更优设计目标，开发更高性能的芯片。同时人工智能可以进一步减少芯片设计的迭代次数，加快上市速度。同样，在 EDA 领域工程师们也在积极导入 AI 技术，以期取得 EDA 技术的新突破。

目前，主要的研究方向包括以下几个方面。

（1）提升 EDA 工具的智能化水平，减少人为参与

2017 年 9 月，为进一步推进电子复兴计划，美国国防部高级研究计划局（DARPA）提

出"电子复兴计划"并发布了 6 个新的投资项目，其中之一便是电子资产智能设计（intelligent design of electronic assets，IDEA）项目。对于 AI 赋能 EDA 工具进行设想，将芯片设计师的设计经验固化为机器学习模型的输出目标，重点突破优化算法、7 nm 以下芯片设计支持、布线和设备自动化等关键技术难题，构建统一的版图生成器，从而实现版图设计的自动化、智能化。该项目希望通过将机器学习、优化算法和专家系统等人工智能技术与 EDA 工具相结合，提供一条无须大型设计团队即可快速开发下一代电子系统的道路，实现"设计过程无人干预"的目标，解决集成电路领域设计人才的巨大缺口和经济压力，降低与前沿电子设计相关的成本。

（2）帮助芯片设计师实现芯片全方位的优化，开发性价比更高的芯片产品

Synopsys 在 2020 年 3 月 11 日推出了一款基于人工智能的 EDA 工具，即设计空间优化 AI 工具 DSO. ai™（Design Space Optimization AI），并称其为业界首个用于芯片设计的人工智能应用程序。该工具可以在大量的芯片设计解决方案中自主搜索最优目标，并利用强化学习技术优化芯片的功耗、性能、面积（power performance area，PPA）等指标，极大地提高硬件设计团队的工作效率。

（3）通过对既有设计的训练学习，大幅提升芯片的设计与验证效率

2020 年 9 月，Cadence 公司发布了基于人工智能技术的逻辑仿真器 Xcelium ML。公开数据表明，利用人工智能技术和核心计算软件，Cadence ®Xcelium™ 逻辑仿真器的吞吐量得到了有效提高，Xcelium 的验证速度提高了 5 倍。图 9-5-1 显示了 Xcelium ML 应用到商业项目时生成的回归结果。原始回归由分配给多个测试的 17050 个随机种子组成，Xcelium 逻辑仿真器执行一次回归 XML_1 仅使用了约 34% 的随机种子即可实现 99% 的覆盖率，并且节省了约 3/4 的 CPU 运行时间。另外一家 EDA 巨头 Simens EDA 则使用机器学习算法对预化学机械抛光表面轮廓中的测量数据进行灵敏度分析，生成精确的沉积后轮廓，增强了化学机械抛光建模，极大地提高了化学机械抛光过程的精度。人工智能已经成为解决高度复杂问题的强大技术，在 EDA 技术中引入人工智能算法将有助于缩短产品设计周期、提高设计品质，同时让设计工程师更专注于芯片的创造、研发和设计工作，更好地体现人类的创新力。

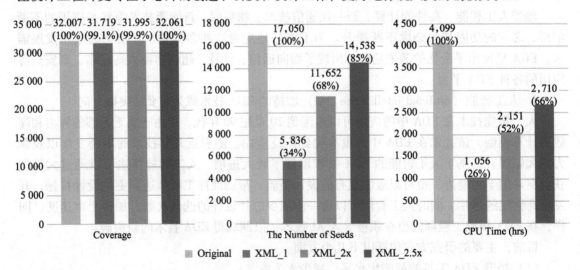

图 9-5-1　Xcelium ML 使用机器学习来分析回归数据

　　在学术界，围绕 AI 数字电路芯片的 EDA 技术相应成果已广泛出现在各类期刊和会议中。在工业界，基于人工智能的 EDA 也成为各家公司的重点研发项目。2020 年国际固态电路会议（ISSCC）的主题是"用集成电路推动 AI 新时代"。Alphabet 公司人工智能负责人杰夫·迪恩（Jeff Dean）在会上介绍了该公司基于强化学习技术开发的用于芯片设计的布局工具器，其可高效完成宏单元和标准单元的布局，同时满足布线密度和布线拥挤度的要求。布局是芯片设计过程中最复杂和最耗时的阶段之一，而实验数据显示，该布局算法可在一天内完成 TPU 的设计，且在功耗、性能、面积方面都超过人类专家花费数周完成的设计成果。

　　4. 新设计生态催生 EDA 云平台

　　对于芯片设计行业，EDA 云平台的应用不但可以较大幅度地降低设计成本，还可以让客户以较低成本获得更强的算力。同时，EDA 云平台也更有利于实现 EDA 工具在教育领域的应用。为此，主流 EDA 产品公司均对 EDA 云平台建设给予了大力支持。云化 EDA 主要有 5 方面优势：① 云端服务器可以提供很强的算力，是复杂芯片设计的底层保障；② 芯片设计企业可根据企业需求灵活使用计算资源，而无须在芯片设计前购置大量的软硬件设施；③ 大幅减少芯片设计企业的软硬件日常维护开销；④ 云端服务器的访问不受地理环境约束，芯片设计企业的设计师们可以随时随地对云端软件进行访问；⑤ 方便高校等教育机构进行人才培养。

　　根据 SEMI 数据统计，2022 年全球 EDA 软件行业市场规模约为近千亿人民币，同比增长 1.8%，2023 年至 2030 年复合年增长率为 9.2%。在现今半导体制造工艺技术前进步伐明显放缓的情况下，EDA 工具为集成电路行业提供了越来越重要的发展支撑。

思考题与习题

　　9-1　通过 HDL 语言设计一个异步通信 UART 模块，通过 ModelSim 的功能仿真验证该模块的正确性。

　　9-2　采用开源 SDRAM 存储器模型，通过 HDL 语言设计一个 SDRAM 控制器模块，在 ModelSim 下搭建对应的 Testbench 环境，并通过时序仿真验证该模块的正确性。

参考文献

参考文献

郑重声明

高等教育出版社依法对本书享有专有出版权。任何未经许可的复制、销售行为均违反《中华人民共和国著作权法》，其行为人将承担相应的民事责任和行政责任；构成犯罪的，将被依法追究刑事责任。为了维护市场秩序，保护读者的合法权益，避免读者误用盗版书造成不良后果，我社将配合行政执法部门和司法机关对违法犯罪的单位和个人进行严厉打击。社会各界人士如发现上述侵权行为，希望及时举报，我社将奖励举报有功人员。

反盗版举报电话　（010）58581999　58582371

反盗版举报邮箱　dd@hep.com.cn

通信地址　北京市西城区德外大街4号　高等教育出版社知识产权与法律事务部

邮政编码　100120

读者意见反馈

为收集对教材的意见建议，进一步完善教材编写并做好服务工作，读者可将对本教材的意见建议通过如下渠道反馈至我社。

咨询电话　400-810-0598

反馈邮箱　gjdzfwb@pub.hep.cn

通信地址　北京市朝阳区惠新东街4号富盛大厦1座　高等教育出版社总编辑办公室

邮政编码　100029

防伪查询说明

用户购书后刮开封底防伪涂层，使用手机微信等软件扫描二维码，会跳转至防伪查询网页，获得所购图书详细信息。

防伪客服电话　（010）58582300

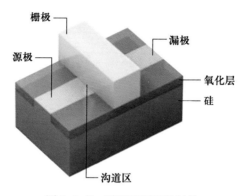

图 2-1-1　集成电路制造中用到的元素

图 2-3-7　平面 MOSFET 结构

图 2-3-8　FinFET 鳍形结构　　　　图 2-3-9　栅极环绕结构

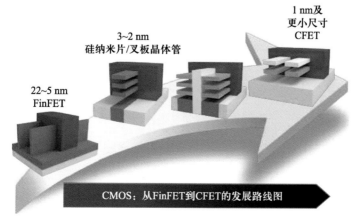

图 2-3-11　后摩尔定律时代的逻辑晶体管发展路线图

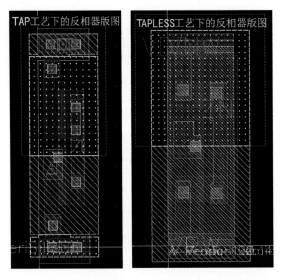

图 2-4-1　TAP 工艺和 TAPLESS 工艺下标准反相器单元的版图

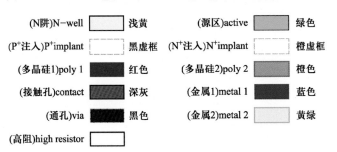

(N阱)N-well	浅黄	(源区)active	绿色
(P⁺注入)P⁺implant	黑虚框	(N⁺注入)N⁺implant	橙虚框
(多晶硅1)poly 1	红色	(多晶硅2)poly 2	橙色
(接触孔)contact	深灰	(金属1)metal 1	蓝色
(通孔)via	黑色	(金属2)metal 2	黄绿
(高阻)high resistor			

图 2-4-3　某公司 0.6 μm CMOS 工艺层定义

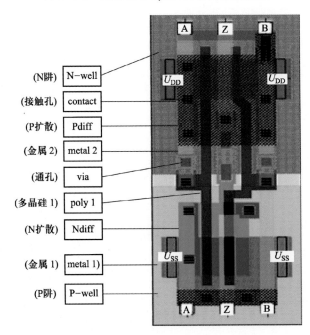

图 2-4-4　双阱、双层金属布线与非门版图的工艺层

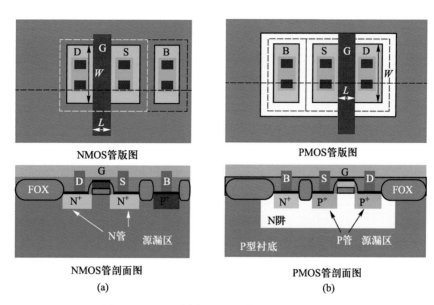

图 3-1-4　P 型衬底的 MOS 管的版图及剖面图

（a）NMOS 管　（b）PMOS 管

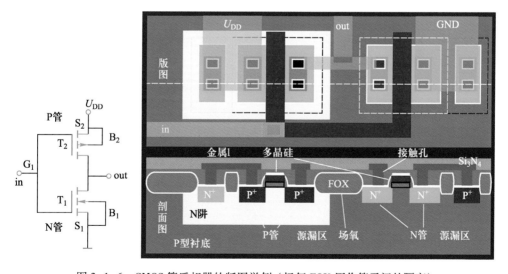

图 3-1-6　CMOS 管反相器的版图举例（场氧 FOX 用作管子间的隔离）

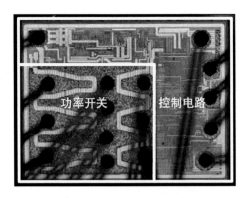

图 5-4-7　采用 NLDMOS 功率开关的降压型开关稳压器显微照片

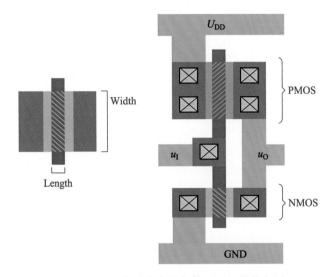

图 6-2-4　最佳噪声容限条件下反相器的版图

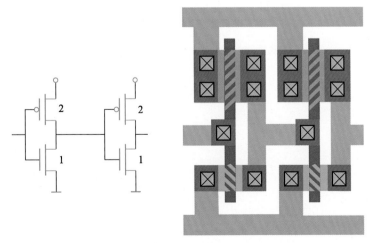

图 6-2-9　两个级联 CMOS 反相器及其版图

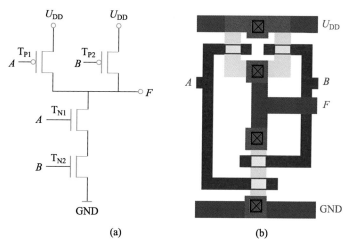

(a) (b)

图 6-3-3 CMOS 与非门电路及版图

（a）电路 （b）版图

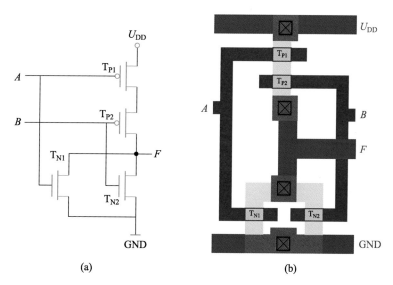

(a) (b)

图 6-3-5 CMOS 或非门及其版图

（a）电路 （b）版图

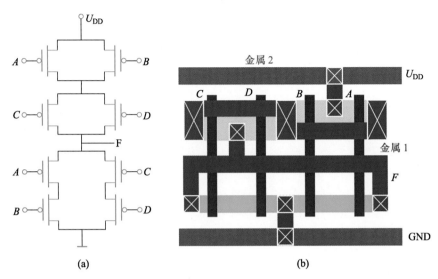

(a)

(b)

图 6-3-9　实现**与或**非运算的电路及其版图

（a）电路　（b）版图

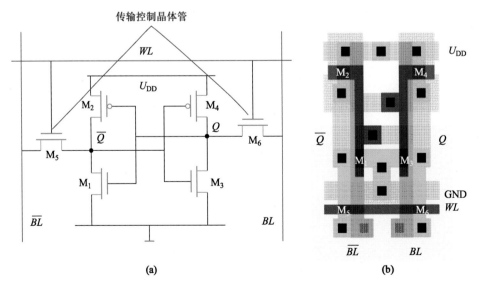

(a)

(b)

图 6-5-13　6-MOS 管静态存储单元电路

（a）电路原理图　（b）版图

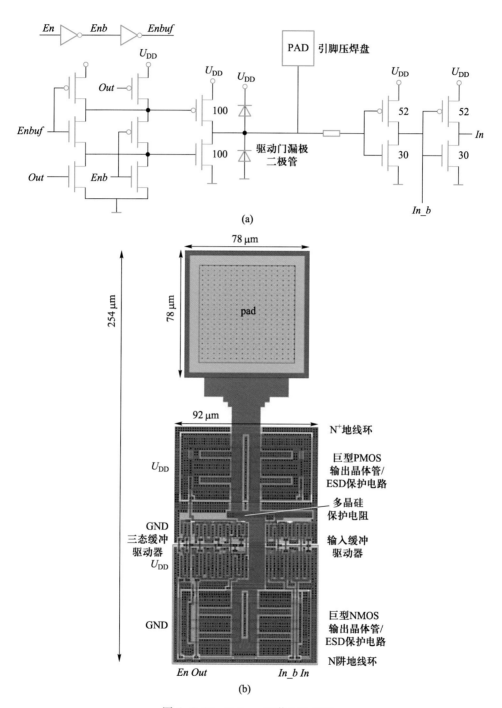

图 6-5-25 0.6 μm 工艺 I/O PAD

(a) CMOS 电路原理图 (b) 掩模版图

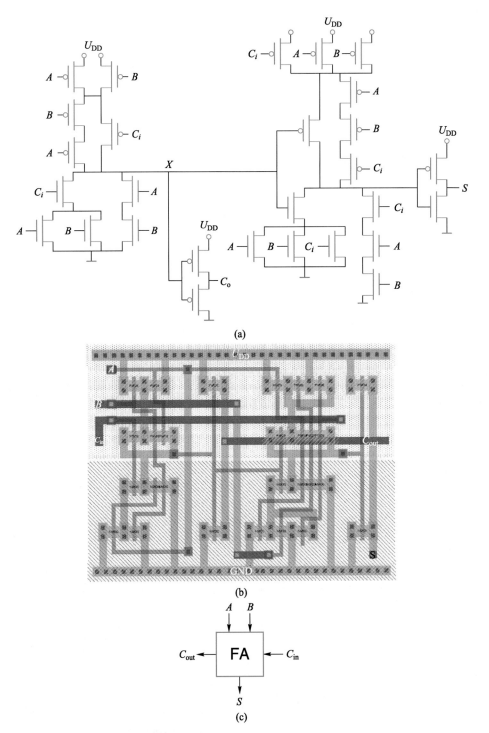

(a)

(b)

(c)

图 7-1-2　一位全加器电路的全互补静态 CMOS 电路原理图、集成电路版图和符号图
(a) 电路原理图　(b) 集成电路版图　(c) 符号图

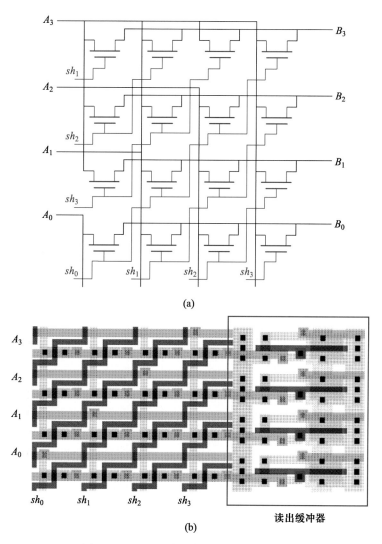

(a)

读出缓冲器

(b)

图 7-1-24　4 bit 位宽算术右移桶形移位器

（a）电路原理图　（b）集成电路版图

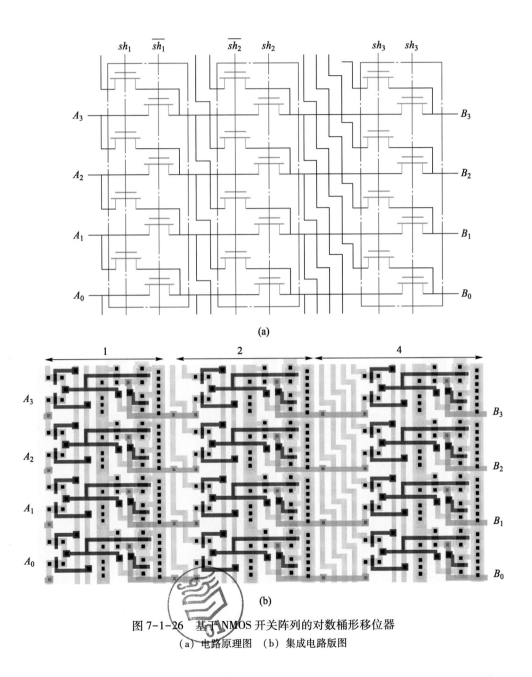

(a)

(b)

图 7-1-26　基于 NMOS 开关阵列的对数桶形移位器

（a）电路原理图　（b）集成电路版图

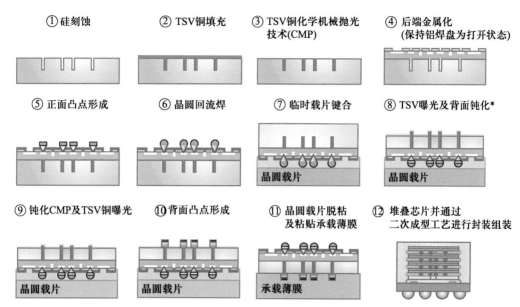

① 硅刻蚀　　② TSV铜填充　　③ TSV铜化学机械抛光技术(CMP)　　④ 后端金属化(保持铝焊盘为打开状态)

⑤ 正面凸点形成　　⑥ 晶圆回流焊　　⑦ 临时载片键合　　⑧ TSV曝光及背面钝化*

⑨ 钝化CMP及TSV铜曝光　　⑩ 背面凸点形成　　⑪ 晶圆载片脱粘及粘贴承载薄膜　　⑫ 堆叠芯片并通过二次成型工艺进行封装组装

*一项通过在半导体表面进行涂层处理使其惰性化，并去除一切影响半导体性能的杂质的工艺。

图 8-2-6　三维封装中硅通孔封装工艺

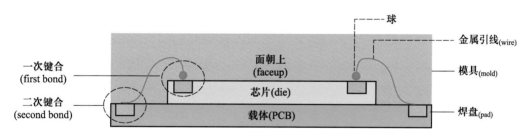

图 8-2-7　引线键合的结构

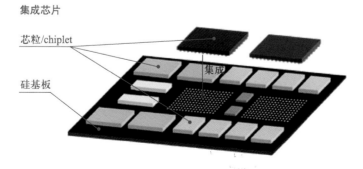

图 8-2-10　集成芯片与芯粒的定义

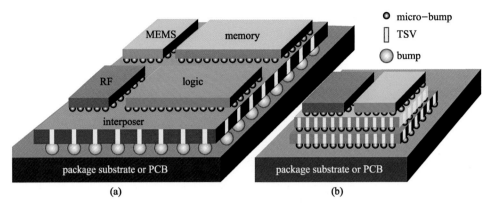

图 8-2-11 2.5D/3D IC 封装技术

（a）2.5D IC 封装 （b）3D IC 封装

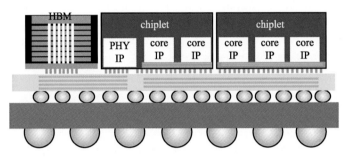

图 8-2-12 CoWoS 封装示意图

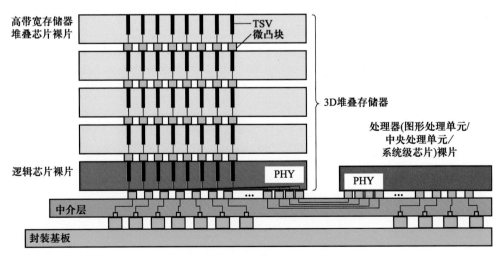

图 8-2-13 3D 堆叠 DRAM 示例